Ihr MANZ Buch

Die Republik Österreich stellt Ihnen Buch und SbX für Ihre Ausbildung zur Verfügung.
Ihre Professorinnen und Professoren helfen Ihnen, den Stoff zu erlernen und so eine gute Basis für Ihr späteres Berufsleben oder Ihr Studium zu legen. Übernehmen Sie aber auch selbst Verantwortung für Ihren Lernerfolg und nutzen Sie die vielfältigen Möglichkeiten, die Ihnen dieses Buch und das zugehörige SbX zum Lernen, Üben, Sichern und Wissen bieten.

Buch-Nr. 150.433

Autoren:

MR Mag. Wolfgang Pachatz
BMUKK, Abteilung für technisch-gewerbliche Lehranstalten

Mag. Birgit Gaugg-Tsallis
HTL Klagenfurt, Mössingerstraße

MR Ing. Mag. Wolfgang Höglinger
BMUKK, Budget- und Haushaltswesen der Bundesschulen

DI Walter Jennewein
HTL BULME Graz-Gösting

DI Dr. Johann Persoglia
Direktor der HTL Wolfsberg

DI Heinz Stradner
HTL BULME Graz-Gösting

Wien 2014

Dieses Arbeitsbuch wurde vom Bundesministerium für Unterricht, Kunst und Kultur mit Bescheid vom 25. 2. 2010, Geschäftszahl 5.025/0034-Präs.8/2009, für den Unterrichtsgebrauch an technischen, gewerblichen und kunstgewerblichen Fachschulen, Fachrichtungen Computertechnik und Kommunikationstechnik, für die 3. Klasse und an den anderen Fachrichtungen außer Bautechnik und Bauwirtschaft sowie Flugtechnik für die 4. Klasse und an Höheren technischen und gewerblichen Lehranstalten für den IV. Jahrgang im Unterrichtsgegenstand Betriebstechnik für geeignet erklärt.

Printed in Austria, ISBN 978-3-7068-4655-4

Das vorliegende Buch wurde auf chlorfrei gebleichtem Papier gedruckt.

Umschlaggestaltung: DMC 01, Wien; Druck: Ferdinand Berger & Söhne GesmbH, 3580 Horn

MANZ

Herzlich willkommen im neuen Schuljahr!

Das innovative MANZ Lernpaket

Als führender Verlag im berufsbildenden Schulwesen wissen wir, dass Sie Lernpakete benötigen, die Sie zielgerecht zum Lernerfolg – zu Wissen und Kompetenz – führen. Wir wollen, dass Sie nach Abschluss Ihrer Ausbildung Ihre persönlichen Chancen am Arbeitsmarkt bestmöglich wahrnehmen können.
Wir arbeiten täglich an der Produktion zeitgemäßer Lernpakete und stehen dabei im ständigen Dialog mit erfahrenen Schulbuchautorinnen und -autoren sowie Wissenschaftlerinnen und Wissenschaftlern.

Ihr Lernpaket besteht aus einem übersichtlich gegliederten Schülerbuch und abwechslungsreichen Online-Ergänzungen inklusive des MANZ Lernraums in Ihrem SbX. Alle Teile des Lernpakets sind aufeinander abgestimmt und folgen dem MANZ 4-Schritte-Lernmodell.

Das MANZ 4-Schritte-Lernmodell

Dieses Buch ist ein speziell für Sie gestaltetes, modernes Lern- und Arbeitsbuch. Der Lernstoff ist in diesem Buch in Kapitel und innerhalb der Kapitel in Lerneinheiten gegliedert. Die Lerneinheiten sind nach dem MANZ 4-Schritte-Lernmodell aufgebaut und ein spezielles Leitsystem erleichtert die „Navigation" im Buch.

LERNEN **(Input)**
Information aufnehmen, Zusammenhänge erkennen, Theorie erfassen

ÜBEN **(Anwendung)**
Routine erwerben, Zusammenhänge verstehen, Erfahrung sammeln

SICHERN **(Festigung)**
Gelerntes zusammenfassen, Übersicht gewinnen, Inhalte wiederholen

WISSEN **(Kontrolle)**
Wissen testen, Kompetenz überprüfen, Können beweisen

SbX Zu diesem Lern- und Arbeitsbuch gibt es im Rahmen von SbX (Schulbuch*Extra*) vielfältige Online-Ergänzungen sowie ein Lernmanagementsystem, den **MANZ Lernraum.** Auch die Online-Ergänzungen sind nach dem MANZ 4-Schritte-Lernmodell aufgebaut und ermöglichen Ihnen zusammen mit dem Buch abwechslungsreiches und nachhaltiges Lernen.

Dem Verlag MANZ ist es ein grundlegendes Anliegen, …

… Chancengleichheit wo immer möglich zu fördern. Frauen und Männer werden in den Texten und Beispielen dieses Buches gleichberechtigt behandelt. Um den Lesefluss nicht zu stören, wird aber – wo nötig – auf das Nebeneinander weiblicher und männlicher Formen verzichtet.

Das Schülerbuch

Lerneinheiten
führen Sie Schritt für Schritt durch den Lernstoff.

Marginalspalte
enthält Zusatzinformationen und Beispiele.

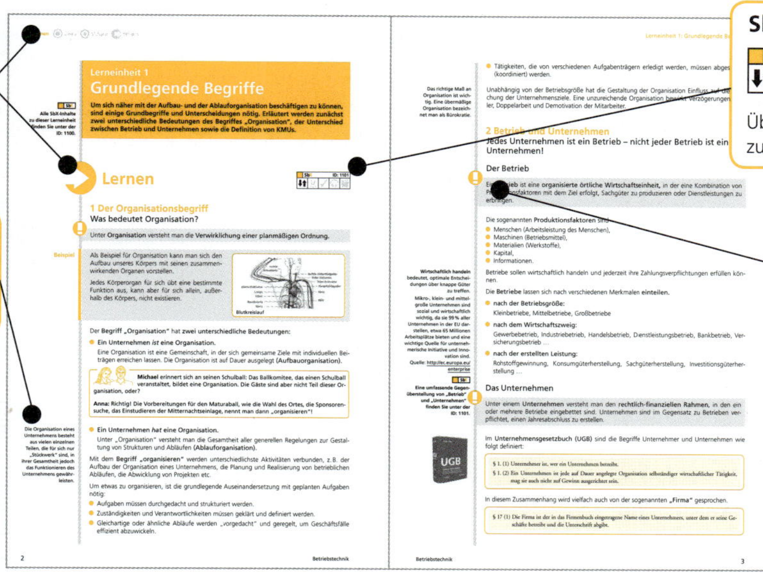

SbX-Leiste und SbX-ID
SbX ID: 0003
Übersicht über die SbX-Inhalte zu jedem Arbeitsschritt

Hervorgehobene Merksätze
erhöhen die Aufmerksamkeit für wichtige Lerninhalte.

SbX – Schulbuch*Extra*

ID-Eingabe
führt direkt zu den passenden Online-Inhalten.

Inhaltsverzeichnis
übersichtliche Darstellung der Inhalte

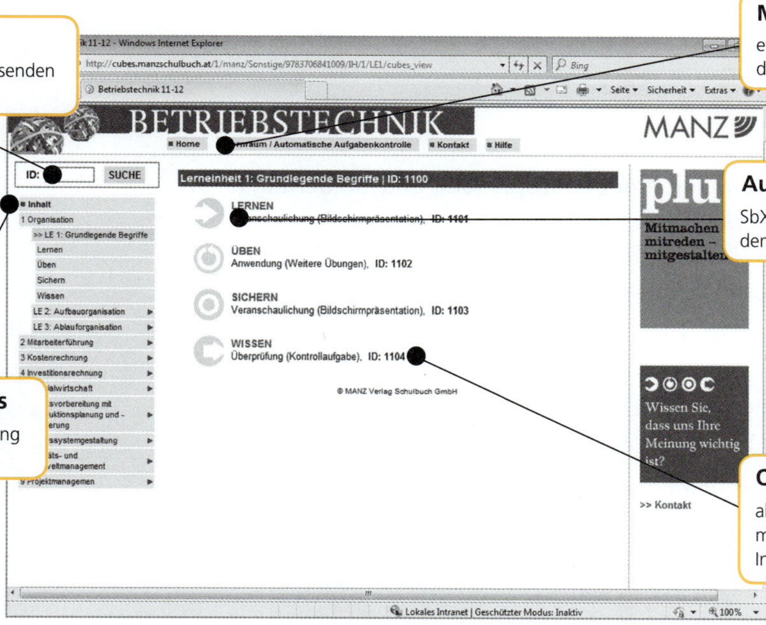

MANZ Lernraum
effiziente Kommunikation in der virtuellen Klasse

Aufbau
SbX und Buch folgen demselben Aufbau.

Online-Ergänzungen
abwechslungsreiche Übungsmöglichkeiten und aktuelle Informationen zum Lernstoff

Aktivieren Sie jetzt kostenlos Ihr SbX direkt bei MANZ:

www.wissenistmanz.at

Startcode: 00254655

Betriebstechnik

Vorwort

Im vorliegenden Buch begeben sich **Anna** und **Michael** auf eine Erkundungstour durch die **ING4TECH**.

Hallo, ich bin Anna!

Nach Abschluss meiner HTL-Ausbildung habe ich dank eines guten Abschlusszeugnisses und einer gelungenen Bewerbung eine Anstellung bei ING4TECH erhalten. Ich wurde in das Traineeprogramm aufgenommen und habe bereits mehrere Abteilungen meines Unternehmens kennengelernt. Es ist aber nicht, wie du dir vielleicht vorstellst, eine „gemütliche Reise" durch die ING4TECH. In allen Abteilungen wurden mir immer wieder Aufgaben aus dem Tagesgeschäft gestellt, die ich vorzubereiten und teilweise selbst zu erledigen hatte. Dies war sehr interessant und lehrreich.

Zum Traineeprogramm gehören Firmenbesuche bei Lieferanten und Kunden. Auch Fachmessebesuche sind eingeplant.

Vor kurzem habe ich hier Michael kennengelernt. Er besucht die Fachschule und absolviert gerade sein Ferialpraktikum in der ING4TECH. Ich soll Michael bei seinen Arbeiten in der Firma unterstützen und freue mich auf die gemeinsamen Aufgaben!

Hallo, ich bin Michael!

Nachdem ich nun drei Jahre Fachschule hinter mich gebracht habe, freute ich mich zuallererst auf vier erholsame Ferienwochen. Jetzt geht es aber an die Arbeit!

Ich habe zum Glück eine Praktikumsstelle bei der ING4TECH erhalten. Dieses Unternehmen gilt als sehr erfolgreich; es ist für innovative Produkte und internationale Projekte bekannt. Ich werde hoffentlich verschiedene Abteilungen kennenlernen und dabei vielleicht auch für mich feststellen, welcher Fachbereich in Zukunft der richtige für mich ist.

Auch sind mir manchmal Zusammenhänge innerhalb der verschiedenen Stoffgebiete, die ich in der Schule lernen musste, nicht ganz klar. Aber durch die Praxis wird das sicher besser verständlich. Ich hoffe auch, nach der Arbeit bei der ING4TECH die Anforderungen der Wirtschaft an Berufseinsteiger in technisch-wirtschaftlichen Bereichen besser zu kennen.

Ich habe gehört, dass mich Anna, die ein Traineeprogramm absolviert, unterstützen wird.

So wird die Arbeit in dem neuen Umfeld hoffentlich leichter und ich freue mich auf eine gute Zusammenarbeit.

Vorwort

ING4TECH,

die **IN**ternational **G**roup for **T**echnics, ist ein österreichisches Produktionsunternehmen, das auch international tätig ist.

Das Unternehmen beschäftigt sich mit der Entwicklung, der Konstruktion, der Produktion und dem Verkauf von Gütern und Dienstleistungen vielfältiger Art. Die ING4TECH wird in der Rechtsform einer GmbH von einer erfahrenen, erfolgreichen Geschäftsführerin geleitet.

Das Liefer- und Leistungsspektrum der ING4TECH GmbH umfasst:

- Prototypenbau
- Auftragsfertigung
- Sondermaschinenbau
- Serienfertigung
- Dienstleistungen
- Handel

Die ING4TECH GmbH hat folgende Struktur:

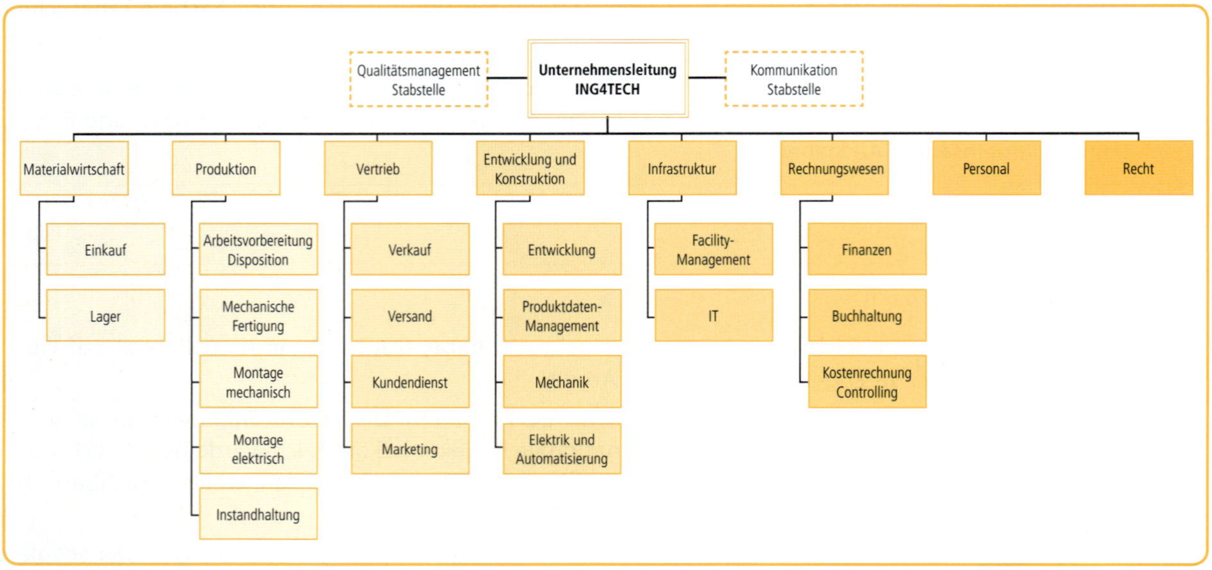

Begleiten Sie nun Anna und Michael auf ihrem Weg durch die ING4TECH.

Viel Erfolg wünschen Ihnen
das Autorenteam und der MANZ Verlag Schulbuch

1 Organisation

NGO = Non-Governmental Organization, d. h. eine nichtstaatliche Organisation, z. B. Amnesty International, Greenpeace, Ärzte ohne Grenzen

Der Begriff „Organisation" wird in unserer Sprache vielfältig verwendet. Er wird im privaten Bereich, von Vereinen, von Ämtern und Behörden, von NGOs, von sozialen Einrichtungen, von Schulen, Fachhochschulen und Universitäten, von Unternehmen und Betrieben benutzt.

Mit „Organisation" können zwei Bedeutungsfelder in Verbindung gebracht werden: Einerseits geht es um Strukturen für gemeinsam tätige Menschen, die gewisse einheitliche Ziele verfolgen, andererseits kann „Organisieren" auch als kreative Tätigkeit, als das Aneinanderreihen von verschiedenen Aufgaben, als Führungsfunktion verstanden werden.

Dieses Kapitel beschäftigt sich mit der betrieblichen Organisation und behandelt die miteinander verbundenen Gebiete der Aufbauorganisation und der Ablauforganisation.

Lerneinheit 1: Grundlegende Begriffe

Lerneinheit 2: Aufbauorganisation

Lerneinheit 3: Ablauforganisation

Lerneinheit 1

Grundlegende Begriffe

SbX
Alle SbX-Inhalte zu dieser Lerneinheit finden Sie unter der ID: 1100.

Um sich näher mit der Aufbau- und der Ablauforganisation in Unternehmen beschäftigen zu können, ist das Verstehen einiger Grundbegriffe und Unterscheidungen nötig. Erläutert werden zunächst zwei unterschiedliche Bedeutungen des Begriffes „Organisation", der Unterschied zwischen Betrieb und Unternehmen sowie die Definition von KMUs.

Lernen

SbX ID: 1101

1 Der Organisationsbegriff

Was bedeutet Organisation?

Unter **Organisation** versteht man die **Verwirklichung einer planmäßigen Ordnung.**

Beispiel

Als Beispiel für Organisation kann man sich den Aufbau unseres Körpers mit seinen zusammenwirkenden Organen vorstellen.

Jedes Körperorgan für sich übt eine bestimmte Funktion aus, kann aber für sich allein, außerhalb des Körpers, nicht existieren.

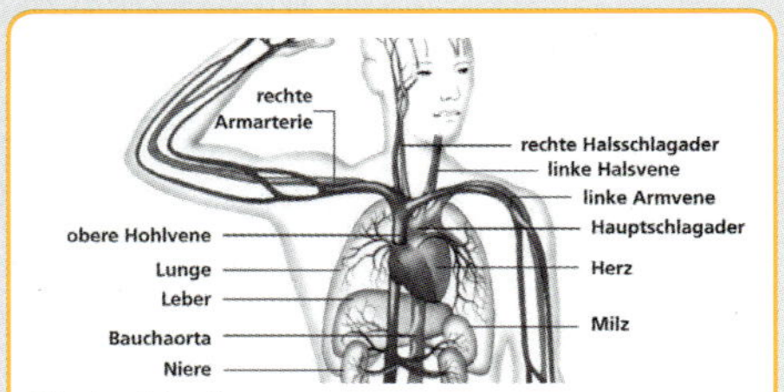

Blutkreislauf

Der **Begriff „Organisation"** hat **zwei unterschiedliche Bedeutungen:**

- **Ein Unternehmen *ist* eine Organisation.**

  Eine Organisation ist eine Gemeinschaft, in der sich gemeinsame Ziele mit individuellen Beiträgen erreichen lassen. Die Organisation ist auf Dauer ausgelegt **(Aufbauorganisation).**

Michael erinnert sich an seinen Schulball: Das Ballkomitee, das einen Schulball veranstaltet, bildet eine Organisation. Die Gäste sind aber nicht Teil dieser Organisation, oder?

Anna: Richtig! Die Vorbereitungen für den Maturaball, wie die Wahl des Ortes, die Sponsorensuche, das Einstudieren der Mitternachtseinlage, nennt man dann „organisieren"!

Die Organisation eines Unternehmens besteht aus vielen einzelnen Teilen, die für sich nur „Stückwerk" sind, in ihrer Gesamtheit jedoch das Funktionieren des Unternehmens gewährleisten.

- **Ein Unternehmen *hat* eine Organisation.**

  Unter „Organisation" versteht man die Gesamtheit aller generellen Regelungen zur Gestaltung von Strukturen und Abläufen **(Ablauforganisation).**

Mit dem **Begriff „organisieren"** werden unterschiedlichste Aktivitäten verbunden, z. B. der Aufbau der Organisation eines Unternehmens, die Planung und Realisierung von betrieblichen Abläufen, die Abwicklung von Projekten etc.

Um etwas zu organisieren, ist die grundlegende Auseinandersetzung mit geplanten Aufgaben nötig:

- Aufgaben müssen durchgedacht und strukturiert werden.
- Zuständigkeiten und Verantwortlichkeiten müssen geklärt und definiert werden.
- Gleichartige oder ähnliche Abläufe werden „vorgedacht" und geregelt, um Geschäftsfälle effizient abzuwickeln.

- Tätigkeiten, die von verschiedenen Aufgabenträgern erledigt werden, müssen abgestimmt (koordiniert) werden.

Das richtige Maß an Organisation ist wichtig. Eine übermäßige Organisation bezeichnet man als Bürokratie.

Unabhängig von der Betriebsgröße hat die Gestaltung der Organisation Einfluss auf die Erreichung der Unternehmensziele. Eine unzureichende Organisation bewirkt Verzögerungen, Fehler, Doppelarbeit und Demotivation der Mitarbeiter.

2 Betrieb und Unternehmen

Jedes Unternehmen ist ein Betrieb – nicht jeder Betrieb ist ein Unternehmen!

Der Betrieb

Betrieb = **enterprise**

Ein **Betrieb** ist eine **organisierte örtliche Wirtschaftseinheit,** in der eine Kombination von Produktionsfaktoren mit dem Ziel erfolgt, Sachgüter zu produzieren oder Dienstleistungen zu erbringen.

Produktionsfaktoren = **factors of production**

Als **Produktionsfaktoren** bezeichnet man

- Menschen (Arbeitsleistung des Menschen),
- Maschinen (Betriebsmittel),
- Materialien (Werkstoffe),
- Kapital,
- Informationen.

Mikro-, klein- und mittelgroße Unternehmen sind sozial und wirtschaftlich wichtig, da sie 99 % aller Unternehmen in der EU darstellen, etwa 65 Millionen Arbeitsplätze bieten und eine wichtige Quelle für unternehmerische Initiative und Innovation sind.
Quelle: http://ec.europa.eu/enterprise

SbX
Eine umfassende Gegenüberstellung von „Betrieb" und „Unternehmen" finden Sie unter der ID: 1101.

Die **Betriebe** lassen sich nach verschiedenen Merkmalen **einteilen.**

- **nach der Betriebsgröße:**
  Kleinbetriebe, Mittelbetriebe, Großbetriebe
- **nach dem Wirtschaftszweig:**
  Gewerbebetrieb, Industriebetrieb, Handelsbetrieb, Dienstleistungsbetrieb, Bankbetrieb, Versicherungsbetrieb …
- **nach der erstellten Leistung:**
  Rohstoffgewinnung, Konsumgüterherstellung, Sachgüterherstellung, Investitionsgüterherstellung …

Das Unternehmen

Unternehmen = **company**

Unter einem **Unternehmen** versteht man den **rechtlich-finanziellen Rahmen,** in den ein oder mehrere Betriebe eingebettet sind. Unternehmen sind im Gegensatz zu Betrieben verpflichtet, einen Jahresabschluss zu erstellen.

Im **Unternehmensgesetzbuch (UGB)** sind die Begriffe Unternehmer und Unternehmen wie folgt definiert:

> § 1. (1) Unternehmer ist, wer ein Unternehmen betreibt.
>
> § 1. (2) Ein Unternehmen ist jede auf Dauer angelegte Organisation selbständiger wirtschaftlicher Tätigkeit, mag sie auch nicht auf Gewinn ausgerichtet sein.

In diesem Zusammenhang wird vielfach auch von der sogenannten **„Firma"** gesprochen.

> § 17 (1) Die Firma ist der in das Firmenbuch eingetragene Name eines Unternehmers, unter dem er seine Geschäfte betreibt und die Unterschrift abgibt.

Michael: Betrieb, Unternehmen, Firma … Wie ist das bei der ING4TECH?

Anna: Die ING4TECH GmbH **(= Unternehmen)** hat ein Stammwerk und die zusätzliche Vertriebsniederlassung „Vertrieb Ost" **(= Betrieb),** die von Wien aus die Märkte Tschechien, Slowakei und Ungarn bearbeitet. Die im Firmenbuch eingetragene **Firma** ist die „ING4TECH GmbH".

Das Unternehmen ING4TECH

Firma	ING4TECH GmbH
2 Betriebe	Stammwerk; Vertrieb Ost Wien

Sbx
Weitere Informationen zur Einteilung der Betriebe finden Sie unter der ID: 1101.

Um Unternehmen europaweit gliedern zu können, hat die EU einheitliche Größenmerkmale definiert. Nach dieser EU-Empfehlung zur Definition von kleinen und mittelgroßen Unternehmen (KMUs) unterscheidet man Kleinstunternehmen (Mikrounternehmen), Kleinunternehmen, mittelgroße Unternehmen und Großunternehmen.

Unternehmen	unselbständig Beschäftigte	Umsatz	Bilanzsumme	Unabhängigkeit
Kleinstunternehmen (Mikrounternehmen)	1 bis 9	< 2 Mio. EUR	< 2 Mio. EUR	Kapitalanteile oder Stimmrechte im Fremdbesitz < 25 Prozent
Kleinunternehmen	10 bis 49	< 10 Mio. EUR	< 10 Mio. EUR	
Mittelgroße Unternehmen	50 bis 249	< 50 Mio. EUR	< 43 Mio. EUR	
Großunternehmen	ab 250	> 50 Mio. EUR	> 43 Mio. EUR	

Üben

Sbx ID: 1102

Sbx
Ü 1 mit automatischer Aufgabenkontrolle ID: 1102
erledigt ✓
Ü 1 ☐

Ü 1:
Schreiben Sie zu jeder der folgenden Aussagen, ob sie richtig oder falsch ist, und begründen Sie Ihre Antwort:

	R/F	Begründung
Die Schule, die Sie besuchen, ist eine Organisation.		
Die Schule, die Sie besuchen, hat eine Organisation.		
Die ING4TECH verarbeitet große Mengen von Stahlblechen. Stahlbleche sind keine Produktionsfaktoren.		
KMUs haben bis zu 500 Mitarbeiter.		

	R/F	Begründung
Ein Betrieb kann aus mehreren Unternehmen bestehen.		

SbX Download Tabelle ID: 1102

Ü 2:

Die folgende Tabelle zeigt die Anzahl der österreichischen KMUs sowie die jeweilige Anzahl der Beschäftigten. Berechnen Sie die Prozentanteile der Unternehmen und der Beschäftigten.

KMUs und unselbständig Beschäftigte in KMUs nach Sparten

	KMU[1]	Anteil in %	unselbständig Beschäftigte	Anteil in %
Gewerbe und Handwerk	92416		455383	
Industrie	5874		137181	
Handel	74640		275953	
Bank und Versicherung	1040		33988	
Transport und Verkehr	18391		95420	
Tourismus und Freizeitwirtschaft	54300		226532	
Information und Consulting	51463		130282	
Gesamte gewerbliche Wirtschaft	**298124**	**100,0**	**1354739**	**100,0**

Quelle: WKO, Beschäftigungsstatistik 2008

[1] Unternehmen mit bis zu 249 unselbständig Beschäftigten

Sichern

SbX ID: 1103

Organisation

Eine **Organisation** ist das zielgerichtete Zusammenwirken von Teilen eines Ganzen.

Aufbauorganisation

Mehrere oder viele Menschen, die auf Dauer ein gemeinsames Ziel erreichen wollen, schließen sich zu einer Organisation zusammen. Die Struktur dieser Gemeinschaft nennt man **Aufbauorganisation.**

Ablauforganisation

Unter dem Begriff **Ablauforganisation** versteht man die Summe aller Regelungen, die betriebliche Abläufe bestimmen.

Betrieb

Ein **Betrieb** ist eine organisierte Einheit, die Güter produziert oder Dienstleistungen erbringt.

Unternehmen

Ein **Unternehmen** ist der rechtlich-finanzielle Rahmen, der einen oder mehrere Betriebe umfasst.

Unternehmer

Jeder, der ein Unternehmen betreibt, ist **Unternehmer.**

KMU

Unter **KMUs** versteht man kleinste, kleine und mittlere Unternehmen mit bis zu 249 Mitarbeitern.

SbX ID: 1103

Eine Audio-Wiederholung mit Audio-Player und MP3-Download sowie eine Bildschirmpräsentation mit allen Grafiken dieser Lerneinheit finden Sie unter der ID: 1103.

Wissen

SbX ID: 1104

SbX
2. mit automatischer Aufgabenkontrolle
ID: 1104
erledigt ✓
2. ☐

1. Erläutern Sie die beiden unterschiedlichen Bedeutungen des Begriffes Organisation anhand der Vorbereitungen für ein Schulabschlussfest!

2. Grenzen Sie die Begriffe Betrieb und Unternehmen bzw. Firma ab, indem Sie folgende Fragen als „richtig" oder „falsch" kennzeichnen!

	richtig	falsch
In einem Betrieb können Dienstleistungen erbracht werden.		
Betriebe sind für Zahlungen nie verantwortlich, das übernehmen immer Unternehmen.		
Sachgüter können nur in Unternehmen hergestellt werden.		
Eine Firma ist der in das Firmenbuch eingetragene Name eines Betriebes, unter dem dieser seine Geschäfte betreibt.		
Eine Firma ist der in das Firmenbuch eingetragene Name eines Unternehmers, unter dem dieser seine Geschäfte betreibt.		
Betriebe können mehrere Unternehmen haben.		
Unternehmen sind immer auf Gewinne ausgerichtet.		

3. Nennen Sie die Produktionsfaktoren!

4. Im Rahmen eines Bewerbungsgespräches wird Ihnen folgende Frage gestellt:

„In meinem Unternehmen sind ca. 200 Mitarbeiter tätig. Ich habe im Internet folgende Information gefunden:

KMU-Förderungsgesetz

drucken ✉ versenden Beratungstermin

Gewinnfreibetrag für begünstigte Investitionen

Zur Stärkung der rund 300.000 KMU und Freiberufler in Österreich, hat der Gesetzgeber mit dem KMU-Förderungsgesetz eine steuerlich sehr attraktive Begünstigung eingeführt: **Den Gewinnfreibetrag für begünstigte Investitionen.**

Was wird gefördert?

Kommt diese Förderung für mich infrage?"

Lerneinheit 2
Aufbauorganisation

Um die Struktur, d.h. den Aufbau eines Unternehmens, zu gestalten, bedient man sich der Elemente der Aufbauorganisation. Ausgehend von der Aufgabe eines Unternehmens und vom Unternehmenszweck werden Aufgaben analysiert, Stellen gebildet, zu Abteilungen verdichtet und in Form von Organigrammen abgebildet.

SbX
Alle SbX-Inhalte zu dieser Lerneinheit finden Sie unter der ID: 1200.

Lernen

SbX ID: 1201

1 Aufbauorganisation und Organigramm
Die Abbildung der inneren Ordnung eines Unternehmens

Aufbauorganisation = **structural organization**

Unter der **Aufbauorganisation** wird die hierarchische Gliederung eines Unternehmens in einzelne Organisationseinheiten verstanden. In der Aufbauorganisation sind die Verantwortlichkeiten, die Aufgaben, die Kompetenzen und die Weisungsbefugnisse der einzelnen Organisationseinheiten festgelegt.

Dargestellt ist die Aufbauorganisation eines Unternehmens in
- **Organigrammen (Organisationsschaubildern)** und
- **Stellenbeschreibungen.**

Die Inhalte der Stellenbeschreibung finden Sie in Kapitel 3.

Michael: Als ich zum ersten Mal in die ING4TECH kam, sah ich zwar Gebäude, Hallen, Lager und Verkehrswege vor mir, konnte mir aber kaum ein Bild des Unternehmens machen.

Anna: Wenn du Informationen über den Unternehmenszweck, die Branche und die erstellten Produkte und/oder Dienstleistungen hast, so kannst du durch ein Organigramm einen besseren Einblick in den inneren Aufbau, in das Gefüge eines Unternehmens, bekommen.

Organigramm = **organizational chart**

Das **Organigramm** zeigt die grobe Struktur des Unternehmens und gibt Auskunft über
- die hierarchische Ordnung im Unternehmen,
- die Art und den Umfang der Arbeitsteilung,
- die Art der Koordination bzw. Kommunikation.

In einem Organigramm wird die Unternehmenshierarchie meist nur bis zur Ebene der Abteilungsleiter dargestellt. Den Abteilungen untergeordnete Stellen werden oft nicht mehr abgebildet.

Ein Organigramm hat folgenden Aufbau:

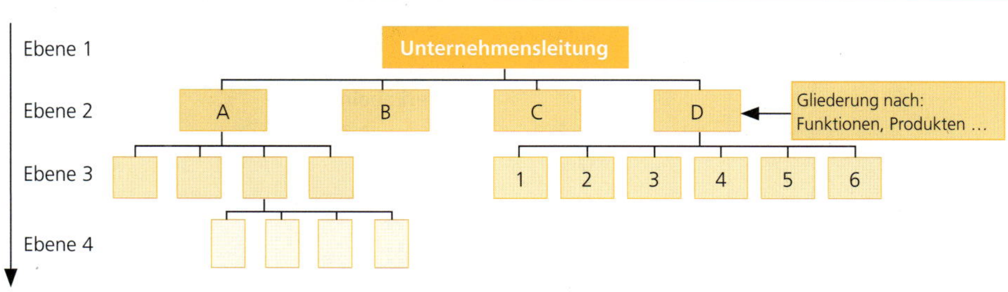

Organigramm – Aufbau

Instanzen sind Stellen mit Weisungsbefugnis.

Die einzelnen Bereiche, Abteilungen und Stellen werden meist in Form von Rechtecken dargestellt.

Die Verbindungslinien zeigen die **Hierarchie** (Über- und Unterstellung) und **Kommunikationswege** an. Eine frei wählbare farbliche Unterlegung hilft, die Darstellung übersichtlich zu gestalten.

Michael: Bei Betriebsbesichtigungen habe ich die Erfahrung gemacht, dass auch Unternehmen, die in der gleichen Branche tätig sind und ähnliche Produkte herstellen, unterschiedlich aufgebaut sind. Auch die Bezeichnungen für Stellen mit gleichen Aufgaben weichen oft voneinander ab. Warum?

Geschäftsführerin der ING4TECH: Diese Unterschiede haben ihre Ursachen meist in der Entwicklung der Unternehmen in der Vergangenheit sowie in unterschiedlichen Meinungen über die optimale Gestaltung der Aufbauorganisation.

2 Aufgabenanalyse – Aufgabensynthese

Welche Aufgaben sind in einem Unternehmen durchzuführen?

Viele erledigte Teilaufgaben ergeben in Summe das gewünschte Ergebnis.

Um Güter zu produzieren und Dienstleistungen zu erbringen, arbeiten in einem Betrieb viele Menschen zusammen.

Gesamtaufgabe – Teilaufgaben

Die **Gesamtaufgabe,** z. B. die Produktion eines Autos, wird gedanklich in **viele Teilaufgaben** zerlegt. Die Tiefe der „Zerlegung" ist dabei abhängig von der Betriebsgröße und dem Grad der Arbeitsteilung.

Die schrittweise Zerlegung der Gesamtaufgabe wird bis zum Erreichen sogenannter Elementaraufgaben durchgeführt.

Beispiele für Elementaraufgaben sind:

- einkaufen
- montieren
- lagern
- verpacken
- verkaufen

Diese Phase der Aufbauorganisation bezeichnet man als **Aufgabenanalyse.**

Stelle = **position**

Stellenbildung

Danach werden diese Teilaufgaben zu sogenannten **Stellen** zusammengefasst. Zusammengehörige Stellen werden in Gruppen oder Abteilungen gebündelt, wodurch sich die Unternehmenshierarchie ergibt. Diese Phase der Aufbauorganisation bezeichnet man als **Aufgabensynthese.**

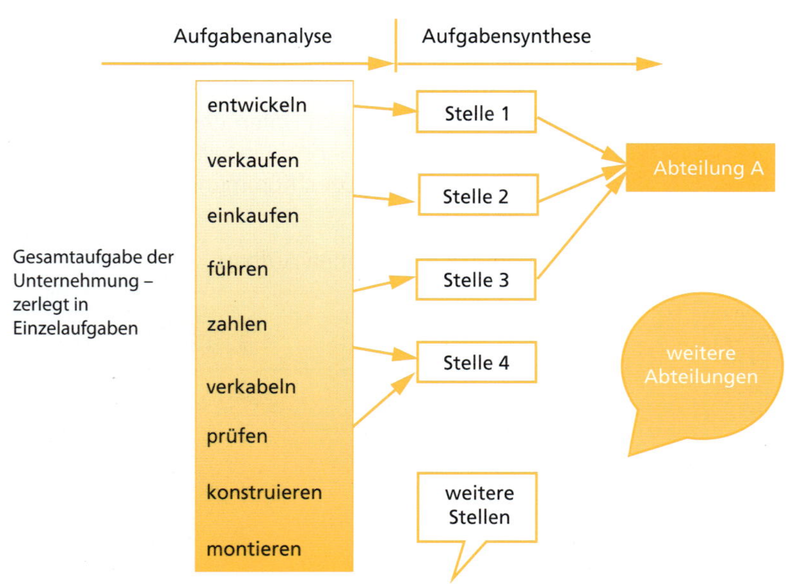

Aufgabenanalyse und -synthese

Die **Tiefe der Gliederung eines Unternehmens** (Anzahl der Ebenen) ergibt sich aus dem Betriebszweck und der Größe des Unternehmens.

Im **Kleinbetrieb** beginnt die Arbeitsteilung, es werden Aufgaben grob zusammengefasst und die ersten Abteilungen gebildet. Mit steigender Betriebsgröße und abhängig vom Unternehmenszweck wird tiefer gegliedert.

Der typische Ein-Mann-Betrieb vereint alle Unternehmensfunktionen in der Person des Unternehmers. Der Würstelstand-Einzelunternehmer kauft ein, produziert, verkauft, verbucht, repariert.

Ein-Mann-Betrieb	Kleinbetrieb	Mittelbetrieb	Großbetrieb
	Einkauf	Konstruktion	noch tiefere Gliederung
		Arbeitsvorbereitung	
		Verkauf	
	Verkauf	Einkauf	
		Personal	
		Buchhaltung	
	Verwaltung	Controlling	
		Fertigung	
		Montage	

Arbeitsteilung bei steigender Betriebsgröße

3 Elemente der Aufbauorganisation
Die „Bausteine" eines Unternehmens

Organisatorische Einheiten sind **Ausführungs-, Leitungs-** und **Stabstellen.** Stellen werden zu **Gruppen, Abteilungen, Bereichen, Sparten** und **Divisionen** zusammengefasst.

Stelle

Eine **Stelle** ist die **kleinste organisatorische Einheit einer Betriebsorganisation.** Sie umfasst die Teilaufgaben, die zum Arbeitsbereich einer Person gehören.

Vorschriften und **Anweisungen** zeigen dem Stelleninhaber auf,
- was er zu tun hat (Aufgaben, Zuständigkeiten),
- wofür er verantwortlich ist (Verantwortlichkeiten),
- was er tun darf (Kompetenzen),
- wer ihm unterstellt und wer ihm vorgesetzt ist (Hierarchie).

Je nach Aufgabenstellung und Leitungsbefugnis unterscheidet man drei **Arten von Stellen.**

Ausführungsstellen = **execution units**

- **Ausführungsstellen:** Diese führen Teilaufgaben durch, haben jedoch keine Leitungsfunktionen. Dazu gehören z.B. Produktionsmitarbeiter, Sekretariatspersonal, Verkaufspersonal, Sachbearbeiter.

Leitungsstellen = **executive units**

- **Leitungsstellen (Instanzen):** Diese haben Anweisungs-, Entscheidungs- und Kontrollbefugnisse gegenüber ihnen untergeordneten Stellen. **Leitungsstellen** sind beispielsweise Vorarbeiter, Meister, Gruppenleiter, Abteilungsleiter.
- **Stabstellen:** Sie unterstützen die Leitungsstellen, denen sie zugeordnet sind. Sie bereiten die Entscheidungen der leitenden Stelle vor, sammeln Informationen, erarbeiten Berichte usw. Manchmal führen sie auch Kontrollaufgaben im Namen der Leitungsstelle aus. Die Entscheidungen trifft jedoch der Inhaber der leitenden Stelle selbst. Typische Beispiele für Stabstellen sind der Assistent der Geschäftsleitung oder die Pressestelle.

Stellenbeschreibung = **job description**

Stellenbeschreibung

Um die Aufgaben, Kompetenzen und Zuständigkeiten der einzelnen Stellen im Unternehmen eindeutig festzulegen und voneinander abzugrenzen, werden häufig **schriftlich formulierte Stellenbeschreibungen erstellt.**

Sie sind eine wichtige Unterlage für die Personalabteilung, weil diese daraus bei einer Neubesetzung der Stelle die erforderliche Qualifikation ersehen kann. Aber auch ein neuer Mitarbeiter kann aus der Stellenbeschreibung ersehen, was in dieser Position von ihm erwartet wird.

Die Stellenbeschreibung fasst die wesentlichen Informationen einer Arbeitsstelle zusammen.

Die **Stellenausschreibungen,** die z. B. in Zeitungen veröffentlicht werden, beschreiben die erforderliche Ausbildung, benötigte Fähigkeiten etc. Wesentliche firmeninterne Details werden nicht angeführt.

Die Beschreibung einer Stelle wird von der Personalabteilung in Abstimmung mit der jeweiligen Fachabteilung durchgeführt. Stellenbeschreibungen werden personenunabhängig verfasst.

Eine **Stellenbeschreibung** sollte folgende Angaben enthalten:

- Stellenbezeichnung
- Rang/Position (Gruppen-, Abteilungsleiter/in usw.)
- Vorgesetzte/r
- Stellvertreter/in
- untergeordnete Stellen
- Ziele der Stelle
- Aufgaben, Verantwortlichkeiten, Kompetenzen
- Anforderungen an den/die Stelleninhaber/in
- tarifliche Einordnung (Entlohnung, Gehaltsstufe)

Abteilung

Abteilung = **department**

Mehrere Stellen werden zu einer Abteilung zusammengefasst. Die einzelnen Abteilungen sind entweder direkt der Unternehmensleitung unterstellt oder werden in Bereiche eingegliedert, die der Unternehmensleitung unterstellt sind.

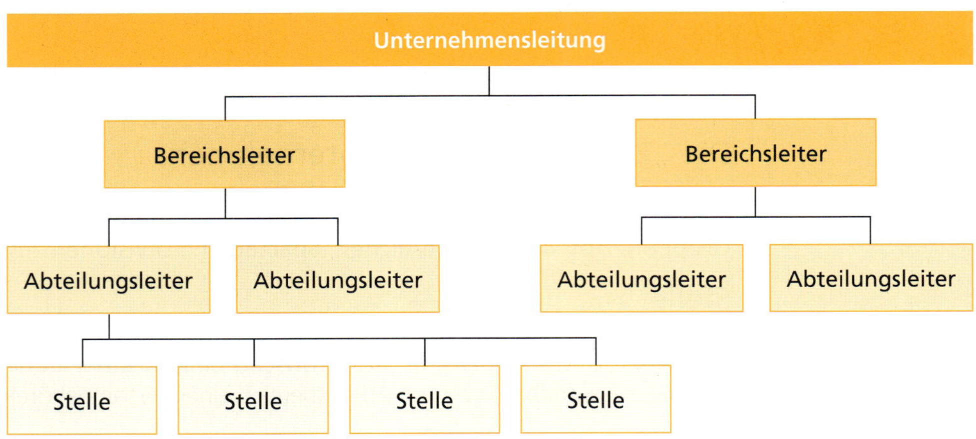

Stellen und Abteilungen in der Unternehmenshierarchie

Abteilungen sind **Zusammenfassungen von Stellen** unter einheitlicher Leitung.

Führungsebenen

Man verwendet auch folgende englische Bezeichnungen:
top management – Geschäftsführung
middle management – Abteilungsleiter
lower management – Meister, Vorarbeiter

Man unterscheidet zwischen

- der **oberen Führungsebene,** z. B. Vorstand, Geschäftsführung, Spartenleiter/in,
- der **mittleren Führungsebene,** z. B. Abteilungsleiter/in, Betriebsleiter/in,
- der **unteren Führungsebene,** z. B. Meister/in, Gruppenleiter/in, Vorarbeiter/in.

Vorgesetzte sind Stelleninhaber mit Weisungsbefugnis. Stellen mit Weisungsbefugnis werden auch **Instanzen** genannt.

4 Aufgabenabgrenzung
Nach welchen Gesichtspunkten entsteht die betriebliche Ordnung?

Die Gestaltung der Hierarchieebene unter der Unternehmensleitung hat maßgeblichen Einfluss auf die Koordination, die Kommunikation und die Art und Weise, wie Unternehmensziele erreicht werden sollen.

Wesentlich mitbestimmt wird die **Art der Aufgabenabgrenzung** durch die Größe des Unternehmens. Die Aufgabengliederung erfolgt nach **Funktionen** oder **Objekten.**

Eine **Verrichtung** ist eine körperliche oder geistige Tätigkeit bzw. Handlung, z. B. drehen, bohren, schleifen, einkaufen, verkaufen, konstruieren, kalkulieren.

SbX **Organigramm der ING4TECH, ID: 1201**

Funktionale Gliederung

Wird die zweite Ebene (unterhalb der Unternehmensleitung) nach Funktionen, Tätigkeiten bzw. Verrichtungen gegliedert, so spricht man von **„funktionaler Gliederung"**.

Die Gliederungstiefe ist von der Betriebsgröße und dem Grad der Arbeitsteilung abhängig.

Anna: Michael, hier siehst du das Organigramm der ING4TECH. Man erkennt, dass es ein typisch funktional gegliedertes Unternehmen ist.

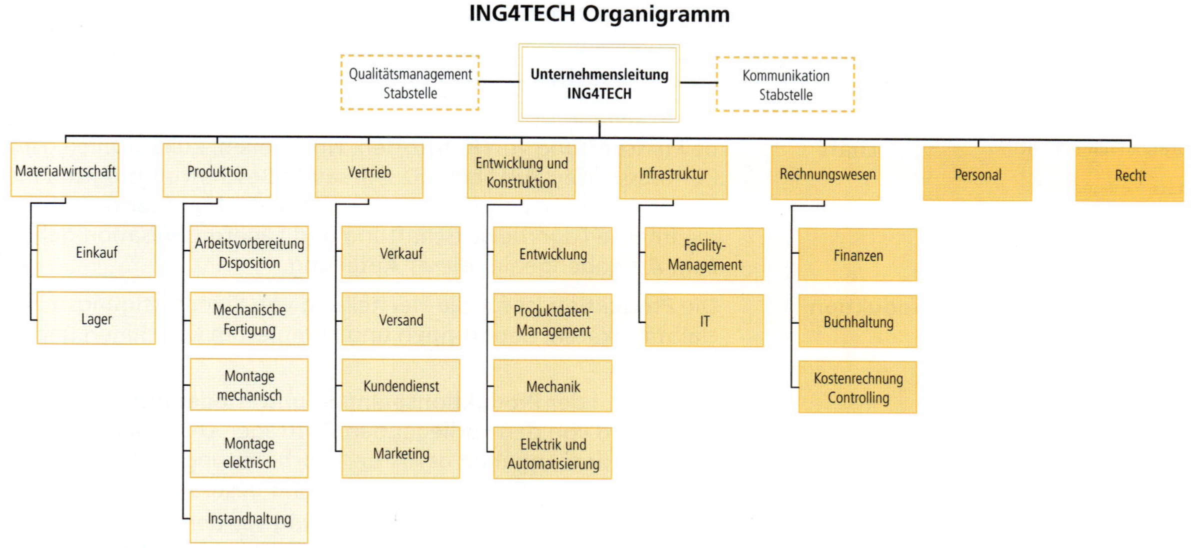

Organigramm ING4TECH – funktionale Gliederung

funktionale Gliederung = **functional orientated organization**

Stärken der funktionalen Gliederung:

- bestmögliche Nutzung der fachlichen Fähigkeiten durch hohe Spezialisierung der Abteilungen
- hohe Effizienz der Aufgabenerfüllung durch tiefe Arbeitsteilung
- klare Verantwortungsbereiche

Schwächen bzw. Gefahren der funktionalen Gliederung:

- Die Kommunikation zwischen den Funktionsbereichen findet prinzipiell über die Unternehmensleitung statt. Lange Kommunikationswege verhindern oft rasche Entscheidungen.
- „Die Kette ist nur so stark wie ihr schwächstes Glied!" – Probleme in einem Bereich wirken sich auf alle anderen Bereiche direkt aus.
- Mangelnde Flexibilität der Gesamtorganisation: Auf Nachfrageverschiebungen oder andere Umweltveränderungen wird oft nur schwerfällig reagiert.
- Abteilungen verfolgen oft eigene Ziele, die abweichend von übergeordneten Unternehmenszielen sein können.

Unternehmensfunktionen

Die Funktionen der verschiedenen Abteilungen und Bereiche eines Unternehmens sind unternehmensspezifisch unterschiedlich. Da es keine einheitlichen Regelungen dafür gibt, werden einige Möglichkeiten anhand der ING4TECH erörtert.

Michael: Ich habe bisher noch keine Aufstellung über die Inhalte einzelner Unternehmensfunktionen gesehen. Du hast die meisten Abteilungen der ING4TECH schon kennengelernt. Kannst du mir bitte etwas darüber erzählen?

Anna: Gerne, denn das hat mich zu Beginn – auch für meine beruflichen Ziele – ebenfalls sehr interessiert.

Die **Unternehmensleitung einer GmbH** ist die **Geschäftsführung.** Eine GmbH wird von einem oder mehreren Geschäftsführern geleitet.

Die **Unternehmensleitung einer AG** ist der **Vorstand.**

Eine AG wird von einem oder mehreren Vorständen geleitet.

Unternehmensleitung = **corporate management**

Qualitätsmanagement = **quality management**

Kommunikation = **communication**

Materialwirtschaft = **materials management**

Produktion = **production**

Vertrieb = **sales**

Unternehmensleitung	Die strategischen Unternehmensziele nach Vorgabe der Eigentümer und die davon abgeleiteten operativen ökonomischen, ökologischen und sozialen Ziele bilden die Leitlinie für die Aktivitäten. Der Unternehmensleitung obliegt die Gesamtführung des Unternehmens durch Festlegung von Teilzielen für die untergeordneten Abteilungen und laufende Kontrolle der Erreichung dieser Ziele.
Stabstelle Qualitätsmanagement	Die Stabstelle Qualitätsmanagement hat die Aufgabe, alle unternehmensinternen Abläufe und Prozesse so zu gestalten, dass die Produkte und Dienstleistungen den Kundenanforderungen entsprechen. Alle qualitätsrelevanten Prüfungsvorgänge werden von dieser Stabstelle geplant.
Stabstelle Kommunikation	Die Stabstelle Kommunikation ist für die Koordination der gesamten Presse- und Öffentlichkeitsarbeit zuständig.
Materialwirtschaft	Die Abteilung Materialwirtschaft ist für den Einkauf und die Lagerbewirtschaftung von Rohstoffen, Normteilen, Zukaufteilen, Hilfs- und Betriebsstoffen zuständig. Die gesamte Beschaffungslogistik mit Lieferantensuche, -bewertung und -auswahl, die Materialsteuerung sowie die interne Lagerbewirtschaftung und Lagerorganisation gehören zum Aufgabengebiet dieser Abteilung.
Produktion	Die Produktion ist für die Herstellung von Eigenfertigungsteilen, Halbfabrikaten, Baugruppen und kompletten Maschinen und Anlagen zuständig. Im Rahmen der **Produktionsplanung und -steuerung (PPS)** werden, ausgehend von den vorliegenden Aufträgen (Art, Menge, Liefertermin) und den Angaben der Arbeitsvorbereitung, Mitarbeiter, Termine und Maschinenbelegungen geplant und gesteuert. ● In der **Abteilung Arbeitsvorbereitung** werden die erforderlichen Arbeitspläne erstellt sowie der Materialbedarf für die eingegangenen Kundenaufträge bzw. Lageraufträge ermittelt. ● Die eigentliche Herstellung der Produkte findet in der Abteilung **„Mechanische Fertigung"**, der **mechanischen** und der **elektrischen Montage** statt. ● Die **Instandhaltung** ist für den möglichst störungsfreien Betrieb der Maschinen, Anlagen und Betriebsmittel zuständig. Es wird vorbeugende Instandhaltung nach Wartungsplänen betrieben.
Vertrieb	Der Vertrieb ist die zentrale Ansprechstelle für alle Kunden und Interessenten und darüber hinaus für das Marketing sowie für die Absatzplanung verantwortlich. ● Der **Verkauf** ist für die Kundenakquisition, die Angebotsbearbeitung, den Verkauf und die Auftragsabwicklung zuständig. ● Der **Versand** ist verantwortlich für die Verpackung und den Versand der Produkte des Unternehmens. ● Die **Marketing-Abteilung** verstärkt einerseits die marktorientierte Unternehmensführung, bereitet die strategischen und operativen Marketingziele vor und setzt in Zusammenarbeit mit allen Mitarbeitern des Unternehmens das Marketingkonzept um. ● Der **Kundendienst** ist für den gesamten „After Sales Service" zuständig. Er ist wie folgt gegliedert: ○ Der „Innendienst" berät Kunden, nimmt Reklamationen auf und bearbeitet sie. ○ Der „Ersatzteilverkauf" sorgt für eine optimale Versorgung der Kunden und Händler mit Ersatzteilen. ○ Der „Außendienst" führt Störungsbehebungen, Reparaturen und Wartungstätigkeiten vor Ort beim Kunden durch.

Forschung und Entwicklung = **research and development**

Entwicklung und Konstruktion	Der Bereich Entwicklung und Konstruktion ist für die Entwicklung und Konstruktion der Produkte entsprechend den Anforderungen der Kunden zuständig. Gearbeitet wird mit 3D-CAD-Systemen. ● Das **„Produktdaten-Management"** gliedert und verwaltet alle produktdatenrelevanten Aufzeichnungen. Stücklisten werden erstellt, Baugruppen definiert, fertigungsrelevante Zeichnungsänderungen werden in Absprache mit der Arbeitsvorbereitung durchgeführt. Neue Materialien, Normteile und sonstige Zukaufteile werden spezifiziert, klassifiziert und im ERP-System (Enterprise Resource Planning System) verwaltet. Der Zeichnungsänderungsdienst wird durchgeführt. Weiters werden alle Dokumente, die mit Produkten mitgeliefert werden (z. B. Bedienungsanleitungen, Wartungsanleitungen, Ersatzteillisten usw.), erstellt. ● Die Abteilung **Entwicklung** sucht nach Ideen und Umsetzungsmöglichkeiten für innovative Problemlösungen, Verfahren und Produkte. ● Die Abteilung **Mechanik** konstruiert mechanische Komponenten, Baugruppen, Maschinen und Anlagen. Ergebnisse sind die Zusammenstellungszeichnungen und Werkstattzeichnungen. ● Die Abteilung **Elektrik und Automatisierung** erstellt Schaltpläne, Steuerungen und Bedienungskonzepte für die Serien- und Sondermaschinen.
Infrastruktur	● Der **IT-Bereich** (Informationstechnik), oft EDV-Abteilung genannt, ist für die Einrichtung und den Betrieb der EDV-Hardware und die Softwareausstattung des Unternehmens verantwortlich. ● Das **Facility Management** (professionelle Gebäudebewirtschaftung) ist für das gesamte Gebäudemanagement verantwortlich. Die Energieversorgung, Müllentsorgung, Um- und Neubauten, Reinigung bis hin zum Wachdienst werden geplant und durchgeführt.
Rechnungswesen	● Der Bereich **Finanzen** sorgt für die Liquiditätssteuerung des Unternehmens, die Finanzplanung, die Veranlagungen und die Kredit- und Darlehensbeschaffung bzw. -rückzahlung. ● Die **Buchhaltung** führt gesetzeskonform das externe Rechnungswesen durch und ist auch für das Mahnwesen verantwortlich. Erstellt werden die Bilanz sowie die Gewinn-und-Verlust-Rechnung. ● Der Bereich **Controlling** führt u. a. die Kostenarten- sowie die Kostenstellenrechnung durch und liefert Grundlagen für die Kostenträgerrechnung (Kalkulation). Das Controlling ist aber auch verantwortlich für die Erstellung von Soll-Ist-Vergleichen, Planung und Kontrolle von betrieblichen Kennzahlen, Analyse von Abweichungen und unterstützt damit die Unternehmensleitung.
Personal	Die Personalabteilung wird in der Praxis oft mit „Human Resources" (HR) bezeichnet. Ihr obliegt die Personalverwaltung, die Lohn- und Gehaltsabrechnung, die Schulung und Ausbildung der Mitarbeiter, die Personalrekrutierung sowie die Einstellung und Freisetzung von Mitarbeitern.
Recht	Alle Rechtsangelegenheiten des Unternehmens werden hier bearbeitet.

IT-Bereich = **information technologies**

Rechnungswesen = **accounting**

Recht = **law**

Objektorientierte Gliederung

objektorientierte Gliederung = **object orientated organization**

Beispiel für objektorientierte Gliederung: Sparte Lkw

Sparte = **division**

Neben der beschriebenen funktionalen Gliederung gibt es auch die Möglichkeit, die zweite Hierarchieebene nach **gleichartigen Objekten** zusammenzufassen. Beispiele für solche Objekte sind:

- **Produkte,** z. B. Pkw, Lkw, Busse usw.
- **Regionen** (Märkte), z. B. Inland, EU, Asien, USA usw.
- **Kundensegmente,** z. B. Firmenkunden, Privatkunden usw.

Vielfach wird diese Organisationsform auch als **Spartenorganisation** oder **divisionale Organisation** bezeichnet. Jeder Sparte werden eigene funktionale Abteilungen (z. B. Verkauf, Fertigung usw.) übertragen. Bestimmte funktionale Abteilungen können in zentralen Einheiten gemeinsam von allen Sparten genutzt werden.

Profitcenter: Werden einzelnen „Organisationseinheiten“ nicht nur die Kosten, sondern auch die Erlöse zugerechnet, bezeichnet man diese als Profitcenter. Dadurch entstehen kleine, „schlagkräftige“ Einheiten innerhalb der eigenen Organisation.

Die einzelnen Sparten können auf verschiedene Arten geführt werden:

- Die Sparte trägt **Produktions- und Kostenverantwortung** im Rahmen des von der Unternehmensleitung vorgegebenen Budgets.
- Die Sparte wird als **Profitcenter** mit eigenem, intern ausgewiesenen Betriebsergebnis geführt.
- Die Sparte wird als rechtlich unabhängiges **Tochterunternehmen** im Rahmen eines Konzerns geführt.

Die Spartenorganisation ist überwiegend bei international tätigen Großunternehmen, meist mit produktgruppenorientierten Sparten, anzutreffen.

Michael: Wie würde das Organigramm der ING4TECH aussehen, wenn dieses Unternehmen objektorientiert gegliedert wäre?

Anna: Nehmen wir an, die ING4TECH wird in zwei Sparten gegliedert: die Sparte Anlagen und Anlagenkomponenten und die Sparte Maschinen. Abteilungen, die spartenunabhängig bleiben, sind die Abteilungen Infrastruktur, Recht, Personal und Rechnungswesen.

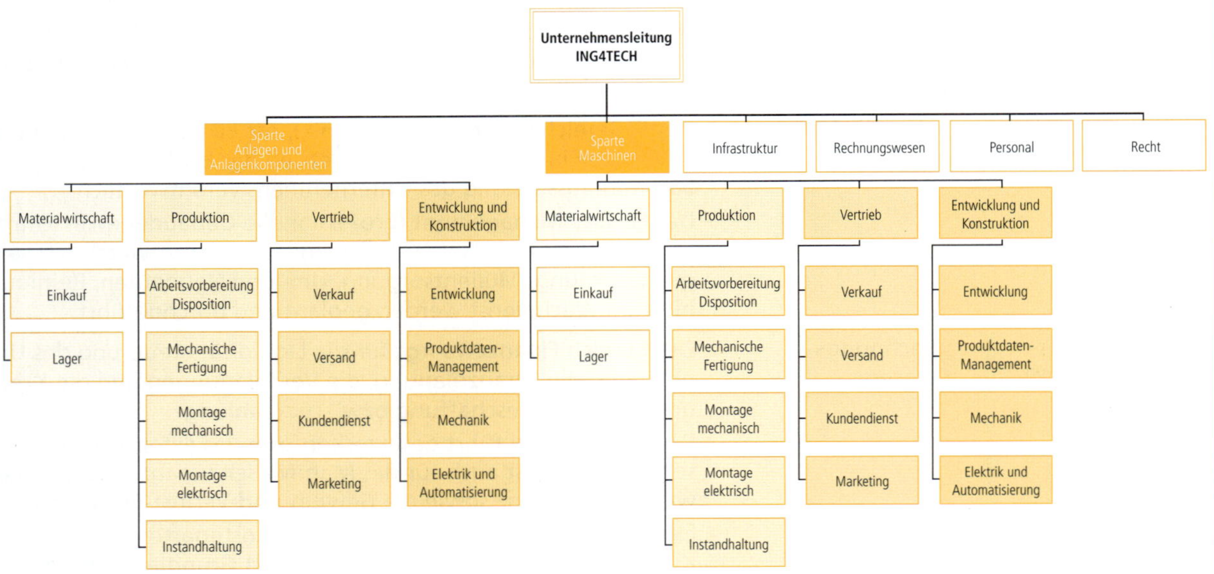

Organigramm ING4TECH – objektorientierte Gliederung

Stärken der objektorientierten Gliederung:

- Die Verantwortung, auch für Kosten und Gewinne, ist zwischen den einzelnen Sparten klar abgrenzbar.
- Konzentration auf produktspezifische Produktions- und Marktverhältnisse
- Entlastung der Unternehmensleitung von Kommunikations- und Koordinationsaufwand innerhalb der einzelnen Sparten
- hohe Flexibilität in Hinblick auf Markt- und Umweltveränderungen

Schwächen bzw. Gefahren der objektorientierten Gliederung:

- mehrere funktional gleiche Abteilungen (Doppelgleisigkeiten) in einem Unternehmen (z. B. Verkauf, Konstruktion)
- erhöhter Koordinationsaufwand im Hinblick auf die Identität der Gesamtunternehmen
- Beeinträchtigung der Kundenbetreuung durch produktgruppenspezifische Verkaufsorganisationen
- interne Konkurrenzsituation durch unklare Marktabgrenzungen

5 Formen der Über- und Unterordnung

Wer ist der „Chef"?

In Theorie und Praxis haben sich verschiedene Möglichkeiten zur Gestaltung der Aufbauorganisation herausgebildet.

Man unterscheidet:

- Einliniensystem
- Stab-Liniensystem
- Matrixorganisation

Einliniensystem

Das **Einliniensystem** ist durch die **eindeutige Zuordnung** jeder untergeordneten Stelle (Abteilung) zu einer einzigen Leitungsstelle gekennzeichnet.

Jede Stelle (Abteilung) hat nach diesem Prinzip **nur einen direkten Vorgesetzten** und erhält nur von diesem seine Anweisungen bzw. gibt Informationen an diesen weiter. Dadurch ist die Einheitlichkeit der Führung garantiert.

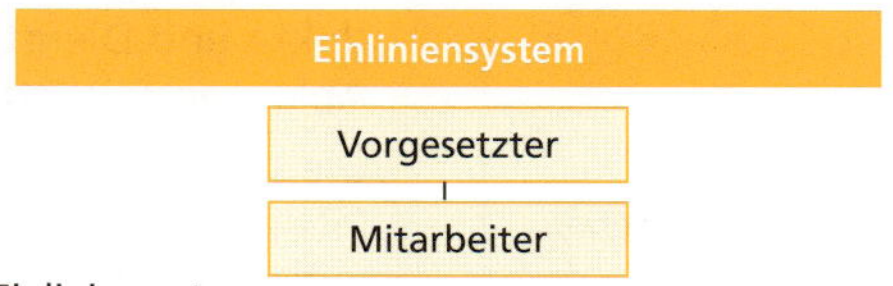

Einliniensystem

Beispiel

Das Einliniensystem ist für kleinere und mittlere Unternehmen gut geeignet, da es klare und übersichtliche Weisungsbefugnisse sicherstellt. Aber auch bei großen Unternehmen mit größtenteils gleichbleibenden Arbeitsaufgaben wird diese Form angewendet.

Einliniensystem eines produzierenden Unternehmens, das eine funktionale Gliederung aufweist:

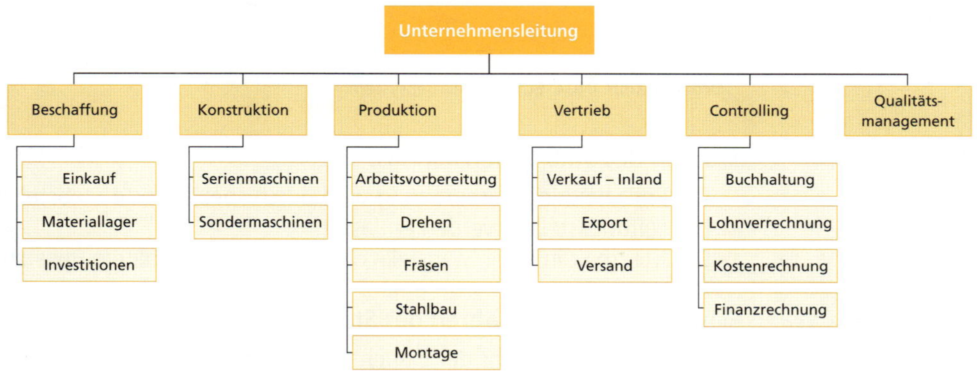

Einliniensystem mit funktionaler Gliederung

Stärken des Einliniensystems:

- einheitliche, zielorientierte Entscheidungen
- eindeutige Verantwortungsbereiche
- Vermeidung von Kompetenzkonflikten
- gute Kontrollmöglichkeit für Vorgesetzte
- eindeutige Kommunikationswege (Weisungen, Berichte)
- übersichtliches Gesamtsystem

Schwächen bzw. Gefahren des Einliniensystems:

- Beeinträchtigung der Kommunikation zwischen den einzelnen Bereichen
- geringer Entfaltungsspielraum für Mitarbeiter in den untergeordneten Stellen
- Schwerfälligkeit der Gesamtorganisation bei Marktveränderungen

Stab-Liniensystem

Stabstelle = **consulting unit**

Das Einliniensystem tritt in der Praxis oft in Form eines Stab-Liniensystems auf. Spezialisierte Stabstellen leisten Vorbereitungen für die Leitungsstellen, um deren Entscheidungsfindung zu unterstützen.

Ein **Stab** ist eine **Organisationseinheit,** die
- Informationsfunktionen,
- Beratungsfunktionen,
- Kontrollfunktionen

für eine oder mehrere Abteilungen, denen die Stabstelle zugeordnet ist, wahrnimmt.

Stabstellen sind z. B. die „Kommunikation" (Pressestelle), die „Assistenz der Geschäftsführung", die „Marktforschung" oder das „Qualitätsmanagement".

Die Stabstellen erhalten Anweisungen, haben aber keine Weisungsbefugnis. Die Weisungsbefugnis liegt bei der zugehörigen Instanz, die ihre Entscheidung auf den Arbeiten der Stabstelle aufbaut.

Michael: Welche Stabstellen hat die ING4TECH?

Leiter der Stabstelle Kommunikation: Die Unternehmensleitung der ING4TECH hat zwei Stabstellen installiert. Eine Stabstelle ist das „Qualitätsmanagement", die andere Stabstelle wird „Kommunikation" genannt.

Die Unternehmensleitung übernimmt persönlich die Verantwortung für die Qualität ihrer Produkte und Dienstleistungen und lässt sich bei planerischen Tätigkeiten, Zielvorgaben und der Ablaufgestaltung von der Stabstelle Qualitätsmanagement unterstützen.

Die Kommunikation mit der Unternehmensumwelt, Firmenpräsentationen, Pressemitteilungen, PR-Aktivitäten werden von der Stabstelle Kommunikation vorbereitet, mit der Unternehmensleitung abgestimmt und teilweise durch die Stabstelle selbst ausgeführt.

PR = Public Relations

Als wichtige Funktionen sind diese Stellen direkt der Unternehmensleitung unterstellt.

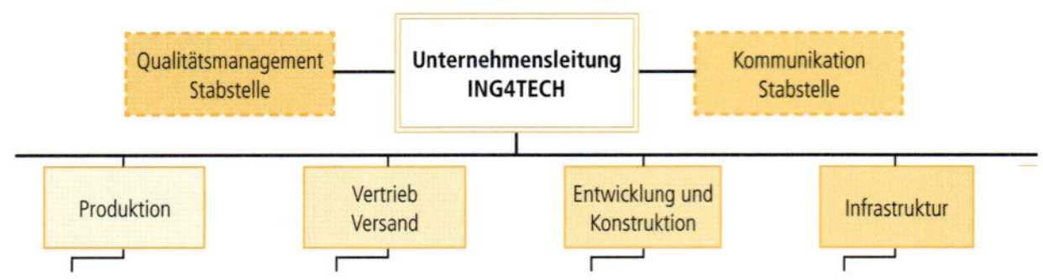

Organigramm ING4TECH-Stab-Liniensystem

Stärken des Stab-Liniensystems:
- Die Entscheidungsvorbereitung wird durch spezialisierte Stabstellen verbessert.
- Die Leitungsstellen werden entlastet.
- Die Mitarbeit in einer Stabstelle qualifiziert für die spätere Besetzung einer Leitungsstelle.

Schwächen bzw. Gefahren des Stab-Liniensystems:
- Es besteht die Gefahr der Einrichtung von zu vielen kostenintensiven Stabstellen.
- Die zumeist hochqualifizierten Stabsmitarbeiter besitzen keine Entscheidungskompetenzen.
- Stabstelleninhaber haben manchmal starken informellen Einfluss, der teilweise nicht ihrer Position entspricht.

Matrixorganisation

Matrixorganisation = **matrix organization**

Die **Matrixorganisation** ist eine Organisationsform, in der Mitarbeiter Weisungen von zwei Vorgesetzten (also mehreren) erhalten.

Das Mehrliniensystem, in dem ausführende Stellen Anweisungen von mehreren Vorgesetzten erhielten, geht auf Frederick W. Taylor zurück. Diese klassische Form des Funktionsmeistersystems hat nur noch historische Bedeutung. Große aktuelle Bedeutung hat das Mehrliniensystem als Matrixorganisation und in der Projektorganisation!

Frederick Winslow Taylor, geb. 1856 im Bundesstaat Pennsylvania, war ein amerikanischer Ingenieur und gilt als einer der Begründer der Arbeitswissenschaft.

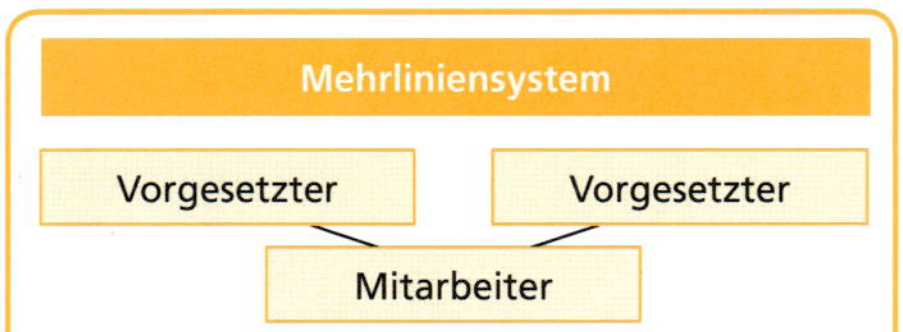

Mehrliniensystem

Der **Key-Account-Manager** kümmert sich umfassend um die spezifischen Belange und Interessen eines Kundensegments oder eines einzelnen, strategisch bedeutenden Kunden.

Der **Produktmanager** ist für bestimmte Produkte bzw. Produktgruppen verantwortlich.

Die Matrixorganisation ist durch **zwei Dimensionen** gekennzeichnet. Sie entsteht durch die Überlagerung von funktionsorientierten und objektorientierten Organisationsstrukturen, die formal einer Matrix gleichen. Dabei kreuzen sich die Weisungslinien bei den Stellen. Es entsteht die Form eines **Mehrliniensystems,** die Eindeutigkeit der Unterstellung wird aufgehoben. In der häufigsten Form haben Mitarbeiter zwei Vorgesetzte.

Die Matrixorganisation findet bei mittleren und großen Unternehmen Anwendung.

Es werden z. B. Produktmanager für einzelne Produkte, Area-Manager für einzelne Märkte, Key-Account-Manager für Großkunden oder Projektmanager für Abwicklung von Großprojekten eingesetzt.

Beispiel

Organigramm eines Unternehmens mit einer Matrixorganisation:

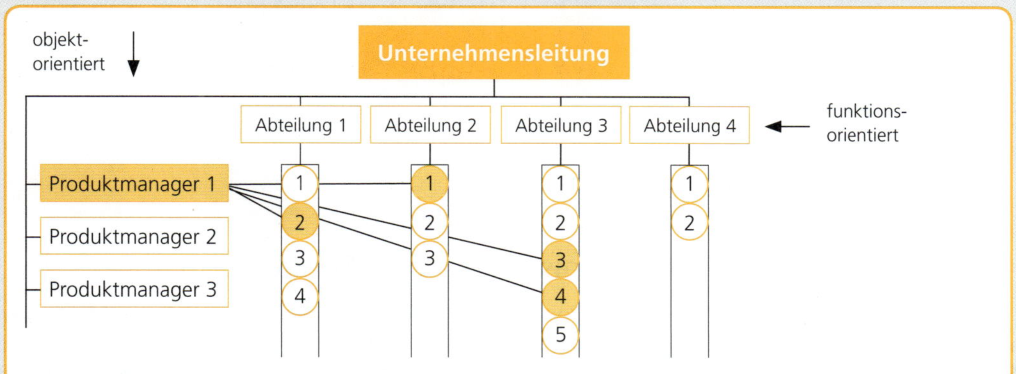

Matrixorganisation

Der Matrix-Begriff stammt aus der Mathematik: Eine **Matrix** ist ein rechteckiges Schema, dessen Elemente üblicherweise Zahlen, aber auch andere mathematische Elemente wie Variablen oder Funktionen sein können. Sie besteht aus *m* Zeilen und *n* Spalten.

Das Organigramm einer Matrixorganisationsform bedarf einer genauen Betrachtung:

Horizontal ist die **funktionsorientierte** Gliederung dargestellt. Die Abteilungen 1 bis 4 sind hier der Einkauf, die Produktion, der Vertrieb und die Verwaltung. Vertikal erkennt man die **Objektorientierung.** Die Skizze zeigt drei Produktmanager.

Dem Produktmanager 1 unterstehen der Mitarbeiter (2) der Abteilung 1, der Mitarbeiter (1) der Abteilung 2 und die Mitarbeiter (3) und (4) der Abteilung 3.

Stärken der Matrixorganisation:

- hohe Flexibilität der Gesamtorganisation
- erhöhte Innovationsfähigkeit
- kurze Kommunikationswege
- schnelle abteilungsübergreifende Entscheidungsfindung
- hohes Problem- und Konfliktlösungspotenzial

Schwächen bzw. Gefahren der Matrixorganisation:

- Anweisungen von mehreren Leitungsstellen an eine Stelle
- höhere Anforderungen an Mitarbeiter als im Einliniensystem
- Kontrolle der Mitarbeiter schwieriger als im Einliniensystem
- erhöhte Komplexität der Gesamtstruktur

Anna: Kannst du mir aufzeichnen, wie eine Matrixorganisation der ING4TECH aussieht, wenn auf Basis der rein funktionalen Gliederung zwei Produktmanager eingesetzt werden; einer für Elektromotoren, einer für Getriebe?

Michael: Ich habe es in der folgenden Skizze versucht. Um die Skizze nicht komplizierter als nötig zu gestalten, habe ich den Produktmanager für Elektromotoren mit den funktionalen Abteilungen Einkauf, Arbeitsvorbereitung, Verkauf und Entwicklung verknüpft.

Der Produktmanager für Getriebe ist verantwortlich für koordinierende Aktivitäten im Unternehmen hinsichtlich Entwicklung, Produktion und Verkauf seiner Produktgruppe. Die Verknüpfungslinien habe ich in der Skizze nicht weiter dargestellt.

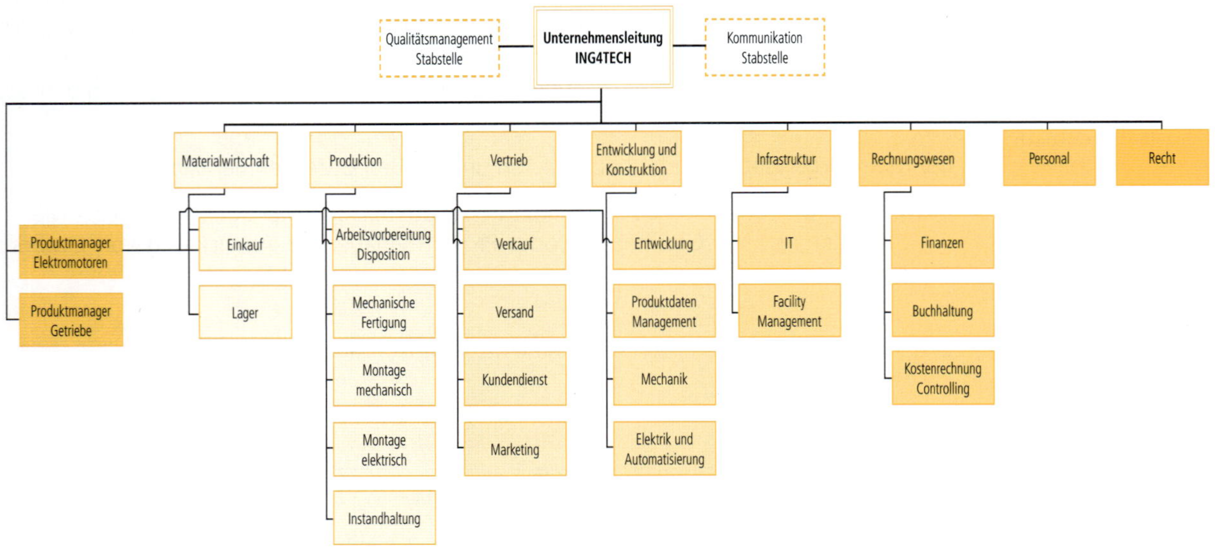

Organigramm ING4TECH-Matrixorganisation

SbX
Einen Text zur von Henry Mintzberg entwickelten Organisationsstruktur „Konfiguration" finden Sie unter der ID: 1201.

SbX
Das „7-S-Modell" (auch bekannt unter „McKinsey 7-S") finden Sie unter der ID: 1201.

Projektorganisation – eine Sonderform

Heutzutage werden sehr viele Vorhaben in Form von Projekten abgewickelt. Oft ist die Durchführung von Projekten mit den Methoden des Projektmanagements eine rasche und leicht umsetzbare Abhilfe gegenüber den Nachteilen der rein funktionalen Gliederung.

In Organigrammen sind Projektorganisationsformen üblicherweise nicht sichtbar.

Bestehende Abteilungs- oder Bereichsleitungen behalten meist ihre grundsätzliche Weisungsbefugnis. In Projektaufgaben können die Projektmitarbeiter dann auch zusätzlich einem Projektleiter unterstellt werden, es entstehen dann Matrixorganisationsformen.

Üben

SbX ID: 1202

SbX
Ü 1 mit automatischer Aufgabenkontrolle ID: 1202
erledigt ✓
Ü 1 ☐

Ü 1:

Schreiben Sie zu jeder der folgenden Aussagen, ob sie richtig (R) oder falsch (F) ist, und begründen Sie Ihre Antwort.

	R/F	Begründung
Die Aufbauorganisation eines Unternehmens ist die Gliederung in räumliche Einheiten.		
Die Aufbauorganisation eines Unternehmens wird mithilfe eines Flussdiagramms dargestellt.		
Die Aufbauorganisation legt fest, wer im Unternehmen wie viel verdient.		

SbX
Ü 2 mit automatischer Aufgabenkontrolle
ID: 1202
erledigt ✓
Ü 2 ☐

Ü 2:

Kennzeichnen Sie, ob folgende Aussagen zum **Organigramm** eines Unternehmens richtig (R) oder falsch (F) sind, und begründen Sie Ihre Antwort.

	R/F	Begründung
Ein Organigramm zeigt die hierarchische Ordnung im Unternehmen.		
Ein Organigramm gibt keine Hinweise darauf, wie die Kommunikation im Unternehmen geregelt ist.		
Ein Organigramm gibt Hinweise auf die Art der Arbeitsteilung.		
Ein Organigramm zeigt den jeweiligen Vorgesetzten eines Mitarbeiters.		

Ü 3:

Sie haben vor, mit zwei Kollegen/Kolleginnen ein Unternehmen zu gründen. Der Unternehmenszweck ist die Lohnfertigung von ebenen Teilen, die mittels Wasserstrahl geschnitten werden. Welche Schritte führen Sie durch, um Ihr Unternehmen in eine gute Aufbauorganisation zu betten?

Ü 4:

Führen Sie zumindest vier Beispiele für Verrichtungen an.

Ü 5:

Skizzieren Sie das Organigramm eines Unternehmens, das mit Werkzeugen handelt und funktional gegliedert ist. Es weist die Abteilung Logistik mit den darunterliegenden Gruppen Einkauf, Verkauf und Versand sowie die Abteilung Verwaltung mit den darunterliegenden Gruppen Buchhaltung und Lohnverrechnung auf. Geführt wird das Unternehmen von einer Instanz, die als GL (Geschäftsleitung) bezeichnet wird.

SbX
Ü 6 mit automatischer Aufgabenkontrolle
ID: 1202
erledigt ✓
Ü 6 ☐

Ü 6:

Schreiben Sie zu jeder der folgenden Aussagen, ob sie richtig (R) oder falsch (F) ist, und begründen Sie Ihre Antwort.

	R/F	Begründung
Die kleinste organisatorische Einheit im Unternehmen ist eine Abteilung.		
Die Stelle des Vorstandes einer AG ist eine Ausführungsstelle.		
Instanzen gibt es nur bei Gerichten.		
Eine Stabstelle, die der Unternehmensleitung zugeordnet ist, hat großen Einfluss und kann Abteilungsleitern Anweisungen erteilen.		
Eine Stellenbeschreibung ist auf eine Person „zugeschnitten“.		
Stellenbeschreibungen werden in Zeitungsinseraten veröffentlicht, wenn Unternehmen neue Mitarbeiter suchen.		

	R/F	Begründung
Sobald zwei Mitarbeiter ähnliche Tätigkeiten verrichten, entsteht eine Abteilung.		
Jeder, der in der Hierarchie eines Unternehmens höher gestellt ist, ist automatisch mein Vorgesetzter.		

SbX
Ü 7, Ü 8 **mit automatischer Aufgabenkontrolle ID: 1202**
erledigt ✓
Ü 7 ☐
Ü 8 ☐

Ü 7:

Kennzeichnen Sie, ob folgende Aussagen zur **funktionalen Gliederung** eines Unternehmens richtig (R) oder falsch (F) sind, und begründen Sie Ihre Antwort.

	R/F	Begründung
Fachliche Fähigkeiten werden schlecht ausgenutzt, da Mitarbeiter mit verschiedenen Fähigkeiten willkürlich zu Abteilungen zusammengefasst werden.		
Die Geschäftsführerin der ING4TECH muss eingreifen, wenn der Vertrieb und die Produktion gravierende Auffassungsunterschiede zum Thema Lieferzeit von Anlagen haben.		
Die Gesamtorganisation ist sehr flexibel und kann rasch auf Marktverschiebungen reagieren.		
Die funktionale Gliederung ist gekennzeichnet durch kurze Kommunikationswege.		

Ü 8:

Kennzeichnen Sie, ob folgende Aussagen zur **objektorientierten Gliederung** eines Unternehmens richtig (R) oder falsch (F) sind, und begründen Sie Ihre Antwort.

	R/F	Begründung
Die zweite Hierarchieebene eines Unternehmens ist nach Objekten, wie z. B. Einkauf, Produktion, Verkauf, gegliedert.		
Eine Sparte kann Produktgruppen, wie z. B. Elektromotoren, Pumpen, Drucker, umfassen.		
Im Organigramm sind unterhalb der Sparten die einzelnen Funktionalbereiche erkennbar.		
Viele kleine Unternehmen haben eine objektorientierte Gliederung.		
Die produktorientierte Gliederung hat den Vorteil, dass funktionale Bereiche nur einmal vorkommen.		
Gibt es Veränderungen am Markt für eine spezielle Produktgruppe, müssen sich erst alle Sparten einigen, bevor reagiert werden kann.		

SbX
Ü 9–Ü 11 **mit automatischer Aufgabenkontrolle**
ID: 1202
erledigt ✓
Ü 9 ☐
Ü 10 ☐
Ü 11 ☐

Ü 9:

Kennzeichnen Sie, ob folgende Aussagen zum **Einliniensystem** richtig (R) oder falsch (F) sind, und begründen Sie Ihre Antwort.

	R/F	Begründung
Jeder Mitarbeiter in einem Unternehmen hat immer mehrere Vorgesetzte.		
Ein Einliniensystem bietet Vorgesetzten schlechte Kontrollmöglichkeiten, da die Unterstellung nicht eindeutig geregelt ist.		
Die Kompetenzen sind im Unternehmen eindeutig geregelt.		
Die Kommunikationswege sind kurz und flexibel.		

Ü 10:

Kennzeichnen Sie, ob folgende Aussagen zum **Stab-Liniensystem** richtig (R) oder falsch (F) sind, und begründen Sie Ihre Antwort.

	R/F	Begründung
Um Leitungsstellen zu entlasten, werden Stabstellen eingesetzt.		
Stabstellen sind grundsätzlich weisungsbefugt, da sie Instanzen angehören.		

Ü 11:

Kennzeichnen Sie, ob folgende Aussagen zur **Matrixorganisation** richtig (R) oder falsch (F) sind, und begründen Sie Ihre Antwort.

	R/F	Begründung
Auch bei Matrixorganisationen hat jeder Mitarbeiter einen Vorgesetzten.		
Durch die Einführung von Produktmanagern entstehen aus Einliniensystemen Matrixsysteme.		
Mitarbeiter in einer Matrixorganisation haben es besser als im Einliniensystem, da sie keinen „wirklichen" Vorgesetzten haben.		
Ein Nachteil der Matrixorganisation sind lange Reaktionszeiten auf Veränderungen am Markt.		

Ü 12:

Skizzieren Sie eine Matrixorganisation, die als Funktionen den Einkauf, die Produktion, den Vertrieb, die Konstruktion, die IT und das Controlling aufweist, weiters zwei Produktmanagement-Abteilungen, eine für Drucker und eine für Kopierer. Geleitet wird das Unternehmen von der Geschäftsführung.

Sichern

SbX ID: 1203

Organigramm

Das **Organigramm** ist ein Hilfsmittel zur Darstellung der Aufbauorganisation eines Unternehmens.

Aufbauorganisation

Die **Aufbauorganisation** regelt die Hierarchie, die Arbeitsteilung, die Koordination und Kommunikation in einem Unternehmen.

Stelle

Die **Stelle** ist die kleinste organisatorische Einheit. Sie umfasst den Aufgabenbereich für eine Person.

Stellenbeschreibung

Die **Stellenbeschreibung** erläutert die Anforderungen, Verantwortungen und Kompetenzen sowie die hierarchische Eingliederung einer Stelle in das Unternehmen.

Abteilung

Eine **Abteilung** ergibt sich aus der Zusammenfassung mehrerer Stellen.

Funktionale Gliederung

Die Aufgabenabgrenzung nach Tätigkeiten, Verrichtungen und Funktionen bezeichnet man als **funktionale Gliederung.**

Objektorientierte Gliederung

Die Abteilungsbildung nach Objekten, d. h. nach Produkten, Märkten oder Kundensegmenten, bezeichnet man als **objektorientierte Gliederung.**

Spartenorganisation

Die **Spartenorganisation** ist eine objektorientierte Gliederungsform, die meist nach Produktgruppen geordnet ist.

Einliniensystem

Beim **Einliniensystem** hat jeder Mitarbeiter einen Vorgesetzten.

Stab-Liniensystem

Das **Stab-Liniensystem** ist ein Einliniensystem mit zusätzlichen Stabstellen, die beratende Funktionen für Linienvorgesetzte übernehmen.

Matrixorganisation

Ergibt die Gliederung nach Funktionen und Objekten eine Matrix, spricht man von **Matrixorganisation.** Mitarbeiter haben zwei Vorgesetzte.

Inhalte der Aufbauorganisation

Die Organisationsformen lassen sich nach der **Art der Aufgabenabgrenzung** und der **Form der Über- und Unterordnung** folgendermaßen zusammenfassen:

		Aufgabenabgrenzung	
		funktionale Gliederung	objektorientierte (divisionale) Gliederung
Über- und Unterordnung	Einliniensystem	Abteilungsbildung nach der Art der Tätigkeit – „Verrichtungsprinzip“	Spartenbildung nach ● Produktgruppen ● Marktregionen ● Kundengruppen
	Mehrliniensystem	Matrixorganisation: Kombination von Verrichtungs- und Objektprinzip	
	Stab-Liniensystem	Stäbe als beratende, Linien als entscheidende Einheiten (in allen Strukturformen möglich)	

SbX ID: 1203

Eine Audio-Wiederholung mit Audio-Player und MP3-Download sowie eine Bildschirmpräsentation mit allen Grafiken dieser Lerneinheit finden Sie unter der ID: 1203.

Wissen

SbX ID: 1204

1. Was versteht man unter einer Aufbauorganisation?

2. Skizzieren Sie den Aufbau eines Organigramms und beschreiben Sie, was damit geregelt wird.

3. Was ist eine Stelle und welche Stellen gibt es?

SbX
Download Tabelle Stellenbeschreibung
ID: 1204

4. Nachfolgend finden Sie eine Stellenausschreibung.

   Welche Inhalte fehlen, um daraus eine interne Stellenbeschreibung erstellen zu können?

DMG/Gildemeister ist einer der weltweit führenden Hersteller von Werkzeugmaschinen im Dreh- und Fräsbereich. Produktionswerke in Deutschland, Italien, Polen und Asien sowie 69 globale Vertriebs- und Servicestandorte stehen mit insgesamt über 6000 Mitarbeiter für Kundenorientierung und Innovation. Zur Verstärkung des erfolgreichen Salesteams suchen wir für den Raum **Salzburg/Oberösterreich** sowie **Steiermark** je einen

DMG
Austria

Vertriebsingenieur

mit Fachwissen im Bereich Werkzeugmaschinen

Als Repräsentant des international erfolgreichen Unternehmens obliegt Ihnen die professionelle Kundenberatung und -betreuung sowie der weitere Ausbau des Marktes in Ihrem Gebiet. Durch die Pflege und den Aufbau guter Beziehungen unterstützen Sie die Kunden bei der Ermittlung des zielgerichteten Bedarfs, worauf Sie maßgeschneiderte Lösungen ausarbeiten und präsentieren. Mit den Tätigkeiten wie Kundenakquisition, Machbarkeitsabklärungen, Angebotserstellung, Planung und Reporting sowie die Präsenz an Messen und Ausstellungen sind Sie vertraut. Sie beobachten den Markt und den Wettbewerb. In Ihren Aufgaben werden Sie von einem kompetenten Team aus den jeweiligen Lieferwerken sowie dem Verkaufsinnendienst aktiv unterstützt.

Wir erwarten eine technische Ausbildung im Bereich Maschinen- und Werkzeugbau mit Kenntnissen in der Dreh- und Frästechnik. Zudem besitzen Sie Vertriebserfahrung. Persönlich zeichnen Sie sich durch Ausdrucks- und Kontaktstärke, hohe Flexibilität, Qualitätsbewusstsein und Weiterbildungsbereitschaft aus.

Es erwartet Sie eine gründliche Einarbeitung in einem wirtschaftlich stabilen Unternehmen mit attraktiven Weiterentwicklungsmöglichkeiten, einem leistungsorientiertem Lohn, moderner Infrastruktur und Firmenfahrzeug. Interessenten (m/w) sind eingeladen, sich unter a.sojer@as-beratung.at oder auf dem Postweg zu bewerben.

A. Sojer GmbH
Personal- und Unternehmensberatung

A. Sojer GmbH, Personal- und Unternehmensberatung
Vorarlberger Wirtschaftspark, 6840 Götzis, Tel. 05523-57261-0
www.as-beratung.at / ISO-zertifiziert

SbX
5. mit automatischer Aufgabenkontrolle
ID: 1204
erledigt ☑
5. ☐

5. Nachfolgend finden Sie Aussagen bzw. Fragen zur Aufgabenabgrenzung, den Formen der Über- und Unterstellung und zu einzelnen Organisationsformen. Beantworten Sie diese durch das Kennzeichnen von richtig bzw. falsch in der Tabelle.

	richtig	falsch
Die Aufgabenabgrenzung im Unternehmen wird entsprechend der Dauer der Firmenzugehörigkeit der Mitarbeiter durchgeführt.		
Die Aufgabenabgrenzung im Unternehmen kann nach Funktionen durchgeführt werden.		
Funktionen sind z. B. Montagetätigkeiten.		
Funktionen sind z. B. das Erstellen von Angeboten oder Rechnungen.		
Die Aufgabenabgrenzung im Unternehmen kann nach Objekten durchgeführt werden.		
Objekte in der Aufbauorganisation sind z. B. die Fertigungshalle oder das Bürogebäude.		
Objekte in der Aufbauorganisation sind z. B. Marktregionen wie die USA oder das Inland.		
Funktional gegliederte Unternehmen reagieren äußerst rasch auf Marktveränderungen.		
Spartenorganisationen haben den Vorteil, dass Funktionseinheiten nur einmal im Unternehmen vorkommen.		
Produktorientierte Unternehmen haben den Vorteil, dass der Verkauf immer für alle Produktgruppen zuständig ist.		
Mitarbeiter in Spartenorganisationen haben immer zwei Vorgesetzte.		
Mitarbeiter einer Stabstelle haben hohe Entscheidungsgewalt.		
Abteilungsleiter beraten die Unternehmensleitung in allen Belangen. Sie haben relativ wenig Verantwortung.		
Eine Matrixorganisation entsteht, wenn funktionale mit objektorientierten Merkmalen gekoppelt werden.		
Mitarbeiter einer Matrixorganisation haben wie alle anderen Mitarbeiter immer nur einen Vorgesetzten.		

6. Skizzieren Sie ein Organigramm für ein Unternehmen mit objektorientierter Gliederung:
- Der Unternehmensleitung direkt unterstellt sind die Zentralbereiche Recht und Personal.
- Die drei Sparten sind: Fahrzeuge, Haushaltsgeräte, Audio und Video.
- Den Sparten unterstehen jeweils die Abteilungen Beschaffung, Produktion und Vertrieb.
- Die Produktion der Audio-Sparte ist in die Abteilungen „HiFi", „Kleingeräte" und „Studiotechnik" gegliedert.

SbX
Download Tabelle Unternehmensbereiche
ID: 1204

7. Das nachfolgend dargestellte Organigramm zeigt die Unternehmensbereiche/Abteilungen der ING4TECH GmbH, eines typischen mittelständischen Produktionsbetriebes.

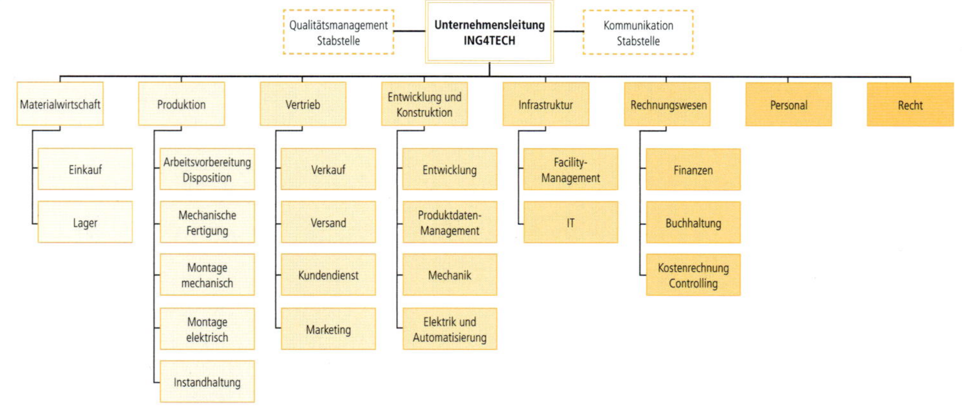

Organigramm ING4TECH

Nachfolgend sind einige Aufgaben, die in einem Unternehmen durchzuführen sind, aufgelistet. Tragen Sie ein, welche Bereiche/Abteilungen für deren Durchführung verantwortlich sind.

Aufgabe	Bereich, Abteilung
Unternehmensziele festlegen	
Produkthaftungsklagen bearbeiten	
ein Schulungskonzept für die Mitarbeiter erstellen	
Kredite aufnehmen	
Soll-Ist-Vergleiche von Kennzahlen durchführen	
einen neuen Stromlieferanten suchen	
eine neue CAE-Software installieren	
Kontrolle der Bereiche Materialwirtschaft, Produktion und Recht	
Installation eines PC-Netzwerkes	
Auswahl eines Datenbankservers	
Beschaffung von Stahlblechen	
Schaltpläne erstellen	
Bedienungsanleitungen erstellen	
Versuche für eine Produktverbesserung organisieren	
Zusammenstellungszeichnungen erstellen	
Reparaturen beim Kunden durchführen	
einen neuen Markt, z. B. Südamerika, beurteilen	
neue Kunden gewinnen	
Frästeile produzieren	
eine Pressemitteilung verfassen	
Verantwortung für die Materialbeschaffung und -lagerung übernehmen	
Schaltschrankbau	
Konzeption von SPS-Steuerungen	

Aufgabe	Bereich, Abteilung
Wareneingangsprüfung planen	
einlangende Normteile lagern	
Verantwortung für die Qualitätskontrolle übernehmen	
laufende Kostenkontrolle	
Lieferantensuche	
Verpackung der Produkte	
Arbeitsplanerstellung	
Verantwortung für eine Fachmesseorganisation übernehmen	
Materialbedarfsermittlung	
Wartung von Maschinen und Anlagen	
Lieferzeitplanung	
Angebotserstellung	
Mahnungen versenden	
Unternehmensziele festlegen	
das Gesamtunternehmen führen	

SbX
8. mit automatischer Aufgabenkontrolle
ID: 1204
erledigt ✓
8. ☐

8. Nennen Sie zumindest jeweils zwei Stärken und zwei Schwächen der
- Einlinienorganisation
- Stab-Linienorganisation
- Spartenorganisation
- Matrixorganisation

Organisation	Stärken	Schwächen
Einlinienorganisation		
Stab-Linienorganisation		
Spartenorganisation		
Matrixorganisation		

Lerneinheit 3
Ablauforganisation

SbX
Alle SbX-Inhalte zu dieser Lerneinheit finden Sie unter der ID: 1300.

Die Ablauforganisation spiegelt das eigentliche tägliche Geschehen in Unternehmen wider und hat damit hohe Bedeutung für den Unternehmenserfolg. Sie regelt die Abwicklung der häufig vorkommenden Arbeitsabläufe im Unternehmen, um ein einheitliches und effizientes Vorgehen sicherzustellen und die Unternehmensziele zu erreichen. Die Prozesse laufen fast immer abteilungsübergreifend innerhalb der Struktur der Aufbauorganisation ab.

Aufbau- und Ablauforganisation sind untrennbar miteinander verknüpft und stellen lediglich zwei Betrachtungsweisen einer Organisation dar.

Lernen

SbX ID: 1301

1 Inhalte der Ablauforganisation

Die Abwicklung wiederkehrender Tätigkeiten wird im Vorhinein geregelt.

Ablauforganisation = **process organization**

Die **Ablauforganisation** regelt das Geschehen **häufig wiederkehrender Tätigkeiten** und Vorgänge im Unternehmen. Im Gegensatz zu Projekten werden diese Abläufe (Prozesse) immer wieder durchlaufen und stellen das sogenannte „Tagesgeschehen" im Unternehmen dar.

Ablauforganisation: „Wie, wann, wo, womit wird die Aufgabe erfüllt?" Die Ablauforganisation umfasst denjenigen Teil der Organisationsstruktur, der aufbauend auf die Aufbauorganisation („Wer macht was?") weitere Einzelheiten dauerhaft regelt.
Quelle: www.4managers.de

Die **Ablauforganisation** beantwortet für häufig vorkommende Arbeitsabläufe (Prozesse) u. a. folgende Fragen:

- **Was** ist bei der Abwicklung einer Arbeitsaufgabe zu tun?
- **Wer** – welche Stelle bzw. Abteilung – ist für die Durchführung verantwortlich?
- **Woher** erhält man die für die Durchführung erforderlichen Informationen, Materialien, Betriebsmittel und finanziellen Mittel?
- **Wohin** müssen die Ergebnisse übermittelt werden?
- **Welche** Betriebsmittel, Vorschriften und Regelungen sind bei der Durchführung einzusetzen?

Arbeitsablauf (Prozess) = **workflow (process)**

Ein **Arbeitsablauf (Prozess)** ist eine Folge von einzelnen Teilaufgaben, die auf ein bestimmtes Ziel hin ausgeführt werden.

Beispiel

Aufgaben, die in der Ablauforganisation der ING4TECH geregelt sind:
- die Abwicklung einer Kundenbestellung
- die Durchführung einer Materialbestellung
- die Behandlung von eingehenden Reklamationen
- die Abrechnung einer Dienstreise
- die Durchführung der Qualitätskontrolle
- die Steuerung von Fertigungsprozessen
- die Organisation des Materialflusses
- die Behandlung eingehender Rechnungen von der Übernahme bis zur Verbuchung
- die Organisation der Auslieferung von Produkten bis zum Versand der Rechnung

In der Ablauforganisation sollten nur die **Grundmuster von wesentlichen betrieblichen Abläufen** vorgeschrieben werden. Eine detaillierte Festlegung aller betrieblichen Abläufe ist nicht empfehlenswert, da der Aufwand dafür unverhältnismäßig hoch wäre. Außerdem wird die Organisation dadurch unflexibel und die Mitarbeiter demotiviert, da sie zu reinen Ausführenden degradiert würden.

Michael: Kannst du mir so einen Ablauf, einen Prozess, in unser Organigramm einzeichnen?

Anna: Ich versuche es anhand einer Kundenauftragsabwicklung: Die Ablauforganisation für den Geschäftsprozess „Auftragsabwicklung" verkettet die Tätigkeiten zur Erfüllung dieser Aufgabe. Du siehst, welche Abteilungen mit diesem Prozess in Verbindung kommen.

Die Beschreibung und Darstellung von Abläufen, von Prozessen anhand von Organigrammen ist nicht zielführend. Prozesse werden stattdessen mit den Methoden des **PQM (Prozessorientiertes Qualitätsmanagement)** identifiziert, analysiert, konzipiert und realisiert.

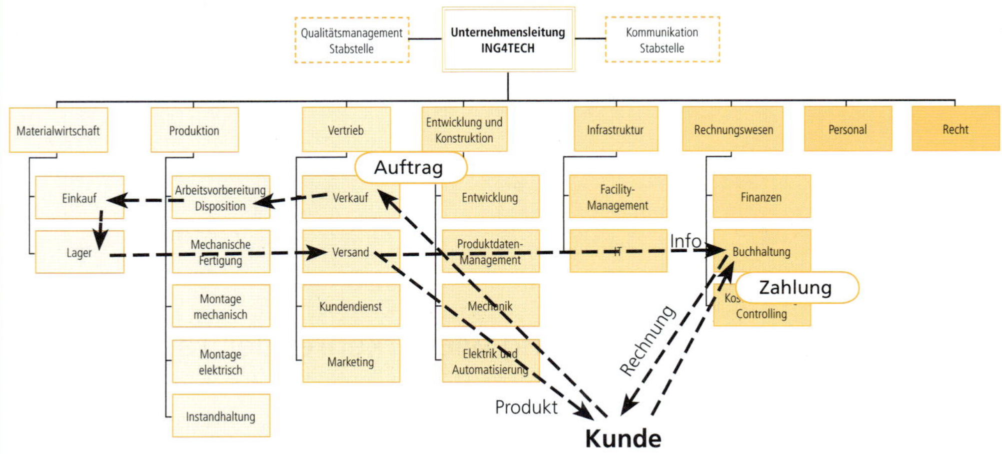

Organigramm – Darstellung eines Prozesses

Was ist ein Geschäftsprozess?

Ein Geschäftsprozess besteht aus einer Reihe von Einzeltätigkeiten, die schrittweise durchgeführt werden. Mit definierten **Inputs** (Anforderungen externer und interner Kunden) wird ein festgelegter **Output** (Arbeitsergebnis, Produkte, Dienstleistungen, Informationen) erzielt.

Prozessorientierte Unternehmen haben für alle Prozesse entsprechende Prozessverantwortliche.

Die ganzheitliche Betrachtung und Gestaltung von Prozessen tritt immer mehr in den Vordergrund betrieblicher Überlegungen. Prozesse sind dynamisch und zielorientiert gestaltbar. Strukturen (Aufbauorganisation) hingegen sind dauerhaft, vielfach starr und schwer zu ändern.

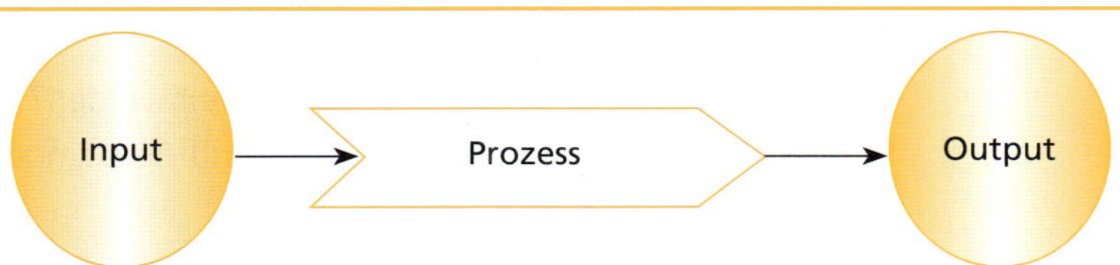

Geschäftsprozess

Der **Geschäftsprozess** beginnt mit den Anforderungen der Kunden und endet mit den Ergebnissen, die an die Kunden abgeliefert werden. „Prozesskunden" sind nicht nur externe Kunden, sondern auch andere Stellen im eigenen Unternehmen, die interne Leistungen nachfragen und erhalten.

Prozessmanagement bedeutet, betriebliche Prozesse zu identifizieren, zu beschreiben und den Anforderungen der betriebsexternen und -internen Kunden entsprechend zu gestalten.

Um alle Prozesse eines Unternehmens vereinfacht darstellen zu können, werden sogenannte **Prozesslandschaften** erstellt.

- **Führungsprozesse** dienen der Unternehmensführung.
- **Kernprozesse** erbringen Leistungen für die Kunden.
- **Input:** die Erwartungen der Kunden
- **Output:** das Ergebnis des Prozesses
- **Unterstützungsprozesse:** alle Prozesse, die die Leistungserbringung unterstützen und verbessern

Beispiel für eine Prozesslandschaft

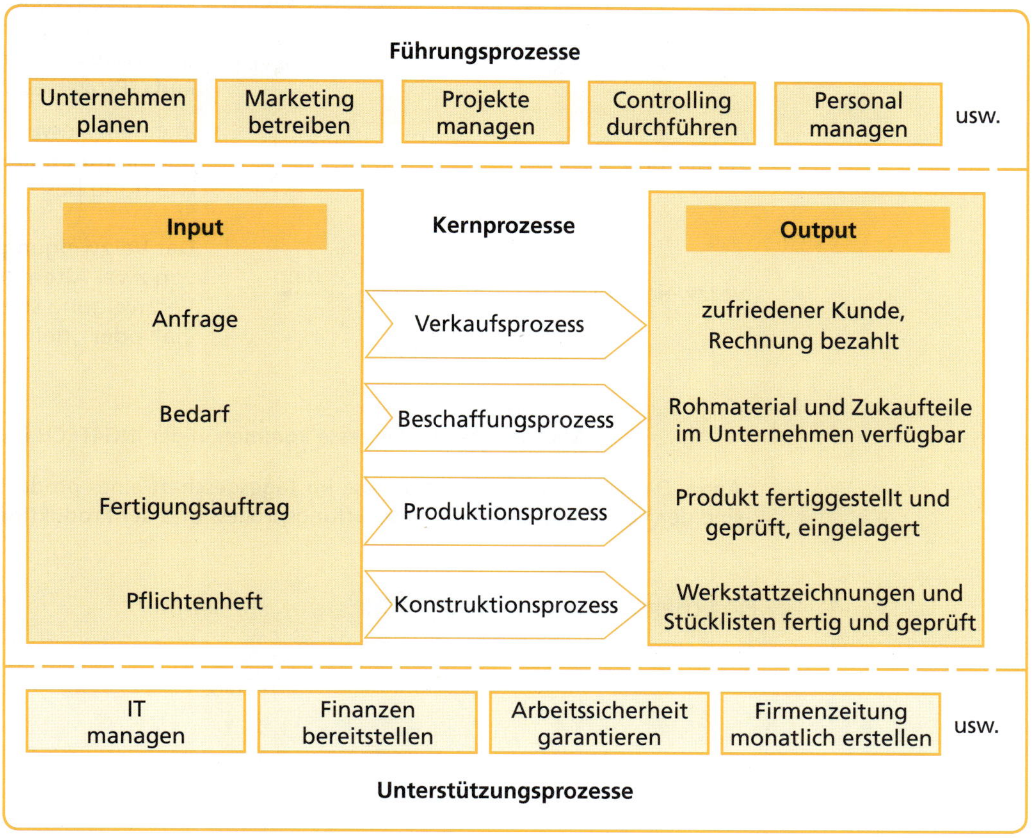

SbX
Prozesslandkarte
ID: 1301

Die Prozesslandschaft (Prozesslandkarte) zeigt die Abläufe in einem Unternehmen. Im Gegensatz zum Organigramm stehen hier die **Prozesse** im Vordergrund; das von Organigrammen gewohnte Bereichs- und Abteilungsdenken tritt in den Hintergrund.

2 Darstellung der Ablauforganisation

Die „Sprache des Technikers" ist die Zeichnung!

Die **Regelungen der Ablauforganisation** in einem Unternehmen sollen in übersichtlicher, verständlicher Form dargestellt und allen **Mitarbeitern zugänglich gemacht werden,** damit

- den Mitarbeitern das Vorhandensein entsprechender Regelungen überhaupt bekannt ist,
- die Mitarbeiter sich bei der Durchführung der Arbeitsabläufe (Prozesse) an diese Regelungen halten.

Dargestellt werden die Regelungen der Ablauforganisation meist durch grafische Flussdiagramme oder durch schriftlich formulierte Arbeitsanweisungen.

Flussdiagramme

Flussdiagramme (Flowcharts) dienen der Darstellung von Abläufen/Prozessen. Sie sind geeignet, die Abfolge der Teilaufgaben bei der Durchführung von Arbeitsabläufen grafisch darzustellen.

Für die Darstellung eines Arbeitsablaufs mithilfe eines Flussdiagramms werden u.a. folgende Basiselemente eingesetzt, die genormt sind.

Begriff	grafische Darstellung	Erläuterung
Start/Ende		Das Start-/Ende-Symbol dient zur Begrenzung des dargestellten Arbeitsablaufs (Prozesses).
Anweisung		In einem Anweisungsfeld wird die durchzuführende Tätigkeit so genau wie nötig beschrieben.
Verzweigung	Bedingung – nein – ja	Das Verzweigungsfeld leitet zu einer von zwei Alternativen weiter. In der Verzweigung steht eine Frage, die mit „ja" oder „nein" zu beantworten ist.

Michael: Welche Prozesse kommen in der ING4TECH immer wieder vor?

Anna: Die wesentlichen Kernprozesse im Tagesgeschäft eines produzierenden Unternehmens sind der Vertriebsprozess, der Beschaffungsprozess und der Produktionsprozess.

Beispiel

Flowchart Vertrieb der ING4TECH

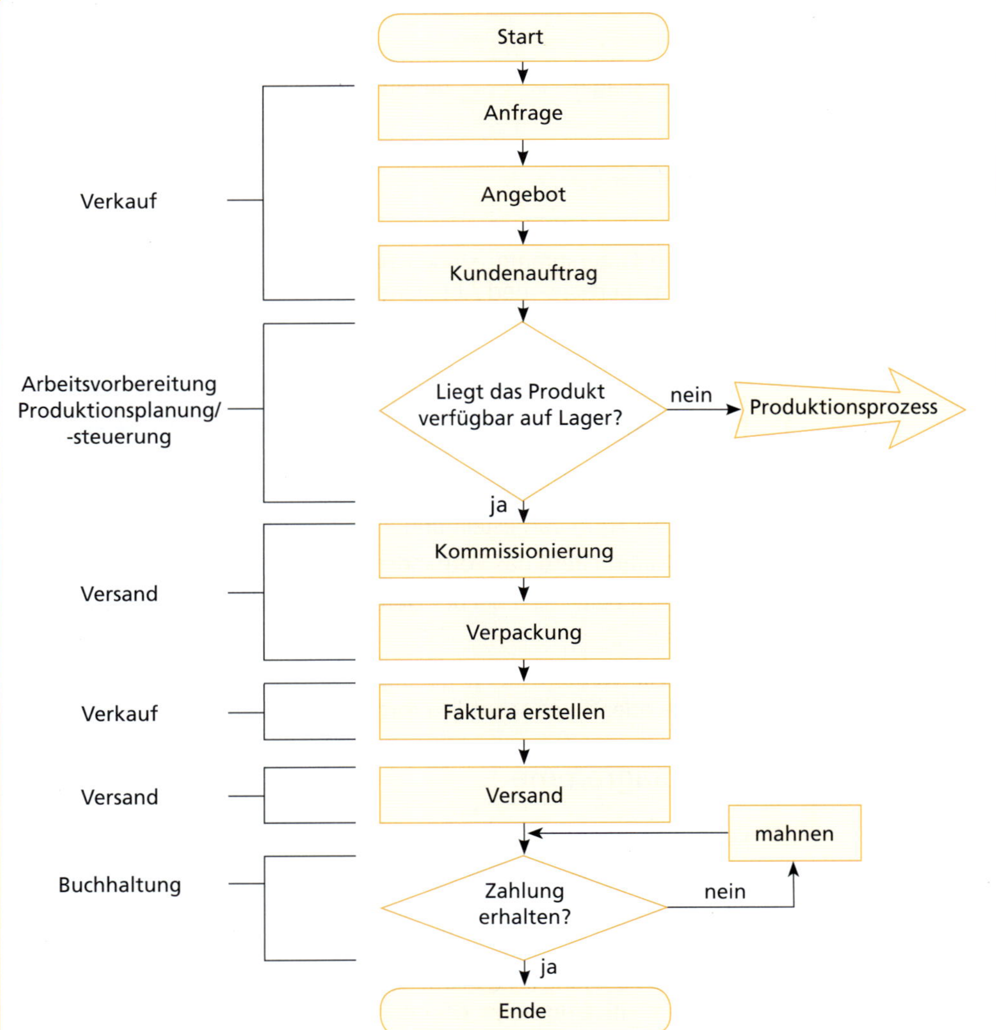

Flussdiagramm

Arbeitsanweisung = **work instruction**

Arbeitsanweisungen

Regelungen für die Durchführung von Arbeitsabläufen können auch in Form von rein **schriftlich formulierten Arbeitsanweisungen/Verfahrensanweisungen** veröffentlicht werden. Die Übersichtlichkeit ist hier jedoch geringer als bei der Darstellung durch Flussdiagramme.

Üben

SbX ID: 1302

SbX
Ü 1 **mit automatischer Aufgabenkontrolle ID: 1302**
erledigt ☑
Ü 1 ☐

Ü 1:
Schreiben Sie zu jeder der folgenden Aussagen, ob sie richtig (R) oder falsch (F) ist, und begründen Sie Ihre Antwort.

	R/F	Begründung
Die Ablauforganisation ist unabhängig von der Aufbauorganisation.		
Prozesse laufen immer innerhalb einer Abteilung ab.		
Für die Zufriedenstellung der Kundenbedürfnisse ist die Aufbauorganisation wichtiger als die Ablauforganisation.		
Eine Arbeitsanweisung ist die grafische Darstellung eines Prozesses.		
Mit einem Flussdiagramm (Flowchart) lässt sich der Aufbau eines Unternehmens gut darstellen.		

Ü 2:
Erstellen Sie ein Flussdiagramm für den Vorgang „Türe öffnen":

Nehmen Sie an, Sie stehen vor einer fremden Türe und wollen unbedingt in den dahinterliegenden Raum.

Ü 3:
Skizzieren Sie das Flussdiagramm für nachfolgend beschriebenen Beschaffungsprozess:

Der Prozess beginnt mit der Bedarfsermittlung; dann wird eine Bestellanforderung erstellt. Jetzt wird geprüft, ob die Ware im Lager frei verfügbar ist. Wenn ja, startet der Auslieferungsprozess. Wenn nein, wird eine Bestellung ausgefertigt. Nachdem die Lieferzeit abgelaufen ist und die Ware einlangt, erfolgt der Wareneingang. Daraufhin wird eine Rechnungsprüfung durchgeführt. Ist die Ware in Ordnung und sind alle Bedingungen erfüllt, wird die Rechnung bezahlt. Der Prozess ist zu Ende.

Sichern

SbX ID: 1303

Ablauforganisation

Alle Regelungen zur Durchführung wiederkehrender Aufgaben (Abläufe, Prozesse) werden in der **Ablauforganisation** festgelegt.

Flussdiagramm

Das **Flussdiagramm** ist eine Form der Darstellung für Prozesse (Arbeitsabläufe).

Prozess (Arbeitsablauf)

Ein **Prozess** ist eine Folge von Teilaufgaben, die auf ein Ziel fokussiert ist.

Prozessmanagement

Unter Prozessmanagement versteht man die kundengerechte und wirtschaftlich optimierte Gestaltung von Prozessen.

SbX
ID: 1303

Eine Audio-Wiederholung mit Audio-Player und MP3-Download sowie eine Bildschirmpräsentation mit allen Grafiken dieser Lerneinheit finden Sie unter der ID: 1303.

Wissen

1. Welche Fragen beantwortet die Ablauforganisation für häufig wiederkehrende Arbeitsabläufe?
2. Nennen Sie Beispiele für Prozesse und Arbeitsabläufe, die im Rahmen der Ablauforganisation geregelt sind!
3. Skizzieren und erläutern Sie das Modell eines Geschäftsprozesses. Ein Kunde bestellt 10 Getriebemotoren.
4. Skizzieren Sie das Modell für die Prozesslandschaft eines Unternehmens. Es gibt Führungsprozesse, Geschäftsprozesse (Verkaufsprozess und Beschaffungsprozess) und Unterstützungsprozesse.
5. Welche Möglichkeiten zur Darstellung von Arbeitsabläufen gibt es?

2 Mitarbeiterführung

Die Aufgabe der Unternehmensführung ist die Steuerung des Unternehmens, damit die gesetzten Unternehmensziele erreicht werden. Dazu gehören insbesondere folgende Tätigkeiten:

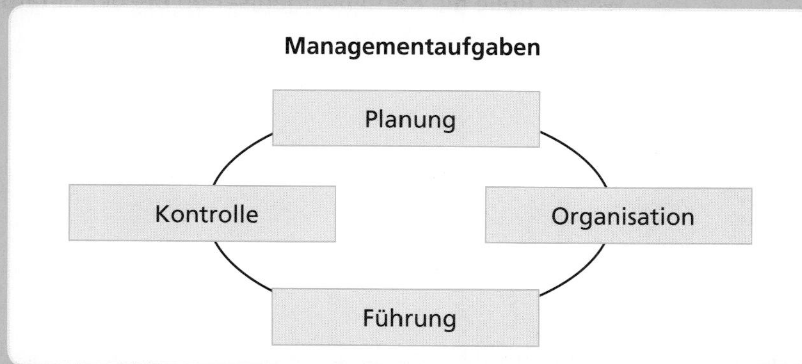

Vorgesetzte haben im Rahmen der Führung u. a. die Aufgabe, die Leistungen und Verhaltensweisen von Mitarbeiterinnen und Mitarbeitern im Sinne der Unternehmensziele zu beeinflussen. Diese Führungsaufgabe ist unabhängig von der Sachaufgabe (kalkulieren, montieren, konstruieren ...), die die Führungskräfte haben. Jeder, dem andere Mitarbeiter unterstellt sind, hat Führungsaufgaben wahrzunehmen.

Die Aufgabe der Führungskraft ist es, die Mitarbeiter zu motivieren, dass sie die erwarteten Leistungen in bestmöglicher Qualität erbringen und durch ihr Verhalten generell zum Erreichen der Unternehmensziele beitragen.

In diesem Kapitel erfahren Sie,

- **dass das Unternehmen nicht alles beeinflussen kann,**
- **wovon die Leistungsbereitschaft der Mitarbeiter abhängt,**
- **wovon der Erfolg von Führungsmaßnahmen abhängt.**

Lerneinheit 1: Das Umfeld

Lerneinheit 2: Die Mitarbeiter

Lerneinheit 3: Die Führungskraft

Lerneinheit 1

Das Umfeld

SbX
Alle SbX-Inhalte zu dieser Lerneinheit finden Sie unter der ID: 2100.

Einer der Faktoren für eine erfolgreiche Unternehmensführung ist die Mitarbeiterführung. Die Methoden, um Mitarbeiter zum Verfolgen von betrieblichen Zielen zu motivieren, haben sich im Laufe der Zeit stark geändert. Auch innerbetriebliche Faktoren, wie die Betriebsorganisation und das Unternehmensklima, beeinflussen das Verhalten der Mitarbeiter und damit den Erfolg der Führung.

In dieser Lerneinheit wird behandelt,

- **wie sich Führung im Laufe der Zeit verändert hat,**
- **welche Rolle die Betriebsorganisation bei der Mitarbeiterführung spielt,**
- **welchen Einfluss Gruppen im Betrieb haben.**

Lernen

Mitarbeiter = **employee**

1 Die Einstellung gegenüber den Mitarbeitern ändert sich

Nicht mehr jeder Handgriff wird vorgegeben.

Anna: Die ING4TECH schickt ihre Führungskräfte immer wieder zu Managementseminaren, bei denen auch die Mitarbeiterführung ein Thema ist. Meine Chefin hat mir auch ältere Unterlagen gezeigt. Es ist interessant, wie früher über Personalmanagement gedacht wurde. Würde ich heute nach diesen Vorgaben behandelt, würde ich mich nach einem anderen Job umsehen.

Führung und Organisation hängen eng zusammen. Die Art, wie Unternehmen organisiert sind und wie Mitarbeiter geführt werden, hat sich im Laufe der Zeit geändert:

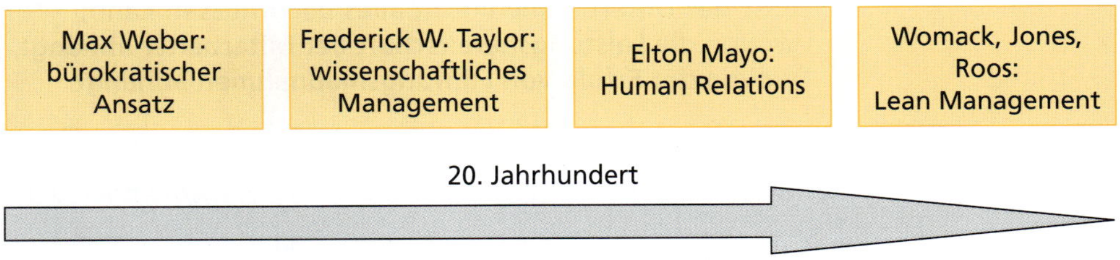

Entwicklung der Mitarbeiterführung

Maximilian Carl Emil Weber (1864–1920) war ein deutscher Jurist, Volkswirt und Soziologe.

Der älteste Ansatz stammt von **Max Weber,** der die **bürokratische Organisation** als besonders effizient ansah. Die Bürokratie besitzt folgende Merkmale:

- hierarchischer Aufbau und klar abgegrenzte Aufgabenbereiche: Die Aufgaben werden personenunabhängig festgelegt, d. h., Personen können ausgetauscht werden, ohne die Aufgabenverteilung zu ändern.
- Hierarchisch höhere Stellen haben Weisungs- und Kontrollrechte; sie verfügen über eine höhere Qualifikation.
- gleichbleibende, nach fixen Regeln ablaufende Arbeitsvorgänge: Diese Regeln sind ohne Rücksicht auf die eigene Einstellung ausnahmslos einzuhalten.
- schriftliche Dokumentation jedes Geschäftsfalls
- Aufstieg in der Hierarchie und damit verbunden die Entlohnung erfolgt abhängig vom Alter und vom Urteil des Vorgesetzten.

Vorteile der Bürokratie:

- Übersichtlichkeit und Berechenbarkeit
- sachliche Aufgabenerfüllung
- Unabhängigkeit von Einzelpersonen

Schwächen der Bürokratie:

- starre Organisation, die auf eine sich ändernde Umwelt nicht reagieren kann
- Sinn der Gesamtaufgabe für den Einzelnen nicht mehr erkennbar, daher mangelnde Motivation

Frederick Winslow Taylor (1856–1915) versuchte, Organisationen nach naturwissenschaftlich-technischen Prinzipien zu gestalten, um Effizienzsteigerungen zu erzielen.

Elton Mayo (1880–1949) war ein Mitbegründer der US-amerikanischen Betriebssoziologie.

Frederick W. Taylor, ein amerikanischer Ingenieur, begründete zu Beginn des 20. Jahrhunderts das **„wissenschaftliche" Management.** Er gestaltet die Arbeit nach folgenden Prinzipien:

- Zerlegung der Arbeitsaufgabe in kleinste Teile
- Aufteilung dieser Teilaufgaben auf verschiedene Mitarbeiter
- genaue Vorgabe, wie die Tätigkeit auszuführen ist
- finanzielle Anreize, damit die Tätigkeit nach den Vorgaben ausgeführt wird
- genaue Kontrolle der Mitarbeiter
- keine Rücksichtnahme auf Wünsche und Bedürfnisse der Mitarbeiter

Elton Mayo und sein Team untersuchten die Leistung von Arbeitern in der Western Electric Company in Hawthorne (Illinois, USA). Dabei sollte geklärt werden, welchen Einfluss die Arbeitsbedingungen auf die Leistung haben.

Zunächst wurde davon ausgegangen, dass eine bessere Beleuchtung zu höherer Leistung führt, was bestätigt wurde. Im nächsten Schritt wurde die Beleuchtung vermindert, was gemäß Mayos Hypothese zu einer Verminderung der Leistung führen sollte. Tatsächlich stieg auch diesmal die Arbeitsleistung. In weiterer Folge zeigte sich, dass, unabhängig von den physikalischen Arbeitsbedingungen, die Leistung stieg.

Aus dieser Untersuchung wurde abgeleitet, dass

- die Aufmerksamkeit, die die Arbeiter vom Untersuchungsteam und der Unternehmensleitung bekamen, und
- der Gruppenzusammenhalt

zu besseren Leistungen führten.

Dies war der Beginn der **Human-Relations-Bewegung,** die den Mitarbeiter und dessen Bedürfnisse in den Mittelpunkt stellt: Die zwischenmenschlichen Beziehungen haben einen wesentlichen Einfluss auf die Motivation und Leistung.

Das **Massachusetts Institute of Technology** (Womack, Jones und Roos) beschrieb nach einer Untersuchung von Toyota ein System, welches die Produktion mit dem halben Personaleinsatz, der halben Produktionsfläche, dem halben Investitionsvolumen, den halben Kosten für Entwicklung und Fertigung und dem halben durchschnittlichen Lagerbestand bewerkstelligen kann.

Dieses System wird **„Lean Management"** genannt. Dabei sind folgende Prinzipien zu beachten:

- Ausrichtung aller Tätigkeiten auf den Kunden
- Optimierung von Geschäftsprozessen
- ständige Verbesserung der Qualität
- Eigenverantwortung der Mitarbeiter und Teamarbeit
- dezentrale, kundenorientierte Strukturen
- Führen ist Service am Mitarbeiter.
- offene Informations- und Feedback-Prozesse

sozialer Status = **social status**

2 Der soziale Status

Nicht jeder ist gleich angesehen.

Michael: In der ING4TECH gibt es schon Unterschiede: Die Unternehmensleiterin hat ein viel größeres Büro als der Leiter der Produktion. Wenn man zum Produktionsleiter möchte, muss man sich in seinem Sekretariat anmelden. Ruft man die Leiterin des Qualitätsmanagements an, hebt sie selbst ab.

Warum gibt es diese Unterschiede, wo sie doch alle Leiter sind?

Anna: Diese Personen haben einen unterschiedlichen sozialen Status, der sich in unterschiedlichen Statussymbolen zeigt.

Nicht jede Stelle im Betrieb verfügt über dieselbe Macht bzw. über dasselbe Ansehen. Durch die unterschiedliche Wertigkeit der einzelnen Stellen entsteht die **betriebliche Hierarchie.** Diese sieht in Großbetrieben üblicherweise wie folgt aus:

Betriebshierarchie

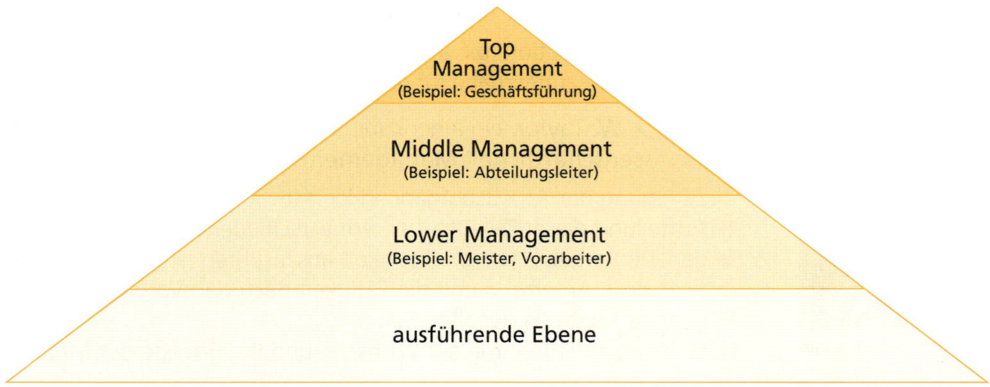

Statussymbole können z. B. sein:
- Titel (Meister, Inspektor, Direktor)
- großes Büro
- Dienstwagen

Statussymbole gibt es auch im privaten Bereich.

Das Ansehen, der soziale Status, den der Mitarbeiter im Betrieb genießt, hängt z. B. von der Anzahl der unterstellten Mitarbeiter oder seinem Platz in der Betriebshierarchie ab. Als äußeres Zeichen für seinen Status vergibt das Unternehmen häufig Merkmale. Diese werden **„Statussymbole"** genannt.

Mit der Funktion verändern sich
- die Art der Tätigkeit,
- das erforderliche Wissen,
- die notwendigen Fähigkeiten.

Mit der Stellung in der Unternehmenshierarchie ändern sich die erforderlichen Qualifikationen.

Sachbearbeiter üben hauptsächlich **fachliche Tätigkeiten** aus. **Manager** erledigen hauptsächlich **Führungsaufgaben:**
- Planung
- Koordination
- Kommunikation
- Organisation

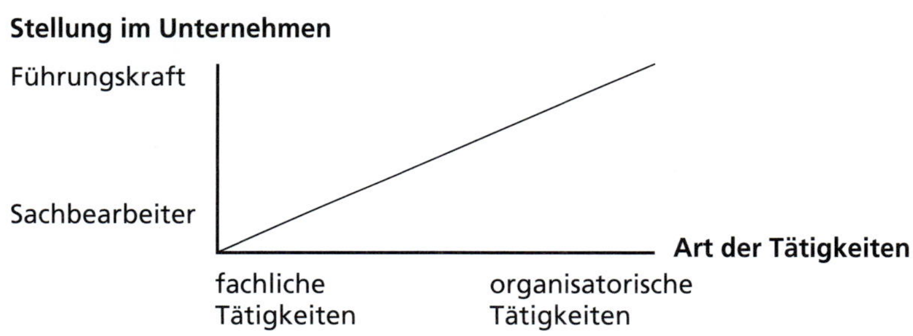

Änderung der Tätigkeit in Abhängigkeit von der Stellung im Betrieb

3 Gruppen im Betrieb
Nicht alles läuft nach Plan.

Viele Tätigkeiten können (z. B. körperlich anstrengende Arbeiten) oder sollen (z. B. wenn viele Ideen gesucht werden) nicht von einem Mitarbeiter alleine erledigt werden. Diese Arbeiten werden **Gruppen** übertragen.

Beim Brainstorming ist das Arbeiten in Gruppen zielführender als alleine.

Manche körperliche Tätigkeiten können nicht alleine ausgeführt werden.

In jedem Betrieb gibt es **zwei Arten von Gruppen:**

Gruppen	
formell, geplant	**informell, ungeplant**
• Die Personen, • ihre Anzahl sowie • ihre Aufgaben werden von der Betriebsleitung festgelegt.	• Mitarbeiter mit gleichen Interessen, • Einstellungen, • Alter oder • Funktion schließen sich ohne Aufforderung des Betriebes zusammen.
⬇	⬇
Dadurch sollen die betrieblichen Ziele möglichst effizient erreicht werden.	Sie dienen der Befriedigung des Bedürfnisses nach sozialem Kontakt.

formelle Organisation = **formal organization**

Formelle Organisation

Anna: Der Instandhaltungstrupp war offensichtlich ein gut eingespieltes Team, das sich immer gegenseitig half. Vor einem Monat ist ein neuer Mitarbeiter dazugekommen, der – laut Aussage seiner Kollegen – glaubt, alles besser zu wissen, und versucht, die Arbeiten schneller als die anderen zu erledigen. Er sucht die Nähe des Leiters der Instandhaltungsgruppe und erzählt ihm dabei immer den neuesten Tratsch aus der Gruppe.

Der Neue hatte gestern einen komplizierten Auftrag zu erledigen und bat einen Kollegen um Hilfe. Der sagte glatt „nein".

Als der Leiter des Trupps davon hörte, war er verwundert. So etwas ist in dieser Gruppe noch nie vorgekommen.

Was ist passiert?

Michael: Ich glaube, ich habe eine Erklärung dafür. Der Neue verstößt gegen die Gruppennormen, da er Informationen weitergibt und eine zu hohe Leistung erbringt.

Bei der Instandhaltungsgruppe handelt es sich um eine **formelle Gruppe,** da sie in der Betriebsorganisation vorgesehen ist. Die alten Gruppenmitglieder schließen jedoch den Neuen aus. Bei formellen Gruppen können nicht sämtliche Verhaltensweisen geplant bzw. kontrolliert werden. Auch sie zeigen ein informelles Verhalten.

Sanktion kann z. B. der Ausschluss aus der Gruppe sein oder die Verweigerung der Hilfe.

Verhält sich ein Gruppenmitglied anders, als von den übrigen Mitgliedern erwartet, hat es meist mit Sanktionen zu rechnen.

Verhält es sich aber wie erwartet, so wird es in die Gruppe integriert, es wird ihm geholfen, es wird beschützt, es wird mit Informationen versorgt.

informelle Organisation = **informal organization**

Informelle Organisation

Michael: Ich habe gesehen, dass in einer Gruppe der Qualitätssicherung nicht die Leiterin, sondern ein Gruppenmitglied, Roland Wind, bei Problemen Anweisungen und Ratschläge gibt. Alle in der Gruppe hören auf ihn. Wieso?

Sobald sich eine Gruppe gebildet hat, entsteht eine **hierarchische Ordnung.**

Innerhalb einer Gruppe genießen die Mitglieder unterschiedliches Ansehen und nehmen unterschiedliche Rollen ein. Es entsteht eine Rangordnung, die nicht mit der formell geplanten übereinstimmen muss. Das einzelne Mitglied erhält seinen Rang durch die übrigen Gruppenmitglieder zugewiesen.

Führungskräfte, die über Autorität verfügen, werden am leichtesten ihre Wünsche durchsetzen können. Es ist dies die beste Form der Mitarbeiterführung.

Die Person, auf die andere freiwillig hören, genießt **Autorität.** Autorität wird verliehen, weil die Person über

- besondere Kenntnisse oder Fähigkeiten **(fachliche Autorität),**
- besondere Eigenschaften **(persönliche Autorität),**
- eine besondere Position **(positionale Autorität).**

verfügt.

Die Autorität ist auch von der Situation abhängig.

Beispiel

Robert Wagner beschäftigt sich in seiner Freizeit viel mit seinem PC. Er verfügt daher über gute Kenntnisse und kann die Fragen der Kollegen über Hard- und Software immer zu deren Zufriedenheit beantworten. Er verfügt daher über fachliche Autorität.

Robert Wagner ist gleichzeitig als sportlich nicht interessiert bekannt. Noch nie ist ein Kollege auf die Idee gekommen, ihn nach seiner Meinung zu einem Fußballspiel zu fragen.

Autorität = **authority**

Autorität bedeutet, dass die Meinung desjenigen, der über Autorität verfügt, von den Übrigen freiwillig anerkannt wird.

Die informelle Organisation ist auch für das Betriebsklima entscheidend.

Unter **informeller Organisation** werden Verhaltensweisen der Mitarbeiter verstanden, die ungeplant, neben der „offiziellen" Organisation ablaufen. Sie zeigen sich z. B. in folgenden Formen:

- Die Mitarbeiter befolgen nicht die Anordnungen des Vorgesetzten bzw. der Unternehmensleitung, sondern befolgen eigene Regeln.
- Informationen werden nicht über die festgelegten Informationskanäle weitergegeben, sondern durch persönliche Bekanntschaften.

Vorteil der informellen Kommunikation:

- Informationen gelangen schneller (evtl. richtiger) zum Empfänger.

Nachteil der informellen Kommunikation:

- Es kann zu Kompetenzüberschreitungen kommen, was zu Konflikten führen kann.
- Durch Weitergabe von Gerüchten können Konflikte entstehen.

Üben

Ü 1:

Betriebe verteilen Statussymbole, durch die der Einzelne sich von anderen abhebt und seinen Platz in der Betriebshierarchie zeigt. Gibt es derartige Statussymbole auch im Privatbereich? Falls ja, nennen Sie ein Beispiel!

Ü 2:

Franz Richter, ein Mitarbeiter, der als besonders faul bekannt ist, wird einer Arbeitsgruppe zugeteilt, die stets sehr gute Leistungen erbringt.

Welche Auswirkungen sind von dieser Maßnahme auf Richter und auf die Gruppe zu erwarten?

Ü 3:

Kennzeichnen Sie, ob in folgenden Fällen Gruppenarbeit sinnvoll ist:

	Gruppenarbeit	
	sinnvoll	nicht sinnvoll
Arbeit, die Ruhe und hohe Konzentration erfordert		
Suchen von verschiedenen Lösungsmöglichkeiten für ein Problem		
Auswahl der besten Lösungen aus verschiedenen Möglichkeiten		
Schwere Arbeit, die einen Mitarbeiter alleine überfordert		
Anfertigung einer Zeichnung nach einem vorgegebenen Schema		

Sichern

SbX ID: 2103

Bürokratie

Die **bürokratische Organisation** funktioniert **nach genau festgelegten Regeln**, alle Geschäftsfälle werden schriftlich festgehalten. Vertreter: Max Weber

wissenschaftliche Unternehmensführung

Bei der **wissenschaftlichen Unternehmensführung** wird die Arbeit **nach technischen Prinzipien** gestaltet. Die Arbeiten werden in kleinste Teile zerlegt und jeder Handgriff wird dem Mitarbeiter genau vorgegeben. Vertreter: Frederick W. Taylor. Diese Ideen wurden von REFA weitergeführt und gelehrt.

Human-Relations-Bewegung

Die **Human-Relations-Bewegung** stellt die **Wünsche und Bedürfnisse der Mitarbeiter** in den Mittelpunkt. Sie geht davon aus, dass zufriedene Mitarbeiter eine bessere Leistung erbringen. Vertreter: Elton Mayo

Lean Management

Lean Management ist eine Unternehmensphilosophie für Produktionsbetriebe. Folgende Prinzipien sind u. a. zu beachten:

- Eigenverantwortung der Mitarbeiter, offene Informations- und Feedback-Prozesse
- Entwicklungs-, Produktions-, Transport- und Lagerzeiten werden durch größere Kunden-, Lieferanten- und Mitarbeiterorientierung verkürzt.

Manager

Einem **Manager** sind **Mitarbeiter unterstellt** und er hat **Führungsaufgaben** wahrzunehmen.

Status

Das **Ansehen,** das eine Person im Betrieb genießt, hängt u. a. von ihrer Stellung in der Betriebshierarchie ab.

formelle Organisation

Unter einer **formellen Organisation** versteht man eine von der Unternehmensleitung **geplante Gruppe,** in der die Personen und Aufgaben festgelegt sind.

informelle Organisation

Eine **informelle Organisation** bildet sich ohne Mitwirkung der Unternehmensleitung; die Gruppenbildung erfolgt nicht geplant.

Autorität

Personen, die über **besondere Kompetenzen (fachliche, persönliche, positionale)** verfügen und dadurch die Meinung anderer beeinflussen können, genießen in einer Gruppe **Autorität.**

SbX ID: 2103

Eine Audio-Wiederholung mit Audio-Player und MP3-Download sowie eine Bildschirmpräsentation mit allen Grafiken dieser Lerneinheit finden Sie unter der ID: 2103.

Wissen

1. Was versteht man unter bürokratischer Organisation?
2. Nach welchen Prinzipien versuchte F. W. Taylor, die Effizienz von Organisationen zu steigern, und wie bewerten Sie diese Prinzipien?
3. Was sind die wesentlichen Erkenntnisse der Untersuchungen von Elton Mayo?
4. Was versteht man unter dem „sozialen Status" im Betrieb?
5. Was unterscheidet informelle von formellen Gruppen?

SbX
Alle SbX-Inhalte zu dieser Lerneinheit finden Sie unter der ID: 2200.

Lerneinheit 2
Die Mitarbeiter

In jedem Unternehmen sind die Mitarbeiter gefordert, Leistung zu erbringen. Diese Anforderungen, die an die Mitarbeiter gestellt werden, müssen ihrem Leistungsangebot entsprechen. Das Leistungsangebot jedes einzelnen Mitarbeiters hängt von verschiedenen Faktoren ab:

Leistungsangebot		
Fähigkeiten	Disposition	Leistungsanreize
• Anlagen • Ausbildung • Erfahrung • Einarbeitung	• Tagesrhythmus • körperliches Befinden • Ermüdung	• Motivation • Betriebsklima

In dieser Lerneinheit lernen Sie,
- **wie die Disposition das Leistungsangebot beeinflusst,**
- **wie man Mitarbeiter motivieren kann.**

Lernen

1 Disposition
Nicht immer kann dieselbe Leistung erbracht werden.

Michael: Ich habe eine Statistik gesehen, die zeigt, dass während der Nachtschicht weniger produziert wird und mehr Ausschuss anfällt. Wenn man während des Tages genug schläft, müsste man dann in der Nacht nicht ebenso leistungsfähig sein?

Vormittags ist das Leistungsangebot am größten, in der Nacht am geringsten.

Tageszeit
Das Leistungsangebot eines Mitarbeiters hängt von der Tageszeit ab.

Die Arbeit sollte so eingeteilt werden, dass anspruchsvolle Tätigkeiten eher am Vormittag, leichtere Arbeiten am frühen Nachmittag erfolgen.

Leistungsangebot im Tagesablauf

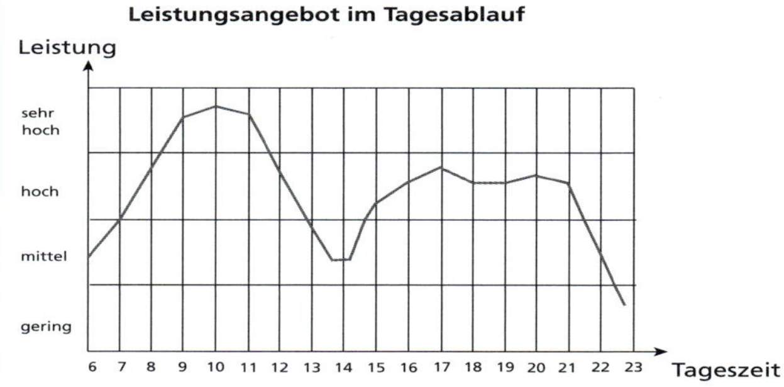

Wechselschicht bedeutet, dass die Mitarbeiter abwechselnd am Tag und in der Nacht arbeiten.

Auch bei Personen, die in der Nacht oder in Wechselschichten arbeiten, ist die Leistungsfähigkeit in der Nachtschicht geringer. Gründe dafür sind:
- Nachtarbeit bedeutet eine höhere Beanspruchung, da sich der Körper nur sehr langsam umstellen kann.
- Der Tagesschlaf ist weniger erholsam, da der Lärmpegel am Tag höher ist.
- Soziale Kontakte (mit Freunden, Verwandten …) können nicht gepflegt werden.

Ermüdung
Sind Mitarbeiter müde, sinkt ihre Leistung. Dies muss durch entsprechende Pausen ausgeglichen werden.

Ähnliche Auswirkungen wie Ermüdung haben monotone (eintönige) Arbeitsbedingungen, man spricht in diesem Fall von **Antriebsermüdung.** Sie kann nicht durch Pausen, sondern durch Zuweisung einer anderen Tätigkeit ausgeglichen werden.

Mitarbeiter werden durch mehrere kurze Pausen schneller regeneriert, was gesünder ist, und die Gesamtpausendauer kann kürzer gehalten werden.

Motivation = **motivation**

Wird trotz Müdigkeit weitergearbeitet,

- sinkt die Konzentration,
- steigen Unfallgefahr und Ausschuss.

Den Zusammenhang zwischen Ermüdung und notwendigen Pausen zeigt die nebenstehende Grafik.

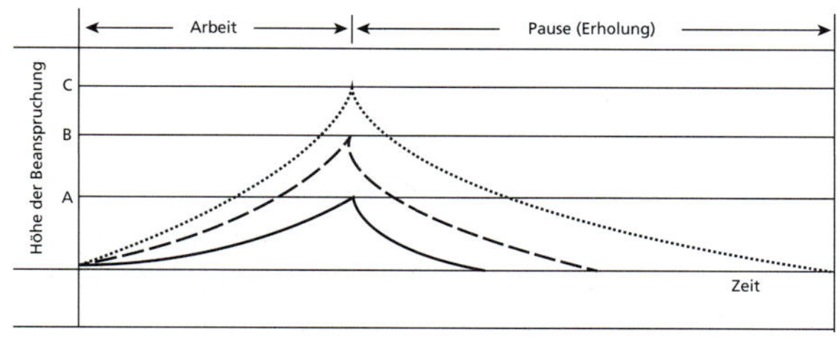

Quelle: REFA (Hrsg.): Methodenlehre des Arbeitsstudiums, Band 1, S. 103, 5. Auflage, München 1976.

Zu Beginn der Pause ist die Erholung am größten. Ist der Mitarbeiter stark ermüdet, benötigt er eine wesentlich längere Pause. Es ist daher gesünder und wirtschaftlicher, öfter eine kurze Pause einzulegen.

2 Motivation
Anreize, die Arbeiten auszuführen

Anna: Wenn ich mich bei meinen Kollegen umschaue, sehe ich viele, die ihre Arbeit wirklich gerne machen, aber auch einige, die es offenbar nicht freut. Kann man diejenigen, denen es keinen Spaß macht, auch irgendwie motivieren?

Abraham Harold Maslow (1908–1970) war ein amerikanischer Psychologe. Er entwickelte seine Theorie in den 1940er-Jahren.

Maslow'sche Bedürfnispyramide

Bei den menschlichen Bedürfnissen kann man folgende unterscheiden:

Einteilung der menschlichen Bedürfnisse

Bedürfnisse = **needs**

Der Mensch wird zuerst versuchen, seine **Existenzbedürfnisse** (lebensnotwendigen Bedürfnisse), wie essen, schlafen, Schutz vor Kälte, Hitze ... zu befriedigen. Sind diese Bedürfnisse gedeckt, wird er sich den **Kulturbedürfnissen,** wie Kinobesuch, Freundschaften ..., und dann den **Luxusbedürfnissen,** wie Hobbys, zuwenden.

Diese Bedürfnisse hat **Abraham Maslow** genauer untersucht und kam dabei zu folgender Ordnung:

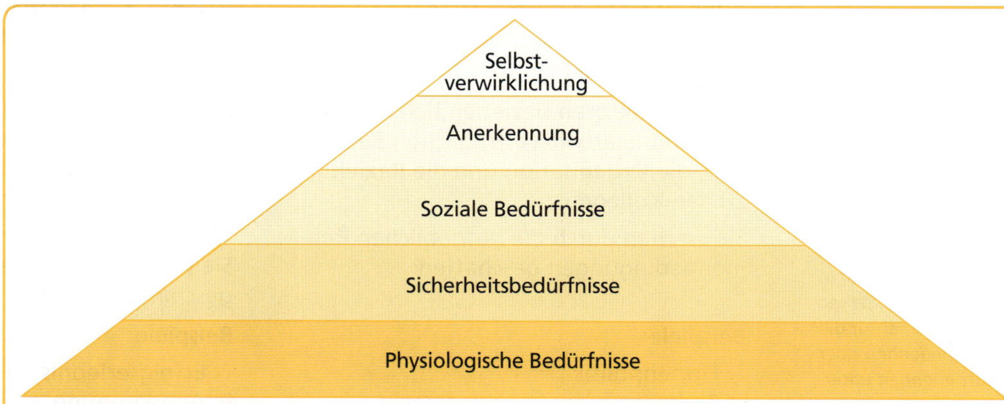

Maslow'sche Bedürfnispyramide

- **physiologische Bedürfnisse** (körperliche Bedürfnisse): Diese Bedürfnisse entsprechen den lebensnotwendigen Bedürfnissen, sie werden zuerst befriedigt (z. B. Nahrung, Schlaf, Schutz vor Kälte oder Hitze).

- **Sicherheitsbedürfnisse:** Sind die körperlichen Bedürfnisse befriedigt, wird der Mensch versuchen, diesen Zustand aufrechtzuerhalten. Er strebt nach Sicherheit. Sicherheitsbedürfnisse betreffen z. B. die Sicherheit des Arbeitsplatzes, das Erhalten des Lebensstandards im Alter oder bei Krankheit.

  Die Befriedigung dieser Bedürfnisse erfolgt

  - teilweise durch den Staat, z. B. Sozialversicherung,
  - teilweise durch den Betrieb, z. B. Vermeidung von Kündigungen,
  - teilweise durch den Menschen selbst, z. B. Sparen.

- **soziale Bedürfnisse:** Der Mensch ist kein Einzelwesen, er braucht den Kontakt und die Zuwendung anderer.

  Nimmt die Arbeitsorganisation auf diese Bedürfnisse keine Rücksicht, werden die Mitarbeiter unzufrieden. Gleiches geschieht, wenn zwischen den Mitarbeitern ein schlechtes Klima herrscht.

  Die sozialen Bedürfnisse werden aktuell, wenn die physiologischen und die Sicherheitsbedürfnisse erfüllt sind.

Zu den sozialen Bedürfnissen siehe Lerneinheit 1, Input „Gruppen“.

- **Wertschätzung:** Jeder Mensch möchte, dass er und seine Leistungen von den anderen (Mitarbeitern und Vorgesetzten) anerkannt werden. Er möchte, dass seine Meinungen und Wünsche beachtet werden.

- **Selbstverwirklichung:** Menschen wollen

  - ihren Fähigkeiten entsprechende Tätigkeiten ausüben,
  - ihre Ideen verwirklichen,
  - Verantwortung tragen,
  - Mitspracherechte haben.

Selbstverwirklichung ist das Ziel der meisten Menschen. Sowohl bei der Arbeitsorganisation als auch beim Umgang mit den Mitarbeitern ist auf deren Bedürfnisse zu achten.

Wenn alle anderen Bedürfnisse im Wesentlichen befriedigt sind, strebt der Mensch nach Selbstverwirklichung.

Die **pyramidenförmige Darstellung** soll verdeutlichen, in welcher Reihenfolge die Bedürfnisse hervortreten.

Zwei-Faktoren-Theorie

Frederick Herzberg stellte fest, dass es **zwei Gruppen von Faktoren** gibt, die die Zufriedenheit beeinflussen:

Frederick Irving Herzberg (1923–2000) war Professor der Arbeitswissenschaft und der klinischen Psychologie. Er stellte seine Theorie ungefähr 10 Jahre nach Maslow auf.

Die meisten Faktoren wirken sowohl als Hygienefaktoren als auch als Motivator. Jedoch ist ihre Wirkung in einer Richtung stärker. Sie sind daher für die Zufriedenheit oder Unzufriedenheit unterschiedlich wichtig.

Faktoren	
Hygienefaktoren	**Motivatoren**
Sind diese Forderungen nicht erfüllt, werden die Mitarbeiter unzufrieden. Eine bessere Erfüllung dieser Faktoren führt **nicht** zu mehr Arbeitszufriedenheit oder größerer Motivation, sie verhindert aber Unzufriedenheit.	Werden diese Forderungen erfüllt, steigt die Motivation der Mitarbeiter, sie werden zu größeren Leistungen bereit sein. Werden diese Forderungen **nicht** erfüllt, kommt es zu keiner Unzufriedenheit.
Hygienefaktoren beziehen sich hauptsächlich auf die arbeitsvertraglichen Bedingungen, die Organisation und die Beziehungen zu den Kollegen. Sie werden durch die betrieblichen Rahmenbedingungen geschaffen.	Motivatoren hängen mit der Gestaltung der Arbeit und der Anerkennung der erbrachten Leistung zusammen. In der Regel steigt ihre Wirkung mit der hierarchischen Position. Sie werden durch die Arbeitsaufgabe selbst geschaffen.
Beispiele: • Firmenpolitik • Fachwissen des Vorgesetzten • Verhalten des Vorgesetzten • Arbeitsbedingungen • Einkommen • Beziehungen zu Kollegen • Beziehungen zu Untergebenen	Beispiele: • Erfolgserlebnis • Anerkennung • Arbeitsaufgabe • Verantwortung für Arbeit • Fortschritt • beruflicher Aufstieg

Unzufriedenheit ist nicht das Gegenteil von Zufriedenheit.

Michael: Die Geschichte mit den Hygienefaktoren verstehe ich nicht.

Personalleiterin: Ein Hygienefaktor ist z. B. korrektes Verhalten des Vorgesetzten. Wird der Mitarbeiter von seinem Vorgesetzten korrekt behandelt, so wird dies als selbstverständlich angesehen. Er wird deswegen nicht lieber in den Betrieb kommen.

Wird ein Mitarbeiter aber unhöflich behandelt oder angeschrien, so wird er unzufrieden sein und eventuell einen anderen Arbeitsplatz suchen.

Michael: Und wie ist das mit den Motivatoren?

Personalleiterin: Erhält der Mitarbeiter zusätzlich die Gelegenheit, eine interessante Arbeit zu erledigen, und die Möglichkeit, innerhalb des Betriebs aufzusteigen, so wird er gerne in den Betrieb kommen und auch Angebote von anderen Unternehmen eher ablehnen.

Anreize = **incentives**

Die **wichtigsten Vertreter** der Anreiz-Beitrags-Theorie sind Herbert Simon, James March und Chester Barnard.

Anreiz-Beitrags-Theorie

Das Unternehmen bietet den Mitarbeitern **Anreize,** im Unternehmen zu arbeiten; **Anreize** sind beispielsweise:

- Bezahlung
- Verhältnis zu Kollegen und Vorgesetzten
- Arbeitsaufgabe

Mitarbeiter erbringen ihre **Beiträge** durch ihre Arbeitsleistung.

Bewertung durch Mitarbeiter

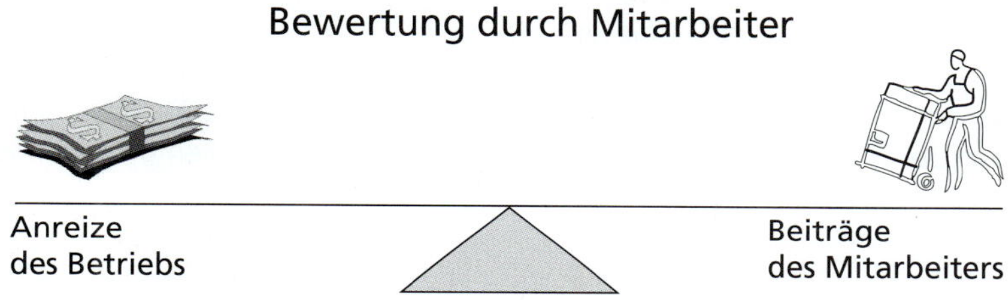

Anreiz-Beitrags-Theorie

Jeder Mitarbeiter bewertet die Anreize, die er erhält, und vergleicht sie mit den Beiträgen, die er leisten muss:

- Solange seine Beiträge die Anreize nicht übersteigen, wird er im Unternehmen bleiben und seine Arbeit leisten.
- Bewertet der Mitarbeiter die Anreize geringer als seine Beiträge, wird er das Unternehmen wechseln.

Üben

Ü 1:
Zu welcher Tageszeit werden am häufigsten fehlerhafte Produkte hergestellt? Wann sind die geringsten Arbeitsunfälle zu erwarten?

Ü 2:
In einer Werkstätte sind schwere körperliche Arbeiten zu verrichten. Ist es günstiger, mehrere kurze oder eine lange Pause zum Abbau der Ermüdung vorzusehen? (Begründung!)

Ü 3:
Welchen Einfluss hat eine Lohnerhöhung

a) nach Maslow?
b) nach Herzberg?

Ü 4:

Ein Mitarbeiter, der besonders gute Leistungen erbracht hat, soll eine Belohnung erhalten. Welche Belohnung könnte man einem Mitarbeiter, der

a) gut verdient
b) relativ wenig verdient

geben?

(Begründen Sie Ihre Meinung mithilfe der besprochenen Theorien.)

Sichern

SbX ID: 2203

Tagesrhythmus

Das menschliche Leistungsvermögen ist am **Vormittag am größten** und in der **Nacht am geringsten.** Daher sollten anspruchsvolle und anstrengende Tätigkeiten vormittags erledigt werden.

Ermüdung

Zum Abbau der Ermüdung dienen **Pausen.** Die Dauer der notwendigen Pause steigt überproportional mit der Ermüdung.

Schichtarbeit

Bei **Schichtarbeit** ist die Beanspruchung des Mitarbeiters in der Nacht höher, darunter leidet die Gesundheit dieser Mitarbeiter.

Bedürfnispyramide

Abraham Maslow hat die menschlichen Bedürfnisse gereiht. Seiner Meinung nach werden zuerst die Grundbedürfnisse, danach die sozialen Bedürfnisse und zuletzt die Selbstverwirklichung angestrebt.

Zwei-Faktoren-Theorie

Nach F. I. Herzberg wird die Arbeitszufriedenheit von **zwei Faktoren** beeinflusst:

- **Hygienefaktoren:** Sind diese nicht erfüllt, wird der Mensch unzufrieden. Die Erfüllung bewirkt aber keine höhere Arbeitszufriedenheit, sie wird als selbstverständlich erachtet.
- **Motivatoren:** Die Erfüllung steigert die Leistungsbereitschaft und bindet an das Unternehmen.

Anreiz-Beitrags-Theorie

Mitarbeiter bleiben so lange im Unternehmen, als sie ihre **Beiträge** nicht höher bewerten als die **Anreize,** die sie erhalten.

SbX ID: 2203

Eine Audio-Wiederholung mit Audio-Player und MP3-Download sowie eine Bildschirmpräsentation mit allen Grafiken dieser Lerneinheit finden Sie unter der ID: 2203.

Wissen

1. Wie gliederte Abraham Maslow die menschlichen Bedürfnisse? Nennen Sie je ein Beispiel.
2. Was versteht man unter Hygienefaktoren, was unter Motivatoren?
3. Was besagt die Anreiz-Beitrags-Theorie?

SbX
Alle SbX-Inhalte zu dieser Lerneinheit finden Sie unter der ID: 2300.

Lerneinheit 3
Die Führungskraft

Führungskräfte nehmen in einer Organisation Führungsaufgaben wahr. Sie sollen dabei die Mitarbeiter zum Verfolgen der Unternehmensziele veranlassen. Ob dies gelingt, hängt ab von

- **der Macht, die die jeweilige Führungskraft ausüben kann,**
- **ihrer Einstellung gegenüber den Mitarbeitern,**
- **ihrem Führungsverhalten.**

Lernen

SbX ID: 2301

Führungskräfte = **executive staff**

1 Macht
Wer hat das Sagen?

Anna: Es heißt oft, dass Chefs Macht haben. Liegt das nur an ihrer Leitungsfunktion?

Zum Thema Autorität s. Lerneinheit 1, Input 3, informelle Organisation.

Die Aufgabe der Führungskraft ist es, das Verhalten der Mitarbeiter zu lenken. Sie übt daher **Macht** über die ihr Unterstellten aus. Folgende Formen von Macht kann man unterscheiden:

Macht		
formelle Herrschaft	**Autorität**	**faktische Beherrschung**
Der Betrieb überträgt dem Inhaber einer Stelle bestimmte Rechte. Diese Rechte sind unabhängig von der Person, die diese Stelle innehat.	Die Meinung der Autorität wird freiwillig anerkannt.	Darunter fallen sämtliche anderen Formen von Macht, die im Betrieb ausgeübt werden können.
Beispiel Das Recht, • anderen Anweisungen zu erteilen, • Belohnungen zu verteilen, • Tätigkeiten zu kontrollieren	**Beispiel** Thomas Treu arbeitet seit einigen Jahren in der Abteilung Haustechnik und wird von sämtlichen Angehörigen der Abteilung als Fachmann anerkannt. Als ein neues Kälteaggregat angeschafft werden soll, wird er um Rat gefragt.	**Beispiel** Im Werkzeugbau werden Aufträge nur dann schnell erledigt, wenn dem Meister ein Geschenk gebracht wird.

Thomas Treu verfügt über fachliche Autorität – diese ist davon abhängig, wer beim jeweiligen Thema als Fachmann gilt.

2 Einstellungen
Vorurteile vereinfachen das Leben.

Michael: Ich habe hier schon verschiedene Abteilungen gesehen und ich muss feststellen: Die ING4TECH hat Ähnlichkeiten mit der Schule. Meine Vorgesetzte hat zum Glück eine gute Meinung von mir und da war es auch nicht so schlimm, dass ich ein paar Mal Blödsinn machte – sie blieb dabei. Aber von einem anderen Mitarbeiter hat sie offensichtlich einen schlechten Eindruck und den kann er auch mit guten Leistungen anscheinend nur schwer ändern.

2 Mitarbeiterführung

Vom **Menschenbild** und den **Erfahrungen des Vorgesetzten** hängen ab:

- sein Verhalten
- seine Einstellung gegenüber den Mitarbeitern
- wie er Macht ausübt

Theorie X und Theorie Y von McGregor

Douglas McGregor (1906–1964) war Professor für Management am Massachusetts Institute of Technology.

Der amerikanische Psychologe **Douglas McGregor** entwickelte in den 1960er-Jahren zwei **Extremstandpunkte,** die ein Vorgesetzter einnehmen kann. Meist wird seine tatsächliche Meinung irgendwo dazwischenliegen. Je nach Standpunkt wird er sich seinen Mitarbeitern gegenüber entsprechend verhalten.

Theorie X	Theorie Y
Der Mensch ist arbeits- und verantwortungsscheu; er sucht nur Sicherheit. Leistung kann von ihm nur erwartet werden, wenn er dauernd kontrolliert und korrigiert wird.	Die Arbeit ist ein wichtiger Teil des menschlichen Lebens. Der Mensch arbeitet gerne, wenn er dabei auch seine Bedürfnisse befriedigen kann. Er braucht daher kaum kontrolliert zu werden.
Vorgesetzte, die **nur am Arbeitsergebnis interessiert** sind und die Wünsche der Mitarbeiter nicht beachten	Vorgesetzte, die **die Wünsche der Mitarbeiter zu erfüllen versuchen** und weniger auf das Arbeitsergebnis achten

Vorgesetzte, die der **Theorie X** folgen, glauben, dass der Mensch nur unter Zwang arbeitet.

Vorgesetzte, die der **Theorie Y** folgen, haben ein positives Menschenbild.

Vorgesetzte mit **positivem Menschenbild** glauben, dass

- die Arbeit ein wichtiges Betätigungsfeld für jeden Menschen ist,
- der Mitarbeiter seine Ideen und Einfälle am Arbeitsplatz einsetzen möchte, wenn man ihn lässt,
- der Mensch, der zufrieden ist, gerne Leistungen erbringt und daher nur wenig kontrolliert werden muss,
- nicht nur finanzielle Anreize für den Menschen wichtig sind.

Managerial Grid

Robert Blake und Jane Mouton entwickelten ein Modell, das die Kombinationsmöglichkeiten von Mitarbeiter- und Sachaufgabenorientierung von Führungskräften darstellt: Dies wird in einem **Verhaltensgitter (Managerial Grid)** abgebildet. Dieses Gitter dient dabei als Raster für die Einordnung des Führungsstils.

Das Verhaltensgitter wird in Führungskräfte-Trainings verwendet, um das Verhalten der Vorgesetzten zu messen. Das Verhalten der Führungskräfte soll so verändert werden, dass es dem 9,9-Vorgesetzten entspricht.

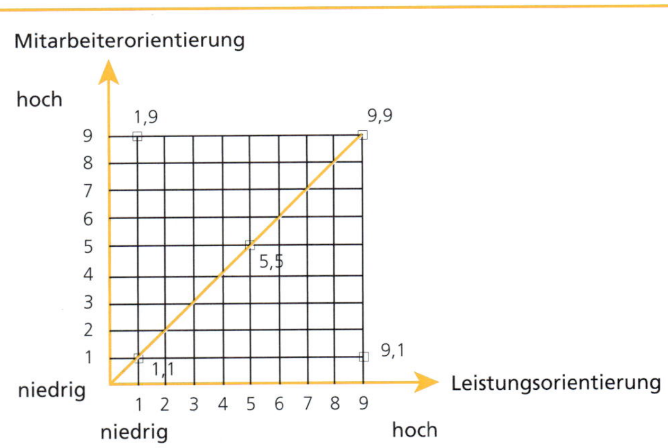

Managerial Grid

Es werden folgende typische Verhaltensweisen von Vorgesetzten unterschieden:

Position 1,1: Überlebensmanagement

Dieser Vorgesetzte ist weder an den Mitarbeitern noch an der Arbeit interessiert. Er versucht, ohne Einsatz und Interesse an seiner Tätigkeit ein leichtes Leben zu führen.

Führungskräfte, deren Einstellung der Theorie Y entspricht und die ein **9,9-Verhalten** zeigen, werden am ehesten bei ihren Mitarbeitern persönliche Autorität genießen.

Position 1,9: Glacéhandschuhmanagement

Dieser Vorgesetzte ist nur am Wohlergehen seiner Mitarbeiter interessiert, er achtet nicht auf den Erfolg der Arbeit. Die Arbeitsleistung ist gering, das Betriebsklima gut. Bei Problemen wird er nur das Wohl seiner Mitarbeiter im Auge haben und die Arbeitsleistung nicht beachten.

Position 5,5: Organisationsmanagement

Hier legt der Vorgesetzte sowohl auf die Wünsche der Mitarbeiter als auch auf die Erreichung einer bestimmten Arbeitsleistung Wert. Er trifft seine Entscheidungen vorsichtig und unter Beachtung sämtlicher Vorschriften. Die Leistung und die Zufriedenheit der Mitarbeiter werden daher geringer sein als möglich.

Position 9,1: Befehl-Gehorsam-Management

Der Vorgesetzte legt Wert auf eine hohe Leistung ohne Berücksichtigung der Wünsche der Mitarbeiter. Er verhält sich so, wie es von Taylor in seiner wissenschaftlichen Betriebsführung vorgeschlagen wurde.

Position 9,9: Teammanagement

Der Vorgesetzte geht davon aus, dass Mitarbeiter, die Freude an ihrer Tätigkeit haben, diese auch gut ausführen. Er versucht daher, die Wünsche und Bedürfnisse der Mitarbeiter bei der Arbeitsgestaltung und -einteilung zu berücksichtigen. Er setzt klare Ziele und erteilt eindeutige Anweisungen, die von den Mitarbeitern befolgt werden müssen.

Wahrnehmungsfehler

Anna: Ich habe gelesen, dass Einstellungen, die eine Führungskraft gegenüber Mitarbeitern hat, eigentlich nur schwer korrigiert werden können. Stimmt das?

Personalleiterin: Ja. Wahrnehmungsfehler treten immer wieder auf. Führungskräfte sollten sich dieser Fehler bewusst sein und ihre Einschätzungen stets kritisch hinterfragen.

Die häufigsten Wahrnehmungsfehler sind:

- **selektive Wahrnehmung:** Man nimmt aufgrund seiner Vorurteile nur bestimmte Merkmale wahr, die einem wichtig oder sympathisch erscheinen.

Beispiel

Der Vorgesetzte hat vom Mitarbeiter Meier, dessen Arbeit er beurteilen soll, eine gute Meinung, da beide Anhänger desselben Fußballklubs sind. Daher meint er, die Fehler, die er sieht, seien einmalige Ausrutscher. Bei der Beurteilung erinnert er sich nur an die guten Leistungen.

Vorurteil = **prejudice**

Vorurteile helfen den Menschen, sich im Leben leichter zurechtzufinden.

- **Kategorisierung** oder **Vorurteile:** Aufgrund bestimmter Merkmale wird der Mitarbeiter – ohne weitere Überprüfung – einer Klasse zugewiesen.

Beispiel

Alle Mitarbeiter der Montage sind schlampig.

- **Persönlichkeitstheorie:** Aufgrund von Erfahrungen mit einer Person, die ein bestimmtes Merkmal aufweist (Name, körperliche Merkmale, Nationalität ...), werden anderen Personen, die das gleiche Merkmal aufweisen, dieselben Eigenschaften zugeschrieben.

Beispiel

Autofahrer mit Hut fahren langsam und unsicher.

Sympathie = Wohlwollen
Antipathie = Ablehnung

- **Sympathie und Antipathie:** Bei sympathischen Personen werden die positiven Seiten gesehen; sie werden besser beurteilt. Bei Personen, die Antipathie hervorrufen, werden besonders die negativen Dinge wahrgenommen, die positiven eher übersehen.

Die Bezeichnung leitet sich vom Schauspiel „Andorra" von Max Frisch ab, in dem dieses Phänomen dargestellt wird.

- **Andorra-Phänomen:** Schreibt man einer Person bestimmte Eigenschaften zu und behandelt man sie dementsprechend, so wird sie sich nach einiger Zeit der Einschätzung gemäß verhalten, wodurch man in seinem Urteil bestärkt wird. Es handelt sich um eine sich selbst erfüllende Vorhersage („self-fulfilling prophecy").

Beispiel

Ernst Stark, ein junger Elektroniker, beginnt in einem neuen Betrieb. Der Vorgesetzte meint, dass ein Mitarbeiter in diesem Alter noch nicht die notwendige Erfahrung hat, und schreibt ihm daher jeden Handgriff genau vor. Nach einiger Zeit sieht Stark, dass keine Eigeninitiative gefragt ist, und erledigt nur die vorgeschriebenen Handgriffe, auch wenn er bessere Möglichkeiten erkennt.

- **Einfrieren:** Eine einmal eingenommene Haltung gegenüber einer Person kann nur schwer wieder verändert werden.

Beispiel

Die Vorgesetzte Fritsch sieht den Mitarbeiter Weimer öfter zu spät kommen. Daraufhin meint Fritsch, Weimer sei unpünktlich und unzuverlässig. Nach einem Gespräch mit der Vorgesetzten bessert sich Weimer und erscheint seither pünktlich. Als Fritsch einige Zeit später einen besonders zuverlässigen Mitarbeiter zur Erledigung einer komplizierten Aufgabe sucht, wird ihr Weimer empfohlen. Fritsch lehnt jedoch mit der Begründung ab, er sei unpünktlich und unzuverlässig. Sie hat die einmal über Weimer gefasste Meinung beibehalten, obwohl sich Weimer geändert hat.

Führungsstil = **leadership style**

3 Führungsstile

Wie verhält sich die Führungskraft?

Anna: Ich habe nun schon viele Abteilungen und Führungskräfte kennengelernt. In einigen Abteilungen übte die Führungskraft ihre Macht sehr stark aus, in anderen bemerkte man gar nicht, dass ein Vorgesetzter da war.

Eine Führungskraft kann ihre Entscheidungen alleine, ohne Anhörung der Mitarbeiter, oder gemeinsam mit ihnen treffen.

Unter **Führungsstil** versteht man das Führungsverhalten, das die Führungskraft gegenüber ihren Mitarbeitern zeigt.

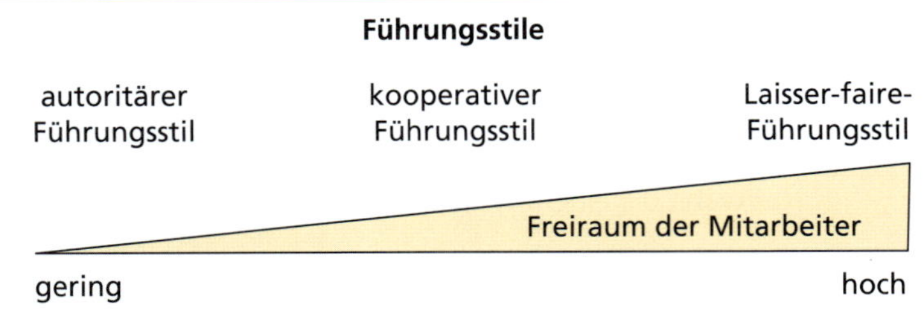

Autoritärer Führungsstil

Der Vorgesetzte entscheidet alleine, ohne auf die Wünsche und Anregungen der Mitarbeiter einzugehen. Er gibt seine Anweisungen in Form von Befehlen. Die Mitarbeiter bekommen ihre Aufgaben zugeteilt, sie haben zu gehorchen.

- **Vorteil:** Entscheidungen können rasch, ohne Zeitverlust, getroffen werden.
- **Nachteil:** Eigeninitiativen der Mitarbeiter werden unterbunden.

Der **patriarchalische Führungsstil** ist eine Sonderform der autoritären Führung.

Diese Art von Führung war früher in Handwerksbetrieben, die die Lehrlinge und Gesellen in ihren Haushalt aufgenommen haben, üblich. Er hat sich in Kleinbetrieben teilweise bis heute erhalten.

Von **patriarchalischem Führungsstil** spricht man, wenn der Vorgesetzte eine Stellung hat, die der eines Familienvaters ähnlich ist.

- Er sorgt für seine Untergebenen.
- Er hilft ihnen auch bei persönlichen Schwierigkeiten.
- Seine Autorität wird von jedem anerkannt.

Dafür erwartet er als Gegenleistung Dankbarkeit, Treue und Gehorsam.

Dieser Führungsstil ist heute überholt.

Kooperativer Führungsstil

Der kooperative Führungsstil ist heute der in den meisten Unternehmen gepflegte Führungsstil.

Die Mitarbeiter werden in die Entscheidungen eingebunden. Vor der Entscheidung werden ihre Meinungen eingeholt und diskutiert. Die Mitarbeiter bekommen dadurch Kompetenz und Verantwortung übertragen.

Der Vorgesetzte erteilt keine Anweisungen oder Befehle. Er versucht, die Mitarbeiter zu motivieren, die „demokratischen" Entscheidungen umzusetzen. Dabei muss er die erforderlichen Informationen bereitstellen und die gefassten Beschlüsse allen gegenüber begründen.

Kurzfristig kann auch dieses Verhalten zu Unzufriedenheit führen, langfristig bringt es die größte Zufriedenheit der Mitarbeiter.

Da der Vorgesetzte nicht führt und keine Bewertungen abgibt, kann man hier nicht von Führungsstil sprechen.

Laisser-faire-Stil

Der Vorgesetzte spielt eine passive Rolle: Die Mitarbeiter genießen volle Freiheit, der Vorgesetzte gibt auf Fragen die gewünschten Antworten, erteilt sonst aber keine Anweisungen. Sein Verhalten entspricht dem 1,1-Verhalten im Verhaltensgitter.

Die Mitarbeiter sind durch mangelnde Rückmeldung und fehlende Zielorientierung nicht besonders motiviert.

Da der Vorgesetzte nicht führt und keine Bewertungen abgibt, kann man hier nicht von Führungsstil sprechen.

4 Führungsinstrumente

Handwerkszeug für Führungskräfte in einem Unternehmen

Anna: Kürzlich gab es eine Feier wegen eines Betriebsjubiläums. Da wurden natürlich auch viele Reden gehalten. Dabei wurden auch die Unternehmensgrundsätze präsentiert und es hieß, dass diese durch verschiedene Führungsinstrumente des Managements umgesetzt werden sollen. Was genau ist damit gemeint?

Führungsinstrumente = **leadership instruments**

Führungsinstrumente sind verschiedene Methoden, um Führungssituationen zu meistern und Leistung zu bewirken.

Werte, Potenziale, Ergebnisse und partnerschaftlicher Dialog sind unter Berücksichtigung des Inputs jene Faktoren, die den beabsichtigten Output ermöglichen.

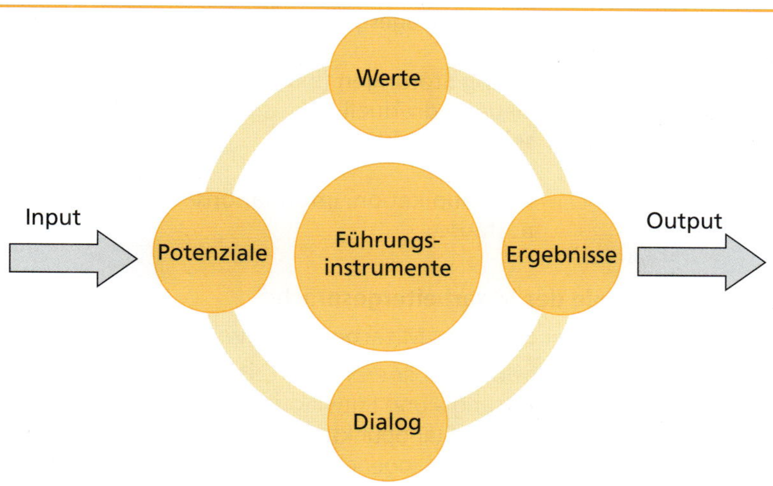

Führungsinstrumente

Welche Führungsinstrumente werden wann und wo eingesetzt?

wertorientierte Führung	potenzialorientierte Führung	dialogorientierte Führung	ergebnisorientierte Führung
Die Werte des Leitbilds geben den Führungskräften und Mitarbeitern Orientierung.	Ein Unternehmen kann nur so gut sein wie seine Mitarbeiter. Daher muss die Führung das geistige Potenzial der Mitarbeiter aktivieren.	Der partnerschaftliche Dialog bildet die Grundlage. Er schafft Vertrauen.	Leistungen und Ergebnisse sind der Maßstab für den Unternehmenserfolg.

SbX
Einen Überblick über verschiedene Aspekte des Führungsverhaltens mit zahlreichen Beispielen finden Sie unter der ID: 2301.

- **Wertorientierte Führungsinstrumente** dienen der Förderung des Verhaltens im Sinne des Leitbilds. Dabei werden Visionen, Werte und langfristige Ziele für den Umgang mit den Kundinnen und Kunden und zwischen Mitarbeiterinnen und Mitarbeitern schriftlich fixiert. Weiters dienen sie der Gestaltung eines leistungsfördernden Arbeitsumfelds.

Beispiel Auseinandersetzung mit dem Leitbild, Verbesserung der Qualität des Arbeitsumfeldes etc.

- **Potenzialorientierte Führungsinstrumente** dienen der Entwicklung des Leistungspotenzials durch Förderung von Stärken und Abbau von Schwächen.

Beispiel

Aufgabenübertragung und Delegation, Kontrolle und Leistungsbewertung, persönlicher Entwicklungsplan etc.

- **Ergebnisorientierte Führungsinstrumente** dienen der Konzentration der Kräfte auf konkrete Ziele.

Beispiel

Zielvereinbarung und Zielsetzung, Anerkennung und Kritik etc.

- **Dialogorientierte Führungsinstrumente** dienen dem Aufbau und der Pflege vertrauensvoller Beziehungen und der kommunikativen Lösung von Problemen.

Beispiel

Mitarbeitergespräch, d. h. partnerschaftlicher Dialog, effektive Besprechung (Gruppengespräch und Meetings), Rückmeldung (Feedback) etc.

Mitarbeitergespräch = **performance review**

Das Mitarbeitergespräch (MAG) als Führungsinstrument

	herkömmliche Gespräche	strukturierte Mitarbeitergespräche
Merkmale	zwischendurch	vereinbarter Termin
	selten vorbereitet	(schriftliche) Vorbereitung
	Thema = Tagesgeschäft	Thema = Aufgabenschwerpunkte, Zielvereinbarung, Entwicklung
	häufig Störungen (z. B. Telefon)	ungestört
	Dauer individuell	Dauer festgelegt, Zeit reserviert
	selten protokolliert	Vorbereitungsbogen, Gesprächs- und Ergebnisprotokolle
	Kommunikation, Informationsaustausch	Aufgaben- und Verantwortungsklärung und -delegation

Ziel des Mitarbeitergesprächs ist es, eine Gewinn-Gewinn-Vereinbarung zu treffen. Das bedeutet, dass die Anforderungen des Unternehmens mit den Bedürfnissen der Mitarbeiter in Einklang zu bringen sind.

Ziele des Mitarbeitergesprächs

aus der Sicht des Mitarbeiters bzw. der Mitarbeiterin

- Rückmeldung über erbrachte Leistungen
- Verbesserungs- und Entwicklungsmöglichkeiten
- Möglichkeit, Standpunkte einzubringen
- Plattform für unangenehme Themen

aus der Sicht der Führungskraft

- Setzen von Schwerpunkten, Definieren von Leistungserwartungen
- Plattform für Fragen der Zusammenarbeit
- Früherkennung von Unter- und Überforderung von Mitarbeitern
- bessere Kenntnis über den Mitarbeiter, seine Potenziale, seine Probleme

Inhalte des Mitarbeitergesprächs

- Gesprächseinstieg
  - Ziele des Gesprächs (Warum sitzen wir heute hier zusammen, was soll herauskommen?)
  - Rahmen, Gesprächsregeln
- Funktionsbeschreibung
  - tatsächliche Aufgaben der vergangenen Periode
  - Aktualisierung und Anpassung der Aufgaben
  - Schwerpunkte für kommende Periode/Ableiten von Zielen
- gegenseitiges Feedback
  - Zusammenarbeit im Team
  - Zusammenarbeit Mitarbeiter – Führungskraft
  - Selbstbild/Fremdbild
  - Entwicklungswünsche/-möglichkeiten/-schritte

- Zielvereinbarung für das kommende Jahr (Zusammenfassung)
  - Schwerpunktsetzung aus Hauptaufgaben/Funktionsbeschreibung
  - erwünschte Veränderungen
  - Sonderprojekte
- einvernehmliche Vereinbarungen für die Zukunft
  - Gestaltung der Zusammenarbeit
  - Weiterentwicklung der Funktion
  - Fördermaßnahmen

SbX **Eine Vorlage für das Protokoll eines Mitarbeitergesprächs finden Sie unter der ID: 2301.**

5 Managementprinzipien

Führungskräfte in einem Unternehmen sollten ähnlich vorgehen.

Managementprinzipien = **management principles**

Anna: Derzeit herrscht große Hektik im Unternehmen. Kolleginnen haben mir erzählt, dass jetzt Mitarbeitergespräche nach einem bestimmten Managementprinzip stattfinden und die Ziele für das nächste Jahr besprochen werden.

Managementprinzipien sind Verhaltensnormen, an denen sich alle Führungskräfte eines Unternehmens orientieren sollen. Dadurch soll eine einheitliche Art der Führung erreicht werden.

Managementprinzipien sind organisatorische Maßnahmen zur Verwirklichung bestimmter (kooperativer) Führungsstile.

Die unten besprochenen Managementprinzipien lassen sich am besten durch die Gegenüberstellung folgender Begriffe definieren[1]:

- demokratisch statt autokratisch
- sozial-integrativ statt autoritär
- partnerschaftlich statt patriarchalisch
- funktionell statt hierarchisch
- kooperativ statt dirigistisch

[1] Vgl. „Mitarbeiterführung", Herbert Frese, Reihe Management, Vogel Verlag, Würzburg 1998.

autokratisch = diktatorisch, selbstherrlich

Management by Exception

Die Mitarbeiterinnen und Mitarbeiter treffen in ihrem Arbeitsbereich selbständig Entscheidungen und nur in Ausnahmefällen (außerhalb der Routine-Regelungen) greift die Unternehmensführung ein.

Management by Delegation

Jeder Mitarbeiter erhält einen bestimmten Aufgaben- und Zuständigkeitsbereich, in dem er selbständig handeln soll. (Delegation, Verantwortung und Kompetenz sind die wesentlichen Bestandteile dieser Methode; begleitet wird sie von Dienstaufsicht und Erfolgskontrolle.)

Management by Planning and Controlling

Hier werden Ziele in Form von Plänen gesetzt. Kontrolliert wird das Ergebnis, nicht der Mensch!

Management by Objectives

Das umfassendste Managementprinzip ist Management by Objectives. Dabei haben die Mitarbeiterinnen und Mitarbeiter vereinbarte Ziele (Zielvereinbarung) durch eigene Entscheidungen und Handeln zu erreichen.

Management by Objectives (MbO)

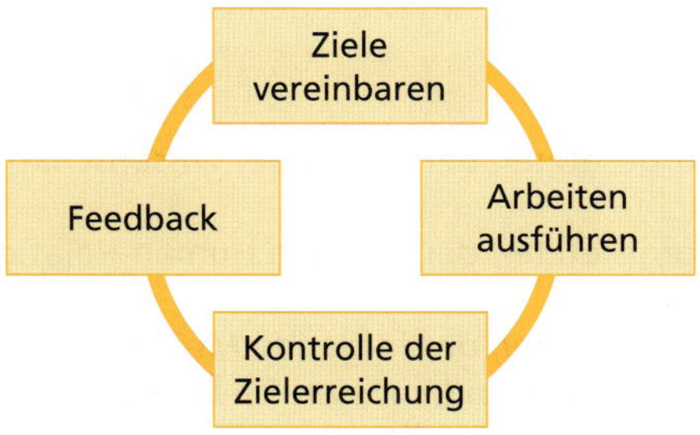

Management by Objectives

Ziele müssen messbar sein. Daher ist zu vereinbaren:

- Was soll erreicht werden?
- Wie gut soll es erreicht werden?
- Bis wann soll es erreicht werden?

1. Führungskraft und Mitarbeiter legen gemeinsam fest, welche Ziele der Mitarbeiter erreichen soll.
2. Der Mitarbeiter übt die Tätigkeiten eigenverantwortlich aus. Er kann laufend überprüfen, ob er die Ziele erreicht hat.
3. Die Führungskraft kontrolliert, ob vereinbarte Ziele erreicht wurden.
4. Es wird besprochen, welche Probleme es bei der Zielerreichung gab und was verbessert werden kann.
5. Es werden die Ziele für die nächste Periode vereinbart.

Damit Ziele motivierend sind, müssen sie erreichbar sein, aber auch eine Anstrengung erfordern:

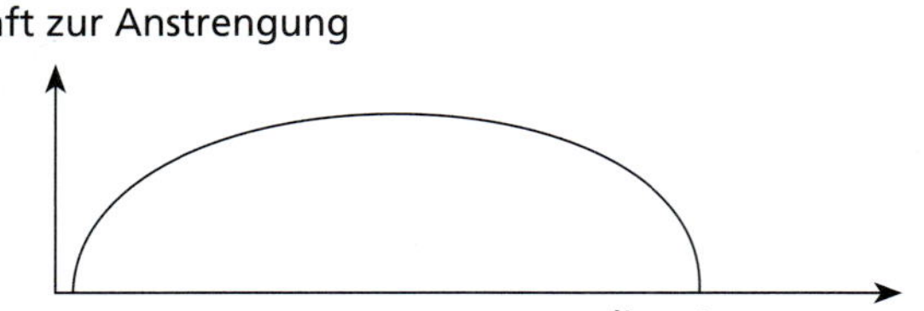

Motivation durch Ziele

Mitarbeiter werden sich bemühen, Ziele zu erfüllen, die mit entsprechender Anstrengung erreichbar sind. Ist das Ziel zu einfach zu erreichen, bildet es keine Herausforderung und es geht die Motivation verloren. Auch Ziele, die trotz größter Anstrengung unerreichbar bleiben, sind nicht motivierend und der Mitarbeiter wird sich nicht anstrengen.

Üben

SbX ID: 2302

SbX
Ü 1–Ü 2 mit automatischer Aufgabenkontrolle
ID: 2302
erledigt ✓
Ü 1 ☐
Ü 2 ☐

Ü 1:
Um welche Art von Macht handelt es sich in folgenden Fällen?

	Macht
Die Mitarbeiter fragen ihren Vorgesetzten, weil sie von seinen fachlichen Fähigkeiten überzeugt sind.	
Ein Lieferant bekommt einen Auftrag, weil er zu Weihnachten dem Einkäufer Geschenke bringt.	
Ein Kollege erledigt für einen anderen eine private Arbeit, weil sie gemeinsam Karten spielen.	
Bei persönlichen Problemen wird ein Kollege einer anderen Abteilung befragt, der ein überzeugendes Auftreten hat.	
Die Anordnungen des Vorgesetzten werden befolgt, obwohl er wenig fachliches Wissen hat.	

Ü 2:
Welchem Punkt im Managerial Grid entsprechen folgende Verhaltensweisen?

	Punkt
Vorgesetzter, der im Stil der wissenschaftlichen Betriebsführung führt	
Vorgesetzter, der sich den Human-Relations-Ideen verpflichtet fühlt	
Vorgesetzter, der folgende Meinung vertritt: „Auch wenn Sie abends eingeladen sind, müssen Sie Überstunden machen. Wir können sonst den Auftrag nicht rechtzeitig erledigen."	

	Punkt
Vorgesetzter, der folgende Meinung vertritt: „Ich weiß, dass Sie heute Abend bei einer Familienfeier eingeladen sind. Ich werde einen anderen Kollegen bitten, länger zu bleiben."	
Vorgesetzter, der folgende Meinung vertritt: „Gehen Sie heim, wenn Sie wollen. Mir ist es gleich, ob wir den Liefertermin einhalten können."	

Ü 3:

Ernst Ritter hat seine Aufgaben immer pünktlich und gewissenhaft erledigt. Sein Vorgesetzter ist mit ihm sehr zufrieden. Aufgrund privater Probleme lässt seine Leistung in letzter Zeit nach.

Welche der folgenden Meinungen wird der Vorgesetzte vertreten? Diskutieren Sie die möglichen Reaktionen.

a) Der Vorgesetzte wird dies als einmaligen Fehltritt sehen und Ritter weiterhin als verlässlichen Mitarbeiter betrachten.

b) Der Vorgesetzte wird Ritter sofort zurechtweisen.

c) Die Meinung des Vorgesetzten über Ritter wird sich sofort ändern.

d) Der Vorgesetzte wird Sanktionen verhängen und seine Meinung über Ritter ändern.

e) Der Vorgesetzte wird mit Ritter reden, um die Gründe des Fehlverhaltens kennenzulernen.

Ü 4:

Worin liegt der Unterschied zwischen einem herkömmlichen Gespräch und einem strukturierten Mitarbeitergespräch?

SbX **Eine Vorlage für das Protokoll eines Mitarbeitergesprächs finden Sie unter der ID: 2302.**

Ü 5:

Führen Sie mit Ihrem Partner bzw. mit Ihrer Partnerin ein Mitarbeitergespräch durch, wobei eine/einer die Rolle des/der Vorgesetzten und eine/einer die Rolle des Mitarbeiters/der Mitarbeiterin übernimmt. Verfassen Sie ein Protokoll, in dem Sie

- die im Gespräch definierten Arbeitsschwerpunkte,
- Aus- und Weiterbildungsmaßnahmen sowie
- sonstige Vereinbarungen festhalten.

Sichern

SbX ID: 2303

Macht

Es gibt unterschiedliche Formen von **Macht** im Unternehmen:

- formelle Herrschaft
- Autorität
- faktische Beherrschung

Theorie X, Theorie Y

Douglas **McGregor** hat zwei gegensätzliche Einschätzungen von Mitarbeiterverhalten beschrieben:

- **Theorie X:** Der Mensch ist arbeits- und verantwortungsscheu.
- **Theorie Y:** Arbeit bedeutet für den Menschen Zufriedenheit; er braucht keine Kontrolle.

Je nachdem, welche Einstellung eine Führungskraft teilt, wird sie sich den Mitarbeitern gegenüber verhalten.

Managerial Grid

Mithilfe des **Managerial Grid** wird das Verhalten von Führungskräften eingeordnet. Ideal sind Führungskräfte, die bei ihren Entscheidungen sowohl die Bedürfnisse der Mitarbeiter berücksichtigen als auch die Unternehmensziele.

autoritärer Führungsstil

Beim **autoritären Führungsstil** entscheidet die Führungskraft alleine und nimmt auf die Wünsche der Mitarbeiter keine Rücksicht.

kooperativer Führungsstil

Beim **kooperativen Führungsstil** wird bei Entscheidungen die Meinung der Mitarbeiter gehört und berücksichtigt.

Laisser-faire-Stil

Beim **Laisser-faire-Stil** führt die Führungskraft nicht, sondern lässt die Mitarbeiter alleine arbeiten.

Führungsinstrumente

Führungsinstrumente sind Methoden, um Führungssituationen zu meistern und Leistung zu bewirken.

Werte, Potenziale, Leistungen und **Ergebnisse** sind jene Faktoren, die den beabsichtigten Leistungsprozess verdeutlichen. Man unterscheidet daher:

- wertorientierte Führungsinstrumente
- potenzialorientierte Führungsinstrumente
- ergebnisorientierte Führungsinstrumente
- dialogorientierte Führungsinstrumente

Mitarbeitergespräch

Das **Mitarbeitergespräch** zählt zu den dialogorientierten Mitarbeiterführungsinstrumenten.

Management by Objectives

Management by Objectives ist ein Managementprinzip. Führungskraft und Mitarbeiter vereinbaren gemeinsam, welche Ziele der Mitarbeiter in der nächsten Periode verfolgt. Die Umsetzung ist Sache des Mitarbeiters.

SbX ID: 2303

Eine Audio-Wiederholung mit Audio-Player und MP3-Download sowie eine Bildschirmpräsentation mit allen Grafiken dieser Lerneinheit finden Sie unter der ID: 2303.

Wissen

SbX ID: 2304

SbX 1. mit automatischer Aufgabenkontrolle ID: 2304
erledigt ☑
1. ☐

1. Welchem Führungsstil entsprechen folgende Aussagen:
   a) „Ich schreibe meinen Mitarbeitern nichts vor, sie suchen sich ihre Arbeit selbst."

   b) „Ich schreibe meinen Mitarbeitern jeden Handgriff genau vor …"

   c) „Vor wichtigen Entscheidungen werden die Mitarbeiter um ihre Meinung gefragt."

   d) „Ich sorge für meine Mitarbeiter auch außerhalb des Betriebs, dafür dulde ich keine Widersprüche."

2. Welchen Vorteil bietet ein demokratischer Führungsstil für den Mitarbeiter? (Mehrere richtige Lösungen sind möglich.)
   - ☐ Er muss nicht gehorchen.
   - ☐ Sein Bedürfnis nach Selbstbestimmung wird befriedigt.
   - ☐ Er kann Mitverantwortung tragen.
   - ☐ Er kann seine Arbeit alleine bestimmen.

3. In welche Kategorie von Führungsinstrumenten kann das Mitarbeitergespräch eingeordnet werden?
   - ☐ wertorientiertes Führungsinstrument
   - ☐ dialogorientiertes Führungsinstrument
   - ☐ potenzialorientiertes Führungsinstrument
   - ☐ ergebnisorientiertes Führungsinstrument

3 Kostenrechnung

Viele Statistiken dokumentieren, dass die häufigsten Ursachen für Insolvenzen (Sanierung, Konkurs) Managementfehler sind. An erster Stelle steht eine mangelhafte oder sogar fehlende Kostenrechnung.

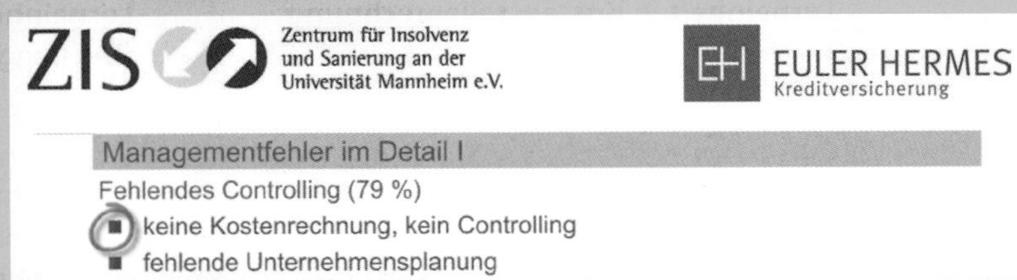

Die Kosten- und Leistungsrechnung, meist Kostenrechnung genannt, ist ein Teil des betrieblichen Rechnungswesens.

Die Finanzrechnung, die Buchhaltung, die Bilanzierung und die Kostenrechnung sind eng miteinander verbunden. Alle Bereiche dienen unterschiedlichen Zwecken, sind aber „nur" Abbildungen realer Vorgänge und helfen, Unternehmen zu steuern. Teilweise haben sie Dokumentationsfunktion, d.h., die Blickrichtung geht in die Vergangenheit, wie dies bei der Buchhaltung der Fall ist. Sobald die Blickrichtung in die Zukunft geht, überwiegt der planende und steuernde Aspekt. Dadurch wird die Kostenrechnung ein zentraler Bereich des Controllings und dient der Unternehmenssteuerung.

Darüber hinaus hat die Kosten- und Leistungsrechnung ein besonderes Merkmal. Sie verknüpft alle logistischen Vorgänge im Betrieb mit Wertansätzen. Reale Verrichtungen (montieren, bohren, Materialien be- und verarbeiten ...) werden bewertet mit „€ pro Stunde Arbeit", „€ pro kg Material", „€ pro Stück Material". Dadurch entsteht die Möglichkeit, Kosten am Ort ihrer Entstehung zu erfassen. Eine weitere Aufgabe ist es nun, diese Kosten den hergestellten Produkten und Dienstleistungen möglichst verursachungsgerecht zuzurechnen. Nur damit ist es möglich,

- **Preise zu berechnen (zu kalkulieren),**
- **marktvorgegebene Preise zu bewerten und**
- **einzelne Bereiche des Unternehmens zu analysieren und zu bewerten.**

Eine dem jeweiligen Unternehmen entsprechend aufgebaute Kosten- und Leistungsrechnung ist die notwendige Basis, um das „Schiff Unternehmen" auch bei widrigen Verhältnissen zielgerichtet auf Kurs halten zu können.

SbX

Alle SbX-Inhalte zu dieser Lerneinheit finden Sie unter der ID: 3100.

Lerneinheit 1
Grundlagen der Kostenrechnung

Die Unkenntnis der tatsächlichen Kostensituation in einem Unternehmen ist neben fehlenden Produktinnovationen und Markteinbrüchen eine der Hauptursachen für Insolvenzen.

Lernen

SbX ID: 3101

Kostenrechnung = **cost accounting**

1 Aufgaben und Stufen der Kostenrechnung

Warum sollen Unternehmen eine Kostenrechnung führen, wenn sie ohnehin zur Buchhaltung verpflichtet sind?

SbX

Links zum Thema Kostenrechnung finden Sie unter der ID: 3101.

Die **Aufgabe der Kostenrechnung** ist die Bereitstellung von kostenrelevanten Informationen als Grundlage für betriebliche Entscheidungen. **Basis** für die **Durchführung der Kostenrechnung** sind die Daten aus der Finanzbuchhaltung sowie zusätzliche im Betrieb aufgezeichnete Informationen (z. B. Materialverbrauch, Fertigungsstunden etc.).

Die Kostenrechnung ist in ihrer Gestaltung nicht durch äußere Vorschriften (Gesetze) eingeschränkt und kann daher individuell an die Anforderungen des Unternehmens angepasst werden.

Im Gegensatz zur Buchhaltung und Bilanzierung ist die Durchführung einer Kostenrechnung nicht gesetzlich vorgeschrieben.

Betriebsabrechnung und Kalkulation

Die **Aufgaben der Kostenrechnung** lassen sich in **zwei Bereiche** gliedern.

Kalkulation = **cost estimation**

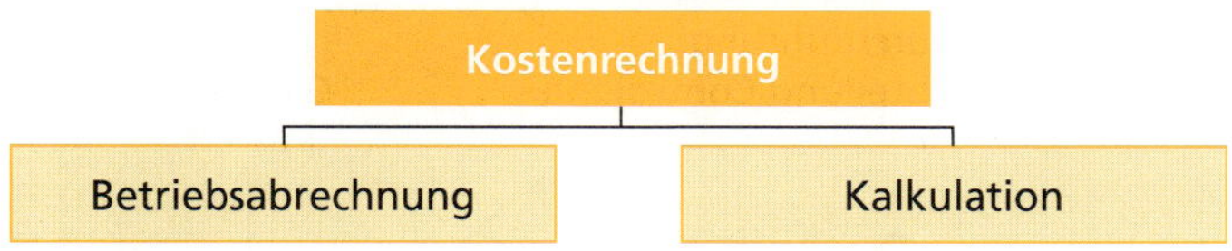

Bereiche der Kostenrechnung

Die **Abrechnungsperiode** kann ein Monat, ein Quartal, ein Halbjahr oder ein Jahr sein. Da aktuelle Daten erforderlich sind, um Entscheidungen rasch treffen zu können, wird als Abrechnungsperiode ein Monat empfohlen.

Die **Betriebsabrechnung** wird periodisch durchgeführt. Die Rechengrößen haben die Einheit [€/Periode].

Betriebsabrechnung (periodische Durchführung)
Überprüfung der Wirtschaftlichkeit einzelner Unternehmensbereiche Die Ermittlung der in einzelnen Unternehmensbereichen (Kostenstellen) tatsächlich anfallenden Kosten dient der Bewertung der Wirtschaftlichkeit dieser Unternehmensbereiche. Basierend darauf erfolgt die Entscheidung über Eigenfertigung oder Fremdbezug von bestimmten betrieblichen Leistungen.
Durchführung des innerbetrieblichen Controllings Durch den Vergleich der tatsächlich angefallenen Kosten mit den geplanten (budgetierten) Kosten können Kostenabweichungen frühzeitig erkannt und damit rechtzeitig entsprechende Gegenmaßnahmen getroffen werden.
Ermittlung des Betriebserfolgs Über die Zurechnung aller Kosten und Leistungen zu einer bestimmten Abrechnungsperiode (Monat, Quartal, Jahr) ist die Kostenrechnung auch ein Instrument zur Ermittlung des betrieblichen Erfolgs (kalkulatorischer Gewinn/Verlust).

Die **Kalkulation** wird für die vom Unternehmen hergestellten Produkte bzw. Dienstleistungen durchgeführt.

Nur jene Unternehmen, die ihre Stückkosten sehr genau kennen und laufend analysieren, sind langfristig am Markt erfolgreich.

Kalkulation (Durchführung für einzelne Produkte)

- **Kalkulation von Verkaufspreisen (Vorkalkulation)**
  Die gesamten in einem Betrieb anfallenden Kosten müssen über die Verkaufserlöse der Produkte abgedeckt werden. Die anfallenden Kosten müssen daher auf die erzeugten Produkte „verursachungsgerecht" verteilt werden. Unter Vorkalkulation versteht man die Berechnung von Verkaufspreisen für noch nicht hergestellte Produkte. Damit kann die Verkaufsabteilung Angebote an Kunden erstellen.

- **Ermittlung des erzielten Gewinns (Nachkalkulation)**
  Die Ermittlung des tatsächlich erwirtschafteten Gewinns erfolgt über die Zurechnung der angefallenen Kosten und Erlöse auf die Produkte bzw. Aufträge. Insbesondere kann damit auch überprüft werden, ob die bei der Vorkalkulation getroffenen Annahmen (Materialbedarf, Fertigungsstundenbedarf usw.) richtig waren.
  Abweichungen können dann analysiert und Maßnahmen für die Zukunft getroffen werden.

- **Produktionsprogrammentscheidungen (Deckungsbeitragsrechnung)**
  Bei Produkten, für die ein vom Unternehmen nahezu nicht beeinflussbarer Marktpreis vorliegt (z. B. Papier, Autozulieferteile, Normteile usw.), dient die Kostenrechnung als Basis für Entscheidungen, welche Aufträge angenommen werden (bei Überbeschäftigung) bzw. ob und bis zu welchem Preis Aufträge angenommen werden sollen (bei Unterbeschäftigung).

Stufen der Kostenrechnung

SbX

Einen Überblick über Kostenrechnungssysteme finden Sie unter der ID: 3101.

Die Kostenrechnung wird in drei Stufen abgewickelt.

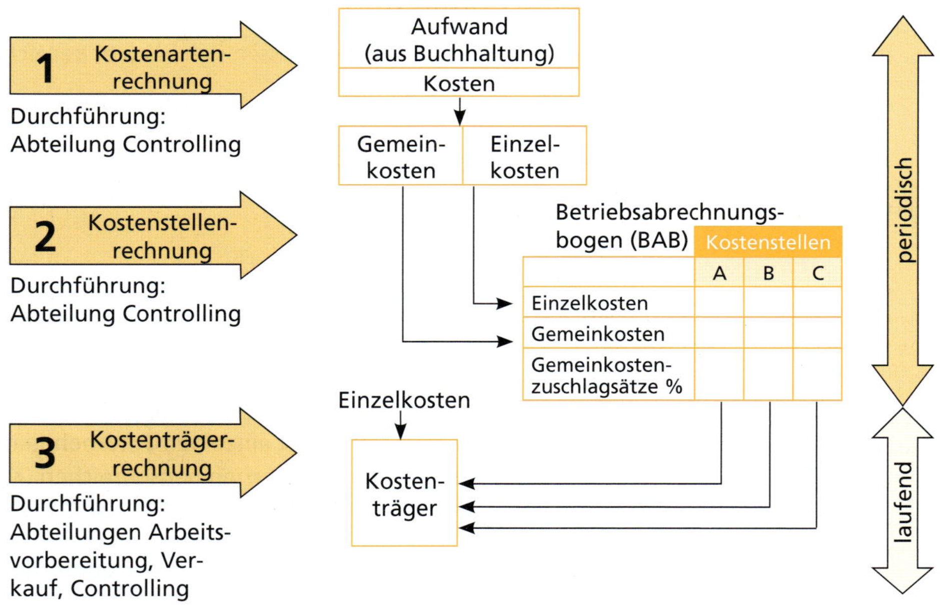

Drei Stufen der Kostenrechnung

1

Kostenartenrechnung

Die Kostenartenrechnung umfasst die Überleitung der Aufwendungen und Erträge aus der Finanzbuchhaltung zu Kosten und Leistungen (Erlösen) sowie die Unterteilung dieser Kosten in Einzelkosten und Gemeinkosten.

Durchgeführt wird diese Aufgabe von jener Abteilung, die für die Kostenrechnung verantwortlich ist. Meist ist dies in größeren Unternehmen die Controlling-Abteilung. Die Kostenartenrechnung wird periodisch, zumindest aber einmal pro Jahr durchgeführt.

2

Kostenstellenrechnung

Kostenstellen sind Bereiche des Unternehmens (z. B. Abteilungen), denen die anfallenden Kosten entsprechend ihrer Verursachung zugerechnet werden. Diese Verteilung der anfallenden Kosten erfolgt mithilfe eines „Betriebsabrechnungsbogens" (BAB).

Daraus abgeleitet erhält man die Gemeinkostenzuschlagsätze der einzelnen Kostenstellen als Basis für die Zurechnung der Gemeinkosten auf die Produkte bzw. Dienstleistungen des Unternehmens.

Durchgeführt wird diese Aufgabe von jener Abteilung, die für die Kostenrechnung verantwortlich ist. Meist ist dies in größeren Unternehmen die Controlling-Abteilung. Die Kostenstellenrechnung wird periodisch, zumindest aber einmal pro Jahr durchgeführt.

3

Kostenträgerrechnung

Kostenträger sind die für den Absatz bestimmten Produkte bzw. Dienstleistungen eines Unternehmens. Mithilfe der Kostenträgerrechnung (Kalkulation) werden die Herstell- bzw. Selbstkosten dieser Kostenträger ermittelt.

Die gesamten in einem Betrieb anfallenden Kosten müssen über die Verkaufserlöse dieser Kostenträger abgedeckt werden.

Durchgeführt wird die Kalkulation laufend. Der Verkauf benötigt für Angebote Vorkalkulationen. Nach der Lieferung von Produkten erfolgt eine Nachkalkulation, um Gewinne/Verluste pro Auftrag feststellen zu können. Serienprodukthersteller erstellen auf Basis der Kalkulation jährliche Preislisten. Kalkuliert wird von der Arbeitsvorbereitung, dem Verkauf bzw. der Controlling-Abteilung.

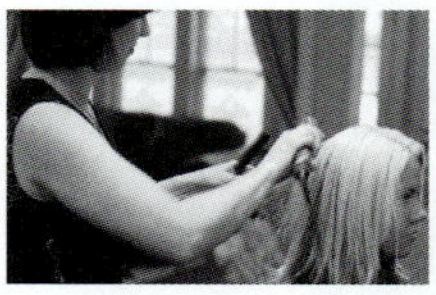

Produkte und **Dienstleistungen** sind Mittel zur Bedürfnisbefriedigung.

Die einzelnen Stufen werden in den folgenden Lerneinheiten detailliert erläutert.

Kosten = **costs**

Leistungen (Erlöse) = **revenues**

2 Kosten – Leistungen (Erlöse)

Was sind Kosten? Was sind Leistungen?

Für die Kostenrechnung sind die Begriffe Kosten und Leistungen (Erlöse) relevant:

Unter **Kosten** versteht man den mit Geld bewerteten Verbrauch (Einsatz) von Gütern und Dienstleistungen zur Erstellung betrieblicher Leistungen (Produkte oder Dienstleistungen).

Unter **Leistungen (Erlösen)** versteht man den mit Geld bewerteten Zuwachs von erstellten Gütern (Produkten) und Dienstleistungen.

Werden Güter und Dienstleistungen mit Verkaufspreisen bewertet, erhält man die **betrieblichen Erlöse (Umsatzerlöse).**

Eines der beiden Hauptmerkmale von Kosten und Leistungen ist die **Bewertung.** Die Verbräuche (kg/Periode, t/Periode, h/Periode …) werden mit einem intern festgelegten Bewertungspreis (€/kg, €/t, €/h …) multipliziert. Dadurch ergeben sich die Kosten.

Verbrauch (Mengen) × Bewertung (Preise) = Kosten

Die Bewertung erfolgt meist mit Anschaffungspreisen, kann aber auch mit Wiederbeschaffungspreisen erfolgen.

3 Kostenrechnung

Michael: Der Kostenbegriff ist mir nach wie vor etwas unklar. Ich habe gesehen, dass die ING4TECH Formrohre eingekauft hat. Die haben € 2.000,– gekostet. Sind das Kosten?

Anna: Nein! Erst durch den Verbrauch dieses Materials entstehen Kosten. Wenn die Formrohre aus dem Lager geholt, zugeschnitten und zu Gestellen verschweißt werden, entstehen die Kosten in der Höhe von Materialmenge (kg oder m) × Bewertungspreis (€/kg oder €/m). Diese Kosten entstehen in dem Zeitabschnitt, in dem das Material verbraucht wird.

kalkulatorischer Gewinn/Verlust = **profit/loss**

Verknüpft man die Grundgrößen Kosten und Leistungen miteinander, erhält man den sogenannten **Betriebserfolg** (kalkulatorischer Gewinn/Verlust). Dieser errechnet sich als Differenz zwischen Leistungen und Kosten:

	Leistungen (Erlöse)	[€/Periode]
–	Kosten	[€/Periode]
=	Betriebserfolg (kalkulatorischer Gewinn/Verlust)	[€/Periode]

3 Gliederung der Kosten

Kosten haben vielfältige Eigenschaften.

Kosten lassen sich gruppieren und teilweise Produkten direkt zuordnen. Kosten haben teilweise auch die Eigenschaft, sich mit verringerter bzw. erhöhter Produktionsmenge zu verändern. Es gibt aber auch Kosten, deren Höhe sich mit veränderter Produktionsmenge nicht ändert!

Es bieten sich viele Möglichkeiten an, Kosten einzuteilen:

- nach der **betrachteten Periode:** Monat, Quartal, Halbjahr, Jahr
- nach ihrer **Entstehung:** Kosten für Material, für Personal …
- nach den **betrieblichen Bereichen,** in denen sie entstehen: Konstruktionskosten, Vertriebskosten, Produktionskosten, Lagerkosten
- nach der **Zurechnungsmöglichkeit** zu erstellten Produkten und Dienstleistungen: Einzelkosten, Gemeinkosten, Sonderkosten
- nach ihrer **Abhängigkeit von der Beschäftigungslage:** Fixkosten, variable Kosten, Mischkosten

Einzelkosten (direkte Kosten) = **direct costs**

Gemeinkosten (indirekte Kosten) = **overhead/indirect costs**

Einzelkosten – Gemeinkosten

Nach der Art der Zurechnung der Kosten auf die erzeugten Produkte bzw. Dienstleistungen unterscheidet man zwischen Einzelkosten und Gemeinkosten.

Einzelkosten

Unter **Einzelkosten** (direkte Kosten) versteht man jene Kosten, die den Produkten bzw. Dienstleistungen direkt zugerechnet werden, z. B. Fertigungsmaterial, Fertigungslöhne.

Einzelkosten: z. B. Materialverbrauch

Gemeinkosten

Unter **Gemeinkosten** (indirekte Kosten) werden jene Kosten verstanden, die den Produkten bzw. Dienstleistungen nicht direkt zugerechnet werden, weil

- kein unmittelbarer Leistungszusammenhang besteht (z. B. Hilfslöhne, Schmiermittel, Heizung, Versicherung, Mietkosten) oder
- eine direkte Zurechnung zu bestimmten Produkten bzw. Dienstleistungen unwirtschaftlich wäre (Strom, Hilfsmaterial usw.).

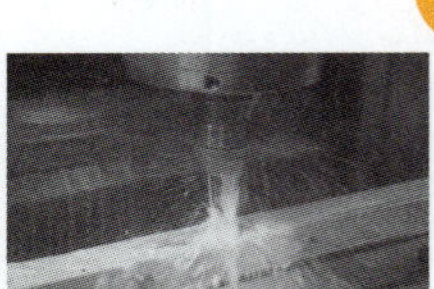

Gemeinkosten: z. B. Verbrauch von Bohremulsion

Die Gemeinkosten werden den Produkten bzw. Dienstleistungen über **prozentuelle Zuschläge auf die Einzelkosten** indirekt zugerechnet.

Sonderkosten = **special costs**

Sonderkosten: z. B. Schweißvorrichtung

Sonderkosten

Sonderkosten sind Kosten für Sonderleistungen, die nur für bestimmte Produkte anfallen. Oft fallen sie für einen gesamten Auftrag oder für eine Menge gleichartiger Produkte an.

Man unterscheidet:

- **Sonderkosten der Fertigung** (z. B. Gussmodellkosten, Lizenzen, Spezialvorrichtungen)
- **Sonderkosten des Vertriebs** (z. B. Verkaufsprovisionen, Zölle, Transportkosten, Verpackung)

Fixkosten = **fixed costs**
variable Kosten = **variable costs**

Fixkosten – variable Kosten

Kosten können auch im Zusammenhang mit der Ausbringungsmenge bzw. dem sogenannten Beschäftigungsgrad betrachtet werden.

Nach der Abhängigkeit der anfallenden Kosten von der Ausbringungsmenge (z. B. Stück/Monat, Tonnen/Quartal usw.) unterscheidet man zwischen Fixkosten und variablen Kosten. Die Summe der Fixkosten und der variablen Kosten ergibt die **Gesamtkosten** des Unternehmens bei einer bestimmten Ausbringungsmenge.

SbX
Vorlage-Grafiken für Kostenverläufe finden Sie unter der ID: 3101.

In den folgenden Skizzen sind die **Gesamtkosten** (Periodenkosten) abhängig von der Ausbringungsmenge (Anzahl der erzeugten Produkte) dargestellt. Die **Stückkosten** ergeben sich durch Division der Gesamtkosten durch die Ausbringungsmenge.

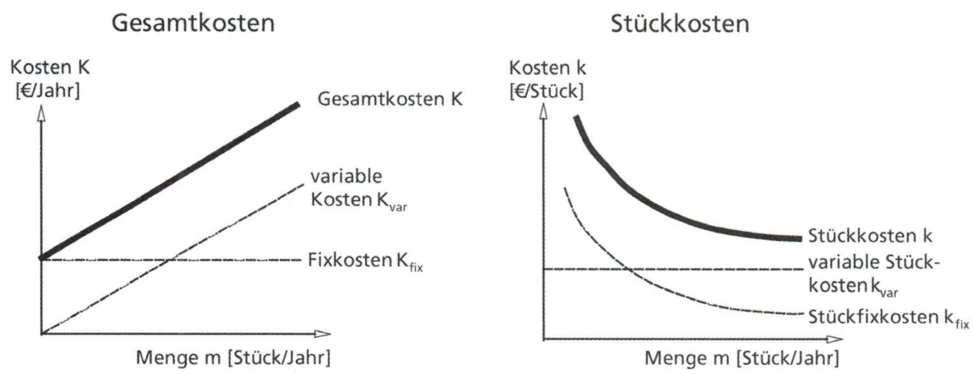

K_{fix} = konst.
$K_{var} = k_{var} \times m$
$K = K_{fix} + K_{var} = K_{fix} + k_{var} \times m$

K.......Gesamtkosten [€/Jahr]
K_{var}...variable Kosten [€/Jahr]
k_{var}...variable Kosten [€/St.]

$k_{fix} = K_{fix}/m$
k_{var} = konst.
$k = k_{fix} + k_{var} = K_{fix}/m + k_{var}$

m......Menge [Stück/Jahr]
K_{fix}...Fixkosten [€/Jahr]
k_{fix}...Fixkosten [€/St.]

Gesamtkosten – Stückkosten

Als **Beschäftigungsgrad (Auslastungsgrad)** wird das Verhältnis zwischen der tatsächlichen Ausbringungsmenge innerhalb einer Periode zur durchschnittlich möglichen (bzw. geplanten) Ausbringungsmenge bezeichnet.

$$\text{Beschäftigungsgrad BG [\%]} = \frac{\text{tatsächliche Ausbringungsmenge m [Stück/Jahr]}}{\text{durchschnittliche Ausbringungsmenge } m_{plan} \text{ [Stück/Jahr]}} \times 100$$

In den einzelnen Perioden schwankt die Auslastung dem Kundenbedarf entsprechend. Dadurch ergeben sich in „guten Zeiten" häufig Beschäftigungsgrade (Auslastungen) von 95 bis 120 %.

Variable Kosten

Die **variablen Kosten K_{var}** sind beschäftigungsabhängig, d. h., ihre Höhe ändert sich zumeist proportional (linear) mit der Ausbringungsmenge bzw. dem Beschäftigungsgrad.

Variable Kosten: z. B. Materialkosten, Fertigungslöhne, Werkzeugkosten

Die Höhe der variablen Stückkosten k_{var} bleibt jedoch unabhängig von der Ausbringungsmenge konstant. Stückkosten haben die Einheit [€/Stück].

Beispiel

Die ING4TECH verbraucht zur Herstellung ihrer Produkte im Monat 50 Hauptschalter zum Einstandspreis von € 10,–/Stück. Die variablen Kosten (Materialkosten) betragen € 500,–/Monat. Würde das Unternehmen 60 Stück/Monat verbrauchen, stiegen die variablen Kosten auf € 600,–/Monat. Die Stückkosten blieben jedoch konstant bei € 10,–/Stück.

Beispiele für fixe Kosten: Miete, Versicherungen, Anlagenabschreibungen, Gehälter

Fixkosten

Die **Fixkosten** sind beschäftigungsunabhängig, d. h., ihre Höhe bleibt bei Änderung der Ausbringungsmenge bzw. des Beschäftigungsgrades unverändert.

Beispiel

Die Gehaltskosten für einen Mitarbeiter in der Finanzbuchhaltung der ING4TECH betragen ca. € 40.000,–/Jahr. Unabhängig davon, ob die erzeugte Produktstückzahl gestiegen oder gesunken ist, bleiben diese Kosten konstant.

Die Stückfixkosten sinken bei steigender Ausbringungsmenge. Dieses Verhalten wird auch als **Fixkostendegression** bezeichnet.

Michael: Welche Bedeutung hat diese Fixkostendegression in der Praxis?

Controllingleiter: Eine sehr große! Stellt euch vor, die ING4TECH kann durch eine gute Auftragslage die Ausbringungsmenge steigern. Betrachtet die Stückkostenkurve: Bei Stückzahlen rechts der durchschnittlichen Ausbringungsmenge sinken die Stückkosten. Bei gleichbleibenden Verkaufspreisen entsteht unmittelbar ein höherer kalkulatorischer Gewinn!

Stückkostensenkung

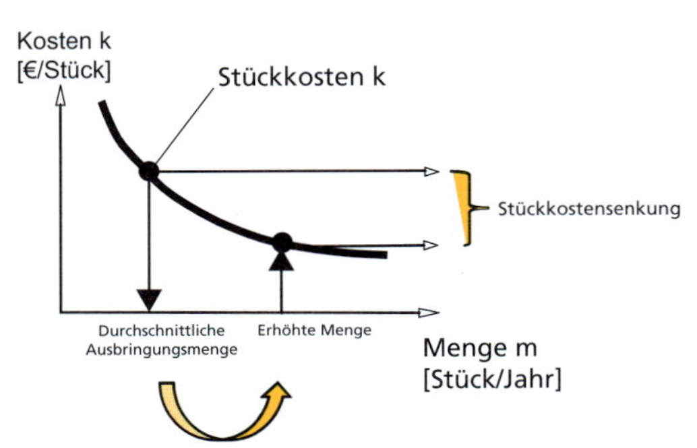

Mischkosten

Neben den reinen Fixkosten und den rein variablen Kosten lassen sich im betrieblichen Ablauf auch sogenannte Mischkosten feststellen.

Beispiele für Mischkosten: Stromkosten, Telefonkosten mit fixer Grundgebühr

Mischkosten sind jene Kosten, die teilweise beschäftigungsunabhängig (fix) sind und sich teilweise mit der Beschäftigung ändern (variabel).

Mischkosten müssen dabei in ihren fixen und variablen Teil aufgespalten werden. Als Kennzahl zur Beschreibung des variablen Kostenanteils wird der sogenannte „Variator", eine Zahl zwischen 0 und 10, verwendet. Ein Variator von 10 gibt an, dass es sich zur Gänze um variable Kosten handelt. Ein Variator von 3 gibt an, dass die Kosten zu 30 % variabel (und damit zu 70 % fix) sind.

Üben

SbX ID: 3102

SbX
Ü 2–Ü 3 mit automatischer Aufgabenkontrolle
ID: 3102
erledigt ✓
Ü 2 ☐
Ü 3 ☐

Ü 1:

Ein Unternehmen fertigt bei durchschnittlicher Auslastung 100 Maschinen je Periode. Die Gesamtkosten betragen € 600.000,–. Die Auslastung wird erhöht und die Produktion steigt um 20 Maschinen je Periode. Der Kostenzuwachs beträgt € 40.000,–.

Ermitteln Sie für beide Auslastungen die Fixkosten, die variablen Kosten und die Gesamtkosten, wenn ein linearer Kostenverlauf zugrunde gelegt wird.

Lösen Sie das Beispiel grafisch und rechnerisch!

Ü 2:

Die folgende Tabelle zeigt verschiedene Kostenarten.

Kennzeichnen Sie, ob es sich um Einzelkosten oder Gemeinkosten handelt und begründen Sie Ihre Antwort!

Kostenart	Einzelkosten	Gemeinkosten	Begründung
Gehaltskosten (für einen Angestellten im Qualitätsmanagement)			
Materialkosten (Kosten für Formrohre, die für die Herstellung der Produkte verwendet werden)			
Lohnkosten (für Monteure in der Endmontage)			
Büromaterial			
Kosten für Heizöl			

Ü 3:

Die folgende Tabelle zeigt verschiedene Kostenarten.

Berechnen Sie den Betrag der variablen Kosten bzw. der Fixkosten.

Kostenart	Gesamtbetrag	Einheit	Variator	variable Kosten	Fixkosten
Stromkosten	432,–	€/Monat	8		
Kosten für Heizöl	816,–	€/Monat	0		
Materialkosten (Kosten für Formrohre, die für die Herstellung der Produkte verwendet werden)	26.314,–	€/Monat	10		
Gehaltskosten (für einen Angestellten im Qualitätsmanagement)	35.000,–	€/Jahr	0		
Lohnkosten (für Monteure in der Endmontage)	24.000,–	€/Monat	10		

Ü 4:

Das Unternehmen „Blech GmbH" produziert Carports und weist folgende Daten auf:

Bei einer Produktion von 1000 Stück/Jahr fallen Kosten in der Höhe von € 3.000.000,–/Jahr an, bei 2000 Stück/Jahr € 4.000.000,–/Jahr, bei 3000 Stück/Jahr € 5.000.000,–/Jahr, bei 4000 Stück/Jahr € 6.000.000,–/Jahr.

- Zeichnen Sie den Fixkostenverlauf als Funktion der Ausbringungsmenge auf!
- Zeichnen Sie den Verlauf der variablen Kosten als Funktion der Ausbringungsmenge auf!
- Zeichnen Sie den Gesamtkostenverlauf als Funktion der Ausbringungsmenge auf!
- Zeichnen Sie den Stückfixkostenverlauf als Funktion der Ausbringungsmenge auf!
- Zeichnen Sie den Verlauf der variablen Stückkosten als Funktion der Ausbringungsmenge auf!
- Zeichnen Sie den Gesamt-Stückkostenverlauf als Funktion der Ausbringungsmenge auf!
- Wie hoch sind die Kosten eines Carports, wenn die Ausbringungsmenge des Unternehmens 2500 Stück/Jahr beträgt?

Sichern

SbX ID: 3103

Betriebsabrechnung

Die **Betriebsabrechnung**
- wird periodisch (z. B. monatlich) durchgeführt,
- dient der Bewertung einzelner Unternehmensbereiche,
- dient der Unternehmenssteuerung durch laufenden Vergleich von geplanten und tatsächlich angefallenen Kosten,
- dient der Ermittlung des betrieblichen Erfolgs (kalkulatorischer Gewinn/Verlust).

Kalkulation

Die **Kalkulation**
- wird für einzelne Produkte durchgeführt,
- dient der Vorkalkulation zur Erstellung von Angeboten,
- dient der Nachkalkulation und damit der Produktgewinnermittlung,
- hilft, Entscheidungen über Produktionsprogramme und über die Annahme/Ablehnung von Aufträgen zu treffen,
- dient der Ermittlung von Preisuntergrenzen.

Stufen der Kostenrechnung

❶ **Kostenartenrechnung** Welche Kosten sind in welcher Höhe angefallen? ❷ **Kostenstellenrechnung** Wo sind welche Kosten in welcher Höhe angefallen?	**Betriebsabrechnung** periodische Durchführung (z. B. Monat, Quartal, Jahr)
❸ **Kostenträgerrechnung** Wofür sind welche Kosten in welcher Höhe angefallen?	**Kalkulation** Durchführung für jeden einzelnen Kostenträger

Kosten – Leistungen

Unter **Kosten** versteht man den „Wertverzehr" zur Leistungserstellung.

Unter **Leistungen (Erlösen)** versteht man den wertmäßigen Zuwachs von Gütern (Produkten) und Dienstleistungen.

Betriebserfolg

Der **Betriebserfolg** (kalkulatorischer Gewinn/Verlust) errechnet sich aus Leistungen minus Kosten.

Einzelkosten

Einzelkosten sind Kosten, die den Produkten/Dienstleistungen direkt zugerechnet werden können; sie werden auch direkte Kosten genannt.

Gemeinkosten

Gemeinkosten sind Kosten, die den Produkten/Dienstleistungen nicht direkt zugerechnet werden können.

Fixkosten (periodisch betrachtet)

Fixkosten sind beschäftigungsunabhängig. Ihre Höhe bleibt bei Änderung der Ausbringungsmenge (Beschäftigungsgrad) gleich; Einheit: [€/Periode].

variable Kosten (periodisch betrachtet)

Variable Kosten sind beschäftigungsabhängig. Ihre Höhe ändert sich – meist proportional (linear) – mit der Ausbringungsmenge (Beschäftigungsgrad); Einheit: [€/Periode].

Stückkosten

Stückkosten errechnen sich durch Division der Periodenkosten durch die Stückzahl; Einheit: [€/Stück].

- **Stückfixkosten** sinken bei steigender Beschäftigung; Einheit: [€/Stück].
- **Variable Stückkosten** bleiben bei wechselnder Beschäftigung konstant; Einheit: [€/Stück].

Variator

Der **Variator** ist eine Zahl zwischen 0 und 10, die den Anteil der Variabilität von Kosten angibt.

SbX
ID: 3103

Eine Audio-Wiederholung mit Audio-Player und MP3-Download sowie eine Bildschirmpräsentation mit allen Grafiken dieser Lerneinheit finden Sie unter der ID: 3103.

Wissen

SbX ID: 3104

1. Benennen Sie die Aufgaben der Betriebsabrechnung.
2. Benennen Sie die Aufgaben der Kalkulation.
3. Benennen Sie die drei Stufen der Kostenrechnung.
4. Im Rahmen Ihres Bewerbungsgesprächs möchte sich der Firmenchef ein Bild über Ihre grundlegenden Kostenrechnungskenntnisse machen und konfrontiert Sie mit folgenden Aussagen, die Sie mit richtig/falsch bewerten sollen.

SbX
4., 14., mit automatischer Aufgabenkontrolle
ID: 3104
erledigt ✓
4. ☐
14. ☐

	richtig/falsch
Die Kostenrechnung ist unabhängig von der Finanzbuchhaltung und verfügt über eigene Daten.	
Jedes Unternehmen muss laut Gesetz eine Kostenrechnung haben, da sie wichtige Entscheidungshilfen bietet.	
Die Abrechnungsperiode der Kostenrechnung ist immer ein Kalender- oder Wirtschaftsjahr.	

5. Was versteht man unter Kosten?
6. Was sind Kostenträger in einem Unternehmen?
7. Wie wird der Betriebserfolg (kalkulatorischer Gewinn/Verlust) ermittelt?
8. Nennen Sie zwei Beispiele für Einzelkosten.
9. Nennen Sie drei Beispiele für Gemeinkosten.
10. Nennen Sie zwei Beispiele für variable Kosten.
11. Nennen Sie zwei Beispiele für Fixkosten.
12. Skizzieren Sie den Verlauf der variablen, der fixen und der gesamten Kosten in Abhängigkeit von der Ausbringungsmenge.

13. Skizzieren Sie den Verlauf der variablen, der fixen und der gesamten Stückkosten in Abhängigkeit von der Ausbringungsmenge.

14. Schreiben Sie zu jeder der folgenden Aussagen, ob sie richtig oder falsch ist, und begründen Sie Ihre Antwort.

	R/F	Begründung
Einzelkosten sind Kosten, die einzeln angeführt werden können.		
Stromkosten sind Kosten, die bei der Produktion von Produkten entstehen. Sie werden einzelnen Produkten nicht direkt zugeordnet, sind also Gemeinkosten.		
Sonderkosten sind Kosten, die aus besonderen Anlässen entstehen, z. B. die Kosten für die Betriebsweihnachtsfeier.		
Fixkosten sind Kosten, die mit ansteigender Ausbringungsmenge in einem bestimmten Verhältnis ansteigen.		
Variable Kosten sind Kosten, die mit größer werdender Ausbringungsmenge steigen bzw. mit kleiner werdender Ausbringungsmenge sinken.		
Ein Variator von 7 sagt aus, dass die betrachtete Kostenart zu 70 % fix ist.		
Stückfixkosten bleiben bei gleichbleibender Ausbringungsmenge konstant.		
Variable Stückkosten steigen mit größer werdender Ausbringungsmenge an.		

Lerneinheit 2

Kostenartenrechnung

SbX
Alle SbX-Inhalte zu dieser Lerneinheit finden Sie unter der ID: 3200.

Die Kostenartenrechnung dient der Erfassung und Gliederung der im Betrieb anfallenden Kosten. Ausgangsbasis für die Durchführung der Kostenartenrechnung sind die Daten aus der Finanzbuchhaltung sowie zusätzliche im Betrieb aufgezeichnete Informationen (z. B. Materialverbrauch, Fertigungsstunden).

Die Durchführung der Kostenartenrechnung erfolgt in zwei Stufen:

- **Betriebsüberleitung, in der die Aufwendungen aus der Finanzbuchhaltung in Kosten übergeleitet werden**
- **Gliederung der Kosten in Kostenartengruppen und Entscheidung, welche Kosten als Einzelkosten und welche als Gemeinkosten gelten**

Um den Zugang zur Betriebsüberleitung zu erleichtern, werden vorerst die einzelnen Kostenartengruppen vorgestellt.

Lernen

SbX ID: 3201

1 Kostenartengruppen

Wodurch sind Kosten entstanden?

Im Rahmen der Kostenartenrechnung werden die Kosten zu Kostenartengruppen zusammengefasst. Die Gruppierung erfolgt in den Unternehmen unterschiedlich. Es sollten wesentliche, das Unternehmen stark beeinflussende Gruppen gebildet werden.

Michael: Du hast sicher schon die Kostenartengruppen der ING4TECH kennengelernt. Welche gibt es da?

Anna: In der ING4TECH gibt es folgende Kostenartengruppen:

- Personalkosten
- Materialkosten
- kalkulatorische Kosten
- Fremdleistungskosten
- sonstige Kosten

SbX
Weitere Hinweise zur Systematisierung der Kostenrechnung finden Sie unter der ID: 3201.

Personalkosten

Personalkosten = **personell costs**

Unter **Personalkosten** versteht man die durch den Einsatz von Arbeitnehmern entstandenen Kosten. Dies sind insbesondere die **Löhne** der Arbeiter, die **Gehälter** der Angestellten sowie die **Lehrlingsentschädigungen** der Lehrlinge. Dazu gehören aber auch die **Lohn- und Gehaltsnebenkosten, Diäten** (gesetzliche Vergütungen bei Dienstreisen), **Ausbildungskosten** usw.

Lohneinzelkosten (Fertigungslöhne) werden beispielsweise von Mitarbeitern, die montieren, drehen, bohren, schweißen usw., im Rahmen der Produktion verursacht.

Unter **Hilfslöhnen** versteht man Löhne für Mitarbeiter, die den Produktionsablauf unterstützen, z. B. die Löhne für Lagerarbeiter, Mitarbeiter im innerbetrieblichen Transport usw.

Löhne können Einzelkosten (Fertigungslöhne), aber auch Gemeinkosten (Hilfslöhne) sein. Gehälter sind bei Fertigungsbetrieben meist nur als Gemeinkosten verrechenbar. In manchen Betrieben können jedoch auch Gehälter als Einzelkosten anfallen, z. B. in Konstruktionsbüros.

Die Personalkosten eines im Unternehmen beschäftigten Arbeitnehmers setzen sich zusammen aus den vereinbarten Bruttoentgelten (Lohn, Gehalt oder Lehrlingsentschädigung) und den sogenannten Lohnnebenkosten.

Lohnnebenkosten

Als **Lohnnebenkosten** wird jener Teil der Personalkosten bezeichnet, der über das Bruttoentgelt hinaus vom Arbeitgeber zu tragen ist.

Bezieht man die Lohnnebenkosten auf den **Brutto-Stundenlohn,** ergibt sich ein Lohnnebenkostensatz von ca. 100 %.

Michael: Von den Lohnnebenkosten hört man immer wieder in den Nachrichten – sie sind angeblich in Österreich sehr hoch. Wofür werden diese Lohnnebenkosten eigentlich bezahlt?

Personalchef: Da gibt es zunächst den Dienstgeberanteil (DGA) zur Sozialversicherung, der einen Pensionsversicherungsbeitrag, einen Krankenversicherungsbeitrag, einen Unfallversicherungsbeitrag und einen Arbeitslosenversicherungsbeitrag beinhaltet.

Weiters gibt es einen Dienstgeberanteil (DGA) zum Familienlastenausgleichsfonds (FLAF) und die Kommunalsteuer, die die jeweilige Gemeinde erhält.

Der Zuschlag zum Dienstgeberbeitrag ist für die Wirtschaftskammerumlage 2 (Teil des Mitgliedsbeitrags der Unternehmen) vorgesehen.

Der Beitrag zur Mitarbeiter-Vorsorge kommt dem Dienstnehmer direkt zugute. Diese Beiträge kumulieren sich meist bis zur Pension und ergeben dann die sogenannte Abfertigung.

In Österreich erhalten Dienstnehmer zusätzlich zu den monatlichen Bezügen zwei weitere Gehälter (Löhne). Diese werden meist vor dem Urlaub und vor Weihnachten ausbezahlt und heißen umgangssprachlich Urlaubsgeld und Weihnachtsgeld. Da sie unregelmäßig anfallen, werden sie zur Personalkostenberechnung auf 12 Monate aufgeteilt.

In internationalen Vergleichen werden meist nur die vom Unternehmen zu leistenden Sozialabgaben zu den Lohnnebenkosten gezählt. Da Dienstnehmer in Österreich zusätzlich zu den 12 Monatsbezügen 2 weitere Monatsgehälter (-löhne) erhalten, erhöhen sich die Lohnnebenkosten (auf das Monatsentgelt bezogen) auf ca. 53 %.

Lohnnebenkosten im EU-Vergleich 2007

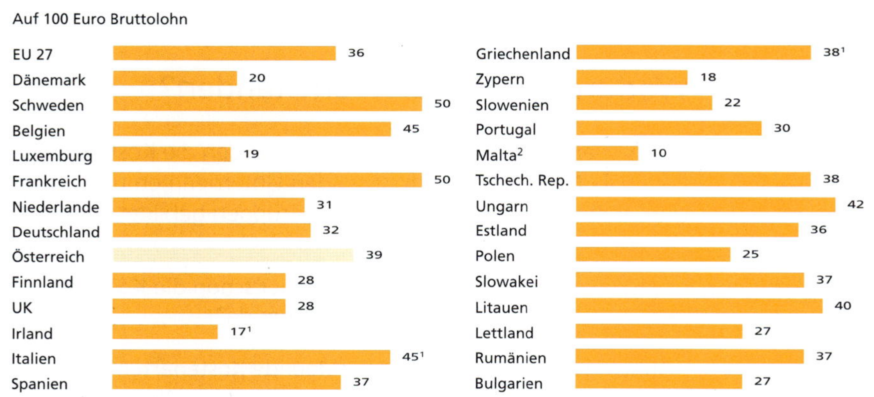

[1] bezogen auf 2006 [2] Werte sind vorläufig
Quelle: Statistisches Bundesamt Deutschland

Die Bezugsbasis für die Ermittlung der Höhe der Lohnnebenkosten ist das vereinbarte Brutto-Monatsentgelt, das mit 100 % definiert wird, um einen prozentuellen Lohnnebenkostensatz ermitteln zu können.

Berechnung der Lohnnebenkosten	Arbeiter	Angestellte
Brutto-Monatsentgelt	100,00 %	100,00 %
Sozialabgaben		
Dienstgeberanteil (DGA) zur Sozialversicherung	21,70 %	21,83 %
Dienstgeberanteil (DGA) zum FLAF	4,50 %	4,50 %
Zuschlag zum Dienstgeberanteil	0,40 %	0,40 %
Kommunalsteuer	3,00 %	3,00 %
MV-Beitrag (Mitarbeitervorsorge)	1,53 %	1,53 %
Summe Sozialabgaben	31,13 %	31,26 %
Personalkosten inkl. Sozialabgaben	131,13 %	131,26 %
Sonderzahlungen (Urlaubs- und Weihnachtsgeld) = Personalkosten × 2 Monate/12 Monate	21,86 %	21,88 %
Personalkosten inkl. Sozialabgaben und Sonderzahlungen	152,99 %	153,14 %
Lohnnebenkosten in % des Brutto-Monatsentgelts	52,99 %	53,14 %

SbX

Ein Merkblatt der „KMU Forschung Austria" mit detaillierten Angaben und Hinweisen zur Berechnung der Lohnnebenkosten finden Sie unter der ID: 3201.

Die Lohnnebenkosten für Sozialabgaben und Sonderzahlungen betragen rund 53 % (Lohnnebenkostensatz) des vereinbarten Brutto-Monatsentgelts.

Stundensatz

Für die Kalkulation der Herstellkosten der vom Unternehmen erzeugten Produkte bzw. erbrachten Dienstleistungen ist die Kenntnis der **Personalkosten-Stundensätze** erforderlich. Die Ermittlung des Personalkosten-Stundensatzes eines Mitarbeiters erfolgt über die entsprechenden Jahrespersonalkosten und die Anwesenheitszeit.

Jahrespersonalkosten

Die **Jahrespersonalkosten** eines Mitarbeiters setzen sich aus dem **Brutto-Monatsentgelt** und den **Lohnnebenkosten** für Sozialabgaben und Sonderzahlungen zusammen.

Berechnung der monatlichen Kosten für einen Mitarbeiter

Monatspersonalkosten inkl. SZ [€/Monat] = Brutto-Monatsentgelt [€/Monat] × 1,53

Berechnung der jährlichen Kosten für einen Mitarbeiter

Jahrespersonalkosten [€/Jahr] = Brutto-Monatsentgelt [€/Monat] × 1,53 × 12

Anwesenheitszeit

Zur Ermittlung der durchschnittlichen Anwesenheitsstunden eines Mitarbeiters im Unternehmen müssen von der vertraglichen Brutto-Jahresarbeitszeit alle Nichtanwesenheitszeiten in Abzug gebracht werden.

Für die Wochenarbeitszeit, die Anzahl der Krankenstandstage und sonstige Verhinderungszeiten (Arztbesuch, Behördenwege, Pflegeurlaub) wurden branchenspezifische Durchschnittswerte der metallverarbeitenden Industrie herangezogen.

Berechnung:

	Arbeiter	Angestellte	Einheit
Brutto-Jahresarbeitszeit (= 52 Wochen × 5 Tage/Woche)	260	260	Tage
– Feiertage	11	11	Tage
– Urlaub	25	25	Tage
– Krankenstand	13	7	Tage
– sonstige Verhinderungszeiten	2	2	Tage
Anwesenheitszeit pro Jahr	209	215	Tage
tägliche Arbeitszeit (= 38,5h/Woche, 5 Tage pro Woche)	7,7	7,7	h/Tag
Anwesenheitszeit	**1609**	**1656**	**h/Jahr**

Stundensatzkalkulation

Aus den Jahrespersonalkosten und der Anwesenheitszeit lässt sich der entsprechende Stundensatz des Mitarbeiters ermitteln.

$$\text{Stundensatz [€/h]} = \frac{\text{Jahrespersonalkosten [€/Jahr]}}{\text{Anwesenheitszeit [h/Jahr]}}$$

Michael: Kannst du noch Jahrespersonalkosten und Stundensätze berechnen? Ich hätte nach Abschluss der Schule gerne einmal € 2.000,– Bruttogehalt als Angestellter. Wie hoch wären in diesem Fall für das Unternehmen die Jahrespersonalkosten und wie viel würde der Stundensatz betragen?

Anna: Das ist nicht schwierig, schau her!

	Angestellter	Einheit
Brutto-Monatsentgelt	2.000,00	€/Monat
Lohnnebenkosten	53,00	%
Jahrespersonalkosten	36.720,00	€/Jahr
Anwesenheitszeit	1 656	h/Jahr
Stundensatz	22,17	€/h

Dieser Stundensatz gilt nur dann, wenn 100 % der Anwesenheitszeit an Kunden weiterverrechnet werden können. Ist dies nicht der Fall, müssen anstelle der Anwesenheitszeit die verrechenbaren Stunden pro Jahr eingesetzt werden. Dadurch erhöhen sich die Stundensätze!

Häufig wird in der Praxis für alle Mitarbeiter eines bestimmten Bereichs (z. B. Konstrukteure, Elektriker, Schlosser usw.) ein **Durchschnittsstundensatz** unabhängig vom individuellen Brutto-Monatsentgelt festgelegt.

Materialkosten = **material costs**

Materialkosten

Unter **Materialkosten** versteht man die Kosten für den Verbrauch von Materialien bzw. den Einsatz (Verbrauch) von Handelswaren innerhalb der betrachteten Periode. Die Bewertung des verbrauchten Materials erfolgt entweder zu Anschaffungspreisen, Tagespreisen oder Wiederbeschaffungspreisen.

Beispiel Rohstoff: Kunststoffgranulate

Rohstoffe, Halbzeuge und Zukaufteile

Darunter versteht man diejenigen Materialien, welche die **Hauptbestandteile** der Produkte bilden. Diese Materialien werden für jeden Kostenträger separat erfasst, sind also **Einzelkosten.**

Beispiel Hilfsstoff: Schweißelektroden

Hilfsstoffe

Als Hilfsstoffe werden Materialien bezeichnet, die ebenfalls in das Produkt eingehen, aber nur als **unwesentlicher Bestandteil** (z. B. Farbe, Klebstoff, Schweißelektroden).

Diese Hilfsstoffe werden aus Wirtschaftlichkeitsgründen der Kostenerfassung nicht für jeden Kostenträger separat erfasst, sind also **Gemeinkosten.**

Beispiel Betriebsstoff: Schmiermittel

Betriebsstoffe

Betriebsstoffe sind diejenigen Materialien, die für den **Betrieb der Produktionsmittel** des Unternehmens erforderlich sind, jedoch nicht in das Produkt eingehen (z. B. Druckluft, Schmiermittel, Reinigungsmittel, Strom, Kühlwasser, Brennstoffe).

Die Betriebsstoffe können einzelnen Kostenträgern meist nicht zugeordnet werden, sie sind also **Gemeinkosten.**

Beispiel Handelsware: Werkzeug

Handelsware

Handelswaren verlassen das Unternehmen im selben Zustand, wie sie beschafft worden sind, d. h., sie werden **weder be- noch verarbeitet.** Handelswaren werden in Handelsunternehmen eingesetzt. Die Gesamtheit der angebotenen Waren bzw. Artikel wird auch als **Sortiment** bezeichnet.

Die verkauften Handelswaren (z. B. Handwerkzeuge, Elektrowerkzeuge, Laptops usw.) entsprechen dann dem Handelswareneinsatz.

Rohstoffe = **raw materials**
Halbzeuge = **semi-finished products**
Zukaufteile = **purchased parts**
Hilfsstoffe = **auxiliary materials**
Betriebsstoffe = **operating materials**
Handelsware= **merchandise**
Einstandspreis = **cost price**

Ermittlung des Einstandspreises

In engem Zusammenhang mit Materialkosten und Wareneinsatz steht die Berechnung des sogenannten Einstandspreises.

Listenpreis ohne USt
– Rabatt
= Nettopreis
– Skonto
= Einkaufspreis
+ Beschaffungskosten (Fracht, Versicherung, Zoll, ohne USt)
= Einstandspreis

Beispiel

Die ING4TECH will Kugellager einkaufen.

Ein Großhändler bietet die Lager bei einer Abnahme von 1000 Stück mit 10 % Rabatt auf den Listenpreis von € 3.500 (exkl. USt) an. Bei Barzahlung werden 3 % Skonto gewährt. Die Bezugskosten für die Zusendung der Ware betragen € 34,50.

Wie hoch ist der Einstandspreis?

Lösung:

Listenpreis ohne USt	€ 3.500,00
– Rabatt, 10%	€ 350,00
Nettopreis	**€ 3.150,00**
– Skonto, 3%	€ 94,50
= Einkaufspreis	**€ 3.055,50**
zuzüglich Beschaffungskosten (Fracht, Versicherung, Zoll, ohne USt)	€ 34,50
= Einstandspreis, für 1000 Stück	€ 3.090,00
Menge	1000 Stück
Einstandspreis pro Stück	€ 3,09

kalkulatorische Kosten = **imputed costs**

Kalkulatorische Kosten

Da der Kapitaleinsatz in produzierenden Unternehmen immer größere Bedeutung erlangt, werden oft die kalkulatorische Abschreibung und die kalkulatorischen Zinsen zu „Kapitalkosten" zusammengefasst.

Die gesetzlichen Vorgaben für die Finanzbuchhaltung verhindern die vollständige Verrechnung aller Verbräuche, die im Unternehmen anfallen, in der Buchhaltung. Um jedoch ein klares Bild aller Kosten (Verbräuche im Rahmen der Leistungserstellung) zu erhalten, werden sogenannte **kalkulatorische Kosten** herangezogen. Als kalkulatorische Kosten bezeichnet man jene Verbräuche an Gütern bzw. Dienstleistungen, denen in der Buchhaltung

- keine entsprechenden Aufwendungen,
- Aufwendungen in anderer Form gegenüberstehen.

Kalkulatorische Abschreibung

Ausgaben für betrieblich genutztes Anlagevermögen (z. B. Gebäude, Fahrzeuge, Maschinen, Büroeinrichtung) werden nicht in vollem Umfang im Jahr der Anschaffung als Kosten berücksichtigt, sondern über die kalkulatorische Abschreibung auf die betriebliche Nutzungsdauer aufgeteilt.

Die Abschätzung des Wiederbeschaffungswerts kann z. B. durch die Verzinsung des Anschaffungswerts mit einer geschätzten Inflationsrate vorgenommen werden.

$$WW = AW \cdot \left(1 + \frac{\text{Inflationsrate}}{100}\right)^{ND}$$

Die **kalkulatorische Abschreibung** unterscheidet sich von der **buchhalterischen Abschreibung** dadurch, dass in der Kostenrechnung unabhängig von steuerrechtlichen Vorschriften die kalkulatorische (tatsächliche bzw. geschätzte) Nutzungsdauer angesetzt werden kann. Außerdem besteht hier die Möglichkeit, den Wiederbeschaffungswert anstelle des Anschaffungswerts als Ausgangsbasis heranzuziehen sowie einen eventuellen Restwert zu berücksichtigen.

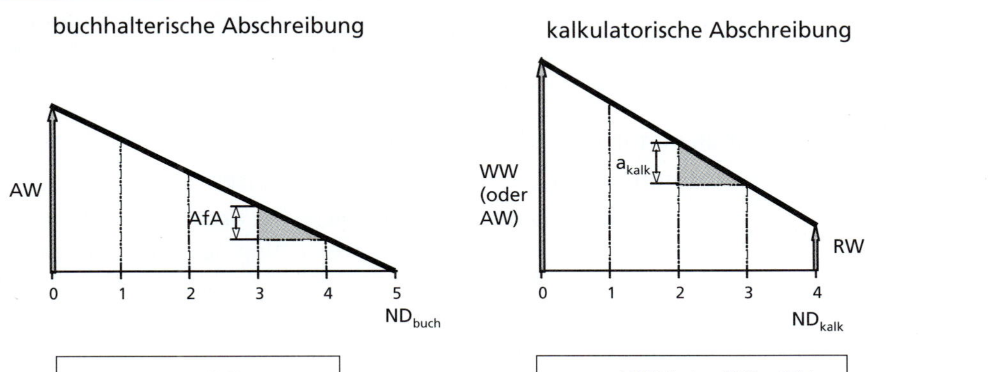

$$AfA = \frac{AW}{ND_{buch}}$$

$$a_{kalk} = \frac{WW \text{ (oder AW)} - RW}{ND_{kalk}}$$

AfA ..... buchhalterische Abschreibung [€/Jahr]
AW ..... Anschaffungswert [€]
ND_{buch} .. Nutzungsdauer [Jahre]

a_{kalk} ..... kalkulatorische Abschreibung [€/Jahr]
WW ..... Wiederbeschaffungswert [€]
RW ...... Restwert [€]
ND_{kalk} ... kalkulatorische Nutzungsdauer [Jahre]

Buchhalterische Abschreibung – kalkulatorische Abschreibung

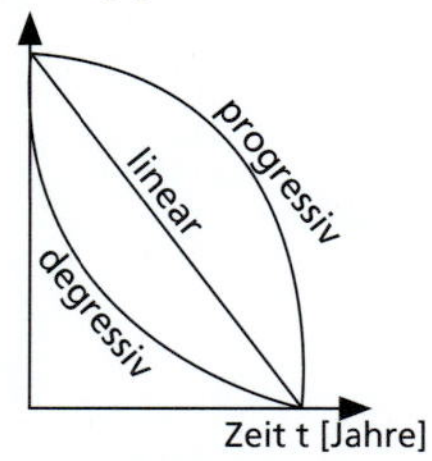

Abschreibungsverläufe

Die Abschreibung des Anlagevermögens erfolgt üblicherweise linear, es ist jedoch auch eine progressive bzw. degressive Abschreibung über die Nutzungsdauer möglich.

Nutzungsdauer ND_{kalk}

Die Festlegung (Schätzung) der betrieblichen Nutzungsdauer hängt von folgenden Einflussgrößen ab:

- technische Faktoren (z. B. Abnutzung von Maschinen, Gebäuden, Fahrzeugen …)
- wirtschaftliche Faktoren (z. B. Fertigungsstraße eines Produkts mit kurzem Lebenszyklus)
- rechtliche Faktoren (z. B. zeitlicher Ablauf von Lizenzen, Patenten usw.)

Beispiel

Die ING4TECH kauft einen Montageroboter um € 150.000,–. Zusätzlich sind Transportkosten von € 7.500,– und Transportversicherungskosten von € 4.500,– zu bezahlen. Am Ende der Nutzungsdauer werden Abbruchkosten in Höhe von € 4.000,– anfallen und das Unternehmen € 6.000,– als Erlös (ein Gebrauchtmaschinenhändler hat dies geschätzt) erhalten. Die Maschine kann 8 Jahre genutzt werden.

Wie hoch ist die kalkulatorische Abschreibung?

Lösung:

Anschaffungskosten:

Kaufpreis	€ 150.000,–
Transport	€ 7.500,–
Versicherung	€ 4.500,–
Anschaffungskosten	€ 162.000,–

Restwert:

Verkaufserlös	€	6.000,–
Abbruchkosten	– €	4.000,–
Restwert	€	2.000,–

$$\text{kalk. Abschreibung} = \frac{162.000 - 2.000}{8} = \frac{160.000}{8} = € \ 20.000,\text{–/Jahr}$$

Kalkulatorische Zinsen

Da in der Praxis häufig auf den Ansatz kalkulatorischer Zinsen verzichtet wird, ist die Berechnung der kalkulatorischen Zinsen nicht näher ausgeführt.

Das im Unternehmen vorhandene betriebliche Vermögen wird zum Teil über Eigenkapital und zum Teil über Fremdkapital finanziert.

- Die Bereitstellung des Fremdkapitals verursacht direkte Aufwendungen und damit auch Kosten in Form von Fremdkapitalzinsen.
- Die Bereitstellung des Eigenkapitals durch die Eigentümer verursacht keine direkten Aufwendungen.

Um über den Verkaufspreis der Produkte sowohl die **Fremdkapitalzinsen** zu erwirtschaften als auch eine **Verzinsung des Eigenkapitals** zu erzielen, können in der Kostenrechnung **kalkulatorische Zinsen** berücksichtigt werden.

Kalkulatorischer Unternehmerlohn

- **Unternehmerlohn in Kapitalgesellschaften**

  In Kapitalgesellschaften (GmbH, AG) wird dem Geschäftsführer bzw. den Vorstandsmitgliedern ein Gehalt als Entgelt für die Leitung des Unternehmens gezahlt. Dieses Gehalt wird in der Buchhaltung als Aufwand verrechnet und scheint somit in der Kostenrechnung als Personalkosten auf.

  Ein kalkulatorischer Unternehmerlohn ist bei Kapitalgesellschaften daher nicht zu berücksichtigen.

Durch den kalkulatorischen Unternehmerlohn wird die Arbeitsleistung des Unternehmers in Einzelunternehmen oder Personengesellschaften berücksichtigt.

- **Unternehmerlohn in Personengesellschaften**

  Laut Einkommensteuergesetz darf in Personengesellschaften (OG, KG) und Einzelunternehmen die Arbeitsleistung des Unternehmers nicht durch ein Gehalt vergütet werden, sondern ist aus dem Gewinn zu decken. Es entsteht somit kein Aufwand in der Finanzbuchhaltung.

  Um über den Verkaufspreis der Produkte aber auf jeden Fall ein entsprechendes Entgelt für die Arbeitsleistung des im Betrieb tätigen Unternehmers zu erwirtschaften, wird bei diesen Unternehmen ein kalkulatorischer Unternehmerlohn berücksichtigt.

  Die Höhe des kalkulatorischen Unternehmerlohns wird nach dem branchenüblichen Gehalt eines leitenden Angestellten in vergleichbarer Position bemessen.

Kalkulatorische Wagnisse

Die betriebliche Geschäftstätigkeit birgt Risiken, die im Vorhinein schwer abzuschätzen sind. Solche Risiken sind beispielsweise:

- Anlagenwagnis (z. B. Maschinenschaden, Umweltkatastrophen)
- Entwicklungswagnis (z. B. fehlgeschlagene Entwicklungsprojekte)
- Bestandswagnis (z. B. Diebstahl, Bruch)
- Gewährleistungswagnis (z. B. Nachbesserungen, Schadenersatz)
- Zahlungsausfallswagnis (z. B. Insolvenz eines Schuldners)

Was sind kalkulatorische Wagnisse?

Tritt ein Schaden durch ein solches Risiko ein, so fallen entsprechende Aufwendungen in der Finanzbuchhaltung an, die als Kosten in den Verkaufspreis der Produkte eingehen. Da diese Schadensfälle jedoch sehr unregelmäßig anfallen können, würde der Verkaufspreis der Produkte stark schwanken.

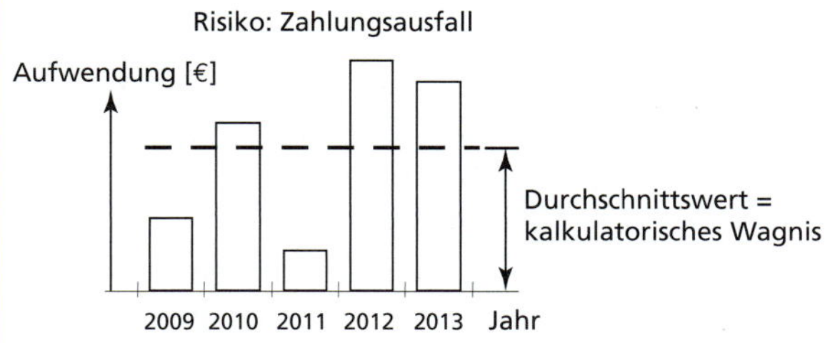

Bestimmung kalkulatorischer Wagnisse

Durch Ansetzen sogenannter **kalkulatorischer Wagnisse** besteht die Möglichkeit, diese in unregelmäßiger Höhe anfallenden Aufwendungen über mehrere Jahre zu glätten und entsprechende **Durchschnittswerte** in den Verkaufspreis der Produkte einzurechnen.

Höhe der kalkulatorischen Wagnisse

Als Höhe der kalkulatorischen Wagnisse wird häufig der Durchschnittswert der Aufwendungen für die Schadensfälle des entsprechenden Risikos der letzten 3 bis 5 Jahre herangezogen.

Beispiel

Bestimmung kalkulatorischer Wagnisse:

Ein Unternehmen hatte in den vergangenen Jahren folgende Zahlungsausfälle durch Insolvenz von Kunden zu verbuchen:

2009: € 50.000,–; 2010: € 70.000,–; 2011: € 40.000,–; 2012: € 45.000,–; 2013: € 55.000,–

Welches kalkulatorische Wagnis für „Forderungsausfälle" soll im Jahr 2014 in der Kostenrechnung berücksichtigt werden?

Lösung:

2009	€ 50.000,–
2010	€ 70.000,–
2011	€ 40.000,–
2012	€ 45.000,–
2013	€ 55.000,–
Summe	**€ 260.000,–**

Jahre: 5

$$\text{Durchschnitt Wagniskosten} = \frac{260.000}{5} = € 52.000,–/\text{Jahr}$$

Die Wagniskosten für 2014 betragen € 52.000,–.

Versicherte Risiken

Für Risiken, die vom Unternehmen versichert werden (z. B. Feuerversicherung, Haftpflichtversicherung usw.), wird die Versicherungsprämie als Aufwand in der Finanzbuchhaltung berücksichtigt und fließt damit als Kosten auch in die Kostenrechnung ein. Für diese Risiken werden daher keine kalkulatorischen Wagnisse berücksichtigt.

3 Kostenrechnung

Kosten für Transport durch externe Anbieter werden als Fremdleistungskosten klassifiziert.

Fremdleistungskosten

Fremdleistungskosten entstehen durch den Verbrauch von Gütern bzw. Dienstleistungen, die von anderen Unternehmen gegen Entgelt bezogen werden. Sie werden durch die entsprechenden Eingangsrechnungen erfasst und können

- **Gemeinkosten** (z. B. Transport, Steuerberatung, Miete, Werbung, Service und Wartung von Maschinen, Gebäudereinigung etc.) oder
- **Einzelkosten** bzw. **Sonderkosten** (z. B. Subaufträge, Lizenzen, Spezialvorrichtungen, Anmietung eines Montagekrans usw.) sein.

Sonstige Kosten

Da sachlich nicht alle Kostenarten in obige Gruppen passen, gibt es üblicherweise die Kostengruppe „Sonstige Kosten", in der die restlichen verbleibenden Kostenarten „gesammelt" werden. Darunter fallen z. B. auch Steuern und Gebühren.

Steuern

Steuern sind Abgaben an den Staat bzw. an Länder und Gemeinden, für die keine konkreten Gegenleistungen erbracht werden. Man unterscheidet zwischen:

- Steuern, die als Kosten berücksichtigt werden (z. B. Kommunalsteuer, Zoll, Mineralölsteuer usw.)
- Steuern, die nicht als Kosten berücksichtigt werden (z. B. Umsatzsteuer, Einkommensteuer, Körperschaftsteuer). Diese Steuern sind abhängig vom Gewinn bzw. Umsatz des Unternehmens und haben daher keinen Kostencharakter.

Gebühren

Gebühren sind Abgaben an den Staat bzw. an Länder, Gemeinden oder sonstige Institutionen für die Erbringung einer konkreten Gegenleistung (z B. Kanalanschlussgebühr, Kfz-Anmeldegebühr, Gebühren auf diversen Anträgen).

„Sonstige Kosten" haben Gemeinkostencharakter.

Steuern und **Gebühren** sind üblicherweise **Gemeinkosten.**

2 Betriebsüberleitung
Wie aus Aufwendungen Kosten werden!

Die **Betriebsüberleitung** stellt die Verbindung zwischen der Finanzbuchhaltung und der Kostenrechnung her.

GuV-Rechnung = Gewinn-und-Verlust-Rechnung

Die Aufwendungen und Erträge eines Geschäftsjahrs lassen sich direkt aus der Finanzbuchhaltung bzw. aus der GuV-Rechnung entnehmen. Die Überleitung dieser Aufwendungen zu Kosten bzw. der Erträge zu Leistungen erfolgt über eine periodische und sachliche Abgrenzung mithilfe des sogenannten **Betriebsüberleitungsbogens (BÜB).**

Periodische Abgrenzung

Kosten (wie auch Aufwendungen) sind **periodenbezogen,** d. h., relevant ist nicht der Zeitpunkt der erfolgten Zahlung, sondern der **Zeitpunkt des Verbrauchs der Güter bzw. Dienstleistungen.**

Entsteht z. B. ein Versicherungsaufwand für ein ganzes Jahr im März, so ist für die März-Kostenrechnung nur $^1/_{12}$ dieses Aufwands anzusetzen.

Da die Abrechnungsperiode der Finanzbuchhaltung ein Jahr ist (gesetzlich vorgegeben), die Abrechnungsperiode in der Kostenrechnung jedoch frei wählbar ist, kann es erforderlich sein, Aufwendungen und Erträge zu korrigieren, d. h. abzugrenzen.

Sachliche Abgrenzung

Die Kostenrechnung ist u. a. ein Hilfsmittel zur Preisbestimmung. Es sollten nur jene Kosten auf Produkte und Dienstleistungen weiterverrechnet werden, die durch deren Herstellung entstehen. Daher können Aufwendungen, die zu Preisverzerrungen führen würden, im Rahmen der Betriebsüberleitung ausgeschieden oder abgeändert werden.

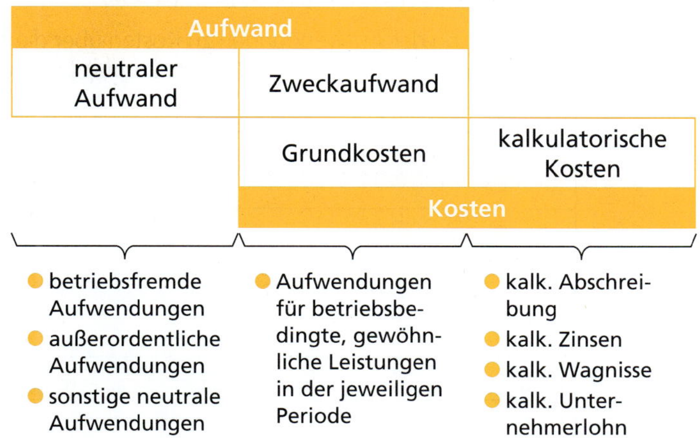

Sachliche Abgrenzung der Kostenrechnung

Neutraler Aufwand

Im Rahmen der sachlichen Abgrenzung können daher die sogenannten **neutralen Aufwendungen** ausgeschieden werden:

- **Betriebsfremde Aufwendungen:** Aufwendungen, die nicht durch die eigentliche betriebliche Leistungserstellung verursacht werden (z. B. Spenden, Instandhaltung von nicht betrieblich genutzten Gebäuden, Verluste im Rahmen einer Unternehmensbeteiligung usw.)

  Diese Aufwendungen sollen daher auch nicht als Kosten in die Produkte bzw. Dienstleistungen des Unternehmens einfließen.
- **Außerordentliche Aufwendungen:** Aufwendungen, die zeitlich und der Höhe nach unregelmäßig und nicht im Rahmen der gewöhnlichen Geschäftstätigkeit anfallen; Beispiele: nicht durch Versicherung gedeckte Schadensfälle, Zahlungsausfälle durch Konkurs von Kunden, Kursverluste usw.

  Diese in der jeweiligen Periode tatsächlich angefallenen außerordentlichen Aufwendungen werden als neutraler Aufwand ausgeschieden und durch kalkulatorische Wagnisse ersetzt.
- **Sonstige neutrale Aufwendungen:** Die gesetzlich vorgeschriebene buchhalterische Abschreibung (AfA) kann als neutraler Aufwand ausgeschieden und durch die kalkulatorische Abschreibung ersetzt werden.

Viele Unternehmen verzichten auf die Einrechnung von kalkulatorischen Zinsen und berücksichtigen „nur" die anfallenden Fremdkapitalzinsen.

Zweckaufwand – Grundkosten

Die meisten Aufwendungen aus der Finanzbuchhaltung werden direkt als Kosten in die Kostenrechnung übernommen (z. B. Fertigungslöhne, Material, Büromaterial, Strom, Miete usw.).

Kalkulatorische Kosten

Die Ermittlung der kalkulatorischen Kosten wird in Kapitel 1 beschrieben.

Werden neutrale Aufwendungen im Rahmen der Betriebsüberleitung ausgeschieden, müssen entsprechende kalkulatorische Kosten zusätzlich angesetzt werden. Dies gilt für

- kalkulatorische Abschreibung
- kalkulatorisches Wagnis

Kosten, denen keine Aufwendungen in der GuV-Rechnung gegenüberstehen, werden im Rahmen der Betriebsüberleitung eingefügt:

- kalkulatorische Zinsen (wenn diese im Unternehmen angesetzt werden)
- kalkulatorischer Unternehmerlohn

Betriebsüberleitungsbogen (BÜB)

Die Überleitung der Aufwendungen zu Kosten über die periodische und sachliche Abgrenzung erfolgt systematisch mithilfe eines Betriebsüberleitungsbogens (BÜB), der wie folgt aufgebaut ist.

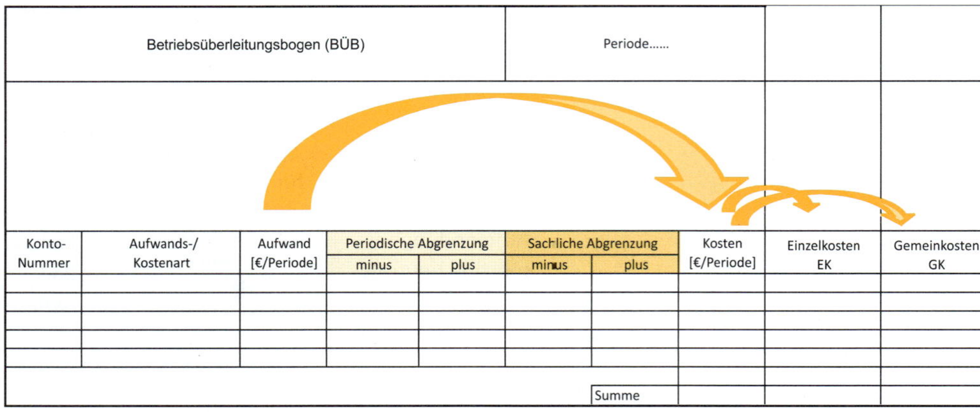

SbX Eine Tabellen-Vorlage des Betriebsüberleitungsbogens finden Sie unter der ID: 3201.

Aus der Finanzbuchhaltung kommen die **Kontonummer,** die **Aufwandsart** und die **Höhe des Aufwands.** Nach Durchführung der zeitlichen und sachlichen Abgrenzung ergeben sich die **Kosten pro Periode** für jede einzelne Kostenart.

Danach erfolgt die weitere „Filterung" der Kosten, d.h., für jede Kostenart erfolgt die Festlegung, ob sie zur Gruppe der **Einzel- oder Gemeinkosten** zählt.

Beispiel

Erstellen Sie einen Betriebsüberleitungsbogen und ermitteln Sie die Kosten, wenn die Buchhaltung für das vergangene Jahr folgende Aufwendungen ausweist:

Material € 1.500.000,–
Löhne € 753.800,–
Miete für Betriebsgebäude € 432.000,–
Büromaterial € 287.310,–
Buchhalterische Abschreibung (AfA) € 373.599,–
Forderungsausfälle lt. GuV-Rechnung: € 123.000,–

Weiters sind zu berücksichtigen:

Die kalkulatorischen Abschreibungen betragen € 432.000,–.
Kalkulatorische Wagnisse (für Forderungsausfälle) werden mit € 74.800,– angesetzt.
Das Betriebsgebäude wird zu 20 % privat genutzt.

Lösung:

Konto-Nummer	Aufwands-/Kostenart	Aufwand [€/Periode]	Periodische Abgrenzung		Sachliche Abgrenzung		Kosten [€/Periode]	Einzelkosten EK	Gemeinkosten GK
			minus	plus	minus	plus			
	Material	1.500.000,00					1.500.000,00	1.500.000,00	
	Löhne	753.800,00					753.800,00	753.800,00	
	Miete	432.000,00			86.400,00		345.600,00		345.600,00
	Büromaterial	287.310,00					287.310,00		287.310,00
	AfA	373.599,00			373.599,00		0,00		
	Forderungsausfälle	123.000,00			123.000,00		0,00		
	kalk. Abschreibung					432.000,00	432.000,00		432.000,00
	kalk. Wagnisse					74.800,00	74.800,00		74.800,00
	Summe	3.469.709,00					3.393.510,00	2.253.800,00	1.139.710,00

Miete – sachliche Abgrenzung:

$$€\ 432.000,– \times \frac{20}{100} = €\ 86.400,–$$

Üben

SbX ID: 3202

Ü 1:
Die ING4TECH stellt einen neuen Mitarbeiter für die Montage ein. Der Bruttolohn beträgt € 1.400,–/Monat.

Berechnen Sie die monatlichen sowie die jährlichen Lohnkosten. Die Lohnnebenkosten betragen 53 %.

Berechnen Sie den für die Kalkulation wichtigen Stundensatz des Monteurs, wenn 1700 Jahresstunden verrechenbar sind.

SbX **Eine Tabellen-Vorlage zum Download finden Sie unter der ID: 3202.**

Ü 2:
Der Listenpreis eines Spezialblechs beträgt € 4,80/kg inkl. USt (20 %). Bei Abnahme von mehr als 30 kg beträgt der Rabatt 6 %, bei mehr als 100 kg 8 %. Skonto wird in der Höhe von 2 % gewährt. Die Frachtkosten betragen € 15,– für eine Lieferung.

Berechnen Sie den jeweiligen Einstandspreis (Gesamt und pro kg Spezialblech) für eine Bestellung von 50 kg und 150 kg.

Ü 3:
Die ING4TECH kauft einen Pkw für den Kundendienst. Der Preis ohne USt beträgt € 22.000,–. Der Wiederbeschaffungswert wird mit € 24.000,– angesetzt. Laut Buchhaltung muss eine Abschreibungsdauer von 8 Jahren angesetzt werden. Die wirtschaftliche Nutzungsdauer wird auf 5 Jahre geschätzt. Nach diesen 5 Jahren wird das Auto um € 2.500,– verkäuflich sein.

Berechnen Sie die Absetzung für Abnutzung (AfA) und die kalkulatorische Abschreibung.

Ü 4:
Anna und Michael besuchen einen Bekannten, der Zimmerer ist. Die Finanzbuchhaltung dieser Zimmerei, einer OG, weist für das vergangene Jahr folgende Aufwendungen aus:

Konto	Bezeichnung	Aufwendungen
5100	Rohstoffverbrauch	220.000,–
5400	Hilfsstoffverbrauch	76.000,–
5500	Zukaufteile	88.300,–
5700	Energie	22.500,–
6000	Fertigungslöhne inkl. LNK	380.000,–
6100	Hilfslöhne inkl. LNK	112.800,–
6200	Gehälter inkl. GNK	160.000,–
7700	Versicherungsaufwand	19.500,–
7020	buchhalterische Abschreibung	240.000,–
7450	Schadensfälle	17.000,–
7550	Zahlungsausfall	15.900,–
7600	Diverse Aufwände	91.200,–
8340	Fremdkapitalzinsen	20.600,–

1. Unter Berücksichtigung der nachfolgenden Informationen sollen Anna und Michael helfen, die Aufwendungen mithilfe eines Betriebsüberleitungsbogens (BÜB) zu Kosten überzuleiten.
   - Die Hausverwaltung eines im Besitz des Unternehmens befindlichen, jedoch vermieteten Zinshauses wird von einem Mitarbeiter der Zimmerei durchgeführt. 20 % der Hilfslöhne sind nicht betrieblich bedingt.
   - Als kalkulatorische Wagnisse werden für Zahlungsausfälle 1,1 % der Umsatzerlöse (voraussichtlich € 1,6 Mio./Jahr) sowie für Schadensfälle € 14.000,– pro Jahr berücksichtigt.
   - Kalkulatorische Zinsen werden nicht berücksichtigt.
   - Als kalkulatorische Abschreibung wurde ein Betrag von € 292.000,– pro Jahr ermittelt.

- Für die zwei Gesellschafter sind je € 5.000,– kalkulatorischer Unternehmerlohn pro Monat einzurechnen.

2. Die aus den Aufwendungen übergeleiteten Kosten sollen in Einzelkosten und Gemeinkosten getrennt werden.

Sichern

SbX ID: 3203

Kostenartenrechnung

Die **Kostenartenrechnung** dient der Erfassung und Gliederung der Kosten und der Trennung in Einzel- und Gemeinkosten.

Betriebsüberleitung

Durch die **Betriebsüberleitung** werden Aufwendungen und Erträge der Finanzbuchhaltung in Kosten und Leistungen übergeleitet. Dazu bedarf es einer periodischen und sachlichen Abgrenzung.

sachliche Abgrenzung

Betriebsfremde, außerordentliche und sonstige neutrale Aufwendungen werden ausgeschieden, kalkulatorische Kosten werden eingefügt.

Betriebsüberleitungsbogen (BÜB)

Der **Betriebsüberleitungsbogen** ist ein tabellarisches Hilfsmittel zur Durchführung der Betriebsüberleitung.

Kostenartengruppen

Kostenartengruppen entstehen durch die Zusammenfassung von Kostenarten nach ihrer Entstehung. Die Fragestellung lautet: „Wodurch sind die Kosten angefallen?" Beispiele: durch den Verbrauch von Material, durch den Einsatz von Mitarbeitern …

Personalkosten

Die **Personalkosten** entstehen durch den Einsatz von Arbeitnehmern. Es entstehen Lohn- und Gehaltskosten, Lohn- und Gehaltsnebenkosten, Ausbildungskosten usw.

Personalkosten setzen sich aus Bruttoentgelten und sogenannten Lohnnebenkosten (Gehaltsnebenkosten) zusammen.

Lohnnebenkosten

Lohnnebenkosten sind Kostenbestandteile, die dem Arbeitgeber zusätzlich zum Bruttoentgelt entstehen. Für Arbeiter und Angestellte in Österreich betragen sie ca. 53 %.

Anwesenheitszeit

Die **betriebliche Anwesenheitszeit** ergibt sich aus der Bruttojahresarbeitszeit vermindert um Feiertage, Urlaub, Krankenstand und sonstige Verhinderungszeiten. In Österreich beträgt sie ca. 1650 Stunden/Jahr.

Jahrespersonalkosten

Die **Jahrespersonalkosten** sind Kosten für den Einsatz eines Mitarbeiters pro Jahr inkl. aller Lohnnebenkosten.

$$\text{Jahrespersonalkosten} = \text{Bruttomonatsentgelt} \times 1{,}53 \times 12 \; [\text{€/Jahr}]$$

Personalstundensatz

Unter dem Personalstundensatz versteht man die Kosten für den Einsatz eines Mitarbeiters pro Stunde.

$$\text{Personalstundensatz} = \frac{\text{Jahrespersonalkosten}}{\text{Anwesenheitszeit}} \; [\text{€/Stunde}]$$

Materialkosten

Unter **Materialkosten** versteht man die Kosten für den Verbrauch (Einsatz) von Materialien und/oder Handelswaren. Man unterscheidet:

- Rohstoffe, Halbzeuge und Zukaufteile
- Hilfsstoffe
- Betriebsstoffe

Einstandspreis

Der **Einstandspreis** entspricht dem Waren- oder Materialwert nach Abzug von Rabatt und Skonto und Hinzurechnung von Bezugskosten.

kalkulatorische Kosten

Kalkulatorischen Kosten stehen keine oder andere Aufwendungen in der Buchhaltung gegenüber.

kalkulatorische Abschreibung

Die **kalkulatorische Abschreibung** wird folgendermaßen berechnet:

$$a_{kalk} = \frac{\text{WW (oder AW)} - \text{RW}}{\text{ND}}$$

kalkulatorische Zinsen

Kalkulatorische Zinsen können angesetzt werden, um Zinsen für das mit Eigenkapital finanzierte betriebliche Vermögen zu verrechnen.

kalkulatorischer Unternehmerlohn

Der **kalkulatorische Unternehmerlohn** ist ein Kostenansatz, damit auch der selbständige Unternehmer einer Einzelunternehmung oder einer Personengesellschaft eine Vergütung für seine geleistete Mitarbeit verrechnen kann.

kalkulatorische Wagnisse

Jede unternehmerische Tätigkeit birgt schwer abschätzbare Risiken. Dafür werden sogenannte **kalkulatorische Wagnisse** in der Kostenrechnung angesetzt. Beispiele: Zahlungsausfallswagnis, Gewährleistungswagnis etc.

Fremdleistungskosten

Fremdleistungskosten entstehen durch Güter und Dienstleistungen, die von anderen Unternehmen bezogen werden.

Steuern

Steuern sind Abgaben an den Staat, die Gemeinde usw., für die keine unmittelbare Gegenleistung ersichtlich ist. Es gibt kostenrelevante Steuern (z. B. Mineralölsteuer) und solche, die nicht in die Kostenrechnung eingehen (z. B. Umsatzsteuer).

Gebühren

Gebühren sind Abgaben an den Staat, die Gemeinde usw. für den Erhalt einer Gegenleistung.

SbX
ID: 3203

Eine Audio-Wiederholung mit Audio-Player und MP3-Download sowie eine Bildschirmpräsentation mit allen Grafiken dieser Lerneinheit finden Sie unter der ID: 3203.

Wissen

SbX ID: 3204

1. Benennen Sie wesentliche Kostenartengruppen!

SbX
2. mit automatischer Aufgabenkontrolle
ID: 3204
erledigt ✓
2. ☐

2. Ordnen Sie Rohstoffe, Hilfs- und Betriebsstoffe folgenden Beispielen zu, indem Sie das relevante Feld ankreuzen! Gehen Sie von einem produzierenden Unternehmen aus.

	Rohstoffe, Halbzeuge und Zukaufteile	Hilfsstoff	Betriebsstoff
Blechtafeln			
Kugellager			
Beilagscheiben			
Getriebemotoren			
Bohremulsion			
Näherungsschalter			
Pressluft			
Lacke			

3. Was versteht man unter Handelswaren?

4. Was versteht man unter Personalkosten?

5. Unternehmer bezahlen für ihre Mitarbeiter neben dem Entgelt auch sogenannte Lohnnebenkosten. Was versteht man darunter?

6. Wie werden Jahrespersonalkosten, ausgehend von einem Bruttogehalt oder Bruttolohn, berechnet, wenn die Lohnnebenkosten 53 % betragen?

7. Wie hoch ist ungefähr die durchschnittliche Anwesenheitszeit eines österreichischen Angestellten?

8. Wie wird der Stundensatz eines Mitarbeiters berechnet?

9. Erläutern Sie den Unterschied zwischen der AfA und der kalkulatorischen Abschreibung anhand einer Skizze!

10. Ein kalkulatorischer Unternehmerlohn soll bei Unternehmen welcher Rechtsform angesetzt werden?

11. Kalkulatorische Wagnisse berücksichtigen unternehmerische Risiken. Nennen Sie zumindest drei Beispiele für Risiken unternehmerischer Tätigkeit!

12. Wodurch entstehen Fremdleistungskosten?

13. Erläutern Sie die Inhalte der Betriebsüberleitung!

14. Benennen Sie die kalkulatorischen Kosten!

Lerneinheit 3
Kostenstellenrechnung

SbX
Alle SbX-Inhalte zu dieser Lerneinheit finden Sie unter der ID: 3300.

Nach der Erfassung und Gliederung in der Kostenartenrechnung werden die Kosten in der Kostenstellenrechnung auf jene Betriebsbereiche (= Kostenstellen) verteilt, in denen sie angefallen sind.

Die Aufgaben der Kostenstellenrechnung sind:

- **Kostenkontrolle**
- **Ermittlung der Gemeinkostenzuschlagsätze**
- **Wirtschaftlichkeitsüberprüfung**

Lernen

SbX ID: 3301

Kostenstelle = **cost center**

1 Kostenstellen

Unternehmensbereiche werden zu Kostenstellen.

Kostenstellen sind abgrenzbare Verantwortungsbereiche, in denen Kosten anfallen. Der Leiter einer Kostenstelle soll für deren wirtschaftliche Führung verantwortlich sein.

Kostenstellen sind Unternehmensbereiche (z. B. Abteilungen), denen die **Gemeinkosten entsprechend ihrer Verursachung zugerechnet** werden können. Die Untergliederung des Unternehmens in Kostenstellen erleichtert es, zu erkennen, wo Kosten entstehen, auf welche Ursachen sie zurückzuführen sind und von wem sie zu verantworten sind. Man unterscheidet zwischen **Hauptkostenstellen** und **Hilfskostenstellen.**

Hauptkostenstellen

Als **Hauptkostenstellen** bezeichnet man die Kostenstellen, die **direkt mit dem betrieblichen Leistungsprozess gekoppelt** sind. In Produktionsbetrieben sind dies z. B. der Einkauf, die Produktion und der Vertrieb.

Das Kalkulationsschema finden Sie in Lerneinheit 4.

Allgemein ausgedrückt sind Hauptkostenstellen jene Kostenstellen, deren Kosten unmittelbar in das Kalkulationsschema (ein Berechnungsschema zur Ermittlung der Produktkosten) einfließen. In Produktionsbetrieben sind dies üblicherweise die Fertigungsbereiche

- mechanische Werkstätte,
- Lackiererei,
- Montage usw.

Außerdem gelten als Hauptkostenstellen noch die Bereiche

- Material,
- Verwaltung,
- Vertrieb.

Deren Gemeinkosten können über Zuschlagsätze zu den jeweiligen Einzelkosten mittelbar den Produkten bzw. Dienstleistungen des Unternehmens zugerechnet werden.

Hilfskostenstellen

Hilfskostenstellen sind jene Kostenstellen, die **innerbetriebliche Leistungen erbringen.** Dabei unterscheidet man zwischen

- **Fertigungshilfsstellen** (z. B. Instandhaltung, Vorrichtungsbau, Arbeitsvorbereitung, Fuhrpark), die innerbetriebliche Leistungen für die Fertigungsbereiche erbringen,
- **allgemeinen Hilfsstellen** (z. B. IT-Abteilung, Facility Management), die innerbetriebliche Leistungen für alle anderen Kostenstellen im Unternehmen erbringen.

Deren Kosten werden im Rahmen der „innerbetrieblichen Leistungsverrechnung" auf die Hauptkostenstellen übergeleitet.

2 Aufgaben der Kostenstellenrechnung
Warum sollen Kosten „verteilt" werden?

Im Rahmen der Kostenstellenrechnung werden die anfallenden Kosten den einzelnen Kostenstellen möglichst verursachungsgerecht zugerechnet. Die Aufgaben der Kostenstellenrechnung sind insbesondere folgende:

Kostenkontrolle	Durch den Vergleich der tatsächlich angefallenen Kosten mit den geplanten Kosten in den einzelnen Kostenstellen (Soll-Ist-Vergleich) können Kostenabweichungen erkannt werden. Die Leiter der Kostenstellen haben diese Abweichungen zu verantworten.
Ermittlung der Gemeinkostenzuschlagsätze	Für eine möglichst verursachungsgerechte Zurechnung der Gemeinkosten auf die Produkte bzw. Dienstleistungen des Unternehmens (Kostenträger) werden Gemeinkostenzuschlagsätze ermittelt.
Wirtschaftlichkeitsprüfung	Die Ermittlung der in den Kostenstellen tatsächlich anfallenden Kosten dient als Basis für die Bewertung der Wirtschaftlichkeit. Basierend darauf erfolgt die Entscheidung über Eigenfertigung oder Fremdbezug (Outsourcing) der entsprechenden Leistungen dieser Kostenstellen.

Betriebsabrechnungsbogen = **cost distribution sheet**

3 Betriebsabrechnungsbogen (BAB)
Das zentrale Element der Kostenstellenrechnung

SbX
Betriebsabrechnungsbogen-Vorlagen finden Sie unter der ID: 3301.

Die Durchführung der Kostenstellenrechnung erfolgt in systematischer Form mithilfe eines sogenannten „Betriebsabrechnungsbogens" (BAB). Der BAB wird senkrecht nach Kostenarten und waagrecht nach Kostenstellen gegliedert.

Betriebsabrechnungsbogen (BAB)

EK/GK	Konto-Nr.	Kostenart	Summe	Hilfskostenstellen				Hauptkostenstellen					
				allgemeine Hilfskostenstellen		Fertigungshilfskostenstellen		Mat.	Fertigung			Verw.	Vertr.
				A	B	A	B		A	B	C		
EK													
Summe Einzelkosten													
GK													
Summe Gemeinkosten													
Umlage allgemeine Hilfsstellen													
Zwischensumme													
Umlage Fertigungshilfsstelle													
Summe Gemeinkosten nach Umlage													
Zuschlagsbasis													
Gemeinkostenzuschlagsätze													

Betriebsabrechnungsbogen

Der Ablauf der Durchführung der Kostenstellenrechnung lässt sich in die folgenden Stufen unterteilen:

Aufnahme der Einzel- und Gemeinkosten in den BAB
↓
Verteilung der Gemeinkosten auf Kostenstellen
↓
Innerbetriebliche Leistungsverrechnung
↓
Ermittlung der Gemeinkostenzuschlagsätze

Durchführung der Kostenstellenrechnung

Aufnahme der Einzelkosten und Gemeinkosten in den BAB

Aus dem **Betriebsüberleitungsbogen (BÜB)** werden die Kosten getrennt nach Einzelkosten und Gemeinkosten in den **Betriebsabrechnungsbogen (BAB)** übertragen.

Einzelkosten sind den Kostenträgern direkt zurechenbar. Im BAB sind sie daher nur als Bezugsgröße (Zuschlagsbasis) zur Ermittlung der Gemeinkostenzuschlagsätze erforderlich.

Verteilung der Gemeinkosten auf Kostenstellen

Die Gemeinkosten sollen möglichst verursachungsgerecht auf die einzelnen Kostenstellen verteilt werden. Die Verteilung kann dabei auf zwei Arten erfolgen:

Direkte Verteilung – Grundlage: Beleg

Direkte Verteilung

Die direkte Verteilung wird angewendet, wenn sich aus Belegen oder sonstigen Unterlagen genau ersehen lässt, welche Kostenstelle die Gemeinkosten verursacht hat (z. B. Gehälter, Hilfslöhne, Abschreibungen, Hilfsmaterial).

Indirekte Verteilung – Grundlage: Bezugsgröße

Indirekte Verteilung

Die indirekte Verteilung wird durchgeführt, wenn keine Belege oder sonstigen Unterlagen für eine direkte Verteilung vorhanden sind oder eine detaillierte Erfassung der verursachenden Kostenstellen mit unverhältnismäßig hohem Aufwand verbunden wäre.

Die Verteilung erfolgt dabei unter Zuhilfenahme einer Bezugsgröße (Verteilungsschlüssel) wie beispielsweise:

- Miete — Flächenbedarf [m²]
- Heizkosten — Flächenbedarf [m²]
- Strom — elektrische Anschlussleistung [kW]
- Versicherung — kalk. Abschreibung [€]

Nach der Verteilung der Gemeinkosten auf die einzelnen Kostenstellen kann die Kostenkontrolle sowie die Wirtschaftlichkeitsprüfung durchgeführt werden. Die nachfolgenden Schritte beziehen sich auf die Ermittlung der Gemeinkostenzuschlagsätze.

Beispiel

Ein Betrieb weist folgende Kostenstellen auf:

Lager:	60 m²
Fertigung:	175 m²
Verwaltung und Vertrieb:	80 m²
Gesamt:	**315 m²**

Die Kosten für Reinigung durch eine Reinigungsfirma betrugen € 7.800,–/Jahr, die Heizungskosten € 17.500,–/Jahr.

Wie sind die Reinigungs- und Heizungskosten auf die Kostenstellen zu verteilen, wenn die Kosten nach der Fläche aufgeteilt werden?

Lösung:

Kostenarten	Gesamtkosten	Kostenstellen		
		Lager	Fertigung	Verwaltung
Reinigung	€ 7.800,–	€ 1.486,–	€ 4.333,–	€ 1.981,–
Heizung	€ 17.500,–	3.333,–	€ 9.723,–	€ 4.444,–

Die gesamte Fläche des Betriebs beträgt: 60 + 175 + 80 = 315 m²

Die gesamten Reinigungskosten betragen: € 7.800,–/Jahr

Die Reinigungskosten je m² betragen daher: $\frac{7.800}{315}$ = € 24,76/m²

Für das Lager, welches 60 m² groß ist, ergeben sich daher Reinigungskosten von:

Kosten je m² × Zahl der m² der Kostenstelle

⇓ ⇓

24,76 × 60 = € 1.486,–

Die Berechnung der Heizkosten je Kostenstelle erfolgt analog.

Die Summe aller Gemeinkosten einer Zeile muss der Gesamtsumme entsprechen!

Innerbetriebliche Leistungsverrechnung

Da die von den Hilfskostenstellen erbrachten Leistungen den Kostenträgern (Produkten und Dienstleistungen) nicht direkt zurechenbar sind, werden sie mithilfe der innerbetrieblichen Leistungsverrechnung möglichst verursachungsgerecht auf die Hauptkostenstellen aufgeteilt.

Für die innerbetriebliche Leistungsverrechnung gibt es eine Reihe von Verrechnungsverfahren, wobei hier nur das in der betrieblichen Praxis häufig verwendete **Treppenverfahren** erläutert wird.

Treppenverfahren

Beim Treppenverfahren werden die Gemeinkosten der Hilfskostenstellen entsprechend ihrer Reihung im BAB auf die nachfolgenden Kostenstellen umgelegt.

Die **Umlage auf die nachgelagerten Kostenstellen** erfolgt mittels

- **direkter Verteilung über Belege** (z. B. Reparaturstelle über geleistete Arbeitsstunden für hausinterne Kostenstellen, Fuhrpark über gefahrene km für hausinterne Kostenstellen),
- **indirekter Verteilung mittels Verteilungsschlüssel** (z. B. Kantine über die Anzahl der Personen in den anderen Kostenstellen, Hausverwaltung über den Flächenbedarf der Kostenstellen).

	Hilfskostenstellen				Hauptkostenstellen					
	allgemeine Hilfsstellen		Fertigungshilfsstellen		Mat.	Fertigung			Verw.	Vertr.
	A	B	A	B		A	B	C		
Summe Gemeinkosten										
Umlage allgemeine Hilfsstellen										
Zwischensumme										
Umlage Fertigungshilfsstelle										
Summe Gemeinkosten nach Umlage										

Treppenverfahren

Beispiel

Die Kosten der Werkskantine (allgemeine Hilfskostenstelle A) sollen indirekt auf die Hilfskostenstelle B, die Fertigungshilfskostenstellen A und B sowie auf die Hauptkostenstellen Material, A, B, C, Verwaltung und Vertrieb verteilt werden. Als Verteilungsschlüssel ist die Anzahl der Mitarbeiter (siehe Tabelle) in den jeweiligen Kostenstellen heranzuziehen.

	Hilfskostenstellen				Hauptkostenstellen					
	allgemeine Hilfsstellen		Fertigungshilfsstellen		Mat.	Fertigung			Verw.	Vertr.
	A	B	A	B		A	B	C		
Mitarbeiter	2	3	4	5	8	46	58	55	12	15
Summe Gemeinkosten	48.000	90.000	130.000	150.000		1.500.000	1.700.000	1.600.000	650.000	520.000

Lösung:

Die Gesamtanzahl der Mitarbeiter beträgt 208. Nach der Verteilung der Kosten dürfen auf der Kostenstelle A keine Kosten verbleiben. Die Kosten der Werkskantine werden nur auf 208 – 2 = = 206 Mitarbeiter aufgeteilt, da die beiden Kantinenmitarbeiter die Kosten von € 48.000,– selbst mitverursacht haben.

Verteilung: 48.000 : 206 = € 233,01/Mitarbeiter

Für die Hilfskostenstelle B mit 3 Mitarbeitern ergibt sich somit eine Belastung in der Höhe von 233,01 × 3 = € 699,–.

Nach der Durchführung für alle Kostenstellen werden die neuen Kostenstellensummen nach Umlage (im Beispiel entspricht dies der Zeile „Zwischensumme") durch Addition errechnet. Die Umlagen erfolgen so lange, bis nur mehr Hauptkostenstellen Kosten aufweisen.

	Hilfskostenstellen				Hauptkostenstellen					
	allgemeine Hilfsstellen		Fertigungshilfsstellen		Mat.	Fertigung			Verw.	Vertr.
	A	B	A	B		A	B	C		
Mitarbeiter	2	3	4	5	8	46	58	55	12	15
Summe Gemeinkosten	48.000	90.000	130.000	150.000		1.500.000	1.700.000	1.600.000	650.000	520.000
Umlage allgemeine Hilfsstelle A	48.000	699	932	1.165	1.864	10.718	13.515	12.816	2.796	3.495
Zwischensumme	0	90.699	130.932	151.165	1.864	1.510.718	1.713.515	1.612.816	652.796	523.495

Die ING4TECH weist hohe Kosten in der Abteilung „Entwicklung und Konstruktion“ auf. Die Unternehmensleitung möchte diese Kosten im Kalkulationsschema explizit ausweisen und den Produkten als Gemeinkosten zurechnen.

Anna: Wir sollen übungsweise versuchen, einen BAB für die ING4TECH zu konzipieren. Bitte hilf mir!

Michael: Ja, gerne. Zuerst müssen wir das Organigramm der ING4TECH besorgen und daraus mögliche Kostenstellen definieren. Wir legen folgende Hauptkostenstellen fest:

Materialwirtschaft	Produktion	Konstruktion	Vertrieb	Verwaltung

Wir legen folgende Hilfskostenstellen fest:

Recht	Infrastruktur

Die Hilfskostenstellen „Recht“ und „Infrastruktur“ erbringen Leistungen für andere Kostenstellen und die Kosten werden mithilfe des Treppenverfahrens umgelegt.

Jetzt müssen wir noch die restlichen im Organigramm ersichtlichen Abteilungen und Stabstellen, in denen auch Kosten verursacht werden, „verarbeiten“.

Alle Kosten der Unternehmensleitung und ihrer beiden Stabstellen und die Kosten der Abteilung „Rechnungswesen“ sowie der Abteilung „Personal“ werden der Kostenstelle „Verwaltung“ zugerechnet.

Die einzelnen Kostenarten entnehmen wir dem Betriebsüberleitungsbogen. Jetzt können wir den BAB erstellen!

Die im nachfolgenden BAB angeführten Gemeinkostenzuschlagsätze sind Größenordnungs-Schätzungen, die uns der Controlling-Leiter mitgeteilt hat. Sie dienen zur Information.

SbX Die Betriebsabrechnungsbogen-Vorlage der ING4TECH finden Sie unter der ID: 3301.

Betriebsabrechnungsbogen (BAB) der ING4TECH										Periode ....
Kostenart	Konto-Nr.	Kostenart	Summe	Hilfskostenstellen		Hauptkostenstellen				
				Recht	Infrastruktur	Materialwirtschaft	Produktion	Konstruktion	Vertrieb	Verwaltung
EK										
Summe Einzelkosten										
GK										
Summe Gemeinkosten										
Umlage Kostenstelle Recht										
Zwischensumme										
Umlage Kostenstelle Infrastruktur										
Summe Gemeinkosten nach Umlage										
Zuschlagsbasis						Materialeinzelkosten	Fertigungslöhne	Herstellkosten	Herstellkosten	Herstellkosten
Gemeinkostenzuschlagsätze (Annahmen)						8,0 %	110,0 %	5,0 %	10,0 %	6,0 %

3 Kostenrechnung

Ermittlung der Gemeinkostenzuschlagsätze

Gemeinkostenzuschlagsatz = **cost/overhead rate**

Nach Durchführung der innerbetrieblichen Leistungsverrechnung erfolgt die Ermittlung der Gemeinkostenzuschlagsätze in den einzelnen Kostenstellen. Dazu muss für jede Hauptkostenstelle eine geeignete Bezugsgröße (Zuschlagsbasis) gewählt werden.

Material

In der Materialstelle werden die als Einzelkosten verrechneten Materialkosten wie z. B. Rohstoffe, Zukaufteile (Materialeinzelkosten) als Zuschlagsbasis verwendet.

$$\text{Materialgemeinkostenzuschlagsatz MGKZ [\%]} = \frac{\text{Materialgemeinkosten MGK}}{\text{Materialeinzelkosten MEK}} \times 100$$

Fertigung

In den Fertigungsstellen werden als Zuschlagsbasis die in der jeweiligen Kostenstelle anfallenden Fertigungslöhne (Fertigungseinzelkosten) herangezogen. Dabei wird für jede Fertigungskostenstelle (z. B. Dreherei, Fräserei, Montage usw.) ein eigener Gemeinkostenzuschlagsatz oder ein Gemeinkostenzuschlagsatz für die gesamte Produktion ermittelt.

$$\text{Fertigungsgemeinkostenzuschlagsatz FGKZ [\%]} = \frac{\text{Fertigungsgemeinkosten FGK}}{\text{Fertigungseinzelkosten FEK}} \times 100$$

Verwaltung und Vertrieb

Für die Ermittlung der Verwaltungs- und Vertriebsgemeinkostenzuschlagsätze wird als Zuschlagsbasis die Summe der Herstellkosten des Unternehmens herangezogen, welche wie folgt ermittelt werden:

$$\text{Herstellkosten HK} = \text{MEK} + \text{MGK} + \sum (\text{FEK}_i + \text{FGK}_i)$$

$$\text{Verwaltungsgemeinkostenzuschlagsatz VerwGKZ [\%]} = \frac{\text{Verwaltungsgemeinkosten VerwGK}}{\text{Herstellkosten HK}} \times 100$$

$$\text{Vertriebsgemeinkostenzuschlagsatz VertrGKZ [\%]} = \frac{\text{Vertriebsgemeinkosten VertrGK}}{\text{Herstellkosten HK}} \times 100$$

Beispiel

Ein Betrieb weist folgende Einzel- und Gemeinkosten auf, die den Hauptkostenstellen „Material“, „Fertigung“, „Verwaltung und Vertrieb“ zugerechnet werden. Die Materialeinzelkosten fallen in der Kostenstelle Material an, die Fertigungseinzelkosten (FL) in der Kostenstelle Fertigung.

Fertigungsmaterial € 400.000,–
Fertigungslöhne (FL) inkl. Lohnnebenkosten € 350.000,–
Gehälter inkl. Nebenkosten € 280.000,– (€ 20.000,– Fertigung, Rest Verwaltung und Vertrieb)
Hilfsmaterial € 20.000,– (€ 2.000,– Materialstelle, Rest Fertigung)
Hilfslöhne (HL) inkl. Lohnnebenkosten € 90.000,– (€ 20.000,– Materialstelle, Rest Fertigung)
kalkulatorische Abschreibung € 357.000,–
Hilfs- und Betriebsstoffe € 52.000,– (€ 12.000,– Materialstelle, Rest Fertigung)
Kosten für Werbung € 171.000,– (€ 12.000,– Fertigung, Rest Verwaltung und Vertrieb)
diverse Kosten € 595.000,– (€ 16.000,– Materialstelle, € 289.000,– Fertigung, Rest Verwaltung und Vertrieb)

Als Einzelkosten werden in diesem Betrieb die Fertigungslöhne und das Fertigungsmaterial angesehen. Alle Lohnnebenkosten sind in diesem Fall Gemeinkosten.

- Erstellen Sie einen Betriebsabrechnungsbogen (BAB).
- Überlegen Sie, welche Gemeinkostenzuschlagsätze ermittelt werden können.
- Berechnen Sie die Herstellkosten.
- Berechnen Sie die Gemeinkostenzuschlagsätze.

Lösung:

Der Betriebsabrechnungsbogen (BAB) hat nach Zuordnung (direkt) der Kosten folgendes Aussehen:

		Kostenstellen		
Kostenarten	Gesamtkosten	Material	Fertigung	Verwaltung/ Vertrieb
Fertigungsmaterial	400.000	400.000	0	0
Fertigungslöhne (FL)	350.000	0	350.000	0
Hilfsmaterial	20.000	2.000	18.000	0
Hilfslöhne (HL)	90.000	20.000	70.000	0
Gehälter	280.000	0	20.000	260.000
kalkulatorische Abschreibung	357.000	0	357.000	0
Hilfs- und Betriebsstoffe	52.000	12.000	40.000	0
Kosten für Werbung	171.000	0	12.000	159.000
Sonstige Kosten	595.000	16.000	289.000	290.000
Summe Gemeinkosten	1.565.000	50.000	806.000	709.000

Diese Gemeinkostenzuschlagsätze bieten sich an:
- Materialgemeinkostenzuschlagsatz
- Fertigungsgemeinkostenzuschlagsatz
- Verwaltung-und-Vertriebs-Gemeinkostenzuschlagsatz

Ermittlung der Herstellkosten:

Fertigungsmaterial	400.000	
Materialgemeinkosten	50.000	
Fertigungslöhne (FL)	350.000	
Fertigungsgemeinkosten	806.000	
Herstellkosten		1.606.000

Ermittlung der Gemeinkostenzuschlagsätze, beispielhaft für den Materialgemeinkostenzuschlagsatz:

$$\text{Materialgemeinkostenzuschlagsatz MGKZ [\%]} = \frac{\text{Materialgemeinkosten MGK}}{\text{Materialeinzelkosten MEK}} \times 100$$

MGZS = 50.000 × 100 : 400.000 = 12,5 %

Alle weiteren Gemeinkostenzuschlagsätze finden sich im „fertigen“ BAB:

Kostenarten	Gesamtkosten	Kostenstellen: Material	Fertigung	Verwaltung/ Vertrieb
Fertigungsmaterial	400.000	400.000	0	0
Fertigungslöhne (FL)	350.000	0	350.000	0
Hilfsmaterial	20.000	2.000	18.000	0
Hilfslöhne (HL)	90.000	20.000	70.000	0
Gehälter	280.000	0	20.000	260.000
Lohnnebenkosten FL	357.000	0	357.000	0
Lohnnebenkosten HL	52.000	12.000	40.000	0
Gehaltsnebenkosten	171.000	0	12.000	159.000
Sonstige Kosten	595.000	16.000	289.000	290.000
Summe Gemeinkosten	1.565.000	50.000	806.000	709.000
Zuschlagsbasen		400.000	350.000	1.606.000
Zuschlagsätze		12,5 %	230,3 %	44,1 %

SbX
Kostenstellenrechnung-Plaut: die Kostenstellenrechnung im System der flexiblen Plankostenrechnung; ID: 3301.

Maschinenstundensatz = **hourly rate per machine**

4 Maschinenstundensatz

Maschinen kosten oft das Mehrfache eines Produktionsmitarbeiters. Wie werden die Kosten optimal verrechnet?

Durch den Einsatz von kostenintensiven Spezialmaschinen sinkt der Anteil der Fertigungslöhne und damit der Einzelkosten in den jeweiligen Fertigungskostenstellen. Der Anteil der Kapitalkosten (kalkulatorische Abschreibung, kalkulatorische Zinsen) steigt jedoch deutlich an. Deshalb löst man diese Maschinen aus den Fertigungskostenstellen heraus und definiert für sie Kostenstellen mit eigenen Maschinenstundensätzen.

Vielfach werden **Platzkostenstellen** gebildet, die sowohl die Lohnkosten als auch die Maschinenkosten beinhalten.

Maschinenkosten

Die Gemeinkosten in den Fertigungskostenstellen werden dabei in **maschinenabhängige Gemeinkosten (Maschinenkosten)** und **(Rest-)Fertigungsgemeinkosten** aufgeteilt. Der große Block der den hergestellten Produkten nicht direkt zurechenbaren Gemeinkosten schrumpft auf den kleinen Block der (Rest-)Fertigungsgemeinkosten (R)FGK zusammen. Dadurch werden die Produkte verursachungsgerechter mit Kosten belastet.

3 Kostenrechnung

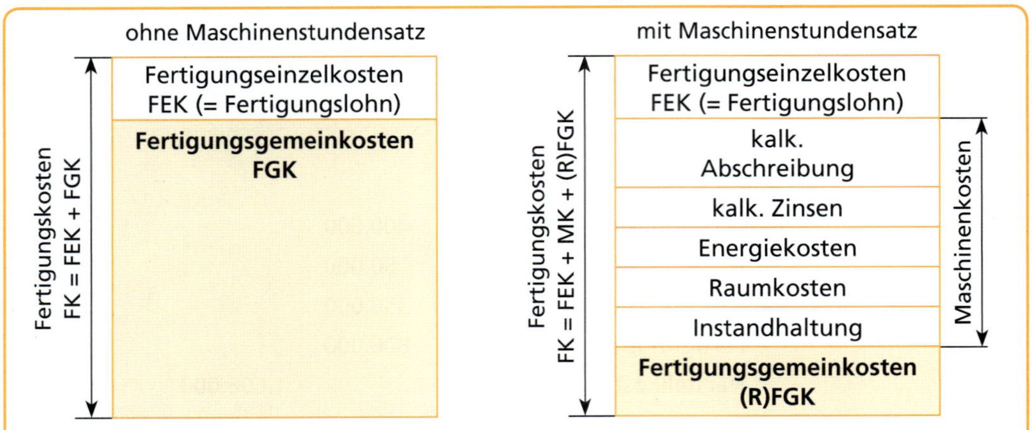

Ermittlung der Fertigungsgemeinkosten

Ermittlung des Maschinenstundensatzes

SbX Eine Maschinenstundensatz-Tabellen-Vorlage zum Download finden Sie unter der ID: 3301.

Durch Division der Maschinenkosten mit den in der jeweiligen Periode voraussichtlich verrechenbaren Betriebsstunden der Maschine ergibt sich der Maschinenstundensatz.

$$\text{Maschinenstundensatz [€/h]} = \frac{\text{Maschinenkosten [€/Jahr]}}{\text{verrechenbare Betriebsstunden [h/Jahr]}}$$

Beispiel

Die ING4TECH plant, in der Abteilung „Mechanische Fertigung" eine Laserschneidanlage anzuschaffen. Die anfallenden Gemeinkosten für diese teure Anlage will man nicht mittels Gemeinkostenzuschlagsätzen den Produkten zurechnen, sondern mithilfe eines Maschinenstundensatzes.

Folgende Daten sind bekannt:

Anschaffungswert (AW) € 800.000,–; geplante Nutzungsdauer (ND) 8 Jahre; Instandhaltung (IH) 3 % vom Anschaffungswert pro Jahr; Raumkosten (50 m²) € 10,– pro m² und Monat; Energiekosten (Strompreis € 0,05/kWh): 50 kW elektrischer Anschlusswert; Auslastung: durchschnittlich 60 % des Anschlusswertes; voraussichtliche Betriebsstunden 1800 h/Jahr

Lösung:

Zusammenfassung der Angaben:

AW	800.000,00	€
ND	8,00	Jahre
IH-%	3,00	%
Fläche	50,00	m²
Raumkostenfaktor	10,00	€/m², Monat
Anschlusswert	50,00	kW
Auslastungsfaktor	60,00	%
Energiekosten	0,05	€/kWh
Betriebsstunden	1800,00	h/Jahr

Tabellarische Ermittlung des Stundensatzes für die Laserschneidanlage der ING4TECH:

Kostenart	Berechnung	Werte	Einheit
Kalkulatorische Abschreibung	$\frac{\text{(AW oder WW)}}{\text{ND}}$	100.000,00	€/Jahr
Instandhaltungskosten	3 % vom AW	24.000,00	€/Jahr
Raumkosten	Flächenbedarf × Raumkostenfaktor × 12	6.000,00	€/Jahr
Energiekosten	Anschlusswert × Auslastungsfaktor × Energiekosten × Betriebsstunden	2.700,00	€/Jahr
Jahreskostensumme		132.700,00	€
Betriebsstunden		1800,00	h/Jahr
Maschinenstundensatz	$\frac{\text{Jahreskostensumme}}{\text{Betriebsstunden}}$	73,72	€/h

Üben

Ü 1:

Ein produzierendes Unternehmen (eine OG) ist in die folgenden Kostenstellen gegliedert:

- Logistik
- Instandhaltung
- Material
- Fertigung 1
- Fertigung 2
- Verwaltung und Vertrieb

In der Abrechnungsperiode (ein Kalenderjahr) sind folgende Kosten angefallen:

Fertigungsmaterial	€ 985.000,–
Fertigungslöhne	€ 486.500,–
Instandhaltungsmaterial	€ 35.000,–
Hilfsstoffe	€ 50.660,–
Hilfslöhne	€ 125.600,–
Büromaterial	€ 70.000,–
Gehälter	€ 159.500,–
kalkulatorische Abschreibungen	€ 57.000,–
kalkulatorischer Unternehmerlohn	€ 30.000,–

Für die Aufteilung der Kosten auf die einzelnen Kostenstellen liegen folgende Informationen vor:

		Logistik	Instand-haltung	Material	Fert. 1	Fert. 2	Verw. u. Vertr.
Fertigungslöhne	Personen				9	5	
Hilfsstoffe	Verbrauch	1000 kg	1000 kg		3000 kg	3000 kg	
Instandhaltungsmaterial	Wert	€ 5.000,–		€ 4.000,–	€ 15.000,–	€ 11.000,–	
Hilfslöhne	Einsatz	1500 h	2500 h	1000 h	1000 h		1000 h
Büromaterial	Verhältnis	5 %	5 %	10 %	5 %	5 %	70 %
Gehälter	Einsatz			500 h	1000 h	1000 h	3500 h
kalk. Abschreibung	Anlagenverzeichnis	€ 7.000,–	€ 5.000,–	€ 5.000,–	€ 25.000,–	€ 10.000,–	€ 5.000,–
kalk. Unternehmerlohn	Verhältnis			20 %			80 %

Durch die innerbetriebliche Leistungsverrechnung sollen folgende Kosten verteilt werden:

- Kosten der allgemeinen Hilfsstelle „Logistik" auf die restlichen Kostenstellen: 6000 km für Instandhaltung, 24 000 km für Fertigung 2 sowie 12 000 km für Material, 16 000 km für Verwaltung und Vertrieb. Als Verteilungsschlüssel werden die gefahrenen km gewählt.
- Kosten der Fertigungshilfsstelle „Instandhaltung" auf die Fertigungshauptstellen. Die Verteilung erfolgt entsprechend ihrer Inanspruchnahme: 3000 h durch Fertigung 1, 5000 h durch Fertigung 2.

Aufgabenstellungen:

a) Erstellen Sie einen Betriebsabrechnungsbogen (BAB) und verteilen Sie die Kosten auf die Kostenstellen!

b) Führen Sie die innerbetriebliche Leistungsverrechnung für die allgemeine Hilfsstelle „Logistik" und die Fertigungshilfsstelle „Instandhaltung" durch!

c) Ermitteln Sie die Gemeinkostenzuschlagsätze der Hauptkostenstellen!

Ü 2:

In einem Betrieb wird geplant, in der Montageabteilung einen kleinen Montageroboter einzusetzen. Dieser soll entweder im Einschichtbetrieb (1600 h/Jahr) oder im Zweischichtbetrieb (3200 h/Jahr) gefahren werden.

Folgende Daten sind bekannt:

- Anschaffungswert € 80.000,–
- geplante Nutzungsdauer 8 Jahre (Einschichtbetrieb) bzw. 6 Jahre (Zweischichtbetrieb)
- Raumkosten € 8,– pro m^2 und Monat
- Flächenbedarf 15 m^2
- Energiekosten € 0,07/kWh
- elektrischer Anschlusswert 8 kW, Nutzfaktor 80 % des Anschlusswerts
- Instandhaltung 1 % vom Anschaffungswert pro Jahr (Einschichtbetrieb) bzw. 2 % (Zweischichtbetrieb)

Ermitteln Sie den Maschinenstundensatz für diesen Montageroboter für den Einschichtbetrieb bzw. für einen Zweischichtbetrieb!

Sichern

SbX ID: 3303

Inhalte der Kostenstellenrechnung

Die **Kostenstellenrechnung** dient der Erfassung der Gemeinkosten für die einzelnen Kostenstellen der Unternehmung und der Ermittlung der Gemeinkostenzuschlagsätze.

Kostenstellen

Kostenstellen sind Betriebsbereiche, denen Gemeinkosten verursachungsgerecht zugerechnet werden können.

Hauptkostenstellen

Hauptkostenstellen sind jene Kostenstellen, deren Kosten in das Kalkulationsschema einfließen (Materialstelle, Fertigungsstelle, Verwaltung, Vertrieb).

Hilfskostenstellen

Hilfskostenstellen sind Kostenstellen, die innerbetriebliche Leistungen erbringen. Ihre Kosten werden auf die Hauptkostenstellen umgelegt.

Betriebsabrechnungsbogen (BAB)

Der **Betriebsabrechnungsbogen** ist eine Tabelle, mit deren Hilfe die Gemeinkosten den einzelnen Kostenstellen zugeordnet werden, und ein Hilfsmittel zur innerbetrieblichen Leistungsverrechnung. Die Gemeinkostenzuschlagsätze werden damit errechnet.

Gemeinkostenzuschlagsätze

Gemeinkostenzuschlagsätze sind Verrechnungsschlüssel zur Verteilung von Gemeinkosten auf einzelne Produkte. Sie werden folgendermaßen errechnet:

> Gemeinkosten der „produktiven" Kostenstelle × 100/Zuschlagsbasis (Einzelkosten) [%]
> Gemeinkosten der „unproduktiven" Kostenstelle × 100/Zuschlagsbasis (Herstellkosten) [%]

SbX ID: 3303

Eine Audio-Wiederholung mit Audio-Player und MP3-Download sowie eine Bildschirmpräsentation mit allen Grafiken dieser Lerneinheit finden Sie unter der ID: 3303.

Wissen

SbX ID: 3304

1. Erläutern Sie den Ablauf der Kostenstellenrechnung.
2. Wie wird der Materialgemeinkostenzuschlagsatz ermittelt?
3. Welche Basis verwendet man für die Ermittlung von Verwaltungs- bzw. Vertriebsgemeinkostenzuschlagsätzen?

SbX
4. mit automatischer Aufgabenkontrolle
ID: 3304
erledigt ☑
4. ☐

4. Nachfolgend finden Sie Aussagen zur Kostenstellenrechnung. Kreuzen Sie an, ob die jeweilige Aussage richtig (R) oder falsch (F) ist.

	R	F
Unter Kostenstellen versteht man alle jeweiligen Arbeitsplätze eines Unternehmens.		
Hauptkostenstellen sind jene Kostenstellen, die die meisten Mitarbeiter aufweisen.		
Hilfskostenstellen sind jene Kostenstellen, in denen Hilfskräfte arbeiten.		
Zu den Hauptkostenstellen gehört die Teilefertigung.		
Zu den Hauptkostenstellen gehört der Einkauf/die Materialwirtschaft.		
Die Verwaltung kann nie eine Hauptkostenstelle sein.		
Die Betriebskantine ist eine Hauptkostenstelle, da sie wichtig ist.		
Kostenstellen sind Unternehmensbereiche, denen Einzelkosten verursachungsgerecht zugerechnet werden können.		
Durch den Vergleich der tatsächlich angefallenen Kosten mit den geplanten Kosten in den einzelnen Kostenstellen (Soll-Ist-Vergleich) können Kostenabweichungen erkannt werden. Die Leiter der Kostenstellen haben diese Abweichungen zu verantworten.		

5. Wie werden die Herstellkosten eines Betriebs berechnet?

6. Wie wird ein Vertriebsgemeinkostenzuschlagsatz ermittelt?

7. Wann wendet man Maschinenstundensätze an?

8. Wie wird ein Maschinenstundensatz berechnet?

9. Der nachfolgende Betriebsabrechnungsbogen (BAB) weist zwei Fehler auf.
Um welche Fehler handelt es sich?
Korrigieren Sie die Fehler und schreiben Sie die Resultate auf!

		Kostenstellen		
Kostenarten	Gesamtkosten	Material	Fertigung	Verwaltung/ Vertrieb
Fertigungsmaterial	400.000	400.000	0	0
Fertigungslöhne (FL)	350.000	0	350.000	0
Hilfsmaterial	20.000	2.000	18.000	0
Hilfslöhne (HL)	90.000	20.000	70.000	0
Gehälter	280.000	0	20.000	260.000
Lohnnebenkosten FL	357.000	0	357.000	0
Lohnnebenkosten HL	52.000	12.000	40.000	0
Gehaltsnebenkosten	171.000	0	12.000	159.000
Sonstige Kosten	595.000	16.000	289.000	290.000
Summe Gemeinkosten	1.565.000	50.000	806.000	709.000
Gesamtkosten (Selbstkosten)	2.315.000			
Zuschlagsätze		12,5 %	43,4 %	30,6 %

3 Kostenrechnung

Lerneinheit 4

Kostenträgerrechnung (Kalkulation)

SbX
Alle SbX-Inhalte zu dieser Lerneinheit finden Sie unter der ID: 3400.

Als Kostenträger bezeichnet man die für den Verkauf bestimmten Produkte bzw. Dienstleistungen des Unternehmens. Aus dem Verkaufserlös dieser Kostenträger müssen die gesamten im Betrieb anfallenden Kosten abgedeckt werden.

Die Kostenträgerrechnung (auch als Kalkulation bezeichnet) hat die Aufgabe der
- **Ermittlung der voraussichtlich anfallenden Kosten für die einzelnen Kostenträger als Basis für die Festlegung des Verkaufspreises bzw. Angebotspreises (Vorkalkulation),**
- **Ermittlung der tatsächlich angefallenen Kosten als Basis für die Berechnung des tatsächlich erwirtschafteten Gewinns einzelner Kostenträger (Nachkalkulation).**

Aus den vielfältigen Verfahren der Kostenträgerrechnung, die in der Praxis vorkommen, werden eine Variante für Handelsbetriebe und zwei Verfahren für produzierende Unternehmen vorgestellt.

Lernen

SbX ID: 3401

1 Kalkulation im Handel

Wie werden die Preise in Handelsunternehmen ermittelt?

Kostenträger = **cost unit**

Im **Handelsbetrieb** entspricht der **Handelswareneinsatz** den **Einzelkosten.** Alle weiteren anfallenden Kosten können als Gemeinkosten betrachtet werden. Der **Kostenträger** ist die **Handelsware.** Als Bezugsbasis für die Verrechnung der Gemeinkosten verwendet man den Handelswareneinsatz (Einstandspreis).

$$\text{Gemeinkostenzuschlagsatz GKZS} = \frac{\text{Summe der Gemeinkosten} \times 100}{\text{Handelswareneinsatz}} \ [\%]$$

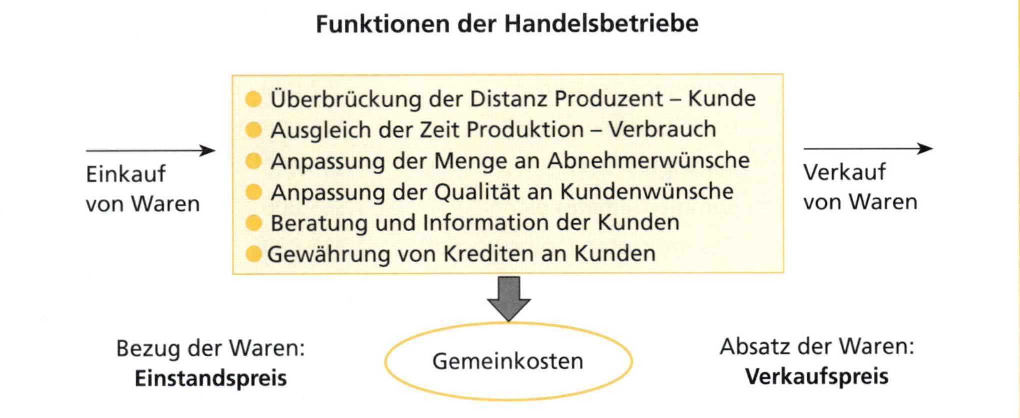

Handelsbetriebe – Funktionen

In Handelsbetrieben kommt auch der Begriff **„Rohaufschlag"** häufig vor. Der Rohaufschlag (Nettorohaufschlag) ist ein Zuschlagsatz auf den Einstandspreis einer Ware, der sowohl alle Gemeinkosten als auch den gewünschten Gewinn beinhaltet.

Preiskalkulation zur Ermittlung des Verkaufspreises

Einstandspreis	ESP	↑
+ Gemeinkosten	ESP × GKZS : 100	
= Selbstkosten	SK	Handelsspanne
+ Gewinn	SK × Gewinn [%] : 100	
= Nettoverkaufspreis		↓
+ Umsatzsteuer USt		
Bruttoverkaufspreis [€/Stück]		

Die Differenz zwischen dem Verkaufspreis und dem Einstandspreis wird als **Handelsspanne** bezeichnet. Sie ist eine wichtige Kennzahl im Handel und wird entweder als Betrag in € oder als %-Wert in Relation zum Verkaufspreis angegeben.

Beispiel

Ein Handelsunternehmen bestellt 10 Stück einer Ware zum Preis von € 1,32 je Stück inkl. 20 % USt. Der Verkäufer gewährt auf den Listenpreis 30 % Rabatt und bei Zahlung innerhalb von 8 Tagen 2 % Skonto. Die Transportkosten in Höhe von € 6,90 hat der Besteller zu bezahlen.

- Wie hoch ist der Verkaufspreis, wenn das Unternehmen mit einem Gemeinkostenzuschlag von 80 % und einem Gewinn von 10 % kalkuliert?
- Wie hoch ist die Handelsspanne?

SbX **Die Handelskalkulation-Tabellen-Vorlage finden Sie unter der ID: 3401.**

Preis ohne USt = = Preis inkl. USt × $\frac{100}{100 + \text{USt-Satz}}$

Lösung:

Listenpreis inkl. USt	13,20	€
Listenpreis ohne USt	11,00	€
– Rabatt, 30 %	3,30	€
Nettopreis	7,70	€
– Skonto, 2 %	0,15	€
= Einkaufspreis	7,55	€
zuzüglich Beschaffungskosten (Fracht, Versicherung, Zoll, ohne USt)	6,90	€
= Einstandspreis, für 10 Stück	14,45	€
Menge	10,00	Stück
Einstandspreis pro Stück	1,445	€/Stück

Einstandspreis, ESP	1,445	[€/Stück]
Gemeinkosten, ESP × GKZS : 100	1,156	[€/Stück]
Selbstkosten, SK	2,600	[€/Stück]
Gewinn, SK × Gewinn [%] : 100	0,260	[€/Stück]
Nettoverkaufspreis	2,86	[€/Stück]
Umsatzsteuer, USt 20 %	0,57	[€/Stück]
Bruttoverkaufspreis	3,43	[€/Stück]

Der Nettoverkaufspreis beträgt € 2,86 pro Stück.

Berechnung der Handelsspanne:

$$\text{Handelsspanne} = \frac{(\text{Nettoverkaufspreis} - \text{Einstandspreis}) \times 100}{\text{Nettoverkaufspreis der verkauften Waren}} = \frac{(2{,}86 - 1{,}445) \times 100}{2{,}86} = 49{,}3\,\%$$

2 Divisionskalkulation
Das einfachste Verfahren der Kalkulation

Die **Divisionskalkulation** kann für **Dienstleistungsunternehmen** oder für **Produzenten mit nur einem einheitlichen Produkt** verwendet werden.

Man erhält die Kosten je Kostenträger aus der Division der Gesamtkosten der Abrechnungsperiode durch die Anzahl der in diesem Zeitraum hergestellten Kostenträger.

$$\text{Selbstkosten [€/Einheit]} = \frac{\text{Gesamtkosten [€/Periode]}}{\text{Erzeugte Menge des Kostenträgers [Einheiten/Periode]}}$$

Neben den angeführten Kalkulationsverfahren gibt es weitere, z. B. die Äquivalenzziffernkalkulation, Kuppelproduktkalkulation etc.

Eine Kostenstellenrechnung (BAB) ist für dieses Kalkulationsverfahren nicht erforderlich. Durch das Fehlen einer Unterteilung in Kostenarten und Kostenstellen ist aber nicht erkennbar, wo die Kosten entstanden sind. Eine genauere Kostenkontrolle ist damit also nicht möglich.

Beispiel

Ein Transportunternehmen hatte im Jahr Gesamtkosten in der Höhe von € 289.800,–. In diesem Jahr wurden 376 645 km gefahren.
Wie hoch waren die Kosten pro gefahrenen Kilometer?

Lösung:

$$\frac{289.800}{376.645} = 0{,}77 \text{ €/km}$$

Ein gefahrener Kilometer hat Selbstkosten von € 0,77 verursacht.

Zuschlagskalkulation = overhead calculation

3 Zuschlagskalkulation
Wie werden unterschiedlichen Produkten in produzierenden Betrieben Kosten verursachungsgerecht zugerechnet?

Bei der Zuschlagskalkulation wird versucht, die bei der betrieblichen Leistungserstellung anfallenden Kosten auf die **verschiedenen Kostenträger** möglichst **verursachungsgerecht** aufzuteilen. Dabei werden für jeden Kostenträger die voraussichtlich anfallenden Einzelkosten individuell ermittelt. Anteilige Gemeinkosten werden dem Kostenträger durch **Gemeinkostenzuschlagsätze** hinzugerechnet.

Die Zuschlagskalkulation wird, basierend auf nachfolgendem Kalkulationsschema, wie folgt durchgeführt:

<table>
<tr><td rowspan="5">1</td><td>Materialeinzelkosten ermitteln ⇩</td><td rowspan="5">Herstellkosten</td><td rowspan="6">Selbstkosten</td><td rowspan="8">Nettoangebotspreis</td><td rowspan="9">Bruttoangebotspreis</td></tr>
<tr><td>Fertigungseinzelkosten ermitteln ⇩</td></tr>
<tr><td>Materialgemeinkosten berechnen ⇩</td></tr>
<tr><td>Fertigungsgemeinkosten berechnen ⇩</td></tr>
<tr><td>Sonderkosten der Fertigung ermitteln ⇩</td></tr>
<tr><td>2</td><td colspan="2">Verwaltungs- und Vertriebsgemeinkosten berechnen ⇩</td></tr>
<tr><td>3</td><td colspan="3">Gewinn berechnen ⇩</td></tr>
<tr><td>4</td><td colspan="3">Skonto und Rabatt berechnen ⇩</td></tr>
<tr><td>5</td><td colspan="4">Umsatzsteuer berechnen</td></tr>
</table>

1. Ermittlung der voraussichtlich anfallenden Einzelkosten (Summe der Fertigungsmaterialkosten MEK und Fertigungslöhne FEK$_A$) für den Kostenträger. Fertigungslöhne werden aus Stundensatz × Fertigungszeit errechnet. Die Einrechnung der anteiligen Gemeinkosten (Materialgemeinkosten MGK, Fertigungsgemeinkosten FGK$_A$, Fertigungsgemeinkosten FGK$_B$ etc.) in den einzelnen Kostenstellen erfolgt über die jeweiligen Gemeinkostenzuschlagsätze aus dem BAB.

   Sind für kapitalintensive Maschinen Platzkostenstellen eingerichtet worden, so sind die entsprechenden Maschinenkosten zu ermitteln (Maschinenkosten$_B$).

   Sonderkosten der Fertigung sind für einzelne Kostenträger anfallende Kosten, die jedoch nicht als Einzelkosten mit Gemeinkosten beaufschlagt werden sollen bzw. nicht als Gemeinkosten auf alle Kostenträger anteilsmäßig aufgeteilt werden sollen (z. B. Lizenzen, Spezialvorrichtungen, Fremdfertigungsaufträge usw.)

   Herstellkosten = **manufacturing costs**

   Durch Zurechnung dieser Sonderkosten der Fertigung erhält man die **Herstellkosten** des Kostenträgers.
2. Die Einrechnung der anteiligen Verwaltungs- und Vertriebsgemeinkosten erfolgt über die jeweiligen Gemeinkostenzuschlagsätze, wobei hier die Herstellkosten als Basis dienen.

   Durch Zurechnung dieser Sonderkosten des Vertriebs erhält man die **Selbstkosten** des Kostenträgers.
3. Die Berücksichtigung eines angemessenen Gewinns erfolgt über einen prozentuellen Gewinnzuschlag (als Basis dienen die Selbstkosten), woraus sich der **Nettobarpreis** ergibt.
4. Nach Einrechnung der Zuschläge für Skonto (Zahlung innerhalb bestimmter Fristen) und Rabatte (z. B. Mengenrabatt, Stammkundenrabatt) ergibt sich der **Nettoangebotspreis** des Kostenträgers.

   Da der Kunde als Basis für die Berechnung der Höhe des Rabatts den ihm vorliegenden Angebotspreis heranzieht, erfolgt die Ermittlung der in der Kalkulation anzusetzenden Rabatte „in 100". Das Gleiche gilt für einen gewährten Skonto.
5. Nach Berücksichtigung der Umsatzsteuer (10 bzw. 20 %) ergibt sich der **Bruttoangebotspreis.**

Kalkulationsschema

SbX

Eine Tabellen-Vorlage für das Zuschlagskalkulationsschema finden Sie unter der ID: 3401.

Das Kalkulationsschema ist von Unternehmen zu Unternehmen unterschiedlich: Branche, Unternehmensgegenstand, Handelsintensität oder Produktionsintensität bestimmen den Aufbau. Ein allgemein gültiges Kalkulationsschema ist daher praktisch nicht vorhanden und auch nicht zielführend.

Das Schema der Zuschlagskalkulation ist in seinem Aufbau der Hauptkostenstellengliederung im Betriebsabrechnungsbogen angepasst.

	Zuschlagskalkulation		
↓	Materialeinzelkosten MEK		
	+ Materialgemeinkosten MGK	= MEK × MGKZ [%]/100	
	+ Fertigungseinzelkosten$_A$ FEK$_A$		
	+ Fertigungsgemeinkosten$_A$ FGK$_A$	= FEK$_A$ × FGKZ$_A$ [%]/100	
	+ Fertigungseinzelkosten$_B$ FEK$_B$		
	+ (Rest-)Fertigungsgemeinkosten$_B$ FGK$_B$	= FEK$_B$ × FGKZ$_B$ [%]/100	
	+ Maschinenkosten$_B$	= Maschinenstundensatz$_B$ × Maschinenstunden$_B$	
	+		
auf 100	+ Sonderkosten der Fertigung		
	Herstellkosten HK		
	+ Verwaltungsgemeinkosten VerwGK	= HK × VerwGKZ [%]/100	
	+ Vertriebsgemeinkosten VertrGK	= HK × VertrGKZ [%]/100	
	+ Sonderkosten des Vertriebs		
	Selbstkosten SK		
	+ Gewinn	= SK × Gewinn [%]/100	↑
↓	Nettobarpreis		
	+ Skonto	= Nettobarpreis × Skonto [%]/(100 – Skonto [%])	in 100
	Nettozielpreis		
	+ Rabatt	= Nettozielpreis × Rabatt [%]/(100 – Rabatt [%])	
	Nettoangebotspreis (exkl. USt)		
auf 100	+ Umsatzsteuer USt	= Nettoangebotspreis × USt [%]/100	
↓	Bruttoangebotspreis (inkl. USt)		

Selbstkosten = **total costs**
Gewinn = **profit**
Nettobarpreis = **cash price**
Skonto = **cash discount**
Nettozielpreis = **net price**
Rabatt = **discount**
Nettoangebotspreis = **offer price (without VAT)**
Umsatzsteuer = **value added tax (VAT)**
Bruttoangebotspreis = **offer price (including VAT)**

Anwendung

Die Zuschlagskalkulation ist das in der Praxis am häufigsten verwendete Kalkulationsverfahren. Insbesondere bei Unternehmen, die verschiedene Produkte in mehrstufigen Fertigungsabläufen mit unterschiedlicher Kostenverursachung herstellen, ist es das vorherrschende Kalkulationsverfahren.

Beispiel

Für die Ermittlung des Verkaufspreises einer Sondervorrichtung stehen folgende Informationen zur Verfügung:

Materialeinkaufspreis	€ 24,–/Stück
Fertigungsstundensatz (Mechanische Werkstätte)	€ 30,–/h
Fertigungsstundensatz (Werksmontage)	€ 26,–/h
Transportkosten (= Sonderkosten des Vertriebs)	€ 100,–

Fertigungszeiten:

- Mechanische Werkstätte 10 h
- Werksmontage 2 h

Zuschlagsätze:

- Materialgemeinkosten-Zuschlagsatz 4,5 %
- Gemeinkostenzuschlagsatz Mechanische Werkstätte 145 %
- Gemeinkostenzuschlagsatz Werksmontage 54 %
- Verwaltungsgemeinkosten-Zuschlagsatz 5,1 %
- Vertriebsgemeinkosten-Zuschlagsatz 6 %
- Gewinn 15 %
- Skonto 2 %
- Rabatt 10 %

Berechnen Sie die Herstellkosten, die Selbstkosten, den Nettobarpreis, den Nettozielpreis und den Nettoangebotspreis!

Lösung:

Zuschlagskalkulation		
Materialeinzelkosten MEK		24,00
+ Materialgemeinkosten MGK	4,5 %	1,08
+ Fertigungseinzelkosten $FEK_{Mech.\ Werkstätte}$		300,00
+ Fertigungsgemeinkosten $FGK_{Mech.\ Werkstätte}$	145 %	435,00
+ Fertigungseinzelkosten $FEK_{Werksmontage}$		52,00
+ Fertigungsgemeinkosten $FGK_{Werksmontage}$	54 %	28,08
+ …		
+ Sonderkosten der Fertigung		
Herstellkosten HK		840,16
+ Verwaltungsgemeinkosten VerwGK	5,1 %	42,85
+ Vertriebsgemeinkosten VertrGK	6 %	50,41
+ Sonderkosten des Vertriebs		100,00
Selbstkosten SK		1.033,42
+ Gewinn	15 %	155,01
Nettobarpreis		1.188,43
+ Skonto	2 %	24,25
Nettozielpreis		1.212,68
+ Rabatt	10 %	134,74
Nettoangebotspreis (exkl. USt)		1.347,42

Leiter Kostenrechnung/Controlling: Versucht bitte, ein Kalkulationsschema für die ING4TECH zu entwerfen.

Anna: Das werden wir hoffentlich zustande bringen. Berücksichtigen müssen wir eine Besonderheit der ING4TECH: Eine der Hauptkostenstellen ist die Konstruktion. Die Unternehmensleitung möchte bei Kalkulationen die Konstruktionskosten ersichtlich machen und auf alle Produkte aufteilen. Daher müssen wir dafür eine eigene Zeile im Kalkulationsschema einfügen.

Dieses Kalkulationsschema basiert auf dem von Anna und Michael entworfenen Betriebsabrechnungsbogen der ING4TECH.

Michael: Jetzt fehlt uns noch der Gewinn, ein Skonto-Satz und eine Rabattangabe.

Leiter Kostenrechnung Controlling: Die ING4TECH kalkuliert durchschnittlich mit 10 % Gewinn, gewährt üblicherweise 2 % Skonto bei Bezahlung innerhalb von 10 Tagen und sieht einen Rabatt von max. 10 %, abhängig von der Produkt- und Kundengruppe, vor.

Zuschlagskalkulation		Wert
Materialeinzelkosten MEK		
+ Materialgemeinkosten MGK	= MEK × MGKZ [%]/100	8 %
+ Fertigungslöhne Produktion		
+ Fertigungsgemeinkosten$_{Produktion}$	= FL_{Prod} × $FGKZ_{Prod}$ [%]/100	110 %
+ Sonderkosten der Fertigung		
Herstellkosten HK		
+ Konstruktionsgemeinkosten	= HK × KonstrGKZ [%]/100	5 %
+ Verwaltungsgemeinkosten VerwGK	= HK × VerwGKZ [%]/100	6 %
+ Vertriebsgemeinkosten VertrGK	= HK × VertrGKZ [%]/100	10 %
+ Sonderkosten des Vertriebs		
Selbstkosten SK		
+ Gewinn	= SK × Gewinn [%]/100	10 %
Nettobarpreis		
+ Skonto	= Nettobarpreis × Skonto [%]/(100 – Skonto [%])	2 %
Nettozielpreis		
+ Rabatt	= Nettozielpreis × Rabatt [%]/(100 – Rabatt [%])	10 %
Nettoangebotspreis (exkl. USt)		
+ Umsatzsteuer USt	= Nettoangebotspreis × USt [%]/100	20 %
Bruttoangebotspreis (inkl. USt)		

auf 100 (MEK bis Gewinn) · in 100 (Skonto, Rabatt) · auf 100 (Umsatzsteuer)

Üben

SbX ID: 3402

3 Kostenrechnung

Ü 1:

Ein Betrieb bezieht 500 kg einer Ware, wofür er € 7,20 pro kg inkl. 20 % USt bezahlt. Er erhält 25 % Wiederverkäuferrabatt. Auf der Rechnung sind weiters Transportkosten in Höhe von € 25,– (exkl. USt) ausgewiesen. Vom gesamten Rechnungsbetrag können 3 % Skonto abgezogen werden.

- Wie hoch ist der Einstandspreis je kg?
- Wie hoch soll der Verkaufspreis angesetzt werden, wenn der Betrieb mit 30 % Gemeinkosten und 15 % Gewinn kalkuliert?
- Wie groß ist die Handelsspanne?

Ü 2:

Ein industrielles Unternehmen fertigt 5000 Einheiten eines Produkts pro Monat. Dabei fallen folgende Kosten (in €) an:

	Herstellung	Verwaltung/Vertrieb
Löhne/Gehälter	88.000,–	22.000,–
Material	78.000,–	0,–
Hilfs- und Betriebsstoffe	15.000,–	0,–
sonstige Kosten	32.000,–	12.000,–

- Ermitteln Sie die Herstellkosten je Einheit.
- Ermitteln Sie die Selbstkosten je Einheit.
- Errechnen Sie den Gewinn, der pro Einheit erzielt wird, wenn der Netto-Verkaufspreis € 63,50 beträgt.
- Wie hoch ist der Gewinnzuschlagsatz?

SbX
Eine Tabellen-Vorlage für das Zuschlagskalkulationsschema der STEELTECH finden Sie unter der ID: 3402.

Ü 3:

Auf Basis einer vorliegenden Konstruktionszeichnung soll die STEELTECH, ein Produktionsunternehmen, ein Angebot für die Herstellung von 150 Stück einer Maschinenkomponente für einen neuen Kunden legen.

Die Herstellung der Einzelteile erfolgt in der „Mechanischen Fertigung" auf der Platzkostenstelle CNC-Bearbeitungszentrum (Maschinenstundensatz). Der Zusammenbau der Einzelteile erfolgt in der Kostenstelle „Montage mechanisch".

Materialeinkaufspreis	€ 26,–/Stück
Fertigungslöhne (Mechanische Fertigung)	€ 26,–/h
Fertigungslöhne (Montage mechanisch)	€ 22,–/h
Maschinenstundensatz (CNC-Bearbeitungszentrum)	€ 95,–/h
Transportkosten (Sonderkosten des Vertriebs)	€ 300,–

Fertigungszeiten:

Mechanische Werkstätte (CNC-Bearbeitungszentrum)	30 min/Stück
Montage	10 min/Stück

Zuschlagsätze:

Materialgemeinkosten-Zuschlagsatz	5 %
Fertigungsgemeinkostenzuschlagsatz Mechanische Fertigung	45 %
Fertigungsgemeinkostenzuschlagsatz Montage mechanisch	60 %
Verwaltungsgemeinkostenzuschlagsatz	5 %
Vertriebsgemeinkostenzuschlagsatz	6 %
Gewinn	15 %
Skonto	2 %
Rabatt	10%

- Wie hoch ist der Nettoangebotspreis pro Stück für die Herstellung der Maschinenkomponenten?
- Wie hoch ist der Gesamt-Angebotspreis?

Sichern

SbX ID: 3403

Kostenträgerrechnung — Die **Kostenträgerrechnung** wird auch Kalkulation genannt. Sie dient der Berechnung der Produktkosten und der Preisermittlung.

Vorkalkulation — Die **Vorkalkulation** wird vor Auftragserteilung durchgeführt; die voraussichtlichen Produktkosten werden berechnet, der Verkaufspreis wird ermittelt.

Nachkalkulation — Die **Nachkalkulation** dient der nachträglichen Kosten- und Gewinnermittlung für einzelne Produkte.

Divisionskalkulation — Die **Divisionskalkulation** dient der einfachen Ermittlung der Selbstkosten von Produkten und Dienstleistungen.

Zuschlagskalkulation — Das Kalkulationsverfahren für Unternehmen mit verschiedenen Produkten und mehrstufigen Fertigungsabläufen ist die **Zuschlagskalkulation.**

Herstellkosten — **Herstellkosten** sind Kosten, die durch die Fertigung und Montage von Produkten anfallen; sie bestehen aus Material- und Fertigungskosten (inkl. Gemeinkosten) sowie eventuellen Sonderkosten.

Selbstkosten — Die Summe aller Kostenteile einer Unternehmung, die auf Produkte umgelegt wurden, nennt man **Selbstkosten.**

Gewinnzuschlag — Ein **Gewinnzuschlag** wird üblicherweise den Selbstkosten hinzugerechnet.

Nettobarpreis — Der **Nettobarpreis** besteht aus den Selbstkosten zuzüglich Gewinn.

Skonto — Der **Skonto** ist ein Preisabzug und ein Anreiz, um Rechnungen kurzfristig, innerhalb einer vereinbarten Frist, zu bezahlen.

Rabatt — Ein **Rabatt** ist ein zu verhandelnder Preisabzug. Vielfach gibt es auch kundenspezifische Rabattsätze auf Listenpreise in Produktkatalogen.

Nettoangebotspreis — Unter dem **Nettoangebotspreis** versteht man den gesamten Kundenpreis ohne USt.

Bruttoangebotspreis — Der **Bruttoangebotspreis** ist der gesamte Kundenpreis inkl. USt.

SbX
ID: 3403

Eine Audio-Wiederholung mit Audio-Player und MP3-Download sowie eine Bildschirmpräsentation mit allen Grafiken dieser Lerneinheit finden Sie unter der ID: 3403.

Wissen

1. Benennen Sie die Aufgaben der Kalkulation (Kostenträgerrechnung).

2. Erläutern Sie die Kalkulation im Handel.

3. Das einfachste Kalkulationsverfahren ist die Divisionskalkulation. Wie ist sie aufgebaut?

4. Skizzieren Sie die Bestandteile eines Kalkulationsschemas für ein produzierendes Unternehmen und benennen Sie die Ablaufschritte, um folgende Positionen berechnen zu können:
   - Herstellkosten
   - Selbstkosten
   - Nettoangebotspreis
   - Bruttoangebotspreis

Lerneinheit 5

Teilkostenrechnung (Deckungsbeitragsrechnung)

SbX
Alle SbX-Inhalte zu dieser Lerneinheit finden Sie unter der ID: 3500.

Im Gegensatz zur Vollkostenrechnung geht die Teilkostenrechnung von einer Spaltung der gesamten Kosten in variable und fixe Kostenbestandteile aus. Obwohl es bei vielen Anwendungen der Deckungsbeitragsrechnung den Anschein hat, als wären nur variable Kosten entscheidend, sind letztendlich bei Marktpreisgestaltungen und Ergebnisrechnungen alle Kosten miteinzubeziehen, denn Gewinne lassen sich nur dann erzielen, wenn die Gesamterlöse höher als die Gesamtkosten (variable und fixe) sind. Die Deckungsbeitragsrechnung ist kein Ersatz für die Vollkostenrechnung, sondern ein zusätzliches wichtiges Entscheidungsinstrument.

Bei Entscheidungen über

- **Eigen- oder Fremdfertigung (make or buy, Outsourcing),**
- **Ermittlung von Preisuntergrenzen,**
- **Ermittlung des optimalen Produktionsprogramms**

ist die Deckungsbeitragsrechnung der Vollkostenrechnung vorzuziehen, um unternehmerische Fehlentscheidungen zu vermeiden.

Lernen

SbX ID: 3501

Deckungsbeitrag = contribution margin

1 Deckungsbeitrags- und Betriebsergebnisrechnung

Der Deckungsbeitrag, ein Beitrag zur Deckung von Kosten oder bereits ein Gewinnbestandteil?

Fixkosten, variable Kosten

Die **Teilkostenrechnung** (Deckungsbeitragsrechnung) trennt Kosten strikt in **variable Kosten** und **Fixkosten,** unterscheidet aber auch Einzelkosten und Gemeinkosten.

Einteilung der Kosten

„Verändern sich die Kosten mit der erzeugten Menge?" – Kann die Frage bejaht werden, handelt es sich um variable Kosten, andernfalls um fixe Kosten.

Variable Kosten: Kosten, die sich mit steigender oder sinkender Ausbringungsmenge (Beschäftigungsgrad) unmittelbar ändern (z. B. Fertigungslöhne, Material, Energie)

Fixkosten: Kosten für die Aufrechterhaltung der Betriebsbereitschaft; können nicht kurzfristig abgebaut werden

Siehe Lerneinheit 1: Erläuterung der fixen und variablen Kosten.

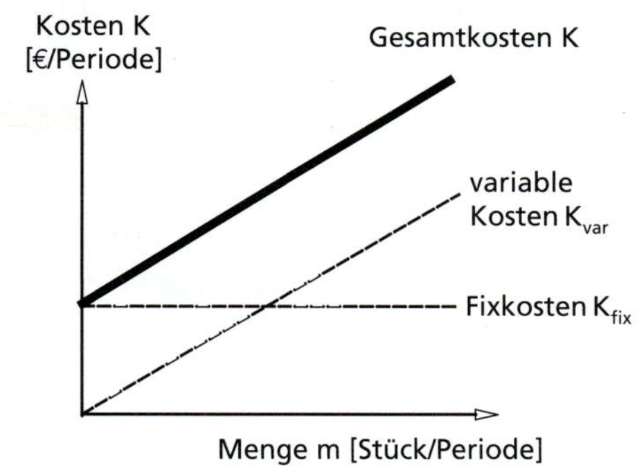

Fixe Kosten – variable Kosten

Ermittlung der Höhe der variablen Kosten K_{var} und Fixkosten K_{fix}

Als Basis für die Durchführung der Deckungsbeitragsrechnung muss die Höhe des jährlichen Fixkostenblocks K_{fix} des Unternehmens sowie die Höhe der variablen Kosten K_{var} der einzelnen Produkte bzw. Dienstleistungen ermittelt werden.

Die Deckungsbeitragsrechnung kann ebenso wie die Vollkostenrechnung nicht auf die Durchführung der Kostenartenrechnung, Kostenstellenrechnung und Kostenträgerrechnung verzichten.

Kostenartenrechnung

Die Kostenartenrechnung umfasst dabei die folgenden Aufgaben:

- **Betriebsüberleitung,** d. h. Überleitung der Aufwendungen aus der Finanzbuchhaltung zu Kosten mithilfe eines Betriebsüberleitungsbogens BÜB
- **Kostengliederung,** d. h. Zerlegung der Kosten in Einzelkosten und Gemeinkosten
- **Zerlegung der Gemeinkosten in Fixkosten und variable Kosten;** dabei wird üblicherweise angenommen, dass alle Einzelkosten proportional zum Beschäftigungsgrad sind (variable Kosten).

Kostenstellenrechnung

Die Kostenstellenrechnung umfasst dabei folgende Aufgaben:

- **Ermittlung der variablen Gemeinkostenzuschlagsätze** über einen Betriebsabrechnungsbogen (BAB). Hier werden jedoch nur die variablen Gemeinkosten berücksichtigt.
- **Ermittlung von variablen Maschinenstundensätzen** bei Durchführung einer Platzkostenrechnung. Hier dürfen jedoch nur die variablen Maschinenkosten berücksichtigt werden.

Kostenträgerrechnung

SbX **Eine Grafik-Vorlage zum Download zur Kostenrechnung mit variablen Kosten finden Sie unter der ID: 3501.**

Die **Kostenträgerrechnung** beinhaltet dabei die **Ermittlung der variablen Selbstkosten** des Kostenträgers mithilfe des Schemas der Zuschlagskalkulation. Dabei sind neben den Einzelkosten die variablen Gemeinkostenzuschlagsätze und die variablen Maschinenstundensätze heranzuziehen.

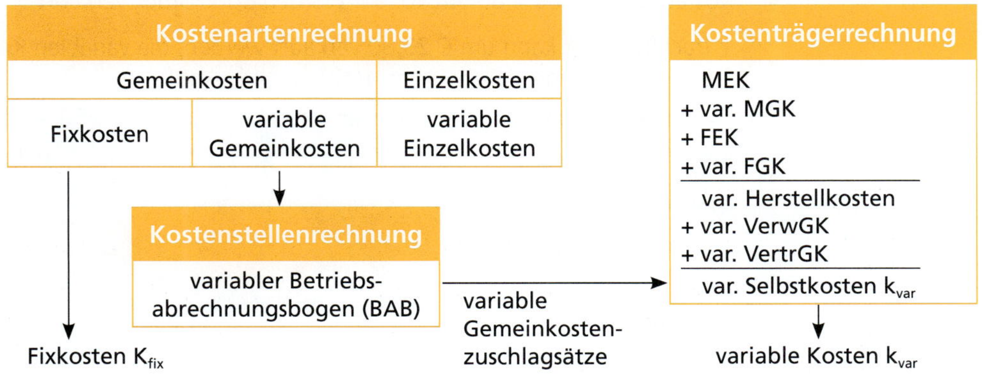

Ermittlung der Fixkosten und variablen Kosten

In Handelsbetrieben ist der Deckungsbeitrag ein wesentlicher Faktor zur Sortimentsbestimmung bzw. Sortimentsbereinigung. Die variablen Selbstkosten im Handel entsprechen im Normalfall den Einstandspreisen.

Stückdeckungsbeitrag = **contribution margin per unit**

Einstufige Deckungsbeitragsrechnung

Die wesentliche Größe in der Deckungsbeitragsrechnung ist der sogenannte **Stückdeckungsbeitrag db.** Man erhält ihn aus der Differenz der erzielten Verkaufserlöse der Produkte und der variablen Kosten.

Der Stückdeckungsbeitrag db gibt Auskunft darüber, wie viel vom Verkaufserlös zur Abdeckung der Fixkosten K_{fix} beigetragen wird.

	Kostenträger			
	A	B	C	D
Erlöse (e)	..	..	..	..
– variable Selbstkosten (k_{var})	..	..	..	..
Stückdeckungsbeiträge (db)	..	..	..	..
× Stückzahl (m)	..	..	..	..
Deckungsbeiträge (DB_i)	..	..	..	..

Summe der Deckungsbeiträge (DB)
– Fixkosten (K_{fix})
Kalkulatorischer Gewinn/Verlust

$db = e - k_{var}$
$DB = \sum (db_i \times m_i)$
$G = DB - K_{fix}$

DB ....Deckungsbeitrag [€/Periode]
db.....Stückdeckungsbeitrag [€/Stück]
k_{var}....var. Stückkosten [€/Stück]
K_{fix}....Fixkosten [€/Periode]
e.......Stückerlöse [€/Stück]
G ......Gewinn [€/Periode]
m......Kostenträgerstückzahl [Stück/Periode]

Betriebsergebnisrechnung

Die Durchführung der Betriebsergebnisrechnung erfolgt in zwei Stufen:

1. Im Rahmen der Kostenträgerergebnisrechnung werden die erzielten Deckungsbeiträge db_i für die einzelnen Kostenträger in der Abrechnungsperiode ermittelt.

Kostenträger(ergebnis)rechnung, auf Kostenträger bezogen	
Nettobarpreis (= Verkaufserlös) (e_i)	[€/Stück]
– var. Selbstkosten var. SK (k_{var})	[€/Stück]
Stückdeckungsbeitrag (db_i)	[€/Stück]
× abgesetzte Menge (m_i)	[Stück/Periode]
Deckungsbeitrag DB_i	**[€/Periode]**

2. Das Betriebsergebnis (Gewinn/Verlust) in der jeweiligen Periode erhält man aus der Summe der Deckungsbeiträge db der einzelnen Kostenträger nach Abzug der Fixkosten.

Betriebsergebnisrechnung, auf Perioden bezogen		
Summe der Deckungsbeiträge DB	$DB = \sum DB_i$	[€/Periode]
– Fixkosten K_{fix}		[€/Periode]
Betriebsergebnis (kalkulatorischer Gewinn/Verlust)		**[€/Periode]**

Beispiel

Ein Unternehmen stellt Printplatten und Kleintransformatoren her.

1 Printplatte kann um € 11,20 verkauft werden, die bei der Erzeugung anfallenden variablen Kosten betrugen € 4,80. Im Vorjahr wurden 3000 Stück verkauft.

1 Transformator kann um € 26,80 verkauft werden, die variablen Kosten betrugen € 9,80 pro Stück. Vergangenes Jahr wurden 1000 Stück verkauft.

Die gesamten Fixkosten des Unternehmens betrugen € 17.950,–.

Berechnen Sie den Deckungsbeitrag je Stück und das Betriebsergebnis.

Lösung:

	Kostenträger		
	Printplatten	Transformatoren	
Erlöse e	11,20	26,80	€/Stück
– variable Kosten k_{var}	4,80	9,80	€/Stück
Stückdeckungsbeitrag db	**6,40**	**17,00**	**€/Stück**

Diese Deckungsbeiträge werden zur Abdeckung der fixen Kosten verwendet.

Das Betriebsergebnis wird folgendermaßen berechnet:

	Printplatten	Transformatoren	
db	6,40	17,00	€/Stück
× Menge m	3.000,00	1.000,00	Stück/Jahr
DB	19.200,00	17.000,00	€/Jahr
Summe DB	36.200,00		€/Jahr
– Fixkosten	17.950,00		€/Jahr
Betriebsergebnis	**18.250,00**		€/Jahr

Mehrstufige Deckungsbeitragsrechnung

SbX **Einen ausführlichen Text zur Deckungsbeitragsrechnung finden Sie unter der ID: 3501.**

Die **mehrstufige Deckungsbeitragsrechnung** ist ein **erweitertes Verfahren der Deckungsbeitragsrechnung.** Bei diesem Verfahren werden die im Unternehmen anfallenden Fixkosten in einzelne Blöcke aufgeteilt. So können mehrstufige Deckungsbeiträge ermittelt werden, die aufzeigen, welchen Beitrag einzelne Produktgruppen, Sparten oder Unternehmensbereiche zum Gesamtergebnis leisten.

2 Anwendung der Deckungsbeitragsrechnung

Aufträge annehmen oder ablehnen? Ab welcher Stückzahl entstehen Gewinne?

Die Ergebnisse der Deckungsbeitragsrechnung dienen als Basis für verschiedenste unternehmerische Entscheidungen.

Entscheidung über Auftragsannahme und Preisuntergrenzen bei Unterbeschäftigung

Liegen für einen bestimmten Zeitraum weniger Aufträge vor, als vom Unternehmen aufgrund der vorhandenen Fertigungskapazitäten durchgeführt werden könnten (Unterbeschäftigung), muss entschieden werden, ob auch Aufträge angenommen werden sollen, die gemäß den Ergebnissen der Vollkostenrechnung einen Verlust erwirtschaften.

Entscheidungsgrundlage über Auftragsannahme

Langfristig ist darauf zu achten, dass auch die gesamten Fixkosten des Unternehmens durch die Verkaufserlöse der Kostenträger abgedeckt werden müssen.

Jeder mit einem Auftrag erwirtschaftete positive Deckungsbeitrag trägt zumindest teilweise zur Abdeckung der Fixkosten K_{fix} des Unternehmens bei. Wenn diese Aufträge nicht angenommen werden, so wäre der Verlust noch höher, da die Fixkosten unabhängig von der Produktionsmenge in unveränderter Höhe anfallen.

Kurzfristige Preisuntergrenze

Als kurzfristige absolute Preisuntergrenze bei Unterbeschäftigung gelten die variablen Kosten k_{var} eines Kostenträgers, da in diesem Fall der Deckungsbeitrag db = 0 ist. Mit diesem Auftrag werden keine Fixkosten mehr abgedeckt.

Entscheidung über Auftragsannahme bei Überbeschäftigung

Liegen für einen bestimmten Zeitraum mehr Aufträge vor, als vom Unternehmen aufgrund beschränkter Fertigungskapazitäten durchgeführt werden können (Überbeschäftigung), muss die Unternehmensleitung entscheiden, welche Aufträge angenommen und welche abgelehnt werden.

Angenommen werden sollen diejenigen Aufträge, welche die höchsten Deckungsbeiträge erzielen (Erstellung einer Rangordnung).

Beispiel

Ein Betrieb erzeugt drei Produkte. Folgende Daten des Betriebs sind bekannt:

variabler Materialgemeinkostenzuschlagsatz	3,50 %
Fertigungsstundensatz inkl. LNK	€ 17,20
variabler Fertigungsgemeinkostenzuschlagsatz	12,80 %
variabler Verwaltungs- und Vertriebsgemeinkostenzuschlagsatz	7,00 %

Für die hergestellten Produkte gelten folgende Daten:

	Produkte		
	A	B	C
Materialkosten	12,30	10,00	22,30
Fertigungsstunden/Stück	2,00	6,00	3,00
Erlös/Stück	104,00	129,00	125,00

Berechnen Sie die Stückdeckungsbeiträge!

Lösung:

	A		B		C	
Material	12,30		10,00		22,30	
Materialgemeinkosten	0,43		0,35		0,78	
variable Materialkosten		12,73		10,35		23,08
Fertigungslöhne	34,40		103,20		51,60	
var. Fertigungsgemeinkosten	4,40		13,21		6,60	
variable Fertigungskosten		38,80		116,41		58,20
variable Herstellkosten		51,53		126,76		81,29
var. Verw. u . Vertr. GK		3,61		8,87		5,69
variable Selbstkosten		55,14		135,63		86,98
Erlöse e		104,00		129,00		125,00
– variable Kosten k_{var}		55,14		135,63		86,98
Stückdeckungsbeitrag db		48,86		–6,63		38,02

- Das Produkt B erzielt einen negativen Deckungsbeitrag. Der Verkaufspreis deckt daher nicht einmal die variablen Kosten. Die Produktion sollte eingestellt oder die Kosten gesenkt werden!
- Die Produkte A und C erzielen einen positiven Deckungsbeitrag, sie tragen zur Abdeckung der Fixkosten bei!

Wie hoch ist der Betriebserfolg, wenn von Produkt A 15 000 Stück, von Produkt B 8000 Stück, von Produkt C 20 000 Stück verkauft wurden und die fixen Kosten € 642.000,– betrugen?

Lösung:

Deckungsbeitrag A	732.884,12
Deckungsbeitrag B	–53.062,18
Deckungsbeitrag C	760.494,58
Gesamtdeckungsbeitrag DB	1.440.316,52
– fixe Kosten	642.000,00
Betriebsergebnis	798.316,52

Würde die Produktion von B eingestellt, würde das Betriebsergebnis auf € 851.378,70 steigen!

Die Ergebnisse einer Deckungsbeitrags-Rangordnung sollen bei fertigungsintensiven Unternehmen mit dem relativen Deckungsbeitrag überprüft werden.

Die **Höhe des relativen Deckungsbeitrags eines Kostenträgers** wird wie folgt ermittelt:

$$\text{relativer Stückdeckungsbeitrag [€/Zeiteinheit]} = \frac{\text{Stückdeckungsbeitrag [€/Stück]}}{\text{Fertigungszeit in der Engpasseinheit [Zeiteinheit/Stück]}}$$

Als Engpasseinheit gilt jenes Betriebsmittel, das die Kapazitätsgrenze des Betriebs verursacht. Ist dieses Betriebsmittel voll ausgelastet, kann dessen Ausbringungsmenge und damit die Ausbringungsmenge des gesamten Betriebs nicht erhöht werden.

Break-even-Analyse = **break-even-analysis**

Break-even-Analyse

Die Break-even-Analyse lässt sich in vielen Bereichen anwenden und ist ein Verfahren zur Absicherung von Entscheidungen. Mithilfe einer Break-even-Analyse wird ermittelt, ab welcher Ausbringungsmenge ein Unternehmen voraussichtlich einen Gewinn erwirtschaften wird.

Die Stückzahl, bei der die erzielten Erlöse genau die anfallenden Kosten decken, wird als **Break-even-Point (Gewinnschwelle)** bezeichnet. Ein Gewinn wird erst ab dieser Stückzahl (Grenzstückzahl m_{BE}) erzielt.

Die Kenntnis des Break-even-Punkts (der Gewinnschwelle) ist für Unternehmer und das Management von entscheidender Bedeutung für die zukünftige Entwicklung des Unternehmens.

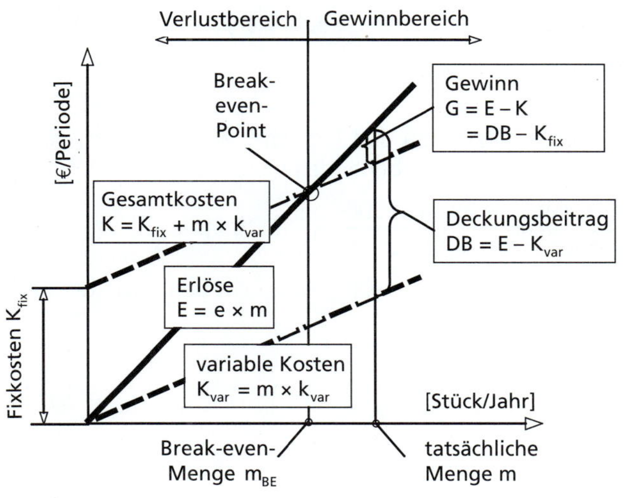

bei m_{BE} gilt:

$E = K \rightarrow G = 0$

$e \times m_{BE} = K_{fix} + m_{BE} \times k_{var}$

$\rightarrow m_{BE} = \frac{K_{fix}}{e - k_{var}} = \frac{K_{fix}}{db}$

DB .... Deckungsbeitrag [€/Jahr]
K .... Gesamtkosten [€/Jahr]
k_{var} ...... var. Stückkosten [€/Stück]
K_{fix} ...... Fixkosten [€/Jahr]
E .... Erlöse [€/Jahr]
e .... Stückerlöse [€/Stück]
G .... Gewinn [€/Jahr]
m_{BE} ...... Break-even-Menge [Stück/Jahr]

Break-even-Analyse

Die Break-even-Analyse, auf Stückkosten bezogen, ergibt folgendes Bild:

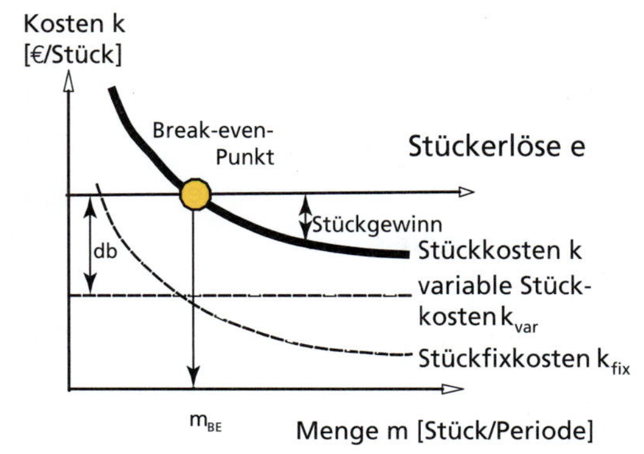

Stückkosten – Break-even-Analyse

Um ein Produkt in den Gewinnbereich rechts des Break-even-Punkts zu bringen, gibt es vielfältige Maßnahmen. Beispiele für solche Maßnahmen sind:

- Steigerung der Verkaufsmenge
- Reduktion der variablen Kosten
- Reduktion der Fixkosten
- Erhöhung des Verkaufspreises

Beispiel

Ein Betrieb stellt Kunststoffteile her. Ein Kunststoffteil kann zu einem Preis von € 65,– verkauft werden. Die Fixkosten des Betriebs betragen € 8.000,–, die variablen Kosten je Kunststoffteil € 49,–.

Wie viele Kunststoffteile müssen verkauft werden, damit alle Kosten gedeckt sind?

Lösung:

Deckungsbeitrag (db) je Kunststoffteil: 65 – 49 = 16

Pro verkauften Kunststoffteil erhält der Betrieb € 16,–, welche zur Abdeckung der Fixkosten verwendet werden können.

Kritische Menge:

Die Fixkosten betragen € 8.000,–. Je Kunststoffteil erhält der Betrieb einen Deckungsbeitrag von € 16,–. Um sämtliche Fixkosten abdecken zu können, gilt:

$$m_{BE} = \frac{K_{fix}}{\text{db je Stück}} = \frac{8.000}{16} = 500 \text{ St.}$$

Wenn 500 Stück verkauft werden, erhält der Betrieb einen Deckungsbeitrag in Höhe von 16 × 500 = € 8.000,–. Dieser Deckungsbeitrag entspricht genau den Fixkosten.

Beispiel Fortsetzung

Wie viele Kunststoffteile müssen verkauft werden, damit ein Gewinn von € 2.500,– erzielt wird?

Lösung:

Der Gewinn muss zusätzlich zu den Fixkosten erwirtschaftet werden, er kann daher zu den Fixkosten addiert und wie diese behandelt werden:

$$m_{BE} = \frac{K_{fix} + \text{Gewinn}}{\text{db je Stück}} = \frac{8.000 + 2.500}{16} = 656{,}25 \text{ St.}$$

Probe: 656,25 × 16 = € 10.500,–. Dies entspricht den Fixkosten und dem geplanten Gewinn.

SbX Ein weiteres Beispiel zur Darstellung des Break-even-Punkts finden Sie unter der ID: 3501.

Üben

SbX ID: 3502

Ü 1:

In einem Betrieb werden folgende Produkte erzeugt:

	Produkt A	Produkt B
Fertigungsmaterial pro Stück	€ 40,–	€ 31,–
Fertigungslöhne pro Stück	€ 72,–	€ 55,–
erzeugte und abgesetzte Menge	6000 Stück	9000 Stück
Nettoverkaufspreis	€ 250,–	€ 190,–

SbX Eine Tabellen-Vorlage des Berechnungsschemas finden Sie unter der ID: 3502.

Variable Gemeinkostensätze:

- Materialgemeinkostenzuschlagsatz 3 %
- Fertigungsgemeinkostenzuschlagsatz 9 %
- Verwaltungs- und Vertriebsgemeinkostenzuschlagsatz 2 %

Aufgaben:

- Berechnen Sie die Deckungsbeiträge pro Stück.

Weitere Informationen zur Bearbeitung der Folgeaufgaben:

Die Kapazität des Betriebs würde es erlauben, zusätzlich entweder 1000 Stück Produkt A zu einem Preis von € 230,– oder 1400 Stück Produkt B zu einem Preis von € 175,– zu erzeugen.

Absatzmöglichkeiten wären vorhanden. Der Preis für den bisherigen Absatz wäre nicht gefährdet.

- Bei welchem Produkt soll eine Steigerung der Produktionsmenge vorgenommen werden?
- Der Absatz des Produkts B könnte bei einem Preis von € 185,– auf 10000 Stück gesteigert werden. Soll die Preissenkung vorgenommen werden? Begründen Sie Ihre Entscheidung.
- Es wird überlegt, das Produkt C neu in das Programm aufzunehmen: variable Selbstkosten € 148,30, Verkaufspreis ohne USt € 220,–. Die Fixkosten bei Einführung des neuen Produkts betragen € 448.000,–. Man rechnet mit einer Absatzmenge von ca. 6500 Stück. Soll Produkt C erzeugt werden? Begründen Sie Ihre Entscheidung.

Ü 2:
Ein Betrieb erzeugt Kleintransformatoren.

Die Fixkosten betrugen € 76.000,–; die variablen Kosten je Stück € 27,–; der Erlös je Stück € 41,–.

- Wie viele Stück müssen mindestens verkauft werden, damit der Betrieb keinen Verlust erleidet?
- Wie viele Stück müssen verkauft werden, um den Break-even-Punkt zu erreichen, wenn der Preis um 5 % gesenkt wird?

Ü 3:
In einer selbständig abrechnenden Zweigniederlassung (Profitcenter) läuft die Produktion eines neuen Getriebes nur zögernd an.

Die Fertigungskapazität ist auf 1000 Stück/Monat ausgelegt.

Im ersten Monat wurden 150 Stück produziert und abgesetzt.

Der Controller liefert für diesen ersten Monat folgende Zahlen:

Selbstkosten	€ 300.000,–/Monat (davon 60 % fix)
Verkaufserlöse	€ 270.000,–/Monat

- Wie beurteilen Sie die Situation in diesem Monat (kalkulatorischer Gewinn/Verlust)?
- Der Vertrieb sieht die Möglichkeit eines Exports nach China zu einem Preis von € 1.200,– pro Getriebe. Der Kunde ist bereit, einen fixen Abnahmevertrag über 80 % der Gesamtkapazität zu unterzeichnen.

  Überprüfen Sie mithilfe der Deckungsbeitragsrechnung, ob dieser Auftrag für die nächsten drei Monate angenommen werden soll! (Gehen Sie davon aus, dass in den nächsten drei Monaten sonst keine weiteren Aufträge zu erwarten sind.)
- Führen Sie eine Betriebsergebnisrechnung durch und berechnen Sie den monatlichen Gewinn/Verlust unter der Annahme, dass der „China-Auftrag" angenommen wurde!
- Der Vertriebsleiter wendet sich mit folgender Frage an Sie:

  Der chinesische Markt bietet weiteres Potenzial. Der Vertrieb benötigt aber € 20.000,–, um Werbeaktivitäten zu starten. Wie viele Getriebe müssen zu einem Preis von € 1.000,–/Stück verkauft und geliefert werden, um zumindest diese Werbekampagne kostenmäßig abzudecken?
- Für einen wichtigen Referenzauftrag müssen Sie der Niederlassungsleiterin den minimal nötigen Preis nennen (Preisuntergrenze)! Wie hoch ist dieser Stückpreis?

Sichern

SbX ID: 3503

Teilkostenrechnung (Deckungsbeitragsrechnung)

Die **Teilkostenrechnung** (Deckungsbeitragsrechnung) dient als Entscheidungsinstrument bei folgenden Überlegungen:

- Eigen- oder Fremdfertigung (make or buy, Outsourcing)
- Ermittlung von Preisuntergrenzen
- Ermittlung des optimalen Produktionsprogramms

Kostenspaltung	Die **Kostenspaltung** ist eine Voraussetzung für die Durchführung der Deckungsbeitragsrechnung; Kosten werden in fixe und variable Anteile zerlegt.
Deckungsbeitrag	Die zentrale Rechnungsgröße der Teilkostenrechnung ist der **Deckungsbeitrag.** **Deckungsbeitrag (Stückdeckungsbeitrag) db = Erlöse – variable Kosten [€/Stück]** **Deckungsbeitrag (Periodendeckungsbeitrag) DB = Summe der Stückdeckungsbeiträge [€/Periode]**
Betriebsergebnisrechnung	Die **Betriebsergebnisrechnung** dient der innerbetrieblichen Gewinn- bzw. Verlustermittlung. **Kalkulatorischer Gewinn G/Verlust V = Summe der Deckungsbeiträge – Fixkosten [€/Periode]**
Break-even-Punkt	Der **Break-even-Punkt** ist jener Punkt, bei dem die Erlöse gleich den Kosten sind.
Break-even-Menge	Die **Break-even-Menge** ist jene Verkaufsmenge, bei der die Erlöse gleich den Kosten sind.
Auftragsannahme bei Unterbeschäftigung	Aufträge mit **positivem Deckungsbeitrag** sollten angenommen werden.
absolute Preisuntergrenze	Als **absolute Preisuntergrenze** sind die variablen Kosten (nur gezielt und kurzfristig anwendbar) anzusehen.
Auftragsannahme bei Überbeschäftigung	Eine Reihung der Aufträge sollte nach der **Höhe des Deckungsbeitrags** durchgeführt werden.
Anwendung der Deckungsbeitragsrechnung	Die **Deckungsbeitragsrechnung** wird meist parallel zur Vollkostenrechnung durchgeführt.
SbX ID: 3503	**Eine Audio-Wiederholung mit Audio-Player und MP3-Download sowie eine Bildschirmpräsentation mit allen Grafiken dieser Lerneinheit finden Sie unter der ID: 3503.**

Wissen

1. Welche Entscheidungen werden durch die Deckungsbeitragsrechnung erleichtert?
2. Wie wird der Stückdeckungsbeitrag ermittelt?
3. Wie wird das Betriebsergebnis mithilfe der Deckungsbeitragsrechnung ermittelt?
4. Die Deckungsbeitragsrechnung bietet eine Hilfe für die Entscheidung über Auftragsannahmen bei Unterbeschäftigung. Welche?
5. Die Deckungsbeitragsrechnung bietet eine Hilfe für die Entscheidung über Auftragsannahmen bei Überbeschäftigung. Welche?
6. Skizzieren Sie die Inhalte der Break-even-Analyse!
7. Im Break-even-Punkt herrscht ein bestimmtes Verhältnis zwischen Gewinn und Verlust. Welches?
8. Leiten Sie ab, wie die Break-even-Menge ermittelt wird!

4 Investitionsrechnung

Keine Gewinne ohne Investitionen!

Erfolgreiche Unternehmen verfolgen wirtschaftliche, soziale und ökologische Ziele. Um diese erreichen zu können, müssen finanzielle Mittel eingesetzt werden. Investitionen sind, vereinfacht dargestellt, zukunftsorientierte bzw. zukunftswirksame Ausgaben mit dem Ziel, Gewinne zu erwirtschaften bzw. Unternehmensziele zu erreichen. Um Investitionsvorhaben beurteilen zu können, werden spezielle Verfahren und Methoden angewendet.

Lerneinheit 1

Grundlagen der Investitionsrechnung

Entscheidungen über Investitionen sind neben Personalentscheidungen wesentlich für den Unternehmenserfolg. Erfolgreiche Unternehmen planen ihre Investitionen sorgfältig und treffen ihre Investitionsentscheidungen anhand durchgeführter Investitionsrechnungsverfahren.

SbX **Alle SbX-Inhalte zu dieser Lerneinheit finden Sie unter der ID: 4100.**

Lernen

SbX ID: 4101

1 Begriffe und Ziele der Investitionsrechnung

Nicht jede Geldausgabe ist eine Investition!

Investitionsrechnung = **investment analysis**

Unter der **Investitionsrechnung** versteht man die **mathematischen Verfahren zur Prüfung der Vorteilhaftigkeit von Investitionen.** Die verschiedenen Verfahren der Investitionsrechnung ermöglichen eine transparente Analyse und Bewertung verschiedener Investitionsalternativen und sind ein wesentlicher Grundstein zur Absicherung von notwendigen Entscheidungen.

Man unterscheidet die **statischen** von den **dynamischen Verfahren.**

Investitionsrechnungsverfahren

- statische Investitionsrechnung
  - Kostenvergleichsrechnung
  - Gewinnvergleichsrechnung
  - Rentabilitätsrechnung
  - Amortisationszeitrechnung
- dynamische Investitionsrechnung
  - Kapitalwertmethode
  - Annuitätenmethode
  - interne Zinssatzmethode

Verfahren der Investitionsrechnung

SbX **Einen weiterführenden Text zu Investitionsrechnung und Investitionscontrolling finden Sie unter der ID: 4101.**

Die **Investitionsrechnung** ist ein Mittel, um Investitionen zu **bewerten** bzw. Investitionsalternativen miteinander zu **vergleichen,** und hilft, Investitionsentscheidungen zu optimieren.

Investition und Finanzierung

Investition = **investment**

Michael: Investieren heißt, für bestimmte Dinge Geld auszugeben. Die ING4TECH kauft laufend Büromaterial ein; fällt dies auch unter den Begriff „Investition"?

Anna: Das Büromaterial gehört zu den laufenden Aufwendungen; das sind Güter, die laufend verbraucht werden und keine Investition darstellen.

Der Begriff **Bilanz** stammt vom italienischen Wort bilancia = Waage, Balkenwaage.

Der **Begriff der Investition** wird anschaulich, wenn man sich eine **Bilanz** vorstellt:

Kapital und **Vermögen** bringen die im Unternehmen zu einem bestimmten Zeitpunkt vorhandenen Werte auf zwei verschiedene Arten zum Ausdruck. Das Kapital stellt die Summe aller zur Verfügung gestellten Geldmittel dar **(Mittelherkunft),** während das Vermögen die konkrete Verwendung des Kapitals im Unternehmen aufzeigt **(Mittelverwendung).**

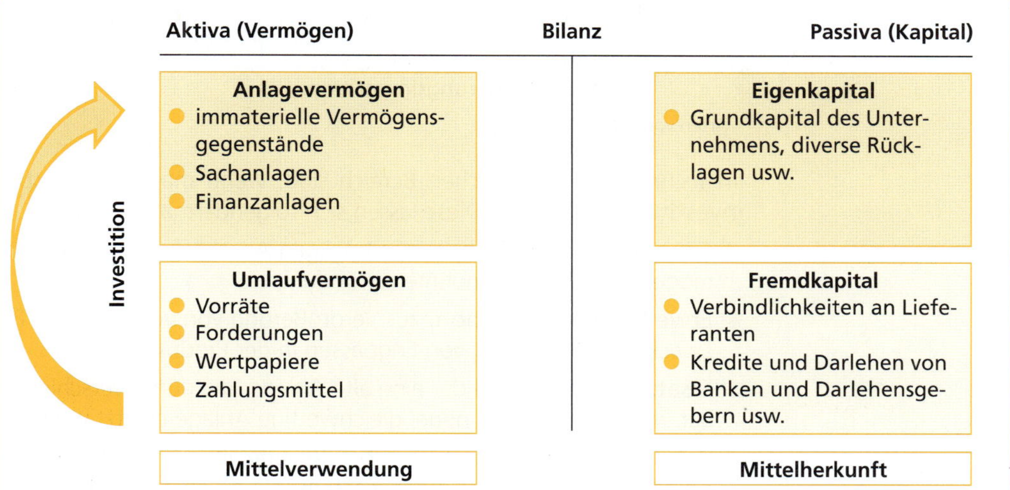

Aufbau einer Bilanz

Im weiteren Sinn gehören auch Anschaffungen von Umlaufvermögen (Vorräte, Wertpapiere) zu den Investitionen.

Unter **Finanzierung** (englisch „finance") versteht man die Beschaffung der finanziellen Mittel (Kapitalbeschaffung). Diese Werte schlagen sich zunächst als Zahlungsmittel nieder, bevor sie zur Erhaltung und Erweiterung des Betriebsprozesses eingesetzt werden.

Unter einer **Investition** (englisch „investment") versteht man die Umwandlung von Zahlungsmitteln in Anlagevermögen (immaterielles Anlagevermögen, Sachanlagen oder Finanzanlagen).

Anna: Letzte Woche gab es ein 2-tägiges Meeting, bei dem die Geschäftsführerin der ING4TECH mit allen Abteilungsleitern die geplanten Investitionen der Firma diskutiert hat.

Michael: Das muss dann wirklich wichtig gewesen sein, denn von einer so langen Besprechung habe ich bei meinen Vorgesetzten bisher nichts mitbekommen!

Anna: Ja, sie haben den Investitionsplan für das nächste Jahr besprochen. Die Investitionssumme wird € 3,5 Mio. betragen!

Investitionen führen zu einer **langfristigen Kapitalbindung.** Für das Unternehmen fallen hohe Fixkosten durch entsprechende Abschreibungen und Zinsen an. Investitionsentscheidungen sind kaum wieder rückgängig zu machen.

Arten von Investitionen

Nach dem **Investitionsgegenstand** unterscheidet man zwischen

- **Sachinvestitionen** für die Beschaffung von Sachgütern, wie z. B. Grundstücke, Betriebsgebäude, Maschinen usw.,
- **Finanzinvestitionen** für den Erwerb von Finanzvermögen, wie z. B. Anteile an einer GmbH, Aktien einer AG usw.,
- **immateriellen Investitionen,** wie z. B. Patente und Lizenzen. Zu den immateriellen Investitionen zählen auch Aufwendungen für Ausbildung, Forschung oder Entwicklung, die nicht im Anlagevermögen sichtbar sind, sondern als Aufwendungen in die Gewinn-und-Verlust-Rechnung einfließen.

Sachinvestition = **investment in fixed assets**

Finanzinvestition = **financial investment**

immaterielle Investition = **investment in tangible assets**

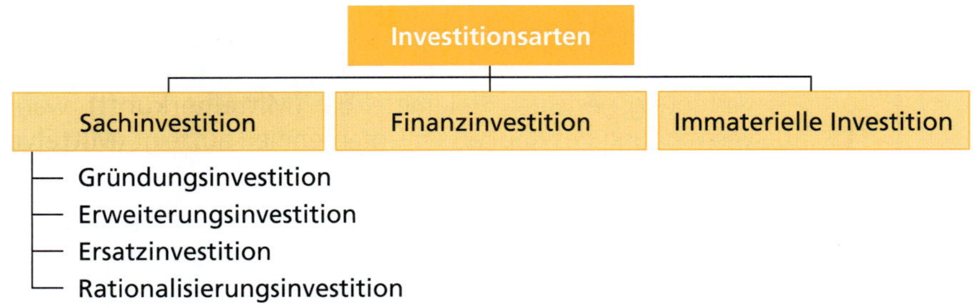

Arten von Investitionen

Im technisch-wirtschaftlichen Bereich sind, wenn man von Investitionen spricht, meist **Sachinvestitionen** gemeint. Diese lassen sich folgendermaßen gliedern:

- **Gründungsinvestition,** zur erstmaligen Anschaffung des betrieblich notwendigen Sachvermögens bei der Unternehmensgründung
- **Erweiterungsinvestition,** zur Vergrößerung von vorhandenen Produktionskapazitäten zum Zweck der Beseitigung von Engpässen in der Produktion
- **Ersatzinvestition,** bei der eine alte Anlage, die durch Verschleiß oder Zerstörung unbrauchbar wurde, durch eine neue, gleichwertige Anlage ersetzt wird
- **Rationalisierungsinvestition,** bei der eine ältere, noch brauchbare Anlage durch eine neue Anlage ersetzt wird, um durch Kostensenkung eine wirtschaftlichere Fertigung zu erzielen

Ziele von Investitionen

Investitionen verfolgen im Vorhinein festgelegte, transparente **Ziele.**

Achtung bei Finanzinvestitionen: Erkundigen Sie sich genau und beurteilen Sie Risiken und Chancen. Lassen Sie sich professionell beraten!

- Ziele von Finanzinvestitionen

  Finanzinvestitionen binden Kapital in Finanzprojekten, die keine unmittelbare Beziehung zum Produktionsprozess haben. Folgende Ziele werden dabei verfolgt:

  - Liquiditätsreserve
  - Kapitalverzinsung
  - Ausnutzung steuerlicher Vorteile
  - Erhöhung der wirtschaftlichen Machtstellung

Rationalisierung der Produktion und Verbesserung der Produktqualität durch den Einsatz moderner Technologien, z. B. Wasserstrahlschneiden

- Ziele von Sachinvestitionen

  Sachinvestitionen binden Kapital in Anlagen, die den Produktionsprozess ermöglichen. Sie sind direkt am Produktionsprozess beteiligt (z. B. Drehmaschine) oder mittelbar für den Produktionsprozess erforderlich (z. B. Verwaltungsgebäude). Die Kosten von Sachinvestitionen gehen daher in die Kosten der produzierten Erzeugnisse ein. Folgende Ziele werden verfolgt:

  - Anpassung der Produktion an den technischen Fortschritt
  - Beseitigung von Engpässen
  - Erhaltung bzw. Verbesserung der Produktqualität
  - Herstellung neuer Erzeugnisse
  - Aufrechterhaltung der Produktionskapazität

- Ziele von immateriellen Investitionen

  Unter immateriellen Investitionen fasst man die Verwendung finanzieller Mittel für Forschung und Entwicklung, für Organisationsentwicklungen sowie für die Aus- und Weiterbildung der Mitarbeiter eines Unternehmens zusammen.

  Zielsetzung ist die Erhaltung bzw. Steigerung der Wettbewerbsfähigkeit des Unternehmens.

2 Der Investitionsprozess
Wie kommen Investitionen zustande, wie werden sie abgewickelt?

Die Durchführung einer Investition lässt sich in mehrere Phasen gliedern:

Investitionsschritte

Der Investitionsprozess

1. Investitionsvorschläge sammeln

Zusätzlich zu den bereits in Vorperioden beschlossenen Investitionsvorhaben werden die Fachabteilungen von der Unternehmensleitung aufgefordert, ihre Investitionswünsche zu einem gesetzten Termin bekanntzugeben.

Investitionsmöglichkeiten werden gefunden durch:

- Verbesserungsbedarf durch häufige Störungen bei gewissen Maschinen und Betriebsmitteln
- neue Technologien
- Ideen zur Produktionsprozessoptimierung
- Kundenwünsche
- auftretende Qualitätsprobleme
- Ideen, wie man Gewinne vergrößern oder Verluste verringern könnte
- Vorschläge von Mitarbeitern, die mögliche Verbesserungen erkennen
- gesetzliche Vorgaben etc.

Anna: Wie viel Euro/Jahr sollte ein Unternehmen investieren?

Geschäftsführerin: Diese Frage ist für alle Unternehmen wichtig. Sie ist nicht direkt beantwortbar. Die ING4TECH investiert regelmäßig in die Aus- und Weiterbildung ihrer Mitarbeiter sowie in die Entwicklung. Für Sachinvestitionen im laufenden Geschäft gibt es eine interessante Kennzahl, die **Investitionsquote.**

$$\text{Investitionsquote} = \frac{\text{Kapitaleinsatz für Investitionen/Jahr}}{\text{kalkulatorische Abschreibung/Jahr}}$$

Um das Vermögen von Betrieben zu erhalten, sollte die Investitionsquote mehr als ca. 1 bis 1,2 betragen. Wachsende Unternehmen wie die ING4TECH haben Investitionsquoten von mehr als 1,5.

2. Investitionsvorschläge untersuchen

Meist ist die Summe der Investitionswünsche größer als die vorhandenen Finanzmittel. Zusätzlich konkurrieren viele Investitionsprojekte miteinander. Daher muss festgelegt werden, welche Projekte ausgewählt werden und in welcher zeitlichen Reihenfolge sie realisiert werden sollen.

Die Auswahl erfolgt mithilfe festzulegender Kriterien, z. B.:

- Rentabilität der Investition
- Rückflussdauer des Investitionskapitals
- Risiko der Investition
- Auswirkung der Investition auf die Liquidität des Unternehmens

Die **Methoden der Investitionsrechnung** bilden eine wichtige Basis für die Beurteilung, wobei man folgende Verfahren unterscheidet:

- Die **statische Investitionsrechnung** rechnet mit kalkulatorischen Größen (Kosten, Erträge). Der Zeitpunkt des Zahlungsanfalls wird nicht berücksichtigt. Es wird mit Jahresdurchschnittswerten gerechnet.
- Die **dynamische Investitionsrechnung** berücksichtigt tatsächliche Zahlungsströme (Einnahmen, Ausgaben). Die gesamte Nutzungsdauer einer Investition sowie der jeweilige Zeitpunkt des Zahlungsanfalls wird berücksichtigt.
- **Verfahren zur Berücksichtigung nicht quantifizierbarer Einflussfaktoren** betrachten auch nicht messbare Einflüsse, z. B. eine benutzerfreundliche Anlagenbedienung, Sicherheitsaspekte, Zuverlässigkeit, Ersatzteilversorgung, Kundendienstverfügbarkeit etc.

SbX
Zur Berücksichtigung nicht quantifizierbarer Einflussgrößen siehe ID: 4101.

Die Investitionsalternativen werden nun gereiht und aus Unternehmenssicht in wirtschaftliche und nicht wirtschaftliche Projekte getrennt. Ein Investitionsplan entsteht.

Ein **Investitionsplan** ist eine Übersicht, die alle während eines bestimmten Zeitraums geplanten Investitionen eines Unternehmens enthält.

Michael: Es scheint schwierig zu sein, einen Überblick zu bewahren. Jede Abteilung will etwas haben.
Mein Abteilungsleiter hat mir z. B. gesagt, er benötigt heuer 10 neue Workstations für CAD-Programme. Wovon hängt es ab, ob er sein Anliegen durchsetzen kann?

SbX
Zur Eingliederung der Investitionsplanung in eine umfassende Unternehmensplanung siehe ID: 4101.

Die Investitionsvorhaben aller Abteilungen des Unternehmens müssen sich an der übergeordneten Unternehmensplanung orientieren.

Mit der Investitionsplanung erfolgt eine Abstimmung mit anderen betrieblichen Teilplänen wie Absatzplan, Finanzplan, Personalplan, Produktionsplan usw. im Sinne einer Gesamtoptimierung für das Unternehmen.

3. Investitionsentscheidung treffen

Investitionsentscheidungen sind Führungsentscheidungen, die nur aufgrund des Überblicks über das gesamte Unternehmen getroffen und nicht delegiert werden können. Ausgenommen davon sind festgelegte Investitionsbudgets, die den einzelnen Fachabteilungen zur Verfügung stehen.

Nicht alle Investitionsentscheidungen werden genau analysiert und vorher berechnet. Es gibt viele sogenannte „Bauchentscheidungen", die zu Fehlinvestitionen führen können.

Die Entscheidung über Investitionsprojekte bzw. die Genehmigung des Investitionsplans ist letztendlich aber Angelegenheit der Unternehmensleitung.

Die Vorbereitung dieser Entscheidung wird meist einem Team übertragen, das von einem Mitglied der Unternehmensführung geleitet wird und dem die Leiter der einzelnen Funktionalbereiche angehören.

Im endgültigen Investitionsplan werden alle freigegebenen Investitionsobjekte mit ihren Merkmalen und wesentlichen Daten wie geplante Termine, Inbetriebnahmezeitpunkte, verantwortliche Mitarbeiter, Investitionssummen festgehalten.

4./5. Investition durchführen und kontrollieren

In kleinen und mittleren Unternehmen erfolgt die Durchführung der Investition vielfach vom Unternehmensleiter selbst, vom Antragsteller oder der Einkaufsabteilung.

Nach Genehmigung des Investitionsplans durch die Unternehmensleitung wird die Durchführung der Investitionsmaßnahmen in Angriff genommen.

Die Kontrolle der Investitionsprojekte erstreckt sich auf die Erreichung der gesetzten Sach-, Termin- und Kostenziele.

Das Investitionscontrolling sollte das Investitionsvorhaben über die gesamte Nutzungsdauer „begleiten", denn erst im Laufe der Zeit erkennt man, inwieweit die geplanten und zugrundegelegten Werte eingetroffen sind!

Üben

SbX ID: 4102

SbX
Ü 1 mit automatischer Aufgabenkontrolle
ID: 4102
erledigt ✓
Ü 1 ☐

Ü 1:

Schreiben Sie zu jeder der folgenden Aussagen, ob sie richtig (R) oder falsch (F) ist, und begründen Sie Ihre Antwort:

	R/F	Begründung
Die ING4TECH kauft um € 5.700 Frequenzumrichter ein, um diese später in ihre Maschinen und Anlagen einzubauen. Dies ist eine Investition.		
Ein neuer Lkw wird für die Abteilung Versand angeschafft. Dies ist eine Investition.		
Die ING4TECH kauft eine Wasserstrahlschneidanlage ein. Dies ist eine Finanzinvestition.		
Die ING4TECH beteiligt sich mit einem 10 %-Anteil an einem Materiallieferanten. Dies ist eine Sachinvestition.		

Ü 2:

Ein Unternehmen, das Leiterplatten produziert, investierte im laufenden Jahr € 430.000 in Sachanlagen. Die planmäßige kalkulatorische Abschreibung beträgt € 650.000.

a) Berechnen Sie die Investitionsquote.
b) Beurteilen Sie die errechnete Investitionsquote.

Sichern

SbX ID: 4103

Investition

Unter einer **Investition** versteht man die Umwandlung von Zahlungsmitteln in Anlagevermögen.

Finanzierung

Unter **Finanzierung** versteht man die Beschaffung finanzieller Mittel.

Investitionsarten

Man unterscheidet zwischen

- **Sachinvestitionen,**
- **Finanzinvestitionen** und
- **immateriellen Investitionen.**

Sachinvestitionen

Sachinvestitionen sind Gründungs-, Erweiterungs-, Ersatz- und Rationalisierungsinvestitionen.

Investitionsprozess

Der **Investitionsprozess** gliedert sich in fünf Phasen:

- Investitionsvorschläge sammeln
- Investitionsvorschläge untersuchen
- Investitionsentscheidung treffen
- Investition durchführen
- Investition kontrollieren

Investitionsquote

Die **Investitionsquote** ist ein Maß für die Werterhaltung bzw. Wertsteigerung in einem Unternehmen.

$$\text{Investitionsquote} = \frac{\text{Investitionen [€/Jahr]}}{\text{kalkulatorische Abschreibung [€/Jahr]}}$$

Investitionsrechnungsverfahren

Man unterscheidet **statische** und **dynamische Verfahren** sowie Methoden, die „nicht messbare Einflussfaktoren" berücksichtigen.

Investitionsentscheidungen

Investitionsentscheidungen wirken lange in die Zukunft und binden finanzielle Mittel. Sie sind nicht oder nur mit erheblichen finanziellen Einbußen rückgängig zu machen.

Investitionskontrolle

Im Rahmen der **Investitionskontrolle** werden die Erreichung von Sach-, Termin- und Kostenzielen überprüft.

SbX
ID: 4103

Eine Audio-Wiederholung mit Audio-Player und MP3-Download sowie eine Bildschirmpräsentation mit allen Grafiken dieser Lerneinheit finden Sie unter der ID: 4103.

Wissen

SbX ID: 4104

SbX
Eine Grafikvorlage für die Bilanzstruktur finden Sie unter der ID: 4104.

1. Grenzen Sie die Begriffe „Investition" und „Finanzierung" gegeneinander ab.
2. Skizzieren Sie eine Bilanz und erläutern Sie, wo Investitionen erkennbar sind und welche es gibt.
3. Benennen Sie mögliche Sachinvestitionen.
4. Erläutern Sie die Ziele von Sachinvestitionen.
5. Wie wird die Investitionsquote berechnet?

Lerneinheit 2

Statische Verfahren der Investitionsrechnung

Grundsätzlich gilt für alle statischen Verfahren der Investitionsrechnung, dass sie zeitliche Unterschiede beim Anfall von Kosten und Erträgen nicht berücksichtigen. Auch werden die Kosten und Erträge nicht über die gesamte Nutzungsdauer betrachtet, sondern es wird nur eine Periode untersucht, die als repräsentativ für die Gesamtnutzungsdauer angesehen wird.

Dies erleichtert zweifelsohne die Berechnung, führt aber andererseits dazu, dass die Ergebnisse ungenauer als bei der dynamischen Betrachtung sind.

Folgende Verfahren werden erläutert:

- **Kostenvergleichsrechnung**
- **Gewinnvergleichsrechnung**
- **Rentabilitätsrechnung**
- **Amortisationszeitrechnung**

SbX

Alle SbX-Inhalte zu dieser Lerneinheit finden Sie unter der ID: 4200.

Die statischen Verfahren sind in der Praxis beliebt, denn sie sind leicht zu handhaben, stellen keine hohen mathematischen Anforderungen und verlangen nur einen geringen Aufwand für die Beschaffung der Daten.

Lernen

SbX ID: 4201

Kostenvergleichsrechnung = **cost comparison method**

1 Kostenvergleichsrechnung

Welche Investitionsalternative ist kostengünstiger?

Im Rahmen der **Kostenvergleichsrechnung** werden die Gesamtkosten von zwei oder mehr Investitionsalternativen miteinander verglichen.

Die **Entscheidungsregel** lautet: „Wähle die Investition mit den minimalen Kosten!"

SbX

Eine Darstellung der statischen Verfahren als Mindmap sowie eine Bildschirmpräsentation zu den Entscheidungskriterien statischer Investitionsrechnungsverfahren finden Sie unter der ID: 4201.

Michael: Bei der Kostenvergleichsrechnung benötigt man Kostenrechnungskenntnisse, oder?

Anna: Ja, ich habe dabei aber auch neue Anwendungen der Kostenrechnung kennengelernt und mir ist jetzt vieles klarer geworden!

Bei **Gründungs-**, **Erweiterungs-** und **Ersatzinvestitionen** werden die Gesamtkosten (K) als Beurteilungskriterium gewählt. Möglich ist auch die Beurteilung der Kosten je Leistungseinheit (z. B. €/Stück, €/kg, €/Stunde).

Im Falle von **Rationalisierungsinvestitionen** dient die Höhe der Kostenersparnis als Beurteilungskriterium.

Die Kostenvergleichsrechnung ist zur Beurteilung der absoluten Wirtschaftlichkeit von Investitionen nicht geeignet, sondern zur Auswahl zwischen alternativen Investitionsobjekten.

Voraussetzung für die Anwendung der Kostenvergleichsrechnung ist, dass die Erlöse je Stück bei den einzelnen Investitionsalternativen gleich sind.

Vergleicht man zwei oder mehrere Investitionsalternativen, dann ergibt sich eine sogenannte **„Grenzstückzahl"** m_{Grenz}, die angibt, ab wann die eine Investitionsalternative günstiger ist als die andere (grafische Darstellung siehe nächste Seite).

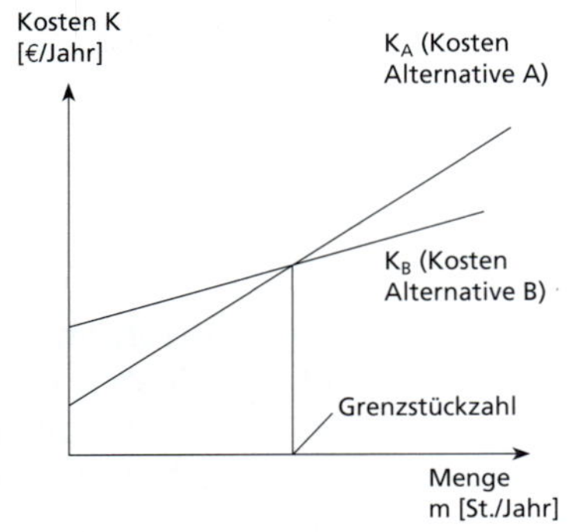

Kostenvergleichsrechnung

Kostenverlauf

$$K = K_{fix} + m \times k_{var}$$

K .... Gesamtkosten [€/Jahr]
K_{fix} .... Fixkosten [€/Jahr]
k_{var} .... variable Kosten [€/St.]
m .... Produktionsmenge [St./Jahr]

Grenzstückzahl

$K_A = K_B$

$K_{fixA} + m_{Grenz} \times k_{varA} = K_{fixB} + m_{Grenz} \times k_{varB}$

$$m_{Grenz} = \frac{K_{fixB} - K_{fixA}}{k_{varA} - k_{varB}}$$

Bis zur Grenzstückzahl ist die Alternative A günstiger, ab m_{Grenz} ist die Alternative B günstiger. Lösbar ist diese Problemstellung grafisch oder rechnerisch.

Beispiel

Anna und Michael erhalten von der Produktionsleiterin der ING4TECH folgende Aufgabe:

Das Unternehmen stellt auch Drehteile her. Zur Erweiterung der Produktionskapazität soll eine zusätzliche Drehmaschine angeschafft werden. Mithilfe einer Kostenvergleichsrechnung sollen Anna und Michael ermitteln, ab welcher Stückzahl der Einsatz einer CNC-Drehmaschine wirtschaftlicher ist als der einer Universaldrehmaschine. Die Produktionsleiterin hätte gerne eine rechnerische und zur Darstellung der Situation auch eine grafische Lösung.

Maschine		Universaldrehmaschine A	CNC-Drehmaschine B
Fixkosten	[€/Jahr]	15.000	30.000
variable Kosten	[€/St.]	8,3	5,7

a) rechnerische Lösung:

$$K_{fix(A)} + k_{var(A)} \times m_{Grenz} = K_{fix(B)} + k_{var(B)} \times m_{Grenz}$$

$$m_{Grenz} = \frac{K_{fix(B)} - K_{fix(A)}}{k_{var(A)} - k_{var(B)}} = \frac{30.000 - 15.000}{8{,}30 - 5{,}70} = 5.769 \text{ Stück}$$

Die höheren Anschaffungskosten einer CNC-Drehmaschine rechnen sich erst ab einer Stückzahl von 5.769 Stück.

Hinweis: Um eine Aufgabenstellung grafisch zu lösen, empfiehlt sich die Erstellung einer „Wertetabelle", d. h., man errechnet für gewählte Stückzahlen die entsprechenden Kosten und fasst diese tabellarisch zusammen.

b) grafische Lösung:

Maschine		Universaldrehmaschine	CNC-Drehmaschine
Gesamtkosten bei m = 1000 Stück	[€/Jahr]	23.300	35.700
Gesamtkosten bei m = 4000 Stück	[€/Jahr]	48.200	52.800
Gesamtkosten bei m = 7000 Stück	[€/Jahr]	73.100	69.900

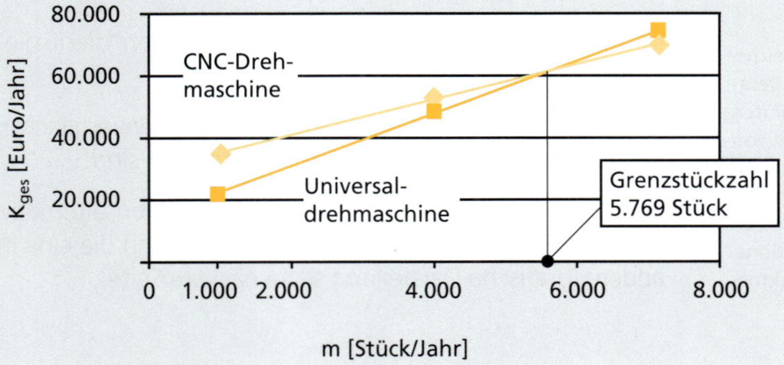

Gewinnvergleichsrechnung = **profit comparison method**

2 Gewinnvergleichsrechnung

Bei unterschiedlichen Erlösen ist der reine Kostenvergleich irreführend! Der Gewinnvergleich löst das Problem.

Unterscheiden sich die zu vergleichenden Verfahren oder Investitionsalternativen nicht nur durch Kosten und Produktionsmengen, sondern auch durch unterschiedliche Absatzerlöse, so sollte die Investitionsentscheidung mithilfe der Gewinnvergleichsrechnung erfolgen.

Bei der **Gewinnvergleichsrechnung** werden die erzielten Gewinne von zwei oder mehr Investitionsalternativen bzw. der Gewinn vor und nach Durchführung der Investition miteinander verglichen.

Dabei lautet die **Entscheidungsregel:** „Wähle die Investition mit dem maximalen Gewinn!"

Unterschiedliche Absatzerlöse ergeben sich, wenn die zu vergleichenden Verfahren bzw. Investitionsalternativen zwar das gleiche Produkt (oder die gleiche Dienstleistung) betreffen, jedoch mit preiswirksamen Qualitätsunterschieden oder Leistungen, bzw. überhaupt verschiedene Produkte betrachten.

Die Gewinnvergleichsrechnung lässt sich wie folgt skizzieren:

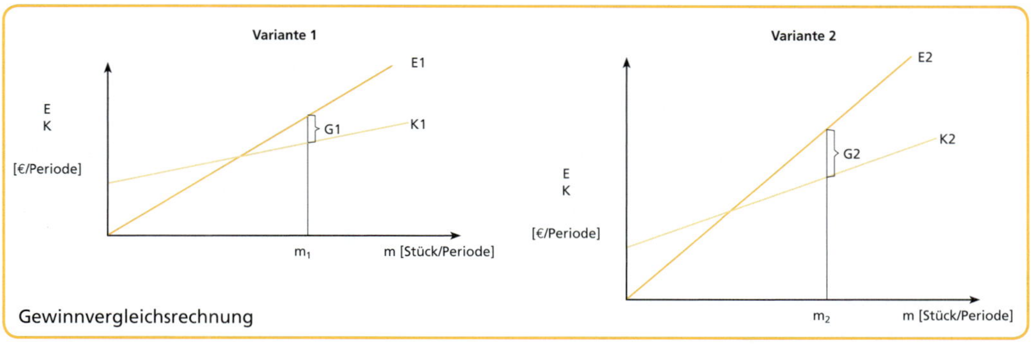

Gewinnvergleichsrechnung

Bei der betrachteten Stückzahl m_{x2} ist der Gewinn der Variante 2 höher als der Gewinn der Variante 1. Der reine Kostenvergleich würde ein gegensätzliches Ergebnis liefern.

Berechnung

Der Gewinn einer Investitionsalternative ergibt sich aus der Differenz der Erlöse und der Gesamtkosten in einer Abrechnungsperiode.

$$G = E - K_{ges} = e \times m - (K_{fix} + k_{var} \times m)$$

K_{fix} = Fixkosten [Euro/Periode]
k_{var} = variable Kosten [Euro/Stück]
m = gefertigte Stückzahl [Stück/Periode]
e = spezifische Erlöse [Euro/Stück]
K_{ges} = Gesamtkosten [Euro/Periode]
E = Gesamterlöse [Euro/Periode]

Auf die obige Skizze bezogen ergibt sich:

$$G1 = E1 - K1_{ges} = e1 \times m_1 - (K1_{fix} + k1_{var} \times m_1)$$

$$G2 = E2 - K2_{ges} = e2 \times m_2 - (K2_{fix} + k2_{var} \times m_2)$$

Beispiel

Anna und Michael erhalten die Aufgabe, eine mögliche Sortimentserweiterung zu prüfen.

Die ING4TECH hat zwei zusätzliche Produkte in Aussicht. Interne Analysen und Marktanalysen wurden durchgeführt, die ermittelten Daten sind unten angeführt. Zwei unterschiedliche Anlagen stehen zur Auswahl. Welche Investitionsalternative realisiert wird, soll mithilfe einer Gewinnvergleichsrechnung ermittelt werden.

Fortsetzung Beispiel

		Alternative A	Alternative B
Fixkosten K_{fix}	[€/Jahr]	15.000	30.000
variable Kosten k_{var}	[€/St.]	8,30	5,70
Marktpreis e	[€/St.]	16,00	17,00
Stückzahl m	[St./Jahr]	2400	3000

4 Investitionsrechnung

Lösung:

$G_A = e \times m - (K_{fix} + k_{var} \times m) = 16{,}00 \times 2400 - (15.000 + 8{,}30 \times 2400) = € 3.480$

$G_B = e \times m - (K_{fix} + k_{var} \times m) = 17{,}00 \times 3000 - (30.000 + 5{,}70 \times 3000) = € 3.900$

Das Ergebnis der Gewinnvergleichsrechnung zeigt, dass mit Alternative B der höhere Gesamtgewinn erwirtschaftet wird und diese somit zu bevorzugen wäre.

Rentabilitätsrechnung = **profitability analysis**

3 Rentabilitätsrechnung

Die Rentabilität ist eine wichtige Kennzahl, die sich sehr gut zur Beurteilung von Investitionen eignet!

Um **Rentabilitäten** berechnen zu können, benötigt man Erlöse, Kosten und das eingesetzte Kapital.

Die Rentabilität eines Verfahrens bzw. einer Investitionsalternative ist eine nahezu allgemein verständliche Kennzahl. Sie eignet sich sehr gut für Vergleiche, da damit Rangfolgen für Alternativen erstellt werden können.

Berechnung der Rentabilität (Kapitalrentabilität): Die Rentabilität ist das Verhältnis des Gewinns einer Abrechnungsperiode zum eingesetzten Kapital.

Die **Entscheidungsregel** lautet: „Wähle die Investition mit der höchsten Rentabilität!"

$$R = \frac{G}{I_O} \times 100 \text{ [\%/Jahr]}$$

Bei Finanzierungsgeschäften werden im Allgemeinen die Rendite bzw. zu bezahlende Zinsen vereinbart. Die Gewinne bzw. die Höhe der Zinszahlungen in €/Jahr (€/Monat) werden erst daraus errechnet.

R = Rentabilität [%/Jahr]
G = Gewinn [Euro/Jahr]
I_O = eingesetztes Kapital [Euro]

Nach der Rentabilitätsrechnung gilt eine Investition dann als wirtschaftlich, wenn sich eine Mindestrentabilität in der Höhe der Verzinsung einer Finanzinvestition ergibt.

Beispiel

Anna und Michael erhalten die Aufgabe, die Rangfolge von Investitionsalternativen zu prüfen.

Die ING4TECH plant eine Investition. Der Controlling-Leiter hat nachfolgende Daten zusammengefasst und möchte von Anna und Michael wissen, in welcher Rangfolge die Investitionsalternativen zueinander stehen.

		Alternative A	Alternative B	Alternative C
voraussichtlicher Gewinn	[€/Jahr]	15.000	20.000	25.000
eingesetztes Kapital	[€]	200.000	600.000	400.000

Lösung:

		Alternative A	Alternative B	Alternative C
voraussichtlicher Gewinn	[€/Jahr]	15.000	20.000	25.000
eingesetztes Kapital	[€]	200.000	600.000	400.000
Rentabilität	[%/Jahr]	7,50	3,33	6,25
Rangfolge		**1**	**3**	**2**

Die Berechnung ergibt folgende Rangfolge der Investitionsalternativen:

1 Alternative A mit 7,5 % Rentabilität
2 Alternative C mit 6,25 % Rentabilität
3 Alternative B mit 3,33 % Rentabilität

Amortisationszeitrechnung = **payback period analysis**

4 Amortisationszeitrechnung

Wie lange dauert es, bis Investitionsausgaben durch zukünftige Einnahmen abgedeckt sind?

Der Begriff **Amortisation** (von französisch: amortir = tilgen) bezeichnet heute den Prozess, in dem anfängliche Ausgaben für ein Objekt durch dadurch entstehende Einnahmen gedeckt werden.

Die **Amortisationszeit** ist jene Zeitspanne, in der die Anschaffungskosten einer Investition über die jährlichen Einnahmenüberschüsse oder über die jährlichen, ausgabewirksamen Kostenersparnisse hereingebracht werden.

Die **Entscheidungsregel** zwischen einzelnen Investitionsalternativen lautet: „Wähle die Investition mit der kürzesten Amortisationsdauer!"

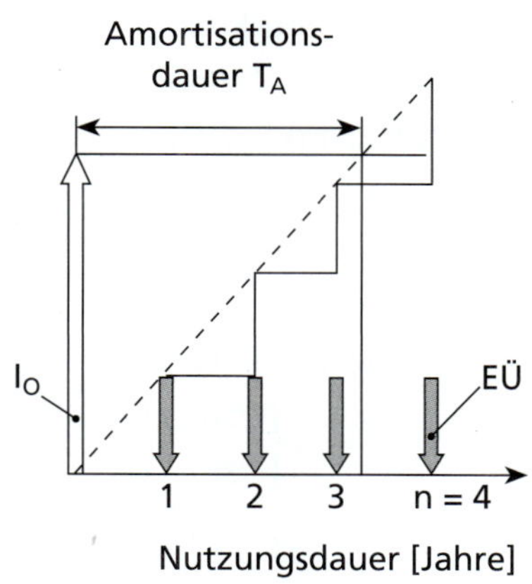

$$T_A = \frac{I_O}{EÜ}$$

$$EÜ = E - A$$

T_A .... Amortisationsdauer [Jahre]
EÜ .... Einnahmenüberschuss (Cashflow) [€/Jahr]
E .... Einnahmen [€/Jahr]
A .... Ausgaben [€/Jahr]
I_O .... Kapitaleinsatz [€]

Amortisationszeitrechnung

Der Einnahmenüberschuss wird auch **Cashflow** genannt!

Für die Durchführung der Amortisationsrechnung wird der jährliche Einnahmenüberschuss als Differenz der Einnahmen und Ausgaben ermittelt. Alternativ dazu kann bei Rationalisierungsinvestitionen eine ausgabewirksame Kosteneinsparung anstelle des Einnahmenüberschusses angesetzt werden.

Je kürzer die Amortisationsdauer einer Investition ist, desto geringer ist das Risiko, dass sich die Rahmenbedingungen, unter denen die Annahmen für die Investitionsrechnung getroffen wurden, ändern und damit die Investitionsausgaben eventuell nicht mehr abgedeckt werden können. Für Investitionsentscheidungen wird daher in Unternehmen meist eine maximale Amortisationsdauer festgelegt.

Stärken und Schwächen der Amortisationszeitrechnung

Die Amortisationszeitrechnung eignet sich gut zum Vergleich von verschiedenen Alternativen, ist aber auch ein wesentliches Maß für die Kapitalbindungsdauer und damit für das Risiko einer Investition.

Ein Nachteil der Amortisationszeitrechnung ist, dass die Amortisationsdauer noch keine Auskunft über die Gesamtwirtschaftlichkeit einer Investition gibt. Für die Vorteilhaftigkeit einer Investition ist es jedoch wesentlich, ob ein Investitionsobjekt nach der Amortisation noch lange oder nur noch kurze Zeit wirtschaftlich genutzt werden kann.

Beispiel

Als **Einnahmenüberschuss** bezeichnet man die Differenz zwischen Einnahmen und Ausgaben. Einnahmenüberschüsse haben die Einheit [€/Periode]. Abrechnungsperioden sind Jahre, Halbjahre, Quartale, Monate.

Anna und Michael erhalten folgende Aufgabe:

Der Anschaffungspreis einer Anlage beträgt € 90.000, die Nutzungsdauer 6 Jahre. Der jährliche Einnahmenüberschuss wird voraussichtlich € 25.000 betragen. Wie lange wird die Amortisationsdauer der Investition sein?

Lösung:

Berechnung der Amortisationsdauer:

$$T_A = \frac{I}{EÜ} = \frac{90.000}{25.000} = 3{,}6 \text{ Jahre}$$

Nach etwas mehr als 3 ½ Jahren hat sich die Investition amortisiert. Die Amortisationsdauer liegt innerhalb der Nutzungsdauer der Anlage.

4 Investitionsrechnung

Üben

SbX ID: 4202

SbX
Eine Excel-Tabelle für den Kostenvergleich finden Sie unter der ID: 4202.

Ü 1:

In einem Betrieb werden Frästeile hergestellt. Es stehen dafür zwei Maschinen zur Verfügung. Folgende Daten liegen vor:

Position	Bezeichnung		Fräs1	Fräs2	
1	Anschaffungswert	[€]	100.000	50.000	
2	Nutzungsdauer	[Jahre]	8	8	
3	Auslastung	[Stück/Jahr]	12.000	11.000	
4	kalk. Abschreibung (linear)	[€/Jahr]			errechnen!
5	kalk. Zinsen (Zinssatz 10 %/Jahr)	[€/Jahr]	5.000	2.500	
6	sonstige fixe Kosten	[€/Jahr]	980	600	
7					
8					
9	Löhne und Lohnnebenkosten	[€/Stück]	0,45	0,9	
10	Materialkosten	[€/Stück]	0,1	0,1	
11	Energiekosten	[€/Stück]	0,1	0,15	
12	sonstige variable Kosten	[€/Stück]	0,15	0,2	

Aufgaben:

a) Ermitteln Sie die kostengünstigere Maschine durch einen Kostenvergleich.

b) Durch einen Wirtschaftlichkeitsvergleich soll ermittelt werden, wo die kritische Produktionsmenge (LE) liegt. Die Lösung ist rechnerisch und grafisch zu ermitteln!

SbX
Eine Excel-Tabelle für den Kostenvergleich finden Sie unter der ID: 4202.

Ü 2:

Ein Betrieb hat die Wahl zwischen zwei alternativen Fertigungsverfahren A und B. Folgende Daten liegen vor:

	Verfahren A	Verfahren B
fixe Kosten/Monat	3.000 €/Mo.	1.000 €/Mo.
variable Kosten/Stunde	13 €/h	15 €/h
produzierte Menge/Stunde	60 St./h	50 St./h
Marktpreis/Stück	0,60 €/St.	0,50 €/St.

Aufgaben:

a) Welches Verfahren ist bei einer Produktionszeit von 180 Stunden im Monat das günstigere?

b) Ermitteln Sie die Gewinnschwelle (Produktionszeit pro Monat) für die Verfahren A und B.

Ü 3:

Eine neue Fertigungsstraße erfordert eine Investition von € 3.200.000.

Die hergestellten Produkte bringen einen Erlös von € 420.000/Jahr und verursachen Kosten in der Höhe von € 390.000/Jahr. Der Auftrag, der diese Investition erfordert, ist auf max. 5 Jahre begrenzt. Die Fertigungsstraße ist eine Sonderanlage und kann nur für den neuen Auftrag verwendet werden.

Aufgaben:

a) Berechnen Sie die Rentabilität dieses Projekts.

b) Die jährlichen Einnahmenüberschüsse werden € 350.000 betragen. Berechnen Sie die Amortisationsdauer des Projekts.

c) Ist dieses Investitionsprojekt empfehlenswert? Begründen Sie Ihre Entscheidung!

Ü 4:

Ausgangssituation

Ein Unternehmen führt Montagetätigkeiten als Dienstleistung für einen Automobilkonzern durch. Die Arbeit wird auf teilautomatisierten Handarbeitsplätzen erbracht. Zwei Arbeitsplätze stehen zur Verfügung, beide sind für die geplante Tätigkeit geeignet. Die Montagemaschinen heißen intern Shark und Barracuda.

Die nachfolgenden Tabellen enthalten Daten, die zur Berechnung von Kostenvergleichen benötigt werden.

Kostenstelle: 100-10 Bezeichnung: Montage Arbeitsplatz: Teilautomatisierter Handarbeitsplatz Variante 1: Shark	
Preis inkl. Transport, Aufstellung, Montage und Inbetriebnahme	19.980,00
Zubehör, geschätzt	5.000,00
Anschaffungswert	24.980,00
Nutzungsdauer [h]	15.000,00
Jahresarbeitsstunden [h/Jahr]	1.900,00
Nutzungsdauer (ND in Stunden/Jahresarbeitsstunden) in Jahren	7,89
kalkulatorischer Zinssatz [%/Jahr]	6,00
Flächenkosten [€/m², Jahr]	24,00
Grundfläche der Maschine [m²]	2,56
Flächenbedarf: Grundfläche × 2 [m²]	5,12
elektrische Anschlussleistung [kW]	2,20
Leistungsfaktor LF	0,80
Strompreis [€/kWh]	0,08
Instandhaltungskostensatz [%/Jahr]	3,00

Kostenstelle: 100-10 Bezeichnung: Montage Arbeitsplatz: Teilautomatisierter Handarbeitsplatz Variante 2: Barracuda	
Preis inkl. Transport, Aufstellung, Montage und Inbetriebnahme	26.500,00
Zubehör, geschätzt	0,00
Anschaffungswert	26.500,00
Nutzungsdauer [h]	15.000,00
Jahresarbeitsstunden [h/Jahr]	1.900,00
Nutzungsdauer (ND in Stunden/Jahresarbeitsstunden) in Jahren	7,89
kalkulatorischer Zinssatz [%/Jahr]	6,00
Flächenkosten [€/m², Jahr]	24,00
Grundfläche der Maschine [m²]	2,20
Flächenbedarf: Grundfläche × 2 [m²]	4,40
elektrische Anschlussleistung [kW]	1,50
Leistungsfaktor LF	0,80
Strompreis [€/kWh]	0,08
Instandhaltungskostensatz [%/Jahr]	1,50

Aufgabenstellung 1

Ein neuer Auftrag ist eingelangt. Sie haben die Aufgabe, zu entscheiden, ob dieser Auftrag mit der Maschine Shark oder Barracuda ausgeführt wird. Das Auftragsvolumen umfasst 800 Stunden Montagearbeit. Sie erhalten zugleich die Vorgabe, mit diesem Auftrag die maschinenbezogenen Jahresfixkosten abzudecken.

Kapazitäten sind bei beiden Arbeitsplätzen vorhanden. Begründen Sie Ihre Entscheidung mithilfe der Kostenvergleichsrechnung!

a) Berechnen Sie zuerst die kalkulatorische Abschreibung und die kalkulatorischen Zinsen für die beiden Montagemaschinen.

Kostenart	Bezeichnung	Kosten [€/Jahr]	Variator
kalk. Abschreibung	K_a		0
kalk. Zinsen	K_Z		0
Raumkosten (kalk. Miete)	K_R		0
Energiekosten	K_E		10
Instandhaltungskosten	K_I		10

b) Ermitteln Sie die Gesamtkosten pro Jahr und die variablen Kosten in €/h für beide Arbeitsplätze (Montagemaschinen). Der jeweilige Variator ist angegeben.

Kostenart	Bezeichnung	Kosten [€/Jahr]	Variator	Variable Kosten	
kalk. Abschreibung	K_a		0		[€/Jahr]
kalk. Zinsen	K_Z		0		[€/Jahr]
Raumkosten (kalk. Miete)	K_R		0		[€/Jahr]
Summe Fixkosten	Summe		0		[€/Jahr]
Energiekosten	K_E		10		[€/Stunde]
Instandhaltungskosten	K_I		10		[€/Stunde]
Summe var. Kosten	Summe				[€/Stunde]
Gesamtkosten	Summe				[€/Jahr]

c) Führen Sie den Kostenvergleich für den Auftrag über 800 Stunden Montagearbeit durch.

Aufgabenstellung 2

Um zukünftig rasch und kostenoptimal disponieren zu können, erhalten Sie die Aufgabe, die Stundenanzahl zu ermitteln, ab welcher mit Barracuda montiert wird.

Sichern

SbX ID: 4203

Statische Verfahren der Investitionsrechnung

Die **Kostenvergleichsrechnung**, die **Gewinnvergleichsrechnung**, die **Rentabilitätsrechnung** und die **Amortisationsrechnung** zählen zu den statischen Verfahren der Investitionsrechnung.

Statische Verfahren arbeiten mit durchschnittlichen Kosten und Erlösen und berücksichtigen Zahlungszeitpunkte nicht.

Kostenvergleichsrechnung

Mit der **Kostenvergleichsrechnung** werden zwei oder mehrere Investitionsalternativen miteinander verglichen und die kostenmäßig attraktivere ausgewählt.

Grenzstückzahl

Durch den Vergleich zweier oder mehrerer Investitionsalternativen lassen sich sogenannte **Grenzstückzahlen** ermitteln, die optimale Einsatzbereiche der Alternativen zeigen.

Gewinnvergleichsrechnung

Die **Gewinnvergleichsrechnung** berücksichtigt neben anfallenden Kosten auch unterschiedliche Erlöse. Die so errechneten Gewinne sind das Maß für die Vorteilhaftigkeit der Investitionsprojekte.

Rentabilitätsrechnung

Mit der **Rentabilitätsrechnung** wird die Rentabilität von Investitionsalternativen oder Verfahren errechnet. Diese Kennzahl eignet sich bestens zum Aufstellen einer Rangordnung, aber auch zur Bewertung einer einzelnen Investition.

Amortisationszeit-
rechnung

Mit der **Amortisationszeitrechnung** wird die sogenannte Amortisationsdauer einer Investition berechnet. Dies ist die Zeitspanne, die benötigt wird, um die Anfangsinvestition durch die jährlichen Einnahmenüberschüsse abzudecken.

SbX
ID: 4203

Eine Audio-Wiederholung mit Audio-Player und MP3-Download sowie eine Bildschirmpräsentation mit allen Grafiken dieser Lerneinheit finden Sie unter der ID: 4203.

Wissen

1. Benennen Sie die Verfahren der statischen Investitionsrechnung.
2. Skizzieren Sie die Kostenvergleichsrechnung und erläutern Sie die Vorgehensweise zur Errechnung einer Grenzstückzahl bei zwei Investitionsalternativen.
3. Skizzieren und erläutern Sie die Gewinnvergleichsrechnung.
4. Wie wird die Rentabilität einer Investition berechnet?
5. Skizzieren und erläutern Sie die Amortisationszeitrechnung.

Einnahmen und Ausgaben einer Investition werden über die Nutzungsjahre geplant und finanzmathematisch aufbereitet. Durch Verbindung mit der Investitionssumme werden Kennzahlen ermittelt und Investitionsmöglichkeiten beurteilt.

SbX

Alle SbX-Inhalte zu dieser Lerneinheit finden Sie unter der ID: 4300.

Lerneinheit 3

Dynamische Verfahren der Investitionsrechnung

Im Gegensatz zu den statischen Verfahren der Investitionsrechnung wird bei der dynamischen Investitionsrechnung der zeitliche Unterschied der anfallenden Kosten und Erträge wertmäßig berücksichtigt.

Dabei werden nicht – wie bei der statischen Investitionsrechnung – die auf eine durchschnittliche Periode bezogenen „Kosten" und „Erträge", sondern die in den einzelnen Perioden tatsächlich geleisteten Einnahmen und Ausgaben herangezogen.

Zahlungen in der Zukunft werden dabei anders bewertet als Zahlungen, die in der Gegenwart auftreten. Dies wird dadurch gewährleistet, dass sämtliche Zahlungen auf einen Vergleichszeitpunkt auf- bzw. abgezinst werden.

Folgende Verfahren werden erläutert:

- **Kapitalwertmethode (englisch „net present value method")**
- **Annuitätenmethode (englisch „annuity method")**
- **interne Zinssatzmethode (englisch „internal rate of return method")**

Lernen

SbX ID: 4301

1 Grundbegriffe

Wie hoch ist der Wert einer zukünftigen Einnahme oder Ausgabe heute?

Nachfolgend werden die für die Methoden der dynamischen Investitionsrechnung benötigten Grundlagen der Zins- und Zinseszinsrechnung erläutert.

Zinsen

Zinsen werden allgemein als die Entschädigung für die Überlassung von Kapital definiert. Die Höhe der Zinsen hängt vom Kapitaleinsatz, vom Zinssatz und der Zeit ab.

Zinseszinsrechnung

In der Zinseszinsrechnung wird jede Zinsperiode einzeln betrachtet. Die Zinsen werden am Ende der Zinsperiode dem Kapital aufgeschlagen und in der Folgeperiode ebenfalls verzinst.

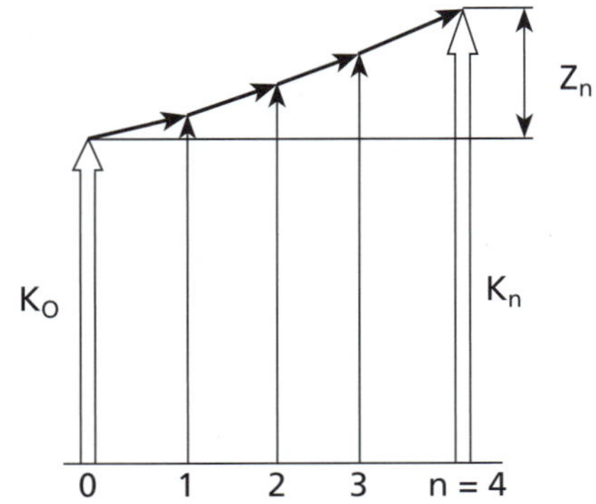

Zinseszinsrechnung

$$K_n = K_o \times (1 + i)^n$$

K_n .... Endkapital [€]
K_o .... Anfangskapital [€]
$i = p/100$. Zinssatz als Dezimalzahl
p .... Zinssatz [%/Jahr]
n .... Verzinsungsdauer [Jahre]
Z_n .... Zinsen [€]

Durch den Zinseszins ist das Wachstum des Kapitals bzw. der Zinsen nicht mehr eine Linearfunktion, sondern eine Exponentialfunktion der Zeit. Im praktischen Rechnen können sowohl das Endkapital K_n als auch das Anfangskapital K_o gefragt sein.

Abzinsen, Aufzinsen

Je nachdem ob in Zeitrichtung oder gegen die Zeitrichtung gerechnet wird, spricht man von Aufzinsen (Rechnen in Zeitrichtung) oder Abzinsen (Rechnen gegen die Zeitrichtung).

Blick in die Zukunft – rechnen **in Zeitrichtung**

Aufzinsen ergibt den Endwert:

$$K_n = K_o \times \left(1 + \frac{p}{100}\right)^n$$

Blick in die Vergangenheit – rechnen **gegen die Zeitrichtung**

Abzinsen ergibt den Barwert:

$$K_o = \frac{K_n}{\left(1 + \frac{p}{100}\right)^n}$$

Abzinsen und Aufzinsen sind Methoden der Zinseszinsrechnung. Die Einnahmen, Ausgaben und der Kapitaleinsatz (Investitionssumme) werden damit auf einen bestimmten Bezugszeitpunkt umgelegt, d.h. „gleichnamig" gemacht, damit eine „Addierbarkeit" und Vergleichbarkeit von Zahlungen und Zahlungsströmen möglich ist.

Beispiel

Anna und Michael machen sich mit der Zinsrechnung wieder vertraut:

Welchen Wert haben € 100.000, die der ING4TECH in 10 Jahren bezahlt werden, zum heutigen Zeitpunkt? Der Kalkulationszinssatz beträgt 6 %.

Lösung:

$$K_o = K_n \times \frac{1}{\left(1 + \frac{p}{100}\right)^n} = 100.000 \times \frac{1}{\left(1 + \frac{6}{100}\right)^{10}} = € \ 55.840$$

Michaels Eltern haben vor 32 Jahren € 4.000 in Anleihen investiert. Welchen Wert haben diese Anleihen heute, wenn eine durchschnittliche Verzinsung von 4 % angenommen wird?

Lösung:

$$K_n = K_o \times \left(1 + \frac{p}{100}\right)^n = 4.000 \times \left(1 + \frac{4}{100}\right)^{32} = € \ 14.032$$

Begriffe, die in der dynamischen Investitionsrechnung verwendet werden

Begriff	Erläuterung
Zeitwert	Wert zum Zeitpunkt des Zahlungsvorgangs
Barwert	Wert einer Zahlung, die auf den Bezugszeitpunkt auf- bzw. abgezinst wurde
Bezugszeitpunkt	Zeitpunkt, auf den alle Einnahmen und Ausgaben abgezinst bzw. aufgezinst werden (meist Zeitpunkt der Anschaffung bzw. der Inbetriebnahme des Investitionsobjekts)
Kalkulationszinssatz	jener festzulegende Zinssatz, der für die Berechnungen angesetzt wird

Der Wahl bzw. Festlegung des Kalkulationszinssatzes kommt große Bedeutung zu. Einflussgrößen für den vom Unternehmen festgelegten Kalkulationszinssatz sind:

- Fremdkapitalzinsen
- Mindestverzinsungsvorstellung des Unternehmers
- Zinsaufschlag für besondere Risiken usw.

Kapitalwertmethode = **net present value method (NPV)**

Die **Kapitalwertmethode** wird auch **Barwertmethode** oder **Net Present Value Method (NPV)** genannt.

2 Kapitalwertmethode

Die Kapitalwertmethode ist das Fundament der gesamten dynamischen Investitionsrechnung!

Die **Kapitalwertmethode** stellt das klassische Verfahren der dynamischen Investitionsrechnung dar. Dabei werden aus den einem Investitionsobjekt zugerechneten **zukünftigen Ausgaben und Einnahmen** die jährlichen **Einnahmenüberschüsse** berechnet.

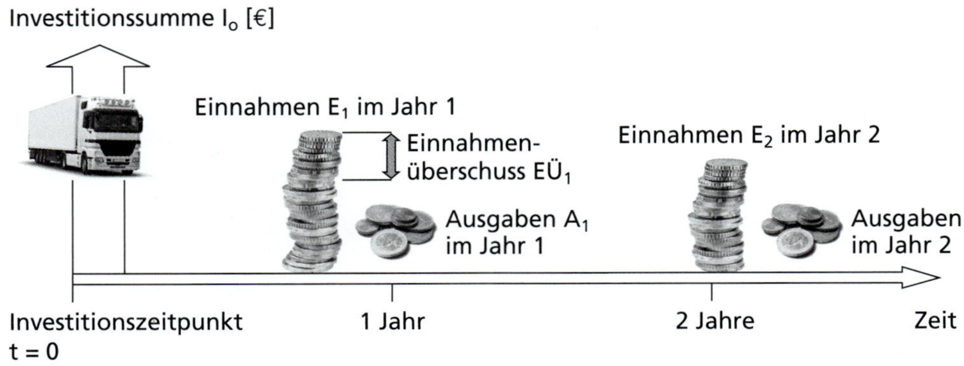

Einnahmenüberschuss – Zeitwert = EÜ

Diese Einnahmenüberschüsse werden dann auf einen **Bezugszeitpunkt** abgezinst **(Barwert).** Als Bezugszeitpunkt wird üblicherweise der Zeitpunkt der Anschaffung oder der Inbetriebnahme des Investitionsgutes herangezogen.

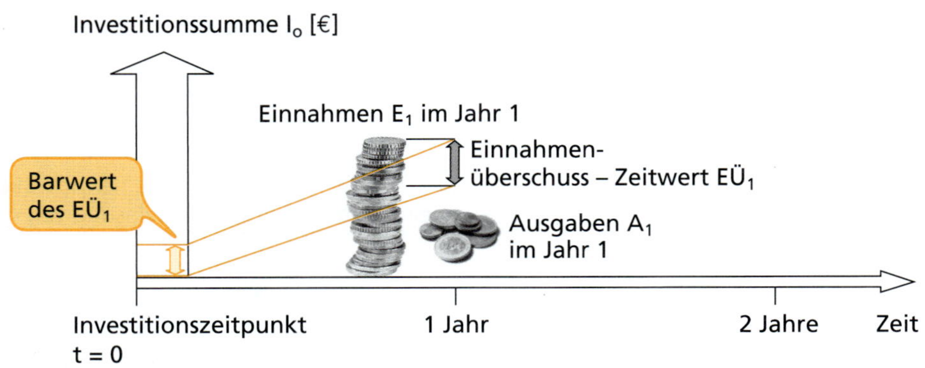

Barwert – Ermittlung durch Abzinsung des $EÜ_1$ mit t = 1

Der **Kapitalwert C_0** der Investition ergibt sich aus der **Summe der Barwerte** der jährlichen Einnahmenüberschüsse **abzüglich der Investitionsausgaben.**

Die **Berechnung des Kapitalwerts** erfolgt nach folgender Gleichung:

$$C_o = \sum_{t=1}^{n} (E_t - A_t) \times \frac{1}{\left(1 + \frac{p}{100}\right)^t} - I_o$$

C_o = Kapitalwert [€]
E_t = Einnahmen im Jahr t [€]
A_t = Ausgaben im Jahr t [€]
I_o = Investitionsausgabe [€]
p = Kalkulationszinssatz [%]
i = p/100 [–]
n = Verzinsungsperiode, Nutzungsdauer [Jahre]
t = Periodenindex
EÜ = E – A, Einnahmenüberschuss [€]

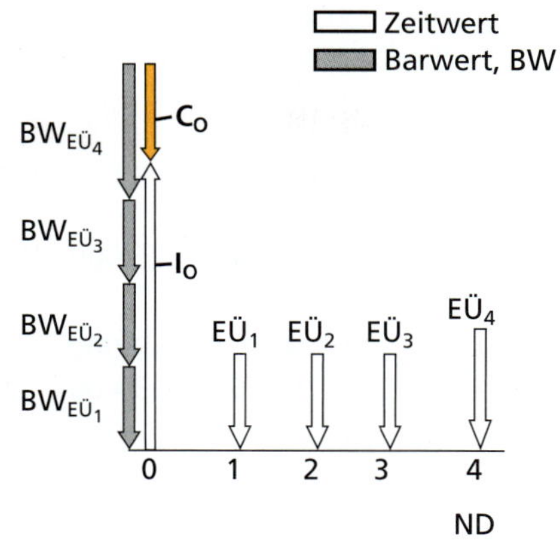

$EÜ_t$ = Einnahmenüberschuss (Zeitwert) im Jahr t [€]
ND = Nutzungsdauer [Jahre]

Kapitalwert

Die **Entscheidungsregel** lautet: „Realisiere ein Investitionsprojekt nur dann, wenn der Kapitalwert $C_0 \geq 0$ ist. Bei mehreren Investitionsalternativen realisiere das Investitionsprojekt mit dem größten positiven Kapitalwert."

Ein **positiver Kapitalwert** besagt, dass die Investition über die Mindestverzinsung des eingesetzten Kapitals hinaus (Kalkulationszinssatz p) einen **Überschuss** erwirtschaften wird.

Beispiel

SbX Eine Excel-Tabelle als Vorlage für die Kapitalwertberechnung „Puma und Jaguar" finden Sie unter der ID: 4301.

Anna und Michael sollen eine Lösung für folgende Aufgabenstellung der Geschäftsführung suchen:

Die ING4TECH plant die Anschaffung einer zusätzlichen Fertigungsstraße. Zwei Alternativen stehen zur Auswahl.

Fertigungsstraße Puma:

Anschaffungskosten € 280.000; Restwert nach 5 Jahren € 80.000
Einnahmen in den Jahren 1 bis 3: je € 135.000/Jahr
Einnahmen in den Jahren 4 und 5: je € 145.000/Jahr
Ausgaben in den Jahren 1 bis 5: 70.000, 75.000, 100.000, 80.000, 85.000 [€/Jahr]
Kalkulationszinssatz: 6 %

Fertigungsstraße Jaguar:

Anschaffungskosten € 220.000; Restwert nach 5 Jahren € 30.000
Einnahmen in den Jahren 1 bis 3: je € 135.000/Jahr
Einnahmen in den Jahren 4 und 5: je € 145.000/Jahr
Ausgaben in den Jahren 1 bis 5: 75.000, 80.000, 125.000, 85.000, 90.000 [€/Jahr]
Kalkulationszinssatz: 6 %

Lösung:

Fertigungsstraße Puma

Beispielhafte Berechnung für das Jahr 3:

$$BW_{EÜ_t} = EU_t \times \frac{1}{(1 + i)^t}$$

Einnahmen	€ 135.000,00
Ausgaben	€ 100.000,00
Einnahmenüberschuss $EÜ_3$ = E – A	€ 35.000,00
Zinssatz p	6,00 %
Zinsfaktor i = p : 100	0,06
Jahr t	3,00
Abzinsungsfaktor 1 : (1 + p : 100)^3	0,84
Barwert BW des $EÜ_3$	**€ 29.387,00**

Abschließend werden alle Barwerte summiert, dies ergibt € 300.209.

Fortsetzung Beispiel

Durch Subtraktion der Investitionskosten von € 280.000 errechnet sich der Kapitalwert mit € 20.209.

Jahr	0	1	2	3	4	5
Einnahmen		135.000	135.000	135.000	145.000	145.000
Restwert						80.000
Ausgaben		70.000	75.000	100.000	80.000	85.000
Anschaffungskosten	280.000					
Einnahmenüberschuss – Zeitwert	– 280.000	65.000	60.000	35.000	65.000	140.000
Einnahmenüberschuss – Barwert	– 280.000	61.321	53.400	29.387	51.486	104.616
Kapitalwert in €	**20.209**					

Fertigungsstraße Jaguar

Jahr	0	1	2	3	4	5
Einnahmen		135.000	135.000	135.000	145.000	145.000
Restwert						30.000
Ausgaben		75.000	80.000	125.000	85.000	90.000
Anschaffungskosten	220.000					
Einnahmenüberschuss – Zeitwert	– 220.000	60.000	55.000	10.000	60.000	85.000
Einnahmenüberschuss – Barwert	– 220.000	56.604	48.950	8.396	47.526	63.517
Kapitalwert in €	**4.992**					

SbX **Eine Fallstudie „Richtiges Investieren" finden Sie unter der ID: 4301.**

Aufgrund des höheren Kapitalwerts ist die Fertigungsstraße Puma zu bevorzugen.

Annuitätenmethode = **annuity method**

3 Annuitätenmethode

Wie der Kapitalwert einer Investition auf jährliche Durchschnittswerte aufgeteilt wird

Der Begriff der **Annuität** kommt aus dem Kreditwesen. Eine Annuität ist eine regelmäßige Zahlung zur Tilgung einer Kapitalschuld. Die Annuität enthält dabei sowohl die Kapitalrückzahlung als auch die vereinbarten Zinszahlungen.

Bei der **Annuitätenmethode** wird der mithilfe der Kapitalwertmethode ermittelte **Kapitalwert C_0** unter Beachtung der Zinseffekte gleichmäßig auf die einzelnen Perioden der Nutzungsdauer verteilt.

Die **Entscheidungsregel** lautet: „Wähle das Investitionsobjekt, das die größte jährliche Annuität über die Laufzeit bringt!"

Die **Berechnung der Annuität** erfolgt mithilfe der folgenden Gleichung:

$$A = C_0 \times \frac{(1 + i)^n \times i}{(1 + i)^n - 1} = C_0 \times \frac{1}{RBF}$$

C_0 = Kapitalwert [€]
A = Annuität [€/Jahr]
i = p/100 = Kalkulationszinssatz als Dezimalzahl
p = Kalkulationszinssatz [%/Jahr]
n = Verzinsungsdauer [Jahre]
RBF = Rentenbarwertfaktor (siehe Anhang)

Da hier nicht der Gesamterfolg („Totalgewinn einer Investition", C_0) der Investition, sondern das durchschnittliche Jahresergebnis („Periodengewinn", A) für die Entscheidung herangezogen wird, können insbesondere Investitionsalternativen mit unterschiedlicher Nutzungsdauer verglichen werden.

Beispiel

Anna und Michael sollen eine Lösung für folgende Aufgabenstellung der Geschäftsführung suchen:

Die ING4TECH plant die Anschaffung eines zusätzlichen Schweißroboters. Zwei Alternativen stehen zur Auswahl. Die Kapitalwerte wurden bereits berechnet. Jetzt soll zusätzlich die Annuität des Kapitalwertes berechnet werden.

Fortsetzung Beispiel

Roboter S1: Kapitalwert: € 50.000, Nutzungsdauer: 5 Jahre
Roboter S2: Kapitalwert: € 45.000, Nutzungsdauer: 4 Jahre

Kalkulationszinssatz: 6 %

Lösung:

Annuität – Roboter S1:

$$A = C_0 \times \frac{\frac{p}{100} \times \left(1 + \frac{p}{100}\right)^n}{\left(1 + \frac{p}{100}\right)^n - 1} = 50.000 \times \frac{\frac{6}{100} \times \left(1 + \frac{6}{100}\right)^5}{\left(1 + \frac{6}{100}\right)^5 - 1} = € \; 11.870/\text{Jahr}$$

Annuität – Roboter S2:

$$A = C_0 \times \frac{\frac{p}{100} \times \left(1 + \frac{p}{100}\right)^n}{\left(1 + \frac{p}{100}\right)^n - 1} = 45.000 \times \frac{\frac{6}{100} \times \left(1 + \frac{6}{100}\right)^4}{\left(1 + \frac{6}{100}\right)^4 - 1} = € \; 12.987/\text{Jahr}$$

Der Schweißroboter S2 bringt eine höhere Annuität und ist deshalb zu bevorzugen, obwohl der Kapitalwert des Roboters S1 höher ist.

Annuität des Kapitaleinsatzes

Eine weitere Anwendung der Annuitätenmethode ist die Berechnung der Annuität des Kapitaleinsatzes (der Investitionssumme).

Die **Annuität des Kapitaleinsatzes** hat besondere Bedeutung für Projekte, denen keine Einnahmen zurechenbar sind. Die Entscheidung richtet sich in diesen Fällen nach dem Kostenminimum.

Die Annuität des Kapitaleinsatzes entspricht der zinseszinsmäßigen Verteilung der Investitionsausgabe in Jahresbeträgen über die gesamte Nutzungsdauer. Diese Größe entspricht den jährlichen Kapitalkosten (Abschreibung plus Zinsen) eines Projekts.

Berechnung:

$$A = I_0 \times \frac{(1 + i)^n \times i}{(1 + i)^n - 1} = I_0 \times \frac{1}{RBF}$$

I_0 = Investitionsausgabe [€]
A = Annuität [€/Jahr]
i = p : 100 = Kalkulationszinssatz als Dezimalzahl
p = Kalkulationszinssatz [%/Jahr]
n = Verzinsungsdauer [Jahre]
RBF = Rentenbarwertfaktor (siehe Anhang)

! Die **Entscheidungsregel** lautet: „Wähle das Investitionsobjekt, das die kleinste jährliche Annuität des Kapitaleinsatzes über die Laufzeit verursacht!"

Anna: Ich möchte irgendwann eine Eigentumswohnung kaufen. In Zeitungsinseraten habe ich gesehen, dass eine Wohnung mit 70 m² ca. € 170.000 kostet. Wie hoch wird die jährliche Rückzahlung sein, wenn ich dafür ein Bankdarlehen aufnehme?

Michael: Nehmen wir an, du musst der Bank 6 % Zinsen pro Jahr zahlen; Gebühren und sonstige Kosten sind darin inkludiert. Die Wohnung sollte 30 Jahre nach dem Kauf dir gehören.

Berechnung:
I_0 = € 170.000
p = 6 %
i = p : 100 = 0,06
n = 30 Jahre

Annuität des Kapitaleinsatzes A = I_0 : RBF

RBF (Rentenbarwertfaktor) aus der Tabelle (im Anhang) in Abhängigkeit von t (Zeit) und i: 13,765

Um die monatliche Annuität genau berechnen zu können, muss ein Monatszinssatz und eine Rückzahlungsdauer (Nutzungsdauer) in Monaten eingesetzt werden.

AK = I_0 : RBF = 170.000 : 13,765 = **€ 12.350/Jahr;** dieser Betrag beinhaltet die Kapitalrückzahlung und die der Bank zu zahlenden Zinsen. Monatlich ergibt sich daraus ein Rückzahlungsbetrag von ca. 12.350 : 12 = **€ 1.029**

Ohne Eigenkapital wird aus einer Eigentumswohnung zu diesem Preis wohl nicht so bald etwas werden!

interne Zinssatzmethode = **internal interest rate method**

4 Interne Zinssatzmethode

Der interne Zinssatz entspricht der „dynamischen" Rentabilität einer Investition.

Die interne Zinssatzmethode arbeitet nach demselben Prinzip wie die Kapitalwertmethode. Es wird dabei jedoch nicht der Kapitalwert ermittelt, sondern die Verzinsung der Investition.

Der interne Zinssatz ist wie die statisch errechnete Rentabilität eine gut geeignete und allgemein verständliche Kennzahl, um Investitionsalternativen bewerten und vergleichen zu können.

Der **interne Zinssatz**

- ist der Zinssatz, bei dem der **Kapitalwert null** wird.
- ist eine **Rentabilitätskennzahl** und kann mit dem Zinssatz verglichen werden, der die geforderte Mindestverzinsung des eingesetzten Kapitals darstellt.
- gilt als die **Rendite** für das eingesetzte Kapital.

$$0 = \sum_{t=1}^{n} (E_t - A_t) \times \frac{1}{\left(1 + \frac{p}{100}\right)^t} - I_0$$

E_t = Einnahmen im Jahr t [€]
A_t = Ausgaben im Jahr t [€]
I_0 = Investitionsausgabe [€]
p = Kalkulationszinssatz [%]
n = Verzinsungsperiode [Jahre]

Die **Entscheidungsregel** lautet: „Realisiere ein Investitionsprojekt nur dann, wenn der interne Zinssatz mindestens dem unternehmensintern vorgegebenen Zinssatz, einem aktuellen Fremdkapitalzinssatz bzw. der Verzinsung einer alternativen Anlageform entspricht. Bei Investitionsalternativen realisiere das Investitionsprojekt mit dem größten internen Zinssatz."

SbX

Zur Ermittlung des internen Zinssatzes mit Excel siehe ID: 4301.

Berechnung:

Die rechnerische Ermittlung des Kalkulationszinssatzes ist mathematisch nur mithilfe von Iterationsverfahren möglich. Die Berechnung erfolgt durch die „Zielwertsuche" im Tabellenkalkulationsprogramm.

Näherungsverfahren

Es gibt neben der rechnerischen Ermittlung auch die sogenannte **„lineare Interpolation"** als Näherungsverfahren zur Berechnung des internen Zinssatzes.

Man geht folgendermaßen vor:

- einen Kalkulationszinssatz „i+" auswählen, bei dem der Kapitalwert positiv ist
- einen Kalkulationszinssatz „i–" auswählen, bei dem der Kapitalwert negativ wird
- interpolieren zwischen beiden Werten und den Kalkulationszinssatz i bestimmen, bei dem der Kapitalwert gerade null ist

In der Praxis werden interne Zinssätze über Näherungsverfahren berechnet. Die gängigen Tabellenkalkulationsprogramme bieten entsprechende Verfahren an. Das Interpolationsverfahren ist jedoch eine gute Hilfe, um das Thema „interner Zinssatz" leichter bearbeiten zu können.

Lineare Interpolation

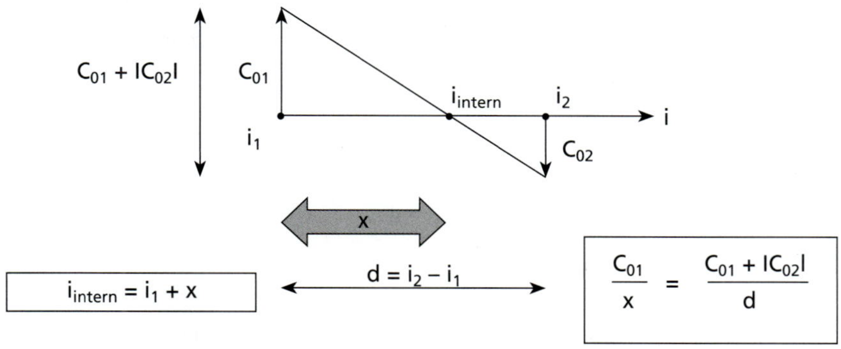

Näherungsverfahren

Beispiel

Anna und Michael erhalten die Aufgabe, einen internen Zinssatz mithilfe der Interpolationsmethode zu berechnen.

Die Interpolationsmethode erscheint ihnen kompliziert. Die schrittweise Vorgehensweise erleichtert die Durchführung.

Ein Investitionsobjekt wird betrachtet:

- Zinssatz i_1 10 %, gewählt
- Zinssatz i_2 20 %, gewählt

Lösung:

Die beiden benötigten Kapitalwerte sind bereits gegeben (der zweite Wert sollte unbedingt negativ sein, der erste positiv!):

- C_{01} = € 6.000
- C_{02} = – € 4.000

Aus obiger Skizze sieht man: $i_{intern} = i_1 + x$

Die obige Skizze zeigt die beiden ähnlichen Dreiecke:

$C_{01} + |C_{02}|$ verhält sich zu $i_2 - i_1$ wie C_{01} zu x.

Daraus ergibt sich: $\{C_{01} + |C_{02}|\} : (i_2 - i_1) = C_{01} : x$

Daraus folgt: $x = C_{01} \times (i_2 - i_1) : (C_{01} + |C_{02}|) = 6.000 \times 10 : 10.000 = 6\,\%$

$i_{intern} = i_1 + x = 10 + 6 = 16\,\%$

Der **interne Zinssatz** beträgt **16 %**.

SbX

Informationen zu weiteren Investitionsrechnungsverfahren sowie zur Berücksichtigung von Unsicherheiten finden Sie unter der ID: 4301.

Üben

Sbx ID: 4302

Sbx
Eine Excel-Tabelle für die Kapitalwertberechnung sowie die Annuitätenberechnung finden Sie unter der ID: 4302.

Ü 1:

Ein Unternehmen steht vor einer Investitionsentscheidung. Die Anschaffungsauszahlung beträgt € 800.000. Der Zinssatz beträgt 10 %, die Nutzungsdauer 10 Jahre. Folgende Einnahmen bzw. Ausgaben sind geplant:

	Einnahmen	Ausgaben
im Jahr 1 bis 5	€ 200.000	€ 50.000
im Jahr 6 bis 10	€ 250.000	€ 80.000

Aufgaben:
a) Wie hoch ist der Kapitalwert C_0?
b) Wie hoch ist die Annuität A?
c) Ist diese Investition empfehlenswert? Begründen Sie Ihre Antwort!

Ü 2:

Ein Unternehmen steht vor einer Investitionsentscheidung. Sie als Verantwortliche/r müssen diese auf folgender Basis treffen:

- Für die **Alternative A** beträgt die Annuität des Kapitaleinsatzes € 1.300.000/Jahr.
- Für die **Alternative B** beträgt die Annuität des Kapitaleinsatzes € 1.100.000/Jahr.

Die Einnahmen und Ausgaben lassen sich für beide Alternativen nicht abschätzen. Die Nutzungsdauer beträgt für beide Alternativen je 6 Jahre.

Welche Investitionsalternative ist vorteilhafter? Begründen Sie Ihre Antwort!

Ü 3:

Für ein Investitionsobjekt gibt der Firmeneigentümer einen geforderten Mindestzinssatz an. Welche Methode der dynamischen Investitionsrechnung eignet sich, um überprüfen zu können, ob das ins Auge gefasste Investitionsobjekt der Forderung entspricht, bzw. gibt Auskunft darüber, wie hoch der realisierte Zinssatz sein wird?

Ü 4:

Ein Investitionsobjekt mit einem Kapitaleinsatz von € 145.000 weist über eine geplante Nutzungsdauer von 6 Jahren folgende erwartete Einnahmenüberschüsse auf: € 20.000; € 45.000; € 45.000; € 48.000; € 47.500; € 40.000.

Berechnen Sie den internen Zinssatz.

Ü 5:

Ein Unternehmen steht vor einer Investitionsentscheidung. Die Anschaffungsauszahlung beträgt € 1.400.000. Der Zinssatz beträgt 6 %, die Nutzungsdauer 4 Jahre. Folgende Einnahmen und Ausgaben sind geplant:

	Einnahmen	Ausgaben
im 1. Jahr	€ 520.000	€ 140.000
im 2. Jahr	€ 550.000	€ 150.000
im 3. Jahr	€ 560.000	€ 110.000
im 4. Jahr	€ 580.000	€ 100.000

Aufgaben:
a) Wie hoch ist der Kapitalwert C_0?
b) Wie hoch ist die Annuität A?
c) Ist diese Investition empfehlenswert? Begründen Sie Ihre Antwort!

Ü 6:
Das **Investitionsobjekt Alpha** mit einem Kapitaleinsatz von € 145.000 weist über eine geplante Nutzungsdauer von 6 Jahren folgende erwartete Einzahlungsüberschüsse auf: € 20.000; € 45.000; € 45.000; € 48.000; € 47.500; € 40.000.

Berechnen Sie den Kapitalwert bei einem Kalkulationszinssatz von 12 %, die Annuität und den internen Zinssatz!

Alternativ dazu bietet das **Investitionsobjekt Omega** mit einem Kapitaleinsatz von € 135.000 über eine geplante Nutzungsdauer von 4 Jahren folgende erwartete Einzahlungsüberschüsse: € 50.000; € 50.000; € 50.000; € 50.000.

Berechnen Sie den Kapitalwert bei einem Kalkulationszinssatz von 12 %, die Annuität und den internen Zinssatz!

Welches Investitionsobjekt ist zu bevorzugen? Begründen Sie Ihre Entscheidung!

Ü 7:
Sie sind HTL-Absolvent/in, haben eine interessante Stelle gefunden und überlegen, eine Eigentumswohnung zu kaufen. Um eine Entscheidung treffen zu können, wollen Sie zuvor berechnen, wie hoch die jährlichen Rückzahlungen sein werden. Die Wohnung kostet € 100.000. Ihre Hausbank bietet Ihnen eine Finanzierungsmöglichkeit mit einem Zinssatz von 6 %/Jahr an. In 25 Jahren wollen Sie das Darlehen zurückbezahlt haben.

Wie hoch ist die jährliche Rückzahlungsrate?

Sichern

SbX ID: 4303

Dynamische Verfahren der Investitionsrechnung

Zu den dynamischen Verfahren der Investitionsrechnung zählen
- die **Kapitalwertmethode,**
- die **Annuitätenmethode,**
- die **interne Zinssatzmethode.**

Merkmale der dynamischen Investitionsrechnung

Dynamische Verfahren arbeiten mit Einnahmen und Ausgaben, die durch eine Investition verursacht werden, und berücksichtigen die Zeitpunkte, zu denen diese Zahlungen anfallen, mit der Zinseszinsrechnung.

aufzinsen

Wird ein Betrag wertmäßig in die Zukunft transferiert, spricht man von **Aufzinsen.**

abzinsen

Wird ein Betrag wertmäßig aus der Zukunft in die Vergangenheit transferiert, spricht man von **Abzinsen.**

Zeitwert

Der Nennbetrag einer Einnahme oder Ausgabe zum vorliegenden Zeitpunkt wird **Zeitwert** genannt.

Barwert

Der Nennbetrag einer Einnahme oder Ausgabe, der auf einen sogenannten Bezugszeitpunkt transferiert wird, heißt **Barwert.**

Kalkulationszinssatz

Der Zinssatz, der zur Berechnung der Kenngrößen der dynamischen Investitionsrechnung verwendet wird, heißt **Kalkulationszinssatz.**

Die Höhe des Kalkulationszinssatzes richtet sich nach den Mindestverzinsungsvorstellungen des Unternehmers und nach gängigen Fremdkapitalzinsen.

Kapitalwertmethode

Wird von der Barwertsumme der Einnahmenüberschüsse (Einnahmen minus Ausgaben) einer Investition die Investitionssumme abgezogen, erhält man den **Kapitalwert.** Dieser soll für empfehlenswerte Investitionen möglichst hoch, zumindest aber größer oder gleich null sein.

Annuitätenmethode

Die **Annuitätenmethode** ermöglicht die Umrechnung des Kapitalwerts einer Investition in einen durchschnittlichen Jahreswert. Dieser soll für empfehlenswerte Investitionen möglichst hoch, zumindest aber größer oder gleich null sein.

Die Annuitätenmethode wird bei Investitionsobjekten mit unterschiedlichen Nutzungsdauern angewendet, da hier die Kapitalwertmethode zu falschen Entscheidungen führen kann.

Annuität des Kapitaleinsatzes

Die **Annuität des Kapitaleinsatzes** wird zur Beurteilung von Investitionen herangezogen, denen keine Einnahmen zugerechnet werden können. Die Entscheidung richtet sich dann nach einer möglichst kleinen Annuität, die einem Kostenminimum entspricht.

Interne Zinssatzmethode

Die **interne Zinssatzmethode** ist eine Methode zur Berechnung von „dynamischen" Rentabilitäten, die sich gut zur Beurteilung von Investitionsvorhaben eignet.

Interner Zinssatz

Der **interne Zinssatz** wird mit der Kapitalwertmethode berechnet. Es ist der Kalkulationszinssatz bei einem Kapitalwert von null.

SbX
ID: 4303

Eine Audio-Wiederholung mit Audio-Player und MP3-Download sowie eine Bildschirmpräsentation mit allen Grafiken dieser Lerneinheit finden Sie unter der ID: 4303.

Wissen

1. Benennen Sie die Verfahren der dynamischen Investitionsrechnung.
2. Welche Einflussfaktoren werden bei der Wahl des Kalkulationszinssatzes berücksichtigt?
3. Skizzieren Sie die Kapitalwertmethode und erläutern Sie die Vorgehensweise zur Errechnung des Kapitalwerts.
4. Werden Investitionsprojekte mit negativen Kapitalwerten in eine Investitionsreihung aufgenommen? Begründen Sie Ihre Antwort!
5. Erläutern Sie die Annuitätenmethode.
6. Bei welchen Investitionsvorhaben empfiehlt sich der Einsatz der Annuitätenmethode?
7. Definieren Sie den internen Zinssatz und erläutern Sie die Vorteile der internen Zinssatzmethode gegenüber der Kapitalwertmethode.

Tabellen: Abzinsungsfaktoren und Rentenbarwertfaktoren

Abzinsungsfaktoren $\frac{1}{(1 + i)^t}$

Abzinsungstabelle

t \ i	0,01	0,02	0,03	0,04	0,05	0,06	0,07	0,08	0,09	0,10	0,15	0,20	0,25	0,30
1	0,990	0,980	0,971	0,962	0,952	0,943	0,935	0,926	0,917	0,909	0,870	0,833	0,800	0,769
2	0,980	0,961	0,943	0,925	0,907	0,890	0,873	0,857	0,842	0,826	0,756	0,694	0,640	0,592
3	0,971	0,942	0,915	0,889	0,864	0,840	0,816	0,794	0,772	0,751	0,658	0,579	0,512	0,455
4	0,961	0,924	0,888	0,855	0,823	0,792	0,763	0,735	0,708	0,683	0,572	0,482	0,410	0,350
5	0,951	0,906	0,863	0,822	0,784	0,747	0,713	0,681	0,650	0,621	0,497	0,402	0,328	0,269
6	0,942	0,888	0,837	0,790	0,746	0,705	0,666	0,630	0,596	0,564	0,432	0,335	0,262	0,207
7	0,933	0,871	0,813	0,760	0,711	0,665	0,623	0,583	0,547	0,513	0,376	0,279	0,210	0,159
8	0,923	0,853	0,789	0,731	0,677	0,627	0,582	0,540	0,502	0,467	0,327	0,233	0,168	0,123
9	0,914	0,837	0,766	0,703	0,645	0,592	0,544	0,500	0,460	0,424	0,284	0,194	0,134	0,094
10	0,905	0,820	0,744	0,676	0,614	0,558	0,508	0,463	0,422	0,386	0,247	0,162	0,107	0,073
20	0,820	0,673	0,554	0,456	0,377	0,312	0,258	0,215	0,178	0,149	0,061	0,026	0,012	0,005
30	0,742	0,552	0,412	0,308	0,231	0,174	0,131	0,099	0,075	0,057	0,015	0,004	0,001	0,000
40	0,672	0,453	0,307	0,208	0,142	0,097	0,067	0,046	0,032	0,022	0,004	0,001	0,000	0,000
50	0,608	0,372	0,228	0,141	0,087	0,054	0,034	0,021	0,013	0,009	0,001	0,000	0,000	0,000
100	0,370	0,138	0,052	0,020	0,008	0,003	0,001	0,000	0,000	0,000	0,000	0,000	0,000	0,000

Rentenbarwertfaktoren $\frac{(1 + i)^t - 1}{i \times (1 + i)^t}$

Rentenbarwerttabelle

t \ i	0,01	0,02	0,03	0,04	0,05	0,06	0,07	0,08	0,09	0,10	0,15	0,20	0,25	0,30
1	0,990	0,980	0,971	0,962	0,952	0,943	0,935	0,926	0,917	0,909	0,870	0,833	0,800	0,769
2	1,970	1,942	1,913	1,886	1,859	1,833	1,808	1,783	1,759	1,736	1,626	1,528	1,440	1,361
3	2,941	2,884	2,829	2,775	2,723	2,673	2,624	2,577	2,531	2,487	2,283	2,106	1,952	1,816
4	3,902	3,808	3,717	3,630	3,546	3,465	3,387	3,312	3,240	3,170	2,855	2,589	2,362	2,166
5	4,853	4,713	4,580	4,452	4,329	4,212	4,100	3,993	3,890	3,791	3,352	2,991	2,689	2,436
6	5,795	5,601	5,417	5,242	5,076	4,917	4,767	4,623	4,486	4,355	3,784	3,326	2,951	2,643
7	6,728	6,472	6,230	6,002	5,786	5,582	5,389	5,206	5,033	4,868	4,160	3,605	3,161	2,802
8	7,652	7,325	7,020	6,733	6,463	6,210	5,971	5,747	5,535	5,335	4,487	3,837	3,329	2,925
9	8,566	8,162	7,786	7,435	7,108	6,802	6,515	6,247	5,995	5,759	4,772	4,031	3,463	3,019
10	9,471	8,983	8,530	8,111	7,722	7,360	7,024	6,710	6,418	6,145	5,019	4,192	3,571	3,092
20	18,046	16,351	14,877	13,590	12,462	11,470	10,594	9,818	9,129	8,514	6,259	4,870	3,954	3,316
30	25,808	22,396	19,600	17,292	15,372	13,765	12,409	11,258	10,274	9,427	6,566	4,979	3,995	3,332
40	32,835	27,355	23,115	19,793	17,159	15,046	13,332	11,925	10,757	9,779	6,642	4,997	3,999	3,333
50	39,196	31,424	25,730	21,482	18,256	15,762	13,801	12,233	10,962	9,915	6,661	4,999	4,000	3,333
100	63,029	43,098	31,599	24,505	19,848	16,618	14,269	12,494	11,109	9,999	6,667	5,000	4,000	3,333

5 Materialwirtschaft

Aufgabe der Materialwirtschaft ist es, die Verfügbarkeit der im Unternehmen benötigten Materialien sicherzustellen. Sie umfasst dabei alle Maßnahmen zur Planung, Durchführung und Kontrolle der Materialbeschaffung, Materiallagerung und Materialverwaltung.

In Produktionsbetrieben beträgt der Wert der zu beschaffenden Materialien heutzutage oft mehr als 50 % der Gesamtkosten. Der Grund für diesen hohen Wert liegt vorwiegend darin begründet, dass Unternehmen sich immer mehr auf ihre Kernkompetenzen konzentrieren. Die nicht zu den Kernkompetenzen gehörenden Leistungen werden von unternehmensexternen Lieferanten zugekauft. Die Materialwirtschaft hat daher großen Einfluss auf den Unternehmenserfolg.

Lerneinheit 1: Grundlagen der Materialwirtschaft

Lerneinheit 2: Materialbeschaffung

Lerneinheit 3: Materiallagerung und -verwaltung

Lerneinheit 1

Grundlagen der Materialwirtschaft

SbX
Alle SbX-Inhalte zu dieser Lerneinheit finden Sie unter der ID: 5100.

Der Begriff Materialwirtschaft ist in Produktionsbetrieben allgegenwärtig. Die konkreten Aufgaben dieses Unternehmensbereichs bzw. die Abgrenzung zu den Bereichen Einkauf, Produktion und Logistik sind jedoch nicht immer klar. Im Folgenden werden daher die Aufgaben der Materialwirtschaft beschrieben.

Lernen

SbX ID: 5101

Materialwirtschaft = **materials management**

1 Aufgaben der Materialwirtschaft

Sicherstellung der Verfügbarkeit der benötigten Materialien

Anna: Im Organigramm der ING4TECH habe ich gesehen, dass die Abteilung Einkauf der Materialwirtschaft untergeordnet ist. Welche Aufgaben hat die Materialwirtschaft neben der Durchführung des Einkaufs noch?

Einkauf = **purchasing**

Spricht man von Materialwirtschaft, so meinen viele den Einkauf, der die erforderlichen Materialien beschafft. Die Aufgaben der Materialwirtschaft in einem Unternehmen sind jedoch umfassender, wie die nachfolgende Tabelle zeigt.

Materialwirtschaft					
Beschaffungsstrategie festlegen	Bestandsplanung	Beschaffungsprozess (Einkauf)	Materialtransport	Materiallagerung	Materialverwaltung
Materialbeschaffung			Beschaffungslogistik		

Aufgaben der Materialwirtschaft

Materialbeschaffung = **material procurement**

Beschaffungslogistik = **procurement logistics**

Der Bereich Materialtransport umfasst hier insbesondere den Transport der Materialien von Lieferanten zum Materiallager im Unternehmen.

Der Teil der Materialwirtschaft, der sich mit dem eigentlichen Transport und der Lagerung der Materialien befasst, wird oft als **Beschaffungslogistik** bezeichnet. Diese ist wiederum ein Teilbereich der Logistik im Allgemeinen.

2 Logistik

Materialflüsse in und zwischen Unternehmen müssen geplant, durchgeführt und gesteuert werden.

Logistik ist die Summe aller Tätigkeiten, die sich mit der **Planung, Steuerung** und **Durchführung des Materialflusses** innerhalb und zwischen Unternehmen befassen. Sie umfasst nicht nur die eigentlichen Transportprozesse und die Lagerung der Materialien, sondern auch die begleitenden Informationsflüsse.

Historisch hat die Logistik ihren Ursprung im Militärwesen. Sie stellte den Nachschub für die kämpfende Truppe sicher.

Logistik = **logistics**

Die **Ziele der Logistik** werden durch die **sechs „R"** beschrieben. Zu liefern sind:

- die richtigen Objekte
- die richtigen Mengen
- an den richtigen Ort
- in der richtigen Qualität
- zum richtigen Zeitpunkt
- zu richtigen (möglichst niedrigen) Kosten

Michael: In dem Unternehmen, in dem ich meine letzte Ferialpraxis absolviert habe, gab es eine Abteilung „Logistik". Gibt es eine solche Abteilung bei ING4TECH auch?

Leiter Einkauf: Nein, bei ING4TECH gibt es keine eigene Logistikabteilung. Bei uns kümmert sich die Abteilung Materialwirtschaft um die Beschaffungslogistik. Die Abteilung Produktion ist verantwortlich für die Produktionslogistik und die Entsorgungslogistik. Die Distributionslogistik ist im Verantwortungsbereich des Vertriebs.

Manche größeren Firmen sind in den letzten Jahren dazu übergegangen, die Logistikaufgaben im Unternehmen in einer Abteilung zusammenzufassen. Ziel dieser Zusammenlegung ist es, mögliche Rationalisierungspotenziale in diesem Bereich besser nutzen zu können.

SbX

Links zu Lexika und Wörterbüchern zum Thema Logistik finden Sie unter der ID: 5101.

Viele Transportunternehmen, die Waren von Punkt A zu Punkt B befördern, werden als Logistikbetriebe bezeichnet. Die Logistik in Produktionsunternehmen umfasst jedoch ein umfangreicheres Aufgabengebiet.

Logistische Aufgaben gibt es in allen Bereichen des Unternehmens. Die drei klassischen Bereiche der Logistik sind die **Beschaffungslogistik**, die **Produktionslogistik** und die **Distributionslogistik.** Als vierter Bereich ist in den letzten Jahren die **Entsorgungslogistik** dazugekommen.

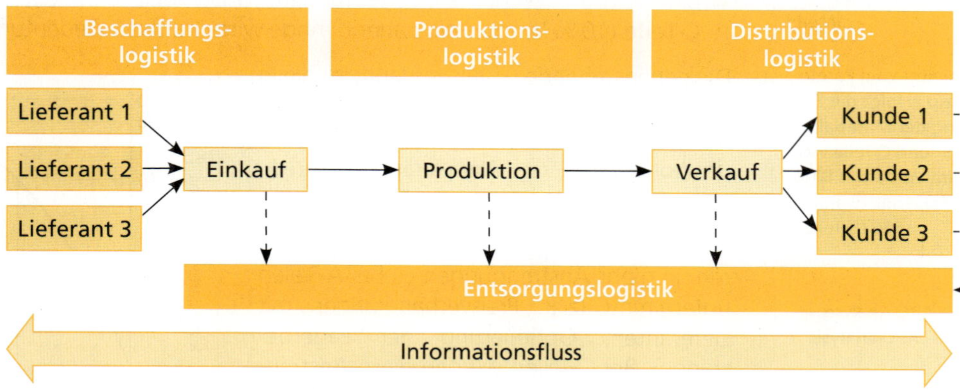

Logistische Aufgaben im Unternehmen

Unter **Supply Chain Management (SCM)** versteht man die Planung und Organisation des Materialflusses über die gesamte Lieferkette hinweg (Lieferant → Unternehmen → Kunde).

Beschaffungslogistik

Die Beschaffungslogistik umfasst die Planung, Steuerung und Durchführung der Materialflüsse von den Lieferanten ins Unternehmen sowie das Lagern der Materialien, bis sie in der Produktion benötigt werden. Dies umfasst nicht nur den physischen Materialtransport, sondern auch die erforderlichen Informationsflüsse.

Produktionslogistik

Die Produktionslogistik kümmert sich um die innerbetrieblichen Materialflüsse. Dies beinhaltet den Transport der Materialien vom Eingangslager über die einzelnen Stufen des Produktionsprozesses bis hin zum Ausgangslager des Vertriebs. Dazu gehört aber auch die Gestaltung und Abwicklung der erforderlichen Informationsflüsse.

Gemäß Abfallwirtschaftsgesetz muss jedes Unternehmen seine Abfälle nachweislich verwerten bzw. ordnungsgemäß entsorgen.

Distributionslogistik

Die Distributionslogistik befasst sich mit dem Transport der fertigen Produkte vom Unternehmen zum Kunden. Das Fertigteillager am Ende der Produktion gehört üblicherweise auch zum Verantwortungsbereich der Distributionslogistik.

Entsorgungslogistik

Das Aufgabengebiet der Entsorgungslogistik im Unternehmen beinhaltet das Verwerten bzw. Entsorgen der anfallenden Produktionsabfälle. Allgemein beinhaltet die Entsorgungslogistik jedoch auch die Entsorgung und das Recycling der Produkte nach dem Ende der Nutzungsdauer beim Kunden.

Materialklassifikation = **material classification**

3 Materialklassifikation
Einteilung der Materialien in Gruppen nach bestimmten Kriterien

Die **Materialklassifikation** dient dazu, die im Unternehmen benötigten Materialien nach bestimmten Kriterien in **Gruppen** zusammenzufassen.

Anna: Wie viele verschiedene Materialien werden in einem Produktionsbetrieb wie der ING4TECH ungefähr benötigt?

Leiter Einkauf: Ein typischer mittelgroßer Produktionsbetrieb wie die ING4TECH hat je nach Produktsortiment rund 5000 bis 10 000 verschiedene Zukaufteile regelmäßig oder in größeren zeitlichen Abständen zu beschaffen.

Für die einzelnen Materialpositionen muss man die möglichst optimale Beschaffungsstrategie wählen. Um dies zu vereinfachen, werden die Materialien mithilfe einer ABC-Analyse und einer XYZ-Analyse in Klassen eingeteilt.

ABC-Analyse

Eine Einteilung nach dem **Pareto-Prinzip** erfüllt prinzipiell den gleichen Zweck. Im Unterschied zur ABC-Analyse erfolgt beim Pareto-Prinzip eine Einteilung in nur zwei Gruppen mit 80 % und 20 % Wertanteil.

Abgeleitet vom Paretoprinzip erfolgt die Einteilung der Materialien in A-, B- und C-Teile vielfach im Verhältnis 80 % (A-Teile), 15 % (B-Teile), 5 % (C-Teile).

ABC-Analyse = **ABC-analysis**

In einem Unternehmen werden laufend viele verschiedene Materialien benötigt. Mithilfe einer ABC-Analyse werden diese Materialien nach ihrer wirtschaftlichen Bedeutung für das Unternehmen in drei Gruppen eingeteilt:

- **A-Teile** (70 % Wertanteil, daher hohe wirtschaftliche Bedeutung)
- **B-Teile** (20 % Wertanteil, daher mittlere wirtschaftliche Bedeutung)
- **C-Teile** (10 % Wertanteil, daher geringe wirtschaftliche Bedeutung)

Die nebenstehende Grafik verdeutlicht die in den meisten Unternehmen vorherrschende Situation, dass ca. 20 bis 30 % der Materialpositionen 70 % des Wertes repräsentieren.

Ein Unternehmen kann im Bereich Materialwirtschaft umso erfolgreicher rationalisieren, je mehr Anstrengungen es bei A-Teilen unternimmt (z. B. Preisverhandlungen mit Lieferanten, Optimierung der Lagerbestände). Bei C-Teilen werden diese Anstrengungen nur einen kostenmäßig relativ geringen Nutzen bringen.

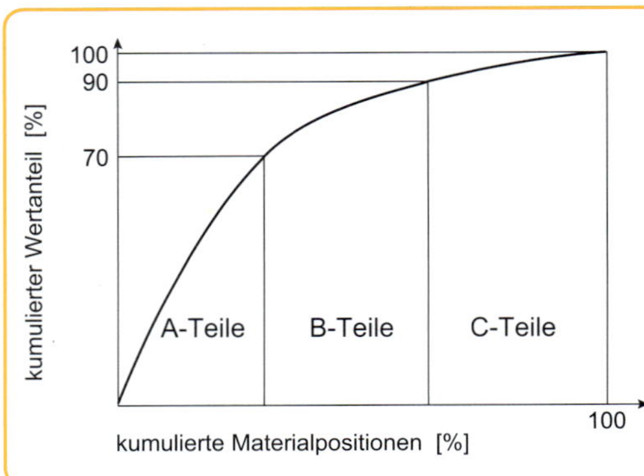

Die **ABC-Analyse** wird auch in anderen Unternehmensbereichen angewendet, um Prioritäten für bestimmte Aktivitäten zu setzen.

Sie ist überall dort sinnvoll, wo aus einer großen Anzahl von Objekten die wesentlichen herausgefiltert werden sollen (z. B. Kunden, Reklamationen, Instandhaltung).

Die **Durchführung der ABC-Analyse** erfolgt nach folgendem Schema:

1. Ermittlung des Mengenverbrauchs [St./Jahr] und des Wertes je Mengeneinheit [€/St.] für die einzelnen Materialien aus der Lagerverwaltung
2. Ermittlung des Gesamtwertes [€/Jahr] für jede Materialposition (= Mengenverbrauch × Wert je Mengeneinheit)
3. Ermittlung des Prozentanteils des Gesamtwerts der einzelnen Materialpositionen
4. Sortierung der Materialpositionen in absteigender Reihenfolge nach der Höhe des %-Anteils des Gesamtwerts
5. Ermittlung des kumulierten Prozentanteils der Gesamtwerte
6. Bildung von Wertgruppen in Hinblick auf A-Teile, B-Teile und C-Teile
7. Ermittlung des Prozentanteils einer Materialposition und des kumulierten Prozentanteils der Materialpositionen
8. Grafische Darstellung des Ergebnisses in Form eines kumulierten Wertanteil [%]-Materialpositionen [%]-Diagramms

Beispiel

In der nebenstehenden Tabelle finden Sie eine Liste mit Materialnummern aus der Lagerbuchhaltung der ING4TECH mit der entsprechenden Jahresverbrauchsmenge [St./Jahr] und dem Wert der einzelnen Materialien [€/St.].

Diese Materialien sollen mittels einer ABC-Analyse in A-Teile (70 % Wertanteil), in B-Teile (20 % Wertanteil) und C-Teile (10 % Wertanteil) unterteilt werden.

Mat.-Nr.	Menge [St./Jahr]	Wert [€/St.]
1001	150	131,00
1002	17500	0,09
1003	5000	1,30
1004	850	7,90
1005	15000	0,12
1006	6000	4,50
1007	1500	3,00
1008	40000	0,20
Summe	86000	

Lösung:

Mat.-Nr.	Menge [St./Jahr]	Wert [€/St.]	Gesamtwert [€/Jahr]	Anteil Gesamtwert [%]	Reihenfolge
1001	150	131,00	19.650	25,9	2
1002	17500	0,09	1.575	2,1	8
1003	5000	1,30	6.500	8,6	5
1004	850	7,90	6.715	8,9	4
1005	15000	0,12	1.800	2,4	7
1006	6000	4,50	27.000	35,6	1
1007	1500	3,00	4.500	5,9	6
1008	40000	0,20	8.000	10,6	3
Summe	86000		75.740		

Zuerst wird der Gesamtverbrauchswert der einzelnen Materialien [€/Jahr] und der jeweilige Anteil am Gesamtwert [%] ermittelt.

Danach erfolgt eine Reihung der Materialien entsprechend der Höhe des Anteils am Gesamtwert in absteigender Reihenfolge. Nach der Ermittlung des kumulierten Anteils am Gesamtwert [%] kann die Einteilung in A-Teile, B-Teile und C-Teile erfolgen.

Mat.-Nr.	Menge [St./Jahr]	Wert [€/St.]	Gesamtwert [€/Jahr]	Anteil Gesamtwert [%]	Reihenfolge	kum. Anteil Gesamtwert [%]	Kategorie	Materialpositionen [%]	kum. Materialpos. [%]
1006	6000	4,50	27.000	35,6	1	35,6	A	12,5	12,5
1001	150	131,00	19.650	25,9	2	61,6	A	12,5	25,0
1008	40000	0,20	8.000	10,6	3	72,2	B	12,5	37,5
1004	850	7,90	6.715	8,9	4	81,0	B	12,5	50,0
1003	5000	1,30	6.500	8,6	5	89,6	B	12,5	62,5
1007	1500	3,00	4.500	5,9	6	95,5	C	12,5	75,0
1005	15000	0,12	1.800	2,4	7	97,9	C	12,5	87,5
1002	17500	0,09	1.575	2,1	8	100,0	C	12,5	100,0
Summe	86000		75.740	100,0				100,0	

Aus dem kumulierten Anteil am Gesamtwert und den kumulierten Materialpositionen lässt sich das Ergebnis noch in einer Grafik darstellen.

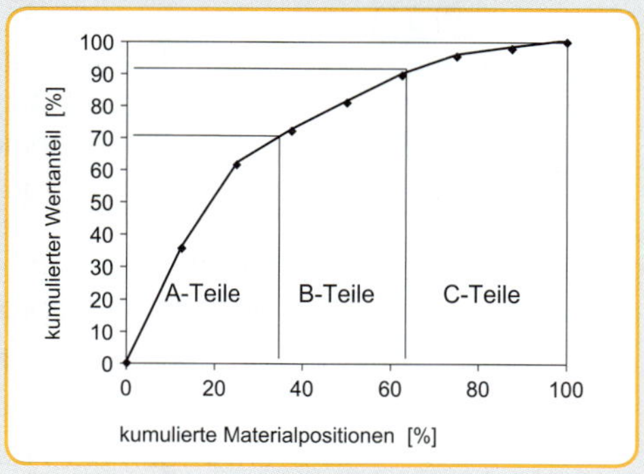

XYZ-Analyse

Ein weiteres wichtiges Kriterium bei der Einteilung der Materialien in Klassen ist die Regelmäßigkeit des Verbrauchs in der Vergangenheit. Dabei unterscheidet man:

- **X-Teile,** mit relativ gleichmäßigem Verbrauch (z. B. in konstanten Mengen benötigte Schrauben, Bleche, Schweißelektroden usw.)
- **Y-Teile,** bei denen der Verbrauch nach einem Muster schwankt (z. B. von der Saison abhängige Materialien wie Speiseeis, Heizmaterial usw.)
- **Z-Teile,** bei denen der Verbrauch völlig unregelmäßig ist (z. B. Zukaufteile im Anlagenbau, Ersatzteile usw.)

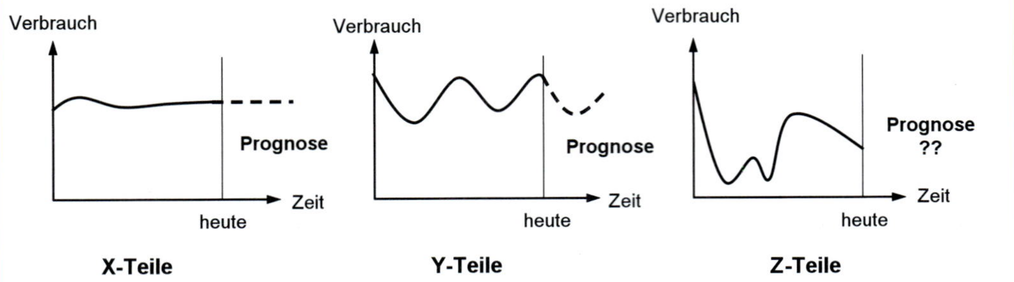

XYZ-Analyse

Zweck dieser Einteilung ist die Genauigkeit von Bedarfsprognosen für die Zukunft. Während für X-Teile Bedarfsprognosen relativ genau erstellt werden können, ist dies für Y-Teile schwieriger und für Z-Teile nahezu unmöglich.

Üben

SbX ID: 5102

Ü 1:
Aufgabe der Materialwirtschaft ist es, die Verfügbarkeit der im Unternehmen benötigten Materialien sicherzustellen. Welche Aufgaben beinhaltet dies konkret?

Ü 2:
Logistik ist die Summe aller Tätigkeiten, die sich mit der Planung, Steuerung und Durchführung der Materialflüsse innerhalb und zwischen Unternehmen befassen. Die Ziele der Logistik werden häufig durch die „6 R" beschrieben. Welche Ziele sind das?

SbX
Ü 3 **mit automatischer Aufgabenkontrolle**
ID: 5102
erledigt ✓
Ü 3 ☐

Ü 3:
Die vier Teilbereiche der Logistik sind die Beschaffungslogistik (B), die Produktionslogistik (P), die Distributionslogistik (D) und die Entsorgungslogistik (E). Ordnen Sie die folgenden Aufgabengebiete den einzelnen Bereichen zu.

	B	P	D	E
Organisation und Durchführung der innerbetrieblichen Materialtransporte				
Organisieren der Materialtransporte von Lieferanten zum Unternehmen				
Entsorgen der Produktionsabfälle				
Lagerung der Materialien nach der Anlieferung, bis sie im Unternehmen benötigt werden				
Lagerung der fertigen Produkte bis zur Auslieferung an die Kunden				

Ü 4:

Im Lager der ING4TECH sehen Sie eine Tabelle, in der die darin aufgelisteten Teile in A-, B- und C-Teile eingeteilt sind. Was bedeuten diese Bezeichnungen?

Ü 5:

Führen Sie eine ABC-Analyse mit den nachfolgenden beispielhaften Daten durch. Teilen Sie die Materialien in A-Teile (70 % Wertanteil), B-Teile (20 % Wertanteil) und C-Teile (10 % Wertanteil) ein. Erstellen Sie außerdem eine Grafik, in der die kumulierten Gesamtwerte [%] und die kumulierten Materialpositionen [%] eingetragen werden.

Mat.-Nr.	Menge [St./Jahr]	Wert [€/St.]
41	220	2.940
42	255	1.650
43	812	179
44	1500	53
45	1900	26
46	1200	77
47	240	1.150
48	2000	12
49	1750	37
50	1200	143
Summe	11 077	

Ü 6:

In der Materialwirtschaft der ING4TECH werden die Materialien nach der Regelmäßigkeit ihres Verbrauchs in X-Teile, Y-Teile und Z-Teile unterteilt. Wozu wird diese Unterteilung durchgeführt?

Sichern

SbX ID: 5103

Aufgaben der Materialwirtschaft

Die **Aufgaben der Materialwirtschaft** umfassen die

- Festlegung der Beschaffungsstrategie,
- Materialbestandsplanung,
- Beschaffung der erforderlichen Materialien und Dienstleistungen,
- Materialtransporte vom Lieferanten zum Unternehmen,
- Materiallagerung und -verwaltung.

Logistik

Die **Logistik** umfasst alle Tätigkeiten, die sich mit der Planung, Steuerung und Durchführung des Materialflusses innerhalb und zwischen Unternehmen befassen. Sie wird unterteilt in die Beschaffungslogistik, Produktionslogistik, Distributionslogistik und Entsorgungslogistik.

ABC-Analyse

Nach ihrer wirtschaftlichen Bedeutung für das Unternehmen kann man Materialien mithilfe einer **ABC-Analyse** unterteilen. Meist haben die A-Teile ca. 70 % Wertanteil, die B-Teile ca. 20 % Wertanteil und die C-Teile ca. 10 % Wertanteil.

XYZ-Analyse

Mithilfe einer **XYZ-Analyse** unterteilt man die Materialien nach der Regelmäßigkeit ihres Verbrauchs. X-Teile haben einen relativ gleichmäßigen Verbrauch, Y-Teile einen nach einem bestimmten Muster schwankenden Verbrauch und Z-Teile einen unregelmäßigen Verbrauch.

SbX ID: 5103

Eine Audio-Wiederholung mit Audio-Player und MP3-Download sowie eine Bildschirmpräsentation mit allen Grafiken dieser Lerneinheit finden Sie unter der ID: 5103.

Wissen

1. In einer Zeitung sehen Sie eine Stellenanzeige, in der ein „Leiter der Materialwirtschaft" in einem Produktionsbetrieb gesucht wird. Welche Aufgaben hat die Abteilung Materialwirtschaft in einem derartigen Betrieb?

2. Heutzutage gibt es immer mehr Aus- und Weiterbildungsangebote, die das Thema Logistik zum Inhalt haben. Was sind die Aufgaben der Logistik in einem Unternehmen? Welche Inhalte werden Ihrer Meinung nach in einer solchen Ausbildung vermittelt?

3. Bei einer Präsentation des Leiters der Instandhaltung in der ING4TECH sehen Sie folgende Grafik. Welche Aussage vermittelt diese Grafik?

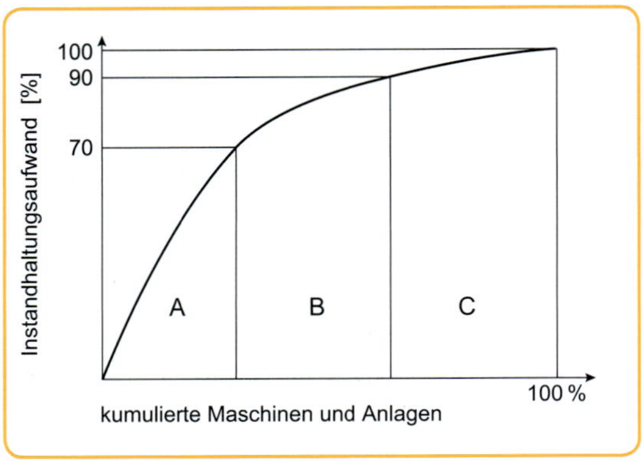

Lerneinheit 2
Materialbeschaffung

SbX
Alle SbX-Inhalte zu dieser Lerneinheit finden Sie unter der ID: 5200.

Die Aufgabe der Materialwirtschaft ist die rechtzeitige Bereitstellung der im Unternehmen benötigten Materialien zu möglichst niedrigen Kosten. Damit dieses Ziel erreicht werden kann, sind für alle Materialien Entscheidungen hinsichtlich Beschaffungsstrategie und Bestandsplanung zu treffen.

Lernen

SbX ID: 5201

Beschaffungsstrategie = **procurement strategy**

1 Beschaffungsstrategie
Manche Materialien werden auf Vorrat beschafft, andere erst bei einem konkreten Bedarf.

Auch im privaten Haushalt steht man vor der Aufgabe zu entscheiden, welche Lebensmittel man auf Vorrat beschafft (z. B. Mehl, Zucker) und welche erst bei Bedarf gekauft werden (z. B. Marzipan für die Geburtstagstorte).

Die Wahl der Beschaffungsstrategie beinhaltet die Entscheidung, welche der im Unternehmen benötigten Materialien auf Vorrat beschafft werden sollen. Die restlichen Materialien werden erst bei Auftreten eines tatsächlichen Bedarfs beschafft. Als Sonderform ist noch die Just-in-time-Beschaffung zu erwähnen.

Anna: Bei meinem Rundgang durch die ING4TECH habe ich ein großes Materiallager gesehen. Wovon hängt es ab, dass manche Materialien auf Vorrat beschafft werden und manche nicht?

Vorratsbeschaffung = **stock procurement**

Vorratsbeschaffung

Bei der Vorratsbeschaffung (verbrauchsgesteuerte Beschaffung) wird regelmäßig eine bestimmte Materialmenge beschafft und diese auf Lager gelegt. Bei Bedarf wird die benötigte Menge aus dem Lager entnommen.

Vorteile	Nachteile
• kurzfristige Verfügbarkeit • geringere Beschaffungskosten (z. B. Transportkosten, Mengenrabatte)	• Lagerhaltungskosten • Kapitalbindung • Gefahr der Wertminderung (z. B. Haltbarkeit, technische Veralterung)

Unter **Kapitalbindung** versteht man den Umstand, dass Kapital z. B. in Form von Material im Unternehmen gebunden ist. Die benötigten Materialien werden zeitlich früher beschafft, als die Erlöse aus dem Verkauf der hergestellten Produkte im Unternehmen einlangen. Der dadurch entstehende Finanzmittelbedarf muss über Eigenkapital oder Fremdkapital abgedeckt werden.

Einzelbeschaffung = **individual procurement**

Einzelbeschaffung

Bei der Einzelbeschaffung (plangesteuerte Beschaffung) wird die benötigte Materialmenge erst dann beschafft, wenn ein entsprechender Kunden- oder Lagerauftrag vorliegt. Das Material wird üblicherweise einige Tage vor Fertigungs- bzw. Montagebeginn angeliefert und kurzzeitig zwischengelagert.

Vorteile	Nachteile
• geringe bis keine Lagerkosten • geringe Kapitalbindung	• Material nicht sofort verfügbar • Risiko nicht termingerechter Lieferung • höhere Beschaffungskosten (z. B. Einzeltransport, keine Mengenrabatte)

Just-in-time-Beschaffung

Unter einem **Pönale** versteht man eine pauschalisierte Schadenersatzzahlung aufgrund der Nichteinhaltung einer vertraglich vereinbarten Leistung (z. B. Termin, Menge, Qualität).

Bei dieser Beschaffungsstrategie schließt das Unternehmen **längerfristige Lieferverträge** über größere Materialmengen mit einem Lieferanten ab. Die Anlieferung des Materials erfolgt in **vereinbarten Teilmengen** zu genau festgesetzten Terminen direkt an die Produktion.

Es bleibt zwar das Risiko der verspäteten Anlieferung des Materials. Dieses wird jedoch dadurch verringert, dass ein Pufferlager für einige Stunden Produktionszeit direkt am Arbeitsplatz angelegt wird. Außerdem werden mit den Lieferanten meist entsprechende Pönalezahlungen bei verspäteter Lieferung vertraglich vereinbart.

Michael: Gibt es bei ING4TECH auch eine Just-in-time-Anlieferung?

Leiter Einkauf: Nein, dazu sind unsere produzierten Stückzahlen viel zu gering. Diese Beschaffungsstrategie wird üblicherweise nur bei Großserien- bzw. Massenfertigung wie in der Automobilindustrie angewendet. Bei ING4TECH werden alle regelmäßig benötigten Teile sowie die unregelmäßig benötigten C-Teile auf Vorrat beschafft. Die unregelmäßig benötigten A- und B-Teile werden nach Bedarf beschafft.

Bestandsplanung = **inventory planning**

2 Bestandsplanung

Ein volles Lager ist nicht immer erwünscht, hat aber auch seine Vorteile.

Michael: Wenn ich mich bei einer Materialposition für eine bestimmte Beschaffungsstrategie entschieden habe, muss ich dann noch zusätzliche Festlegungen treffen?

Leiter Einkauf: Wird für eine Materialposition die Beschaffungsstrategie „Vorratsbeschaffung" gewählt, sind zusätzlich entsprechende Bestandskennzahlen festzulegen. Dazu gehört insbesondere die Festlegung, zu welchem Zeitpunkt das Material nachbestellt werden muss und wie hoch die jeweilige Bestellmenge sein soll.

Bestandskennzahlen = **inventory key figures**

Bestandskennzahlen

Unter der idealisierten Annahme eines gleichmäßigen Verbrauchs v kann der zeitliche Verlauf des Bestands einer Materialposition im Lager wie folgt dargestellt werden.

Unter **Servicegrad S** (Lieferbereitschaft) versteht man die Anzahl der sofort erfüllbaren Materialanforderungen im Lager zu deren Gesamtanzahl. Ein Servicegrad von 90 % bedeutet, dass 9 von 10 Materialanforderungen sofort erfüllt werden konnten.

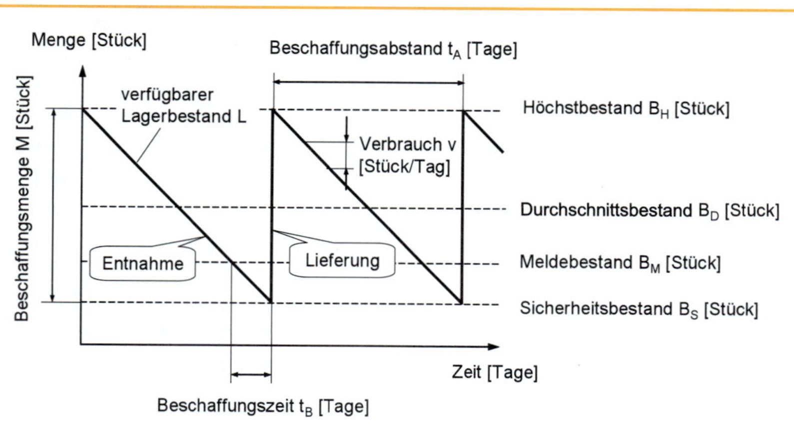

Zeitlicher Verlauf des Bestands einer Materialposition

Sicherheitsbestand B_S

Der Sicherheitsbestand ist der Materialbestand, der bei planmäßigem Verbrauch nicht unterschritten werden soll. Er stellt einen Puffer dar, der die Verfügbarkeit der Materialien für die Produktion auch bei ungeplanten Ereignissen sicherstellen soll (z. B. Lieferzeitüberschreitungen, Verbrauchsschwankungen, Schwund).

Je wahrscheinlicher das Auftreten dieser unplanmäßigen Ereignisse und je höher die Anforderungen an den Servicegrad im Materiallager sind, desto größer muss der Sicherheitsbestand gewählt werden.

Verfügbarer Lagerbestand L

Der verfügbare Lagerbestand ist der Materialbestand, der sich zu einem bestimmten Zeitpunkt zur freien Verfügung im Lager befindet. Er kann sich vom tatsächlichen Lagerbestand dahingehend unterscheiden, dass bestimmte Mengen an Material im Lager zwar vorhanden, aber bereits für Fertigungsaufträge reserviert sind.

In den meisten Unternehmen werden heutzutage alle Materialein- und -ausgänge im Lager mittels eines EDV-gestützten Warenwirtschaftssystems erfasst. Damit kann jederzeit der aktuell verfügbare Lagerbestand ermittelt werden.

Beschaffungszeit t_B

Unter **„Kommissionieren"** versteht man das Holen von angeforderter Ware aus dem Lager und das Zusammenfassen zu einer Lieferung.

Muss das Material beim Lieferanten nicht nur kommissioniert, sondern erst hergestellt werden, so verlängert sich die Beschaffungszeit entsprechend.

Die Beschaffungszeit ist die Zeit zwischen dem Zeitpunkt des Erreichens des Meldebestands und dem Zeitpunkt, zu dem das bestellte Material im Lager verfügbar ist. Dazu gehören die Zeiten für den innerbetrieblichen Bestellvorgang, das Kommissionieren beim Lieferanten, der Transport vom Lieferanten ins Unternehmen sowie der Materialeingang.

Meldebestand B_M

Der Meldebestand ist der Bestand, bei dessen Unterschreiten eine Meldung des Lagerarbeiters bzw. bei EDV-gestützten Warenwirtschaftssystemen eine automatische Meldung an den Einkauf erfolgt. Diese Meldung löst dort einen entsprechenden Beschaffungsvorgang aus.

$$B_M = B_S + v \times t_B$$

Beschaffungsmenge M

Bei jedem Beschaffungsvorgang wird eine bestimmte Menge des Materials beim Lieferanten bestellt. Wie groß diese Beschaffungsmenge M sein soll, d. h. die optimale Beschaffungs-Losgröße M_{opt}, kann näherungsweise mithilfe der **Andler'schen Losgrößenformel** ermittelt werden:

$$M_{opt} = \sqrt{\frac{2 \times V \times k_b}{k_e \times \frac{MGKZ}{100}}}$$

k_e .... Einstandspreis des Materials [€/St.]
k_b .... Beschaffungskosten [€/Beschaffungsvorgang]
V .... Materialverbrauch [St./Jahr]
MGKZ ....Materialgemeinkostenzuschlagsatz [%] (siehe Kapitel Kostenrechnung)

Bei der Ermittlung dieser optimalen Beschaffungsmenge M_{opt} werden zwei gegenläufige Einflussfaktoren berücksichtigt:

Beschaffungskosten = **procurement costs**

Lagerkosten = **storage costs**

- **Beschaffungskosten,** die bei jedem Beschaffungsvorgang in nahezu unveränderter Höhe anfallen (z. B. Personalkosten für Bestellvorgang, Transportkosten)
- **Lagerkosten,** die abhängig von der Größe des Materiallagers und der Höhe des im Lager gebundenen Kapitals sind

Neben der hier erläuterten Methode der Bestandsplanung mit Meldebestand und gleichbleibender Beschaffungsmenge gibt es in Theorie und Praxis noch andere Möglichkeiten, z. B. Auffüllen bis zum Höchstbestand, gleichbleibende Beschaffungsabstände usw.

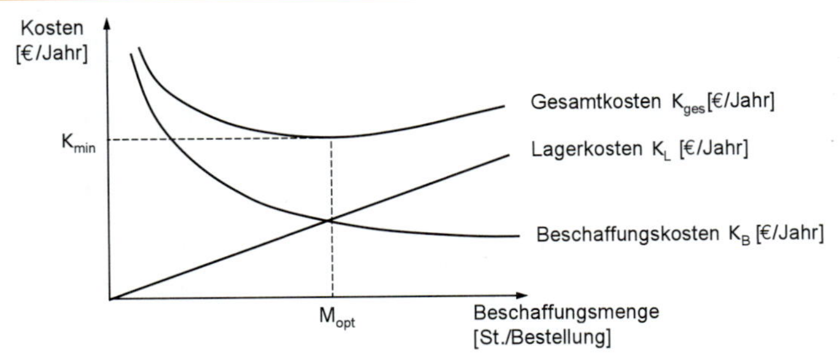

Optimale Fertigungslosgröße

Diese Kosten können in Abhängigkeit von der jeweiligen Beschaffungsmenge je Bestellung ermittelt und in einem Diagramm aufgetragen werden. Addiert man diese Kosten, so ergibt sich eine Gesamtkostenkurve, bei deren Minimum die Beschaffungsmenge M_{opt} liegt.

Die mithilfe der Andler'schen Losgrößenformel ermittelte optimale Beschaffungsmenge M_{opt} dient nur als Richtwert. Die Festlegung der tatsächlichen Beschaffungsmenge M erfolgt unter Berücksichtigung zusätzlicher Faktoren wie Transportmittelgröße (Lkw, Bahn, Container), Verpackungseinheiten (Palette, Kartongröße) usw.

Wie in den Unternehmen hat sich auch im privaten Haushalt die **Lagerhaltung** in den letzten Jahrzehnten verändert.

Früher war es üblich, Lebensmittel in größeren Abständen zu beschaffen oder selbst herzustellen und in der Speisekammer bzw. im Keller einzulagern.

Heutzutage verfügen viele Haushalte nur mehr über den Kühlschrank und die Küchenkästen als Lagerraum, wodurch man öfter einkaufen gehen muss, d. h., der Beschaffungsabstand hat sich reduziert.

Die Andler'sche Losgrößenformel kann auch bei der Festlegung der optimalen Fertigungslosgröße bei Eigenfertigung angewendet werden. Dabei müssen jedoch statt der Beschaffungskosten k_b die Rüstkosten je Rüstvorgang k_r [€/Rüstvorgang] und anstatt des Einstandspreises k_e die Herstellkosten je Stück k [€/Stück] eingesetzt werden.

Höchstbestand B_H

Der Höchstbestand gibt an, welche Menge der jeweiligen Materialposition maximal im Lager vorhanden sein wird. Die Höhe des Höchstbestands ist Grundlage für die Dimensionierung des Materiallagers.

$$B_H = B_S + M$$

Durchschnittsbestand B_D

Der Durchschnittsbestand ist der Materialbestand, der sich über das Jahr gesehen durchschnittlich im Lager befindet. Er ist Grundlage für die Ermittlung der Zinskosten für das im Lager gebundene Kapital.

$$B_D = B_S + M / 2$$

Beschaffungsabstand t_A

Der Beschaffungsabstand ist die Zeit zwischen zwei Bestellungen bzw. zwischen zwei Materiallieferungen.

$$t_A = M / v$$

Beispiel

Das in der ING4TECH benötigte Material MA2412 wird auf Vorrat beschafft. Folgende Daten sind bekannt:

- Materialverbrauch V 36 000 St./Jahr bei 240 Arbeitstagen/Jahr
- Beschaffungszeit t_B 8 Tage
- Einstandspreis k_e € 11,50/St.
- Beschaffungskosten k_b € 1.500,–/Bestellung (Bestellabwicklung, Transport, Einlagerung)
- Materialgemeinkostenzuschlagsatz (aus der betrieblichen Kostenrechnung) MGKZ 15 %

Außerdem wurde festgelegt, dass der Sicherheitsbestand für eventuell auftretende Lieferverzögerungen von maximal t_S = 5 Arbeitstage reichen soll.

Basierend auf den obigen Informationen sind die folgenden Lagerbestandskennzahlen für dieses Material zu ermitteln: Sicherheitsbestand B_S, Meldebestand B_M, optimale Bestellmenge M_{opt}, Bestellabstand t_A, Höchstbestand B_H und Durchschnittsbestand B_D.

Lösung:

$$\text{Verbrauch } v = \frac{V}{\text{Arbeitstage}} = \frac{36\,000 \text{ St./Jahr}}{240 \text{ Tage/Jahr}} = 150 \text{ St./Tag}$$

$$\text{Sicherheitsbestand } B_S = v \times t_S = 150 \text{ Tage/Jahr} \times 5 \text{ Tage} = 750 \text{ St.}$$

$$\text{Meldebestand } B_M = B_S + t_B \times v = 750 \text{ St.} + 8 \text{ Tage} \times 150 \text{ St./Tag} = 1950 \text{ St.}$$

$$\text{Opt. Bestellmenge } M_{opt} = \sqrt{\frac{2 \times V \times k_b}{k_e \times \frac{MGKZ}{100}}} = \sqrt{\frac{2 \times 36\,000 \times 1500}{11{,}50 \times \frac{15}{100}}} = 7912 \text{ St./Bestellung}$$

Bestellmenge M = 8000 St./Bestellung

$$\text{Bestellabstand } t_A = \frac{M}{v} = \frac{8000 \text{ St.}}{150 \text{ St./Tag}} = 53{,}3 \text{ Tage}$$

$$\text{Höchstbestand } B_H = B_S + M = 750 \text{ St.} + 8000 \text{ St.} = 8750 \text{ St.}$$

$$\text{Durchschnittsbestand } B_D = B_S + M : 2 = 750 \text{ St.} + 8000 \text{ St.} : 2 = 4750 \text{ St.}$$

Beschaffungsprozess = **procurement process**

3 Beschaffungsprozess

Die Beschaffung der benötigten Materialien zu möglichst günstigen Kosten ist Aufgabe der Abteilung Einkauf.

Ausgangspunkt des Materialbeschaffungsprozesses, der in der Abteilung Einkauf durchgeführt wird, ist das Vorliegen eines entsprechenden Bedarfs im Unternehmen. Zu berücksichtigen sind dabei die für die jeweilige Materialposition festgelegte Beschaffungsstrategie und die Bestandskennzahlen.

Anna: Welche Qualifikation benötigt man, um bei ING4TECH im Einkauf zu arbeiten?

Leiter Einkauf: In Produktionsunternehmen ist meist eine Kombination zwischen wirtschaftlichen und technischen Kenntnissen erforderlich, um im Einkauf tätig zu sein. Der Einkäufer muss aus einer technisch formulierten Bestellanforderung eine Ausschreibung erstellen und die eintreffenden Angebote bewerten. Nach den Vertragsverhandlungen mit möglichen Lieferanten ist ein entsprechender Kaufvertrag zu erstellen.

Bei ING4TECH sind im Einkauf daher größtenteils HTL-Absolventen/-Absolventinnen beschäftigt. Diese haben die erforderlichen wirtschaftlichen Kenntnisse bereits mitgebracht bzw. mussten sich diese nachträglich aneignen.

Der bei der Materialbeschaffung durchzuführende Beschaffungsprozess umfasst eine Reihe von Aktivitäten.

Branchenspezifische Fachmessen sind beliebte Veranstaltungen, bei denen Kunden und Lieferanten zusammentreffen. Ziel dabei ist es, neue Lieferanten bzw. Kunden kennenzulernen und neue Produkte vorzustellen.

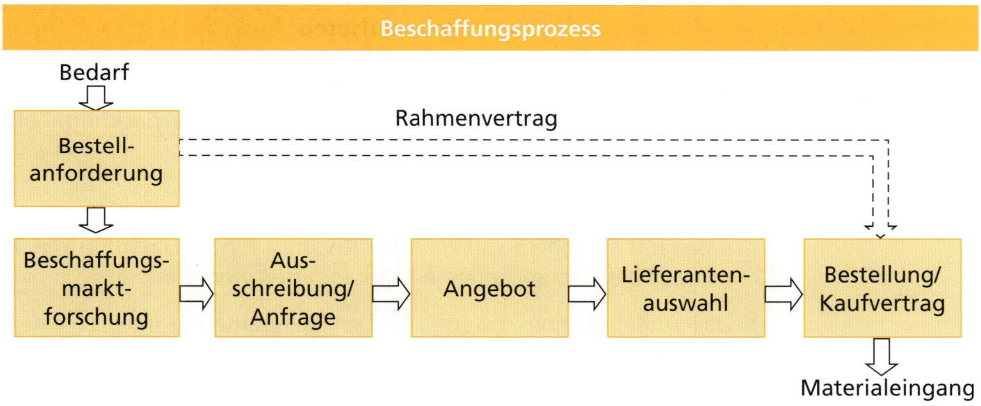

Aktivitäten beim Beschaffungsprozess

Bestellanforderung = **purchase request**

Bestellanforderung

Material und sonstige benötigte Güter und Dienstleistungen werden von der Abteilung Einkauf nur beschafft, wenn eine entsprechende Bestellanforderung vorliegt. Diese wird von der Abteilung erstellt und an den Einkauf übermittelt, die einen entsprechenden Bedarf hat. Solche Bestellanforderungen kommen u. a.

- vom Materiallager, in dem das Erreichen des Meldebestands bei einer Materialposition festgestellt wurde,
- von der Produktion, die ein nicht auf Lager liegendes Material für einen Kundenauftrag bzw. Lagerauftrag benötigt,
- von der Instandhaltung, die ein Ersatzteil für eine Maschine braucht,
- von einer Fachabteilung, die beispielsweise einen Computer für einen neuen Mitarbeiter benötigt, usw.

Beschaffungsmarktforschung = **procurement market research**

Beschaffungsmarktforschung

Die Abteilung Einkauf soll das benötigte Material möglichst kostenoptimal beschaffen. Daher wird sie mögliche Lieferanten am Beschaffungsmarkt suchen. Die Beschaffungsmarktforschung greift auf eine Vielzahl von Informationsquellen zurück wie z. B.

- Prospekte und Kataloge,
- Internet,
- Fachzeitschriften,
- Fachmessen usw.

SbX

Links zu Lieferantensuchmaschinen und Fachmessen finden Sie unter der ID: 5201.

Ausschreibung = **bid invitation**
Anfrage = **request for quotation**
Angebot = **quotation**

Ausschreibung/Anfrage

Eine Ausschreibung bzw. Anfrage ist eine Einladung zur Angebotslegung an einen oder mehrere mögliche Lieferanten. Sie enthält eine genaue Spezifikation der zu beschaffenden Materialien nach Art und Menge sowie zusätzliche auftragsrelevante Informationen (z. B. gewünschter Liefertermin, Zahlungsbedingungen, Transportbedingungen).

Die Erstellung der Ausschreibungsunterlagen erfolgt üblicherweise durch die Abteilung Einkauf mit Unterstützung derjenigen Stelle im Unternehmen, die das Material benötigt.

Das Vorgehen des Staates bei der Vergabe von öffentlichen Aufträgen ist durch das **Bundesvergabegesetz** vorgegeben.

Angebot

Basierend auf den Inhalten der Ausschreibung wird von den möglichen Lieferanten ein Angebot übermittelt. Die in den Angeboten enthaltenen Preise sind aber nicht immer vergleichbar, da Preisnachlässe vom Angebotspreis abzuziehen sind. Außerdem sind eventuelle Transport- und Verpackungskosten zu addieren.

Als **Skonto** bezeichnet man den Preisnachlass, den ein Lieferant gewährt, wenn der Kunde innerhalb einer bestimmten Frist die Rechnung bezahlt.

Einstandspreis

Um zu einem vergleichbaren Preis zu kommen, berechnet man den Preis zum Zeitpunkt der Bereitstellung der Ware im Unternehmen. Diesen Preis nennt man Einstandspreis. Er lässt sich aus dem Bruttoangebotspreis wie folgt berechnen:

	Bruttoangebotspreis (inkl. USt)
–	Umsatzsteuer (USt)
=	Nettoangebotspreis (exkl. USt)
–	Rabatt
=	Zieleinkaufspreis
–	Skonto
=	Bareinkaufspreis
+	Bezugsspesen (Transport, Verpackung, Zoll usw.)
=	Einstandspreis

Nähere Erläuterungen zur Durchführung von Preiskalkulationen finden Sie im Kapitel „Kostenrechnung".

Beispiel

Basierend auf einem vorliegenden Angebot für die Lieferung von 100 Stück eines Maschinenteils soll der Einstandspreis je Stück ermittelt werden.

Das Angebot eines österreichischen Lieferanten beinhaltet einen Bruttoangebotspreis von € 82,–/Stück. Die darin enthaltene Umsatzsteuer beträgt 20 %. Aus dem Angebot geht hervor, dass ein Rabatt von 10 % und ein Skonto von 2 % bei Zahlung innerhalb von 14 Tagen gewährt wird.

Der Preis gilt „ab Werk (EXW)", wodurch die Transportkosten für die Lieferung von € 150,– (inkl. 20 % USt) vom Käufer zu tragen sind. Sonstige Bezugskosten fallen nicht an.

Transportbedingungen werden vertraglich häufig unter Anwendung der international gültigen **INCOTERMS** festgelegt. Diese legen die Rechte und Pflichten beim Transport einer Ware (z. B. Kosten- und Risikoübernahme) zwischen Käufer und Verkäufer fest.

Lösung:

	Transportkosten (inkl. USt)		150,00	€/Lieferung
–	Umsatzsteuer (USt)	20 %	25,00	€/Lieferung
=	Transportkosten (exkl. USt)		125,00	€/Lieferung
:	Stückzahl		100	St./Lieferung
=	Transportkosten (exkl. USt) je Stück		1,25	€/St.
	Bruttoangebotspreis (inkl. USt)		82,00	€/St.
–	Umsatzsteuer	20 %	16,40	€/St.
=	Nettoangebotspreis (exkl. USt)		68,33	€/St.
–	Rabatt	10 %	6,83	€/St.
=	Zieleinkaufspreis		61,50	€/St.
–	Skonto	2 %	1,23	€/St.
=	Bareinkaufspreis		60,27	€/St.
+	Bezugsspesen (Transport)		1,25	€/St.
=	**Einstandspreis**		**61,52**	**€/St.**

Vor der endgültigen Bewertung und Reihung der Angebote sowie der Durchführung der Bestellung erfolgen meist noch Vertragsverhandlungen mit den möglichen Lieferanten.

Lieferantenauswahl

Die bis zum Ende der Angebotsfrist eingelangten Angebote werden zuerst auf Einhaltung der in der Ausschreibung angeführten Bedingungen geprüft. Die anschließende Bewertung und Reihung der Angebote erfolgt unter Berücksichtigung verschiedener Kriterien (z. B. Anschaffungspreis, Betriebskosten, Lieferzeit, Referenzen, Zahlungsbedingungen, Garantien), die jedoch unterschiedlich gewichtet sein können.

Nutzwertanalyse

Um eine nachvollziehbare Entscheidungsfindung bei der Bewertung und Reihung der Angebote zu gewährleisten, kann diese systematisch mithilfe einer sogenannten Nutzwertanalyse durchgeführt werden. Diese erfolgt tabellarisch in mehreren Schritten:

1. Auflistung der für die Entscheidung relevanten Bewertungskriterien
2. Gewichtung der Kriterien entsprechend ihrer Bedeutung (G = Gewichtungsfaktor)
3. Bewertung der Erfüllung der Kriterien bei den einzelnen Alternativen (B = Bewertungsfaktor)
4. Durch Multiplikation (W = B x G) und Summenbildung (NW = $\sum$W) erhält man den Nutzwert der einzelnen Alternativen, womit sich eine Reihung durchführen lässt.

Bewertungskriterien		Alternative 1		Alternative 2	
	G	B	W = B × G	B	W = B × G
Einstandspreis					
Betriebskosten					
Lieferzeit					
Referenzen					
Zahlungsbedingungen					
Garantien					
Nutzwert NW					

Gewichtungsfaktor G
1 = weniger wichtig
5 = sehr wichtig

Bewertungsfaktor B
1 = nicht erfüllt
5 = sehr gut erfüllt

Die Durchführung einer Reihung der Angebote mittels Nutzwertanalyse ist insbesondere dann sinnvoll, wenn sehr unterschiedliche quantitative und qualitative Kriterien bei der Lieferantenauswahl zu berücksichtigen sind.

Bestellung/Kaufvertrag

Bestellung = **purchase order**
Kaufvertrag = **purchase contract**

Nähere Erläuterungen zu Inhalten von Kaufverträgen erhalten Sie im Gegenstand „Wirtschaft und Recht" bzw. „Wirtschaftsrecht".

Steht das beste Angebot fest, so erfolgt eine Bestellung bei dem entsprechenden Lieferanten, womit rechtlich ein Kaufvertrag abgeschlossen wird. In diesem Kaufvertrag sind die Rechte und Pflichten des Käufers und Verkäufers durch gegenseitige Willenserklärung verbindlich festgelegt.

Allgemeine Geschäftsbedingungen (AGB)

Um den zeitlichen Aufwand bei der Erstellung eines Kaufvertrags möglichst gering zu halten, werden von vielen Unternehmen einzelne Bestimmungen des Kaufvertrags vorformuliert und in den **„Allgemeinen Geschäftsbedingungen" (AGB)** zusammengefasst.

Damit die Bedingungen in diesen AGB jedoch Teil des entsprechenden Kaufvertrags zwischen Unternehmen und Lieferant und damit rechtsverbindlich werden, müssen beide Vertragsparteien deren Gültigkeit bestätigen.

SbX
Ein Beispiel für AGB in deutscher und englischer Sprache finden Sie unter der ID: 5201.

Rahmenvertrag

Ein Rahmenvertrag ist ein Kaufvertrag, bei dem die Lieferung einer bestimmten Menge eines Materials über einen längeren Zeitraum hinweg vereinbart wird. Teilmengen dieser Gesamtmenge werden vom Kunden bei Bedarf abgerufen. Der Vorteil dabei ist, dass nicht bei jeder Lieferung ein neuer Kaufvertrag ausverhandelt werden muss.

Üben

SbX ID: 5202

Ü 1:
Manche Materialien werden in der ING4TECH auf Vorrat und manche erst bei Auftreten eines konkreten Bedarfs beschafft. Wie heißen diese beiden Beschaffungsstrategien? Was sind die jeweiligen Vorteile bzw. Nachteile?

Ü 2:
Skizzieren Sie ein Lagerbestands-Zeit-Diagramm für ein Material mit gleichmäßigem Verbrauch. Zeichnen Sie in dieses Diagramm die Lage der folgenden Bestandskennzahlen ein: Sicherheitsbestand, Meldebestand, Höchstbestand, Beschaffungsmenge, Durchschnittsbestand, Beschaffungszeit.

Ü 3:
Aus welchen Gründen wird für Materialien, die auf Vorrat beschafft werden, ein Sicherheitsbestand festgelegt? Von welchen Faktoren hängt die Höhe dieses Sicherheitsbestands ab?

Ü 4:
Mithilfe der Andler'schen Losgrößenformel kann die optimale Beschaffungsmenge ermittelt werden. Mit dieser Formel wird das Minimum der Summe aus Lagerkosten und Beschaffungskosten ermittelt.

Zeichnen Sie die Verläufe der Lagerkosten und der Beschaffungskosten in einem Kosten [€/Jahr]-Beschaffungsmenge [St./Bestellung]-Diagramm ein. Markieren Sie in diesem Diagramm die optimale Beschaffungsmenge.

Ü 5:
Für die Materialposition „1504 Passschraube" beträgt die Beschaffungszeit 5 Tage. Der erwartete Verbrauch wurde mit 350 Einheiten pro Tag geschätzt. Als Sicherheitsbestand wurden 500 Stück festgelegt.

a) Skizzieren Sie ein entsprechendes Lagerbestands-Zeit-Diagramm.

b) Ermitteln Sie aus den obigen Daten den Meldebestand.

c) Wie hoch soll die Bestellmenge sein, damit der Bestellabstand 20 Tage beträgt?

d) Die Lieferung des Materials verzögert sich aus vom Lieferanten nicht genannten Gründen um 2 Tage. Reicht der Sicherheitsbestand?

Ü 6:
Material und sonstige Güter und Dienstleistungen werden von der Abteilung Einkauf in der ING4TECH erst dann beschafft, wenn eine entsprechende Bestellanforderung vorliegt. Wer im Unternehmen erstellt üblicherweise solche Bestellanforderungen?

Ü 7:
Der Bruttoangebotspreis (Listenpreis) eines Laptops beträgt € 642,– (inkl. USt). Die ING4TECH erhält von ihrem Lieferanten einen Rabatt von 15 % und Skonto von 3 %. An Transportkosten fallen zusätzlich € 62,50 (inkl. USt) je Bestellung an.

Wie hoch ist der Einstandspreis eines Laptops bei einer Bestellmenge von 3 Stück?

SbX
Eine Tabellenvorlage zu Ü 8 finden Sie unter der ID: 5202.

Ü 8:
In der ING4TECH sollen neue Firmenwagen für die Mitarbeiter der Abteilung Vertrieb beschafft werden. Die Firmenautos werden von den Verkäufern auch privat genutzt, daher soll die Typenentscheidung gemeinsam (1 Geschäftsführerin, 2 Technische Verkäufer) im Konsens getroffen werden. Es stehen drei Marken zur Auswahl:

- Audi A3 Kombi
- VW Passat
- Skoda Oktavia

Bilden Sie 4er-Gruppen, in denen einer die Rolle des Einkäufers, einer die Rolle der Geschäftsführerin und zwei die Rolle der Verkäufer übernehmen.

Finden Sie mindestens fünf mögliche Kriterien, die bei der Entscheidung über den Kauf der Firmenautos eine Rolle spielen können.

Mithilfe der Methode der Nutzwertanalyse sollen die Kriterien anschließend im Team gewichtet und die Alternativen bewertet werden. Ermitteln Sie basierend darauf den Nutzwert der Alternativen als Grundlage für die Kaufentscheidung.

Ü 9:
In der Einkaufsabteilung hören Sie von einem Kollegen, dass mit dem Lieferanten XY ein Rahmenvertrag für die Lieferung von Wellendichtringen über 1000 Stück vereinbart wurde. Was versteht man unter dem Begriff „Rahmenvertrag"?

Sichern

SbX ID: 5203

Mit der Wahl der **Beschaffungsstrategie** wird festgelegt, ob ein Material erst bei einem tatsächlichen Bedarf oder auf Vorrat beschafft wird:

Vorratsbeschaffung

- Bei der **Vorratsbeschaffung** wird regelmäßig eine bestimmte größere Menge des Materials auf Lager gelegt und bei Bedarf entnommen.

Einzelbeschaffung

- Bei der **Einzelbeschaffung** wird das Material erst beschafft, wenn ein konkreter Bedarf im Unternehmen besteht.

Just-in-time-Beschaffung

- Bei der **Just-in-time-Beschaffung** wird das Material von den Lieferanten zu festgesetzten Zeitpunkten direkt an den Ort des Verbrauchs im Unternehmen geliefert.

Wird für ein Material die Beschaffungsstrategie Vorratsbeschaffung gewählt, müssen zusätzlich bestimmte **Bestandskennzahlen** festgelegt werden:

Sicherheitsbestand

- Der **Sicherheitsbestand** B_S dient als Materialpuffer zur Sicherstellung der Verfügbarkeit des Materials für die Produktion auch bei unvorhergesehenen Ereignissen.

Meldebestand

- Bei Unterschreiten des **Meldebestandes** B_M wird die Beschaffungsmenge M beim Lieferanten bestellt.

Beschaffungsmenge

- Mithilfe der Andler'schen Losgrößenformel kann die kostenoptimale **Beschaffungsmenge** einer Bestellung M_{opt} ermittelt werden.

Beschaffungszeit

- Die **Beschaffungszeit** t_B ist die Dauer zwischen Bestellauslösung und Verfügbarkeit des Materials im Unternehmen.

Höchstbestand, Durchschnittsbestand

- Der **Höchstbestand** B_H ist die maximal und der **Durchschnittsbestand** B_D die durchschnittlich im Lager vorhandene Materialmenge.

Die Beschaffung der benötigten Materialien zu möglichst günstigen Kosten ist Aufgabe des Einkaufs. Der dabei durchzuführende **Beschaffungsprozess** umfasst eine Reihe von Aktivitäten:

Bestellanforderung

- Wird ein Bedarf an Material bzw. einer Dienstleistung im Unternehmen festgestellt, so wird eine **Bestellanforderung** ausgelöst.

Ausschreibung

- Im Anschluss an die Suche nach möglichen Lieferanten im Rahmen einer **Beschaffungsmarktforschung** erfolgt vom Einkauf eine **Ausschreibung.**

Angebot

- Die im Unternehmen eingelangten **Angebote** werden bewertet und es werden mit den möglichen Lieferanten Vertragsverhandlungen durchgeführt. Die Bewertung und Reihung der Angebote kann bei Bedarf systematisch mithilfe einer sogenannten **Nutzwertanalyse** durchgeführt werden.

Bestellung

- An den Lieferanten mit dem besten Angebot wird eine **Bestellung** übermittelt und damit ein Kaufvertrag abgeschlossen. Vorformulierte **allgemeine Geschäftsbedingungen (AGB)** vereinfachen und beschleunigen die Erstellung des Kaufvertrags.

Rahmenvertrag

Mit einem **Rahmenvertrag** wird die Lieferung einer größeren Menge eines Materials vereinbart. Diese wird jedoch nicht als Ganzes, sondern in Teilmengen geliefert, welche vom Unternehmen beim Lieferanten abgerufen werden.

SbX ID: 5203

Eine Audio-Wiederholung mit Audio-Player und MP3-Download sowie eine Bildschirmpräsentation mit allen Grafiken dieser Lerneinheit finden Sie unter der ID: 5203.

Wissen

1. Für die Beschaffung der im Unternehmen benötigten Materialien stehen die Beschaffungsstrategien Vorratsbeschaffung und Einzelbeschaffung zur Auswahl. Was versteht man unter diesen Begriffen? Was sind die Vorteile und Nachteile dieser beiden Beschaffungsstrategien?

2. Nachfolgend ein Lagerbestands-Zeit-Diagramm für ein Material mit konstantem Verbrauch. Tragen Sie in dieses Diagramm die Lage der folgenden Bestandskennzahlen ein: Sicherheitsbestand, Meldebestand, Höchstbestand, Beschaffungsmenge, Durchschnittsbestand, Beschaffungszeit.

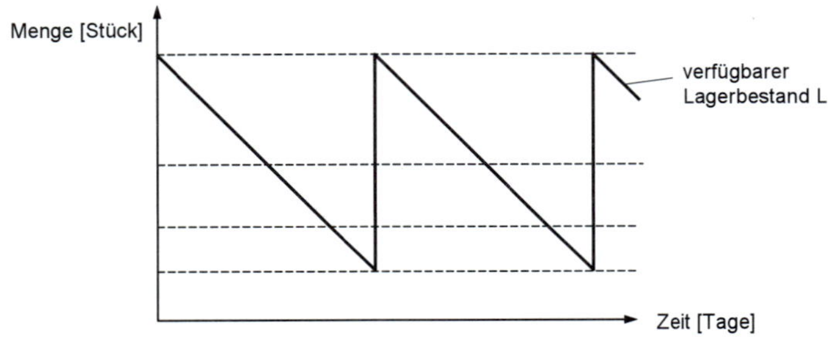

3. Der bei der Materialbeschaffung durchzuführende Beschaffungsprozess umfasst eine Reihe von Aktivitäten. Dazu gehören: Bestellanforderung, Beschaffungsmarktforschung, Ausschreibung/Anfrage, Angebot, Lieferantenauswahl und Bestellung. Beschreiben Sie kurz den Inhalt der einzelnen Aktivitäten.

Alle SbX-Inhalte zu dieser Lerneinheit finden Sie unter der ID: 5300.

Lerneinheit 3

Materiallagerung und -verwaltung

Wenn Material im Lager eintrifft, wird es nach der Materialeingangsprüfung in der Lagerbuchhaltung erfasst und an den vorgesehenen Lagerort gebracht. Das Lager kann je nach Anforderung entweder eine abgegrenzte Lagerfläche, ein Raum mit einfachen Regalen, aber auch ein EDV-gesteuertes Hochregallager sein.

Bei Bedarf wird das Material aus dem Lager geholt und an die anfordernde Stelle übergeben. Die Materialentnahme wird in der Lagerbuchhaltung erfasst, damit der verfügbare Lagerbestand jederzeit ermittelt werden kann.

Lernen

SbX ID: 5301

Materiallagerung = **material storage**

1 Materiallagerung

Unterschiedliche Materialien erfordern unterschiedliche Lagerarten.

Michael: In der ING4TECH werden viele verschiedene Arten von Materialien auf Lager gelegt. Wovon hängt es ab, welche Lagerart für ein bestimmtes einzulagerndes Material gewählt wird?

Materialien können festen, flüssigen oder gasförmigen Aggregatzustand haben. Bei Materialien mit festem Aggregatzustand ist für die Lagerung die Unterscheidung in Schüttgut und Stückgut von Bedeutung.

Die **Gestaltung des Materiallagers** erfolgt in Abhängigkeit von verschiedenen Faktoren, wie beispielsweise

- Art, Form und Größe der einzulagernden Materialien bzw. Behälter,
- Artikelverteilung, d. h. Anzahl an unterschiedlichen Materialpositionen und Menge je Materialposition,
- Umschlagleistung, d. h. die ein- bzw. auszulagernde Materialmenge pro Zeiteinheit.

Bei der Gestaltung des Materiallagers kann je nach Anforderung zwischen unterschiedlichen Lagerarten gewählt werden. Größere Mengen an flüssigen und gasförmigen Materialien werden vorwiegend in Tanks gelagert, größere Mengen an Schüttgut auf Halde bzw. in Silos.

Lagerarten

Die nachfolgende Aufzählung und Erläuterung einzelner Lagerarten bezieht sich ausschließlich auf die **Lagerung von Stückgut.**

Blocklager

Palettenregallager

- **Blocklager**

Als Blocklager bezeichnet man ein Lager, in dem das Material im Freien oder in einer Halle am Boden übereinandergestapelt wird. Kisten, Container, Paletten, Kartons oder Gitterboxen dienen hier oft als Lagerhilfsmittel. Diese werden mit einem Stapler oder von oben mit einem Kran aufgenommen.

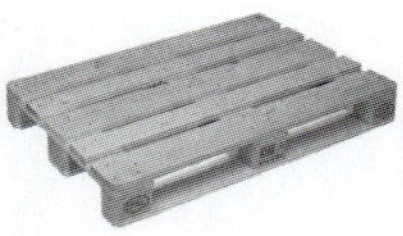
Die Europoolpalette ist eine genormte Mehrwegpalette.

● **Palettenregallager**

Im Palettenregallager stehen die gelagerten Materialien auf Paletten genormter Größe (z. B. Euro-Palette 80 x 120 cm). Diese werden mit Staplern oder speziellen fahrergesteuerten Regalbediengeräten in die Palettenregale ein- und ausgelagert.

● **Hochregallager**

Hochregallager sind hohe Palettenregallager, in denen meist fahrerlose, EDV-gesteuerte Regalbediengeräte in den Gängen zwischen den Regalen auf Boden- und Deckenschienen geführt werden. Diese Regalbediengeräte schieben die Lagergüter mit einer Teleskopgabel seitlich in die Regalfächer. Hochregallager werden meist nicht in ein bestehendes Gebäude eingebaut, sondern Regale, Dach- und Wandelemente bilden eine bauliche Einheit.

Hochregallager

● **Fachbodenregallager**

In einem Fachbodenregallager können Materialien unterschiedlichster Geometrie und Verpackung eingelagert werden. Lagerhilfsmittel (z. B. Kisten, Behälter, Kartons) sind bei diesem Lagertyp aufgrund der durchgängigen Regalböden nicht unbedingt erforderlich.

● **automatisches Kleinteilelager**

Ein automatisches Kleinteilelager (AKL) ist, wie der Name schon sagt, ein automatisiertes Lager zur Lagerung von Kleinteilen. Lagerhilfsmittel in Form von standardisierten Behältern (= Kleinladungsträger KLT) sind hier jedoch unbedingt erforderlich. Ein fahrerloses, EDV-gesteuertes Regalbediengerät holt die Behälter aus dem jeweiligen Regal und bringt sie zum Kommissionierplatz.

SbX

Eine Liste deutschsprachiger Fachzeitschriften zum Thema Logistik und Materiallagerung finden Sie unter der ID: 5301.

● **Kragarmlager**

Ein Kragarmlager besteht aus Regalständern mit ein- oder zweiseitig auskragenden Armen. Es dient zur Aufnahme von Langgut wie z. B. Rohren, Profilen, Rundstahl usw.

Fachbodenregallager

Automatisches Kleinteilelager

Kragarmlager

Materialverwaltung = **material administration**

2 Materialverwaltung

Durch permanentes Erfassen der Materialeingänge und -ausgänge ist der verfügbare Lagerbestand jederzeit bekannt.

Die Materialverwaltung erfolgt heutzutage in den meisten mittleren und größeren Unternehmen EDV-gestützt. Dabei werden für jede Materialposition entsprechende Stammdaten angelegt, die nur einmal erfasst werden müssen. Mithilfe der Bewegungsdaten werden die Materialeingänge und Materialentnahmen im Lager laufend dokumentiert, um jederzeit den aktuellen Lagerbestand abrufen zu können.

Ein **ERP (Enterprise Resource Planning)-System** ist eine Anwendungssoftware zur Unterstützung der Ressourcenplanung (Material, Personal, Maschinen, Finanzmittel) und Abwicklung von Prozessen in einem Unternehmen. Anbieter solcher ERP-Software sind z. B. SAP, Microsoft, Oracle, Infor usw.

Anna: Mit der Beschaffung, dem Transport und der Verwaltung der im Unternehmen benötigten Materialien sind in der ING4TECH viele verschiedene Abteilungen befasst. Verliert man da bei den vielen Bestellungen nicht den Überblick?

Leiter Einkauf: Tatsächlich hat es früher oft Probleme bei der Abwicklung des Beschaffungsprozesses gegeben. Insbesondere bei der Informationsübermittlung an den Schnittstellen zwischen den einzelnen Abteilungen kam es oft zu Unklarheiten. In unserem neuen ERP-System werden jedoch alle Daten in eine zentrale Datenbank eingegeben. Jeder, der dazu berechtigt ist, hat Zugang zu diesen Informationen.

Nachfolgend eine vereinfachte Darstellung des erweiterten Beschaffungsprozesses in Form eines Flussdiagramms. Zusätzlich angeführt sind die Abteilungen, die für die Durchführung und Erfassung des jeweiligen Schrittes im ERP-System verantwortlich sind.

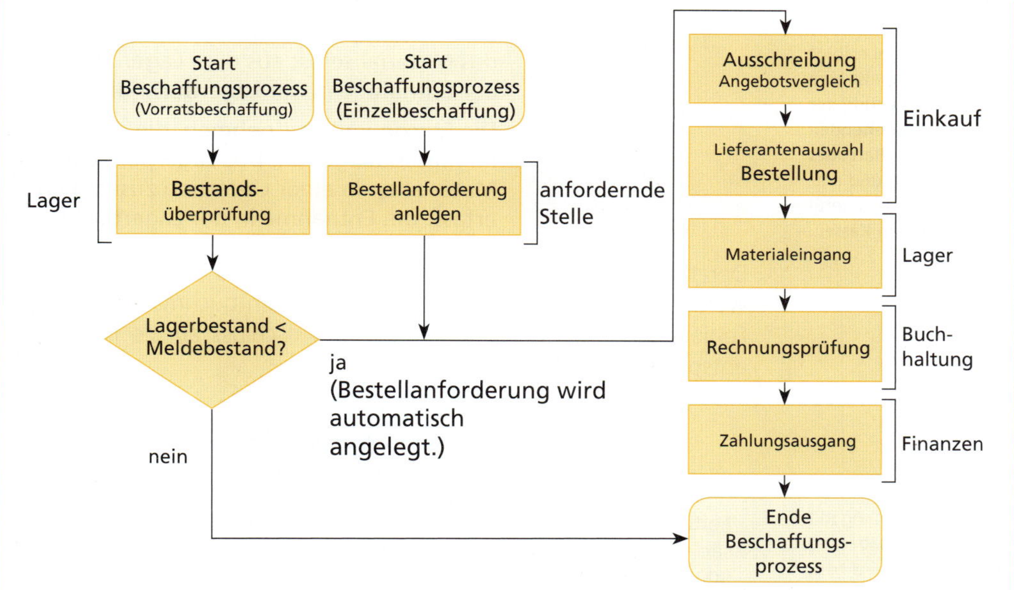

Flussdiagramm erweiterter Beschaffungsprozess

Materialstammdaten = **material master data**

Materialstammdaten

Die Materialstammdaten enthalten Daten zur eindeutigen Identifikation des Materials (z. B. Materialnummer, Materialbezeichnung, Normnummer) und müssen für jede Materialposition nur einmal erfasst werden. Zusätzlich beinhalten sie allgemeine Informationen wie Volumen und Gewicht je Verpackungsmengeneinheit, Gefahrenklasse, Transportvorschriften usw.

In den Materialstammdaten wird aber auch die gewählte Beschaffungsstrategie für das jeweilige Material hinterlegt. Wesentlich sind auch die Bestandskennzahlen als Basis für die Auslösung und Durchführung des Beschaffungsvorgangs (Meldebestand, Beschaffungsmenge).

Materialeingang = **material receipt**

Rechnungsprüfung = **invoice verification**

Materialeingang und Rechnungsprüfung

Die Annahme des gelieferten Materials sowie der entsprechenden Begleitpapiere (z. B. Transportpapiere, Lieferschein, Rechnungen usw.) erfolgt im Materiallager. Um sicherzustellen, dass die Lieferung gemäß Bestellung erfolgt ist, müssen Kontrollen und Prüfungen durchgeführt werden, z. B.:

Nähere Informationen zu Gewährleistung und Mängelrüge erhalten Sie im Gegenstand „Wirtschaft und Recht" bzw. „Wirtschaftsrecht".

sachliche Prüfung	Die Begleitpapiere der Lieferung enthalten Informationen wie Materialmenge, Materialbezeichnung, Materialtyp usw. Diese Daten werden mit der Bestellung verglichen, um bei Abweichungen sofort reagieren zu können (z. B. Zurückweisen der Lieferung).
Mängelprüfung	Erkennbare „offene Mängel" (z. B. Transportschaden, Fehlmengen) müssen beim Lieferanten sofort beanstandet werden. Nicht sofort erkennbare „versteckte Mängel" (z. B. Fehlfunktion, Qualitätsmängel) müssen unverzüglich nach Feststellung des Mangels, jedoch innerhalb der Gewährleistungsfrist, beanstandet werden.
Qualitätsprüfung	Bei bestimmten kritischen Materialien wird oft eine zusätzliche Qualitätsprüfung am gelieferten Material vorgeschrieben. Die Durchführung der erforderlichen Qualitätsprüfungen ist in entsprechenden unternehmensinternen Prüfvorschriften geregelt.
Rechnungsprüfung	Die Lieferantenrechnung (Faktura) wird mit der Materiallieferung oder separat an das Unternehmen übermittelt. Vor der Bezahlung wird der Rechnungsbetrag mit dem im Kaufvertrag vereinbarten Betrag verglichen. Nur bei Übereinstimmung erfolgt die Zahlungsfreigabe.

Nach Durchführung der entsprechenden Prüfungen erfolgt die Erfassung des Materialeingangs in der Lagerbuchhaltung bzw. des Rechnungseingangs in der Finanzbuchhaltung.

Materialentnahme

Die Durchführung der Materialentnahme aus dem Lager kann prinzipiell auf zwei verschiedene Arten organisiert sein.

zugriffsfreies Lager	Dabei ist diejenige Person, die das Material benötigt, berechtigt, das Material selbst aus dem Lager zu nehmen. Auch die Erfassung der Entnahme in der Lagerbuchhaltung ist selbst durchzuführen.
zugriffsgebundenes Lager	Die Person im Unternehmen, die das Material benötigt, fordert es im Materiallager an. Das Lagerpersonal stellt die angeforderten Materialien in einer Lieferung zusammen (kommissionieren) und erfasst die Entnahme in der Lagerbuchhaltung.

Auch im Handel erfolgt heutzutage meist eine laufende Erfassung der ein- und ausgehenden Ware mittels Barcodes an den Waren und entsprechenden Lesegeräten an den Kassen.

Der tatsächliche Lagerbestand muss mindestens einmal jährlich durch eine **Inventur** erfasst werden. Dies dient dazu, Abweichungen vom buchmäßigen Bestand aufgrund von Schwund, Fehlbuchungen usw. zu erkennen. Im Anschluss an die Inventur wird die Lagerbuchhaltung entsprechend korrigiert.

Michael: Welche Konsequenzen hat es, wenn eine Materialentnahme nicht in der Lagerbuchhaltung erfasst wird?

Leiter Einkauf: Wird eine Materialentnahme nicht ordnungsgemäß erfasst, so stimmt der tatsächliche Lagerbestand nicht mit dem Bestand laut Lagerbuchhaltung überein. Bei mehr als 5000 verschiedenen Materialpositionen wird dieser Umstand meist nicht sofort bemerkt. Wird das Material benötigt, ist dieses nicht mehr in ausreichender Menge im Lager vorhanden, obwohl angezeigt wird, dass noch genügend vorhanden sein müsste.

Damit kommt es zu kostenintensiven Eilbestellungen bzw. zu Produktionsverzögerungen. Um dies zu vermeiden, ist eine sorgfältige Erfassung des Materialeingangs und der Materialentnahme sehr wichtig.

Im Zusammenhang mit der Materialeinlagerung und -entnahme wird häufig der Begriff **FIFO (First in first out)** verwendet. Dies bedeutet, dass Artikel, die zuerst eingelagert worden sind, zuerst entnommen werden müssen.

Üben

SbX ID: 5302

SbX

Ü 1 **mit automatischer Aufgabenkontrolle ID: 5302**

erledigt ✓

Ü 1 ☐

Ü 1:

Für die Lagerung von Materialien im Unternehmen stehen verschiedene Möglichkeiten zur Auswahl, z. B. Silos, Tanks, Halde, Blocklager, Palettenregallager, Hochregallager, Fachbodenregale, automatisches Kleinteilelager, Kragarmlager.

Ordnen Sie den folgenden Aussagen die oben angeführten Lagerarten zu.

Lagerung von Materialien auf Paletten, welche von fahrergesteuerten Staplern in Regale ein- und ausgelagert werden	
Regale für automatisches Ein- und Auslagern von Kleinteilen	
Lager für flüssige und gasförmige Materialien	
Lager für manuelles Ein- und Auslagern von Teilen unterschiedlicher Geometrie und Verpackung	
Lager mit fahrerlosen, EDV-gesteuerten Regalbediengeräten, die auf Boden- und Deckenschienen geführt werden	
Lager für Schüttgut	
Lager zur Aufnahme von Langgut, z. B. Rohren, Profilen usw.	
Lagerung mit übereinandergestapelten Kisten bzw. Containern im Freien oder in einer Halle	

Ü 2:
Im ERP-System der ING4TECH sind die Materialstammdaten bei erstmaliger Verwendung des Materials im Unternehmen anzulegen. Welche Informationen beinhalten diese Materialstammdaten?

Ü 3:
Trifft eine Materiallieferung und die zugehörige Rechnung im Unternehmen ein, müssen diese überprüft werden. Um welche Prüfungen handelt es sich dabei konkret? Erläutern Sie den Zweck der einzelnen Prüfungen.

Ü 4:
Die Materialentnahme kann in einem Unternehmen als zugriffsfreies oder als zugriffsgebundenes Lager organisiert sein. Was versteht man unter diesen Begriffen?

Sichern

SbX ID: 5303

Die Gestaltung des Materiallagers ist abhängig von verschiedenen Faktoren, z. B. Art, Form und Größe der einzulagernden Materialien, Anzahl der unterschiedlichen Materialien, Umschlagleistung usw.

Blocklager, Palettenregallager, Hochregallager

In einem **Blocklager** werden Materialien im Freien oder in einer Halle übereinandergestapelt. In **Palettenregallagern** liegen die Materialien auf Paletten genormter Größe in einfachen Regalen. In **Hochregallagern** werden die Materialien mit schienengeführten, meist EDV-gesteuerten Regalbediengeräten ein- und ausgelagert.

Fachbodenregale, automatisches Kleinteilelager, Kragarmlager

Teile unterschiedlicher Geometrie und Verpackung können in einfache **Fachbodenregale** gelegt werden. Kleinteile werden oft in standardisierten Lagerbehältern mit EDV-gesteuerten Regalbediengeräten in **automatischen Kleinteilelagern** gelagert. Langgut wie Rohre und Profile werden in **Kragarmlagern** aufbewahrt.

Materialstammdaten

Um den aktuellen Lagerbestand eines Materials jederzeit abrufen zu können, werden die Materialeingänge und -ausgänge EDV-mäßig erfasst. **Materialstammdaten** beinhalten Daten zur eindeutigen Identifikation des Materials. Zusätzlich beinhalten sie Informationen zum Handling des Materials sowie die jeweilige Beschaffungsstrategie und die Bestandskennzahlen.

Materialeingang

Im Rahmen des **Materialeingangs** erfolgt eine sachliche Prüfung, ob das richtige Material geliefert worden ist. Außerdem wird eine Mängelprüfung, eventuell vorgeschriebene Qualitätsprüfungen sowie eine Rechnungsprüfung durchgeführt. Die **Materialentnahme** kann im Unternehmen zugriffsgebunden oder zugriffsfrei organisiert sein.

SbX ID: 5303

Eine Audio-Wiederholung mit Audio-Player und MP3-Download sowie eine Bildschirmpräsentation mit allen Grafiken dieser Lerneinheit finden Sie unter der ID: 5303.

Wissen

1. Die Lagerung von Stückgut im Unternehmen kann auf verschiedene Arten erfolgen. Nennen Sie mindestens vier mögliche Lagerarten. Wie werden die Materialien in diesen Lagern ein- und ausgelagert? Für welche Materialien sind diese Lagerarten geeignet?

2. Die Annahme eines gelieferten Materials erfolgt in der ING4TECH im Materiallager. Dabei ist von den Mitarbeitern im Lager eine sachliche Prüfung und eine Mängelprüfung durchzuführen. In der Abteilung Buchhaltung wird außerdem eine Rechnungsprüfung durchgeführt.

   Welchen Inhalt haben diese Prüfungen und welchem Zweck dienen sie?

3. Nachfolgend sehen Sie das Flussdiagramm des erweiterten Beschaffungsprozesses der ING4TECH. Ihr Kollege will wissen, welche Abteilung für die Durchführung der einzelnen Schritte in diesem Beschaffungsprozess zuständig ist. Schreiben Sie die entsprechende Abteilung neben die einzelnen Schritte.

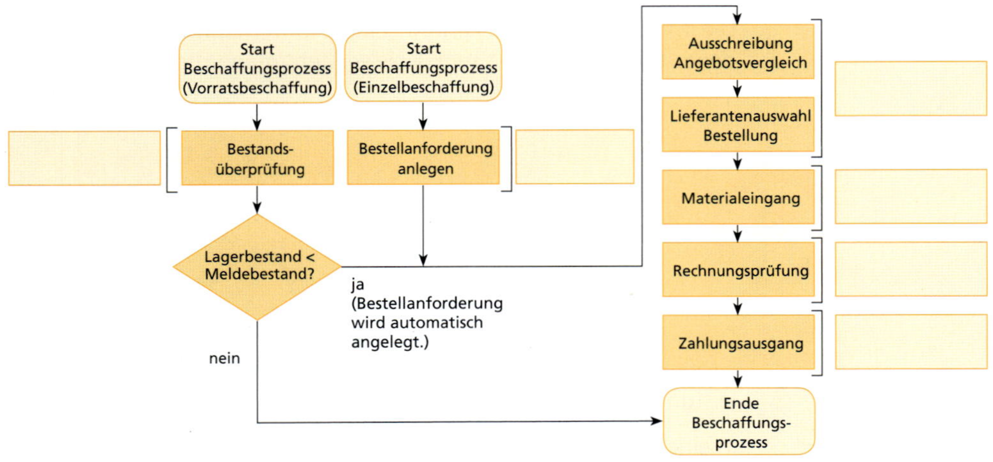

Flussdiagramm erweiterter Beschaffungsprozess

6 Arbeitsvorbereitung mit Produktionsplanung und -steuerung (PPS)

In kleineren Gewerbebetrieben erfolgt die Planung, Organisation und Überwachung der Produktion sehr oft durch einen einzelnen Mitarbeiter bzw. durch den Eigentümer selbst.

In mittleren bis größeren Unternehmen ist dies aufgrund der Vielzahl von verschiedenen Aufträgen und der höheren Anzahl an Mitarbeitern und Maschinen nicht mehr von einer Person alleine zu schaffen. In solchen Unternehmen ist daher meist im Bereich der Produktion eine Abteilung „Arbeitsvorbereitung" eingerichtet. Deren Aufgabe ist es, dafür zu sorgen, dass die von Kunden bestellten Produkte entsprechend den Konstruktionszeichnungen termingerecht und möglichst kostengünstig gefertigt werden.

Lerneinheit 1: Grundlagen der Arbeitsvorbereitung

Lerneinheit 2: Arbeitsplanung

Lerneinheit 3: Produktionsplanung und -steuerung (PPS)

Lerneinheit 1

Grundlagen der Arbeitsvorbereitung

Die Aufgabe der Abteilung Arbeitsvorbereitung ist es, die Durchführung der betrieblichen Leistungserstellung in der Produktion zu planen und gemeinsam mit der jeweiligen Fachabteilung zu steuern. Die dabei erforderlichen Tätigkeiten lassen sich allgemein in die Bereiche „Arbeitsplanung" sowie „Produktionsplanung und -steuerung" unterteilen.

Für die Durchführung der Aufgaben in diesen beiden Bereichen sind verschiedene Informationsgrundlagen erforderlich. Dazu gehören u. a. Zeichnungen, Erzeugnisstruktur, Stücklisten, betriebliche Nummerungssysteme, Stammdaten verfügbarer Betriebsmittel, Personaldaten, Prüfvorschriften usw.

SbX

Alle SbX-Inhalte zu dieser Lerneinheit finden Sie unter der ID: 6100.

Lernen

SbX ID: 6101

1 Aufgaben der Arbeitsvorbereitung

Planung vor Beginn der Produktion und laufende Steuerung des Produktionsprozesses

Arbeitsvorbereitung = work scheduling

Michael: In der ING4TECH sind sehr viele Mitarbeiter in der Fertigung und Montage beschäftigt. Wer ist eigentlich für die Organisation der Produktion zuständig und sagt diesen Mitarbeitern, was sie konkret zu tun haben, d. h., wer welche Aufgaben wo und bis wann durchzuführen hat?

Um eine wirtschaftliche Leistungserstellung in Produktionsbetrieben sicherzustellen, ist eine entsprechende Planung vor Beginn der Produktion und eine laufende Steuerung des Produktionsprozesses unabdingbar.

Die durchzuführenden Aufgaben bei der Planung und Kontrolle der Produktion sind in allen Produktionsbetrieben ziemlich ähnlich. Die Bezeichnung der dafür zuständigen Abteilungen können jedoch unterschiedlich sein.

Diese Aufgaben lassen sich in die Bereiche Arbeitsplanung bzw. Produktionsplanung und -steuerung (PPS) aufteilen und werden in den meisten Produktionsbetrieben von einer Abteilung namens „Arbeitsvorbereitung (AV)" übernommen.

Arbeitsplanung	Produktionsplanung und -steuerung (PPS)
Die **Arbeitsplanung** umfasst alle auftragsunabhängigen, einmalig auftretenden Planungsmaßnahmen, um den Arbeitsablauf bei der Herstellung eines Produktes festzulegen. Dies beinhaltet insbesondere die Planung der erforderlichen **Arbeitsvorgänge,** der benötigten **Betriebsmittel** sowie der **Vorgabezeitermittlung.** Das Ergebnis der **Arbeitsplanung** wird im Arbeitsplan festgehalten.	Die Aufgabe der **Produktionsplanung und -steuerung (PPS)** ist die Planung und Organisation der Abwicklung von konkreten Kunden- oder Lageraufträgen: • Die **Produktionsplanung** umfasst dabei die Ermittlung des für die Abwicklung der Aufträge benötigten **Materialbedarfs.** Zusätzlich beinhaltet sie die **Termin- und Kapazitätsplanung,** wo festgelegt wird, welcher Mitarbeiter welche Arbeitsvorgänge an welchem Arbeitsplatz mit welchen Anfangs- und Endterminen durchführen soll. • Die Produktionssteuerung verteilt danach die geplanten Arbeitsaufgaben an die Mitarbeiter und überwacht deren Durchführung.

Aktiv für Wissen und Fortschritt

AWF ist ein überbetrieblicher Verein mit dem Ziel, Wissen für Produktionsbetriebe bereitzustellen, wissenschaftliche Erkenntnisse in die Praxis zu übertragen sowie den überbetrieblichen Erfahrungsaustausch zu fördern. www.awf.de

Nähere Informationen zur Betriebsstättenplanung siehe Kapitel 7, „Arbeitssystemgestaltung".

Zu den einmalig auftretenden Planungsmaßnahmen im Zusammenhang mit der betrieblichen Leistungserstellung in einem Produktionsbetrieb gehört auch die Gestaltung bzw. Optimierung der Betriebsstätte. Diese technisch-organisatorisch-betriebswirtschaftliche Aufgabe wird vielfach als **Betriebsstätten- oder Fabrikplanung** bezeichnet und ist häufig auch Aufgabe der Abteilung Arbeitsvorbereitung.

2 Informationsgrundlagen der Arbeitsvorbereitung

Eine wichtige Grundlage der Planung ist das Vorhandensein der richtigen, entsprechend aufbereiteten Informationen.

Michael: Woher erhält die Abteilung Arbeitsvorbereitung in der ING4TECH die Informationsgrundlagen für die Durchführung der Arbeitsplanung sowie der Produktionsplanung und -steuerung?

Leiterin der Arbeitsvorbereitung: Die Zeichnungen und die Stücklisten kommen aus der Konstruktionsabteilung, die Prüfvorschriften aus dem Qualitätsmanagement. Die Stammdaten des Personals kommen aus der Personalabteilung, die Stammdaten der Betriebsmittel aus der Instandhaltung. Die Nummerungssysteme sind unternehmensübergreifend vor einigen Jahren eingeführt worden.

An diesem Beispiel kann man gut sehen, wie wichtig die abteilungsübergreifende Zusammenarbeit in einem Produktionsbetrieb ist.

Zeichnungen = **drawings**

Zeichnungen

Über den **Änderungsindex** (Revisionsnummer) lässt sich die jeweils aktuelle Version einer Zeichnung erkennen.

Dieser Index kann eine Nummer oder ein Buchstabe sein. Wird eine neue Version der Zeichnung erstellt, erhält diese Zeichnung einen neuen Änderungsindex.

Eine der wichtigsten Informationsgrundlagen für die Durchführung der Arbeitsplanung und der Herstellung der Produkte in der Fertigung und Montage sind technische Zeichnungen. Sie dienen der eindeutigen, übersichtlichen und vollständigen Beschreibung der Produkte in grafischer Form. Man unterscheidet verschiedene Arten von technischen Zeichnungen, wie beispielsweise:

- **Zusammenstellungszeichnungen,** welche das gesamte Produkt bzw. einzelne Baugruppen im Überblick darstellen. Sie dienen dem Zweck der Montage bzw. einer Funktionsbeschreibung des Produkts, verzichten daher weitgehend auf Einzelheiten.
- **Einzelteilzeichnungen** beinhalten alle Details, die für die Fertigung des jeweiligen Einzelteils nötig sind (z. B. Fertigungsmaße, Toleranzen, Oberflächengüte, Schweißkennzeichen).
- **R&I-(Rohrleitungs- und Instrumentierungs-)Fließbilder** werden vorwiegend im Kraftwerks- und Anlagenbau verwendet. Die Behälter, Apparate, Pumpen und Rohrleitungen in diesen Anlagen sowie die Mess- und Regelungstechnik werden darin mithilfe von standardisierten Symbolen dargestellt.
- **Schaltpläne** beinhalten die grafische Darstellung einer pneumatischen, hydraulischen, elektrischen bzw. elektronischen Schaltung mithilfe von Symbolen (Schaltzeichen).
- **Bauzeichnungen** sind technische Zeichnungen, die Informationen für die Bauausführung im Hoch- und Tiefbau beinhalten.

Heutzutage erfolgt die Erstellung von technischen Zeichnungen nahezu ausschließlich EDV-gestützt.

Erzeugnisstruktur = **product structure**

Erzeugnisstruktur

Mithilfe einer Erzeugnisstruktur wird der Aufbau eines Produkts (E) aus Baugruppen (BG), Einzelteilen (T) und den erforderlichen Rohstoffen (R) veranschaulicht. Die Darstellung erfolgt dabei in Form eines Stammbaums.

Die Mengenangaben für die Rohstoffe bzw. Einzelteile in der Erzeugnisstruktur beziehen sich jeweils auf **ein Stück** der übergeordneten Baugruppe bzw. des übergeordneten Einzelteils.

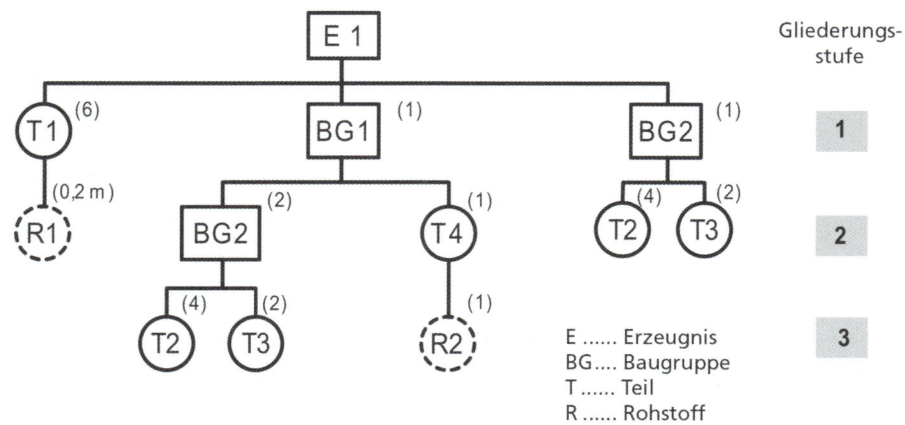

Erzeugnisstruktur

Bei einfachen Produkten ist ein Überblick auch ohne systematische Erzeugnisstruktur noch leicht möglich. Bei komplexen Maschinen und Anlagen, die aus mehreren tausend Einzelteilen bestehen, ist eine Erzeugnisstruktur bei der Planung und Steuerung der Produktion jedoch unerlässlich.

Stücklisten

Stückliste = **bill of material (BOM)**

Stücklisten in der Lebensmittel-, Pharma- bzw. Chemieindustrie werden als Rezept bezeichnet.

Eine Stückliste enthält alle Baugruppen und Einzelteile eines Produkts, mit den erforderlichen Mengen. Außerdem enthält sie alle Rohstoffe, die für die Herstellung der im Unternehmen selbst gefertigten Teile notwendig sind. In der Praxis haben sich verschiedene Stücklistenformen entwickelt, wie z. B. die Baukastenstückliste, Strukturstückliste und die Mengenstückliste.

Baukastenstückliste

Bei einer EDV-gestützten Produktionsplanung werden ausschließlich Baukastenstücklisten angelegt. Die Mengenstückliste und Strukturstückliste können daraus abgeleitet werden.

In einer Baukastenstückliste sind nur die Teile und Baugruppen angeführt, die entsprechend der Erzeugnisstruktur in der nächsttieferen Gliederungsstufe enthalten sind. Die Mengenangaben beziehen sich jeweils auf die im Stücklistenkopf angegebene Komponente mit der Menge 1. Für die vollständige Beschreibung eines mehrstufigen Produkts werden daher mehrere dieser Stücklisten benötigt. Nachfolgend die Baukastenstücklisten für das oben genannte Produkt E1.

Erzeugnis E1	
Teil	**Menge**
T1	6 St.
BG1	1 St.
BG2	1 St.

Baugruppe BG1	
Teil	**Menge**
BG2	2 St.
T4	1 St.

Baugruppe BG2	
Teil	**Menge**
T2	4 St.
T3	2 St.

Einzelteil T1	
Teil	**Menge**
R1	0,2 m

Einzelteil T4	
Teil	**Menge**
R2	1 St.

Baukastenstückliste = **single-level bill of material**

Mengenstückliste = **quantity bill of material**

Strukturstückliste = **multi-level bill of material**

Die Baukastenstückliste hat sich für technische Produkte heutzutage weitgehend durchge-setzt. Ein wesentlicher Vorteil dabei ist, dass wiederholt auftretende Baugruppen nur durch eine Stückliste dargestellt werden müssen. Auf diese Stückliste der Baugruppe kann dann mehrfach verwiesen werden.

Mengenstückliste

In der Mengenstückliste sind alle für die Herstellung eines Produkts erforderlichen Rohstoffe und Zukaufteile mit der Angabe der erforderlichen Gesamtmenge enthalten. Nebenstehend die Mengenstückliste für das oben genannte Produkt E1.

Erzeugnis E1	
Teil	**Menge**
R1	1,2 m
R2	1 St.
T2	12 St.
T3	6 St.

Strukturstückliste

Die Strukturstückliste beinhaltet alle Baugruppen, Einzelteile und erforderlichen Rohstoffe eines Produkts. Sie strukturiert diese Komponenten entsprechend dem Erzeugnisaufbau bis hin zur niedrigsten Gliederungsstufe. Nebenstehend die Strukturstückliste für das oben genannte Produkt E1.

Erzeugnis E1				
Ebene			**Teil**	**Menge**
1	**2**	**3**		
X			T1	6 St.
	X		R1	0,2 m
X			BG1	1 St.
	X		BG2	2 St.
		X	T2	4 St.
		X	T3	2 St.
	X		T4	1 St.
		X	R2	1 St.
X			BG2	1 St.
	X		T2	4 St.
	X		T3	2 St.

Beispiel

Die nachfolgende Darstellung zeigt die Erzeugnisstruktur eines einfachen Alukoffers. Der gesamte Alukoffer besteht aus mehreren Einzelteilen und den Baugruppen Schloss und Scharnier (2×). Eine Baugruppe Scharnier besteht wiederum aus den Einzelteilen Scharnierband (2×) und Zylinderstift. Insgesamt benötigt man für den Alukoffer also 4 (= 2 × 2) Scharnierbänder.

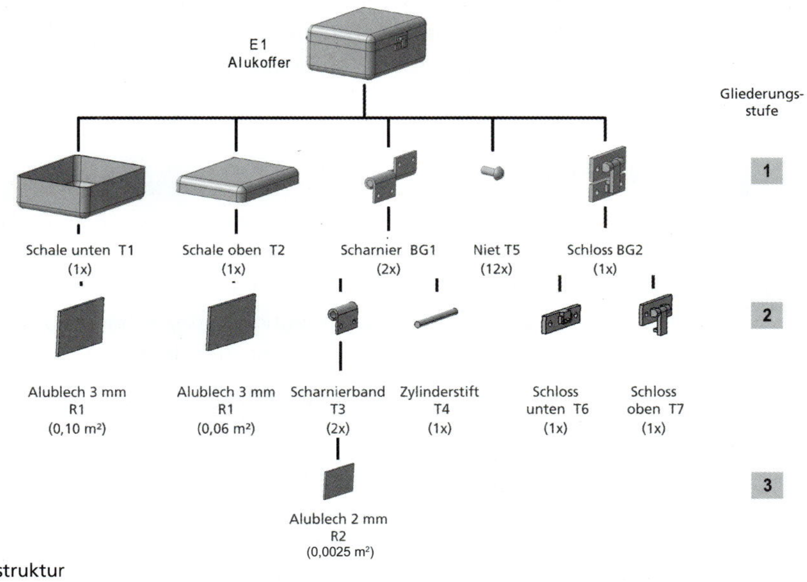

Erzeugnisstruktur

Als Verwendungsnachweis bezeichnet man eine Auflistung aller in einem Unternehmen hergestellten Produkte, in welchen ein bestimmtes Einzelteil oder ein Rohstoff verwendet wird.

Aus der obigen Erzeugnisstruktur des Alukoffers soll die entsprechende Baukastenstückliste, die Strukturstückliste und die Mengenstückliste abgeleitet werden.

Lösung:

Baukastenstückliste

Erzeugnis E1	
Teil	**Menge**
T1	1 St.
T2	1 St.
BG1	2 St.
T5	12 St.
BG2	1 St.

Baugruppe BG1	
Teil	**Menge**
T3	2 St.
T4	1 St.

Baugruppe BG2	
Teil	**Menge**
T6	1 St.
T7	1 St.

Einzelteil T1	
Teil	**Menge**
R1	0,10 m²

Einzelteil T2	
Teil	**Menge**
R1	0,06 m²

Einzelteil T3	
Teil	**Menge**
R2	0,0025 m²

Mengenstückliste

Erzeugnis E1	
Teil	**Menge**
R1	0,16 m²
R2	0,01 m²
T4	2 St.
T5	12 St.
T6	1 St.
T7	1 St.

Strukturstückliste

Erzeugnis E1				
Ebene			**Teil**	**Menge**
1	**2**	**3**		
X			T1	1 St.
	X		R1	0,10 m²
X			T2	1 St.
	X		R1	0,06 m²
X			BG1	2 St.
	X		T3	2 St.
		X	R2	0,0025 m²
	X		T4	1 St.
X			T5	12 St.
X			BG2	1 St.
	X		T6	1 St.
	X		T7	1 St.

Anna: Aus der Erzeugnisstruktur werden also die Stücklisten abgeleitet. Wozu braucht man aber verschiedene Stücklisten?

Leiterin der Arbeitsvorbereitung: Nicht jede Abteilung im Unternehmen hat die gleichen Anforderungen an eine Stückliste. Den Einkauf interessiert nur, welche Rohstoffe und Zukaufteile beschafft werden müssen. Daher ist hier die Mengenstückliste ausreichend.

Für andere Abteilungen, wie z. B. Arbeitsvorbereitung, Montage usw., ist es aber sehr wichtig zu wissen, wie das Produkt aufgebaut ist. Daher ist für diese Abteilungen die Strukturstückliste bzw. die Baukastenstückliste wichtig.

Beispiele für Nummerungen im öffentlichen und privaten Bereich sind Sozialversicherungsnummer, Autokennzeichen, Postleitzahl, Hausnummer usw.

Bei der Einführung eines Nummernsystems ist auf eine genügende **Anzahl an Stellen** zu achten. Beispielsweise stößt man bei den heute verwendeten IP-Adressen im Internet mit 32 bit bereits an die Kapazitätsgrenze. Eine Umstellung auf IP-Adressen mit 128 bit wird in den nächsten Jahren daher erforderlich sein.

Ein für Handelsartikel verwendetes Nummernsystem ist die EAN/GTIN-Nummer. Diese 13-stellige Nummer findet man als Strichcode auf vielen Produkten.

SbX

Im Internet lassen sich mit der EAN/GTIN-Nummer Informationen über den Hersteller eines Produkts bzw. über das Produkt selbst abfragen. Eine Anleitung für eine solche Abfrage finden Sie unter der ID: 6101.

Nummerung

Viele im Unternehmen benötigte Objekte (z. B. Kostenstellen, Material, Personal, Maschinen, Kunden) werden nicht nur mit einem Namen bezeichnet, sondern zusätzlich mit einer Nummer versehen. Wesentliche Gründe für die Nummerung eines Objekts sind die

- **Identifikation,** d. h. die eindeutige Kennzeichnung des Objekts,
- **Klassifikation,** d. h. die eindeutige Zuordnung eines Objekts zu einer Gruppe.

Nummern können außerdem EDV-mäßig leichter verarbeitet werden als reine verbale Bezeichnungen.

Zur Verbesserung der Lesbarkeit werden bei Nummern mit vielen Stellen meist Sonderzeichen als Trennzeichen verwendet (z. B. Tel.-Nr. 0316-12 31 23, IP-Adresse 191.255.255.255, Datum 12/12/2012). Nummern können aus Ziffern und Buchstaben bestehen.

Nummernsysteme

Für jedes zu nummerierende Objekt wird vom Unternehmen ein entsprechendes Nummernsystem festgelegt. Die wichtigsten Nummernsysteme sind:

Identifikationsnummern	Sie dienen ausschließlich der eindeutigen Identifizierung eines Objekts. Dazu wird für das jeweilige Objekt meist eine fortlaufende Nummer vergeben (z. B. 4532, 4533, 4534).
Klassifizierungsnummern	Sie dienen ausschließlich der Zuordnung eines Objekts zu einer bestimmten Gruppe aufgrund seiner Eigenschaften. Mehrere Objekte können auch die gleiche Klassifizierungsnummer aufweisen (z. B. Schulklasse 4 AHWIM, Postleitzahl 8020).
Verbundnummern	Diese setzen sich aus mindestens einer Klassifizierungsnummer und einer Identifikationsnummer zusammen. Für jede Klassifizierungsvariante gibt es eine eigene Identifikationsnummernreihe (z. B. Sozialversicherungsnummer 3427 23 12 88, Autokennzeichen BM 344AL).
Parallelnummern	Diese setzen sich aus mindestens einer Klassifizierungsnummer und einer Identifikationsnummer zusammen. Die Identifikationsnummer ist hier jedoch von der Klassifikationsnummer unabhängig (z. B. 220-142356).

Anna: Welche Nummernsysteme werden bei ING4TECH verwendet?

Leiterin Arbeitsvorbereitung: Das verwendete Nummernsystem hängt von der Objektgruppe ab. Eine reine Identifikationsnummer ist beispielsweise unsere 4-stellige Personalnummer (z. B. 0245). Sie dient ausschließlich zur Identifikation des jeweiligen Mitarbeiters. Unsere Kostenstellen haben eine Klassifizierungsnummer für die Zuordnung der im Unternehmen anfallenden Kosten (z. B. 220 für Kostenstelle „Mechanische Fertigung").

Die Kundenaufträge bekommen nach Vertragsunterzeichnung eine eindeutige Nummer, die als Beispiel für ein Verbundnummernsystem dienen kann. Eine Auftragsnummer ist z. B. 09/14/0134, wobei die erste Zahl das Jahr, die zweite Zahl die Produktgruppe und die letzte Zahl eine fortlaufende Nummer innerhalb dieser Produktgruppe ist.

Üben

SbX ID: 6102

Ü 1:
Erläutern Sie den Unterschied zwischen Zusammenstellungszeichnungen, Einzelteilzeichnungen, R&I-Fließbildern, Schaltplänen und Bauzeichnungen. Welchen Zwecken dienen diese unterschiedlichen Arten von Zeichnungen?

SbX
Excel-Tabellenvorlagen zu Ü 2 finden Sie unter der ID: 6102.

Ü 2:
Die Firma LEGO plant, einen „Küchentisch mit Sesseln" auf den Markt zu bringen. Nachfolgend ist ein erster Vorschlag für den Aufbau des Produkts dargestellt.

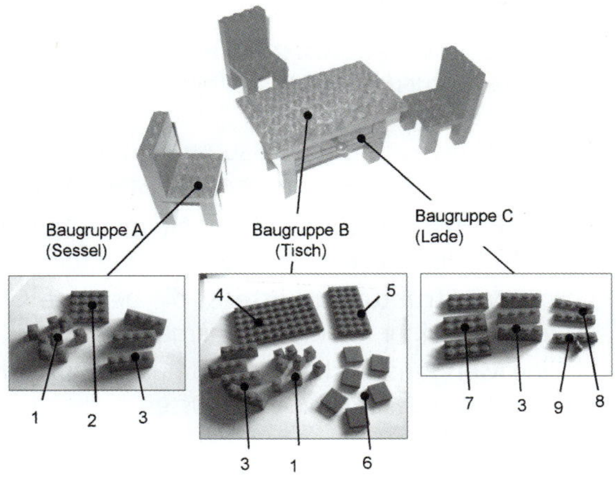

Stellen Sie die Erzeugnisstruktur des Produkts in grafischer Form dar. Leiten Sie daraus die Mengenstückliste, Strukturstückliste und die Baukastenstücklisten ab.

SbX
Ü 3 mit automatischer Aufgabenkontrolle ID: 6102
erledigt ✓
Ü 3 ☐

Ü 3:
Zu welcher der drei Stücklistenarten passen die folgenden Aussagen?

	Mengen-stückliste	Struktur-stückliste	Baukasten-stückliste
Die Stückliste beinhaltet nur die vom Einkauf zu beschaffenden Rohstoffe und Zukaufteile.			
In der Stückliste sind nur die Einzelteile, Rohstoffe bzw. Baugruppen der nächsttieferen Gliederungsstufe entsprechend der Erzeugnisstruktur enthalten.			
Die Baugruppen, Einzelteile und Rohstoffe werden in der Stückliste entsprechend der Erzeugnisstruktur dargestellt.			

Ü 4:
Zu welchem Zweck werden viele Objekte in einem Unternehmen (z. B. Kostenstellen, Material, Personal, Maschinen usw.) mit einer Nummer versehen? Welche Arten von Nummernsystemen stehen dabei zur Auswahl?

Sichern

SbX ID: 6103

Aufgabe der Arbeitsvorbereitung

Die **Aufgabe der Arbeitsvorbereitung** ist es, die Durchführung der betrieblichen Leistungserstellung in der Produktion zu planen und zu steuern. Die dabei erforderlichen Tätigkeiten lassen sich in die Bereiche **Arbeitsplanung** sowie **Produktionsplanung und -steuerung** unterteilen.

Zeichnungen

Für die Durchführung der Aufgaben in der Abteilung Arbeitsvorbereitung sind verschiedene **Informationsgrundlagen** erforderlich. **Zeichnungen** dienen der eindeutigen, übersichtlichen und vollständigen Beschreibung eines Produkts. Je nach Art des Produkts und der Fertigungsstufe verwendet man Zusammenstellungszeichnungen, Einzelteilzeichnungen, Schaltpläne, R&I-Schemas, Bauzeichnungen usw.

Erzeugnisstruktur

Mithilfe einer **Erzeugnisstruktur** wird der Aufbau eines Produkts aus Baugruppen, Einzelteilen und den erforderlichen Rohstoffen veranschaulicht.

Eine **Stückliste** enthält alle Baugruppen und Einzelteile eines Produkts sowie die Rohstoffe, die für die Herstellung der Eigenfertigungsteile benötigt werden.

Baukastenstückliste · **Strukturstückliste** · **Mengenstückliste**

- Eine **Baukastenstückliste** enthält immer nur die Baugruppen, Einzelteile bzw. Rohstoffe der nächsttieferen Ebene der Erzeugnisstruktur des Produkts.
- In einer **Strukturstückliste** ist die gesamte Gliederung des Produkts entsprechend der Erzeugnisstruktur listenförmig dargestellt.
- Eine **Mengenstückliste** enthält nur die Einzelteile bzw. Rohstoffe, die für die Herstellung des Produkts zugekauft werden müssen.

Nummernsysteme regeln die Art der Nummerung eines Objekts (z. B. Kostenstelle, Material, Personal, Kunde).

Identifikationsnummer, Klassifikationsnummer

- **Identifikationsnummern** dienen ausschließlich zur eindeutigen Identifikation eines Objekts. Es wird daher für die einzelnen Objekte eine fortlaufende Nummer vergeben.
- **Klassifikationsnummern** dienen der Zuordnung des Objekts zu einer Gruppe aufgrund seiner Eigenschaften.

Verbundnummer, Parallelnummer

- **Verbundnummern** und **Parallelnummern** setzen sich aus einer Identifikationsnummer und einer Klassifikationsnummer zusammen. Die beiden Nummern sind beim Verbundnummernsystem voneinander abhängig. Beim Parallelnummernsystem sind die beiden Nummern voneinander unabhängig.

SbX ID: 6103

Eine Audio-Wiederholung mit Audio-Player und MP3-Download sowie eine Bildschirmpräsentation mit allen Grafiken dieser Lerneinheit finden Sie unter der ID: 6103.

Wissen

SbX ID: 6104

SbX **Excel-Tabellenvorlagen zu 1. finden Sie unter der ID: 6104.**

1. Für ein Produkt der ING4TECH liegt folgende Baukastenstückliste vor.

Erzeugnis E1	
Teil	Menge
BG1	2 St.
T1	1 St.
BG2	1 St.

Baugruppe BG1	
Teil	Menge
BG3	1 St.
T2	3 St.

Baugruppe BG2	
Teil	Menge
BG3	1 St.
T3	6 St.
T4	6 St.

Einzelteil BG3	
Teil	Menge
T5	2 St.
T6	2 St.

Einzelteil T1	
Teil	Menge
R2	0,2 m²

Einzelteil T4	
Teil	Menge
R1	0,06 m

Erstellen Sie daraus die Erzeugnisstruktur des Produkts in grafischer Form. Erstellen Sie außerdem die entsprechende Mengenstückliste und die Strukturstückliste.

2. Die wichtigsten Gründe für eine Nummerung von Objekten (z. B. Material, Kunden, Aufträge) sind die Identifikation und die Klassifikation des jeweiligen Objekts. Erläutern Sie diese beiden Begriffe.

SbX Alle SbX-Inhalte zu dieser Lerneinheit finden Sie unter der ID: 6200.

Lerneinheit 2
Arbeitsplanung

Eine der wesentlichsten Aufgaben der Abteilung Arbeitsvorbereitung ist die Erstellung von Arbeitsplänen. In diesen wird festgelegt, auf welchen Arbeitsplätzen bzw. Maschinen welche Arbeitsschritte bei der Herstellung eines Produkts durchzuführen sind. Außerdem werden in die Arbeitspläne die Vorgabezeiten für die Durchführung der einzelnen Arbeitsschritte eingetragen. Diese dienen als Grundlage der Produktkostenkalkulation sowie der Durchführung der Produktionsplanung und -steuerung.

Lernen

SbX ID: 6201

Anna: Welche Ausbildung bzw. Qualifikationen muss man haben, um in der Abteilung Arbeitsvorbereitung arbeiten zu können?

Leiterin der Arbeitsvorbereitung: Für die Durchführung der Arbeitsplanung sind Kenntnisse im Bereich der Werkstoff- und Fertigungstechnik sowie Arbeitszeitermittlung erforderlich. In der Produktionsplanung und -steuerung kommt es vor allem auf strukturiertes Arbeiten, Organisationstalent und Kenntnisse im Umgang mit unserem ERP-(Enterprise Resource Planning-) System an.

In der Arbeitsvorbereitung der ING4TECH sind daher hauptsächlich HTL-Ingenieure und Fachschulabsolventen beschäftigt.

Arbeitsplan = **routing sheet**

1 Arbeitsplan

Bindeglied zwischen der Zeichnung und der Herstellung des Produkts in der Fertigung bzw. Montage

Ein **Arbeitsplan** ist die **Dokumentation des geplanten Arbeitsablaufs** für die Herstellung eines Produkts. Neben Zeichnungen und Stücklisten gehört er zu den wichtigsten Unterlagen für die Planung und Durchführung der Fertigung und Montage eines Produkts.

SbX **Ein Leerformular des nebenstehenden Musterarbeitsplans finden Sie unter der ID: 6201.**

Es ist üblich, die Arbeitsvorgangsnummer (AVG-Nr.) in 10er-Schritten zu erhöhen. Damit können nachträglich Zeilen eingefügt werden, ohne alle AVG-Nummern neu vergeben zu müssen.

Arbeitsplan

Kopfdaten:

Blatt	Datum	Bearbeiter	Plan.-Nr.	gültig von	gültig bis
1/1	01.09.10	Müller R.	12476	01.01.10	

Mat.-Nr. Fertigteil	Benennung	Zeichn.-Nr.	Losgröße
12.12434	Gelenkschaft	12.124.1.4a	1-50

Materialdaten:

Mat.-Nr. Rohstoff	Rohmaße	Werkstoff	Rohgew.	Fertiggew.
35.12623	ø40h9 x 75	9SMn28K	0,65 kg	0,42 kg

Fertigungsdaten:

AVG-Nr.	Arbeitsvorgang	Arbeitsplatz Maschine	Lohngruppe	Fertigungshilfsmittel	Kostenstelle	tr [min]	te [min]
10	Drehen Kontur	Drehmaschine	05	1001, 1051	220	15	7,50
20	Fräsen Kontur	Fräsmaschine	05	1124, 1144	220	15	18,50
30	Räumen Passfedernut 6P9	Räummaschine	03	3023	220	10	3,75

Erstellt von	Geprüft	Genehmigt

Arbeitsplan

Bei Serienfertigung werden diese Arbeitspläne für jedes Produkt „auftragsneutral" einmalig erstellt und bei jedem Fertigungsauftrag wieder verwendet. Bei Einzelfertigung wird der Arbeitsplan auftragsspezifisch für den jeweiligen Kundenauftrag erstellt.

Da sich Produkte, Prozesse und Unternehmen sehr stark unterscheiden, gibt es keinen einheitlichen bzw. genormten Arbeitsplan. Folgende Daten sind jedoch meist in jedem Arbeitsplan zu finden:

Kopfdaten

In den Kopfdaten des Arbeitsplans werden **alle allgemeinen Angaben** über das zu fertigende Teil angeführt, wie beispielsweise

- Nummer und Benennung zur eindeutigen Identifikation des Teils,
- Zeichnungsnummer der zugehörigen Konstruktionszeichnung,
- Losgrößenbereich, für welchen der Arbeitsplan ausgelegt ist, da beispielsweise die Wahl des Fertigungsverfahrens von der Stückzahl abhängen kann,
- Erstellungsdatum des Arbeitsplans und Name des Erstellers,
- Gültigkeitsdauer, als Zeitraum, in welchem der Arbeitsplan gültig ist/war.

Das Roh- und Fertigteilgewicht wird für die Wahl der richtigen Transporteinrichtung sowie eventuell erforderlicher Hebezeuge benötigt.

Materialdaten

Dieser Bereich beinhaltet alle Angaben für die **Bereitstellung des erforderlichen Rohmaterials,** wie

- Materialnummer des Rohstoffs,
- Werkstoffbezeichnung,
- Rohmaße,
- Roh- und Fertigteilgewicht.

Fertigungsdaten

In diesem Bereich des Arbeitsplans werden die einzelnen Arbeitsvorgänge in der Reihenfolge ihrer Durchführung aufgelistet und mit ergänzenden Informationen versehen. Fertigungsdaten sind daher

- Arbeitsvorgangsbeschreibungen, als verbale Kurzbeschreibungen der einzelnen Bearbeitungsschritte mit Zuordnung einer eindeutigen Arbeitsvorgangsnummer,
- Arbeitsplatzdaten (z. B. Arbeitsplatznummer, Kostenstelle, Maschine),
- Fertigungshilfsmittel (z. B. Werkzeuge, Vorrichtungen, Mess- und Prüfmittel),
- Vorgabezeiten (z. B. Zeit je Einheit t_e und Rüstzeit t_r für die einzelnen Arbeitsvorgänge).

Vorrichtungen sind Hilfsmittel, um die Fertigungsdurchführung für den Mitarbeiter zu erleichtern bzw. die Fertigungszeit zu verringern (z. B. Bohrvorrichtung, Einspannvorrichtung usw.).

Michael: Wie detailliert erfolgt die Beschreibung der einzelnen Arbeitsvorgänge bei der Erstellung eines Arbeitsplans?

Leiterin der Arbeitsvorbereitung: Werden sehr hohe Stückzahlen eines Teils gefertigt (Massen- und Großserienfertigung), so erfolgt meist eine detailliertere Beschreibung der Arbeitsvorgänge. Durch das systematische Analysieren des geplanten Fertigungsablaufs im Vorhinein kann die erforderliche Fertigungszeit optimiert werden.

Diese systematische Analyse erfordert entsprechend hohen Planungsaufwand. Die Fertigungsdaten der Arbeitspläne in der Einzel- und Kleinserienfertigung sind daher meist weniger detailliert angeführt.

2 Zeitermittlung nach REFA

Für die Produktkostenkalkulation und die Ermittlung der Maschinenbelegungszeit werden Vorgabezeiten benötigt.

Für die bei der Herstellung eines Produkts durchzuführenden und im Arbeitsplan angeführten Arbeitsvorgänge werden im Rahmen der Arbeitsplanung entsprechende Vorgabezeiten ermittelt. In der Praxis werden dabei meist die **Begriffe und Methoden von REFA** verwendet.

REFA ist eine im deutschsprachigen Raum sehr anerkannte Organisation für Beratung, Aus- und Weiterbildung in den Bereichen Arbeitsgestaltung und Betriebsorganisation. www.refa.de

Auftragszeit T

Unter der Auftragszeit T versteht man die zur Durchführung eines Arbeitsvorgangs erforderliche Gesamtzeit für eine bestimmte Stückzahl m.

$$T = t_r + t_a = t_r + m \times t_e$$

Die Auftragszeit wird berechnet, wenn ein konkreter Fertigungsauftrag mit der benötigten Menge vorliegt, um die Arbeitsplatz- und Maschinenbelegungen zu planen (Kapazitätsplanung). Grundlage dafür ist die für den jeweiligen Arbeitsvorgang erforderliche Rüstzeit t_r und die Zeit je Einheit t_e aus dem Arbeitsplan.

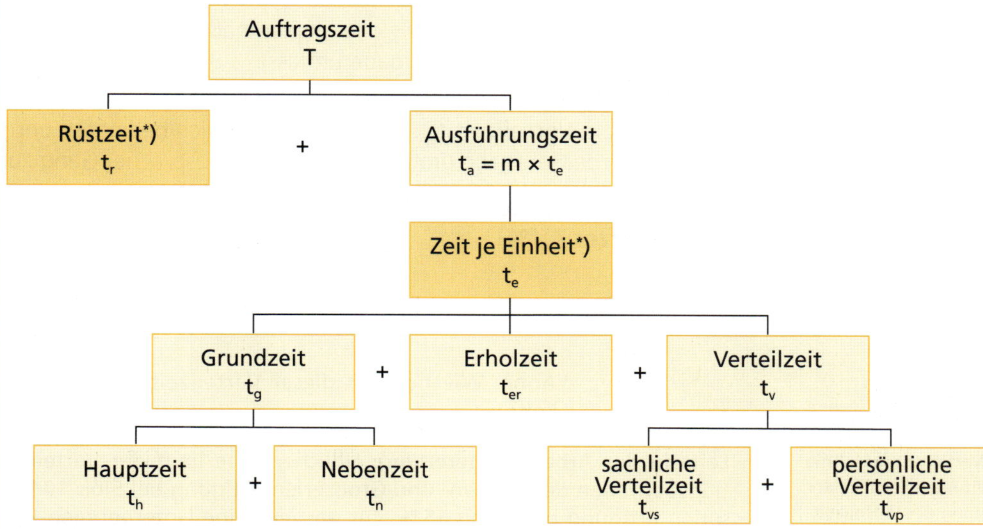

Berechnung der Auftragszeit T

* Diese Zeiten werden in den Arbeitsplan eingetragen.

Michael: Warum wird überhaupt so viel Aufwand betrieben, um die Auftragszeit im Vorhinein zu ermitteln?

Leiterin der Arbeitsvorbereitung: Stellen Sie sich vor, Ihre Eltern wollen einen Wintergarten bauen lassen. Der Hersteller kann jedoch nicht sagen, wie viel es kosten wird, da er den erforderlichen Zeitaufwand nicht festlegen kann bzw. will. Das würden Ihre Eltern sicher nicht akzeptieren.

Genau vor diesem Problem stehen die meisten Unternehmen. Sie müssen im Vorhinein ein verbindliches Angebot abgeben. Berechnen Sie den erforderlichen Zeitaufwand zu niedrig, so können sie den Mehraufwand aufgrund des Fixpreises nicht an den Kunden weiterverrechnen. Berechnen sie ihn zu hoch, so werden sie den Auftrag nicht bekommen, da die Mitbewerber wahrscheinlich ein günstigeres Angebot vorlegen.

Rüstzeit = **setup time**

Muss ein Werkzeug nur einmal eingespannt werden und kann die gesamte zu fertigende Menge damit hergestellt werden, so gehört die Einspannzeit zur **Rüstzeit.** Muss jedoch bei jedem Teil das Werkzeug umgespannt werden, so gehört diese Zeit nicht zur Rüstzeit, sondern zur Grundzeit.

Zeit je Einheit = **time per unit**

Rüstzeit t_r

Die Rüstzeit t_r umfasst jene Tätigkeiten, die nur einmalig anfallen, unabhängig davon, wie viele Einheiten (Stück) der Fertigungsauftrag umfasst. Dies sind Tätigkeiten wie

- die Vorbereitung des Arbeitsplatzes auf die Arbeitsaufgabe (z. B. Werkzeug und Vorrichtung einspannen, Material holen, Zeichnung lesen),
- das Rückversetzen des Arbeitsplatzes in die Ausgangssituation (z. B. Reinigen des Arbeitsplatzes am Ende des Auftrags).

Zeit je Einheit t_e

Die Zeit je Einheit t_e ist die Zeit, die für die Durchführung der jeweiligen Arbeitsaufgabe an einer Einheit des Fertigungsauftrags benötigt wird.

$$t_e = t_g + t_v + t_{er}$$

Die unterschiedlichen Methoden der Grundzeitermittlung werden in der Lerneinheit 3 beschrieben.

Grundzeit t_g

Die Grundzeit t_g ist die Zeit, die für das Durchführen der Arbeitsaufgabe an einer Einheit des Fertigungsauftrags *planmäßig* erforderlich ist. Sie setzt sich zusammen aus

- **Hauptzeit t_h,** in der ein unmittelbarer Arbeitsfortschritt am Produkt erzielt wird (z. B. Eingriff des Meißels beim Drehen, Zusammenbau eines Produkts),
- **Nebenzeit t_n,** die für Nebentätigkeiten anfällt (z. B. Werkstück ein- und ausspannen, Werkzeugschlitten zurückfahren).

Verteilzeit t_v

Die Verteilzeit t_v ist die Zeit, die bei der Durchführung der Arbeitsaufgabe zusätzlich zur Grundzeit voraussichtlich *unplanmäßig* benötigt wird. Man unterscheidet

- **sachliche Verteilzeit t_{vs},** welche unplanmäßige Tätigkeiten im Zusammenhang mit der Durchführung der Arbeitsaufgabe umfasst (z. B. Reparatur bei Störungen, Warten auf Material, Werkzeugbruch),
- **persönliche Verteilzeit t_{vp},** welche die persönlich bedingten unplanmäßigen Unterbrechungen der Arbeitsaufgabe umfasst (z. B. private Gespräche, Gang zur Toilette).

Die Berechnung der Verteilzeit t_v erfolgt aus der ermittelten Grundzeit mithilfe des **Verteilzeitzuschlagsatzes Z_v [%].**

$$t_v = t_g \times Z_v : 100$$

Anna: Wie hoch ist dieser Verteilzeitzuschlagsatz für unplanmäßige Tätigkeiten?

Leiterin der Arbeitsvorbereitung: Üblicherweise liegt der Verteilzeitzuschlagsatz in Produktionsbetrieben der Massen- und Großserienfertigung bei 5 bis 10 % und bei Einzel- und Kleinserienfertigung bei 10 bis 15 %. Für das jeweilige Unternehmen kann der Wert genauer mithilfe einer Verteilzeitaufnahme bestimmt werden.

Dabei wird im Betrieb an ausgewählten Arbeitsplätzen über einen bestimmten Zeitraum (meist eine Woche) eine genaue Aufzeichnung über die Art und Dauer der Tätigkeiten durchgeführt. Aus dem Verhältnis der Dauer für planmäßige und unplanmäßige Tätigkeiten in diesem Zeitraum lässt sich der Verteilzeitprozentsatz Z_v ermitteln.

Die Verteilzeitaufnahme dient hauptsächlich der Ermittlung des Verteilzeitzuschlagsatzes Z_v. Es lassen sich damit aber auch Ansatzpunkte für die Verringerung unproduktiver Zeit im Produktionsprozess herausfinden.

Erholzeit t_{er}

Die Erholzeit ist die Zeit, die dem Erholen des Mitarbeiters bei der Durchführung von Tätigkeiten mit erhöhter psychischer oder physischer Belastung während der Arbeitszeit zusteht (z. B. hohe Temperaturen, schwere körperliche Belastung). Dazu gehören jedoch nicht die Pausen, die außerhalb der eigentlichen Arbeitszeit stattfinden.

Erholzeit bedeutet nicht, dass der Mitarbeiter in dieser Zeit Pause hat. Er darf während dieser Zeit nur nicht an dem Arbeitsplatz mit erhöhter Belastung tätig sein (Beispiel: Arbeit am Hochofen).

Die Berechnung der Erholzeit t_{er} erfolgt aus der ermittelten Grundzeit mithilfe des Erholzeitzuschlagsatzes Z_{er} [%], welcher üblicherweise von einem Arbeitsmediziner festgelegt wird.

$$t_{er} = t_g \times Z_{er} : 100$$

An den meisten Arbeitsplätzen in Produktionsbetrieben sind die physischen und psychischen Belastungen der Mitarbeiter nicht so hoch, dass eine Erholzeit vorgeschrieben ist. An diesen Arbeitsplätzen ist daher keine Erholzeit zu berücksichtigen.

3 Methoden zur Ermittlung der Grundzeit

Bei der Wahl der Methode zur Ermittlung der Grundzeit ist ein Kompromiss zwischen Planungsgenauigkeit und Planungsaufwand zu finden.

Die Grundzeit t_g ist die Zeit, die für die Durchführung einer Arbeitsaufgabe *planmäßig* erforderlich ist. Für die Ermittlung dieser Grundzeit stehen in der betrieblichen Praxis verschiedene Methoden zur Auswahl.

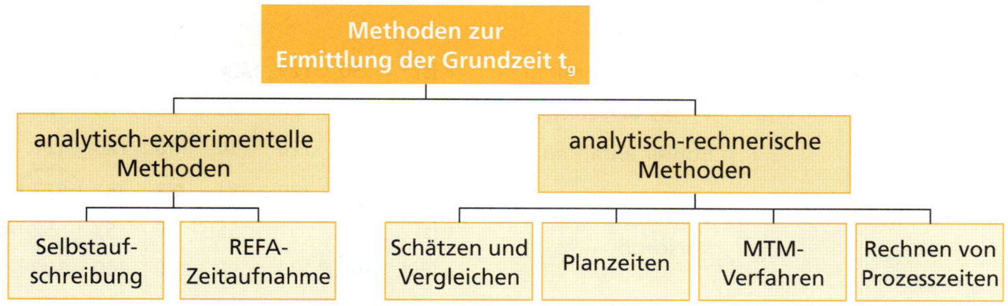

Methoden zur Ermittlung der Grundzeit

Michael: Nach welchen Kriterien wird die für ein Unternehmen „richtige" Methode zur Grundzeitermittlung ausgewählt?

Leiterin der Arbeitsvorbereitung: Je genauer die voraussichtlich benötigte Grundzeit für eine Arbeitsaufgabe ermittelt werden soll, desto höher ist üblicherweise der dafür erforderliche Aufwand. Die Wahl der Methode ist also ein Kompromiss zwischen benötigter Genauigkeit und noch akzeptablem Aufwand. Zusätzlich spielen aber auch andere Kriterien eine Rolle wie z. B., ob der Arbeitsplatz, an dem die Arbeitsaufgabe durchzuführen ist, bereits vorhanden ist oder nicht.

Selbstaufschreibung

Bei dieser Methode wird die Art und Dauer der durchgeführten Tätigkeiten durch den Mitarbeiter selbst erfasst und dokumentiert. Die **Selbstaufschreibung** erfolgt **ohne Kontrolle** durch einen Beobachter. Die erfassten Daten werden entsprechend ausgewertet und daraus die für eine bestimmte Arbeitsaufgabe benötigte Grundzeit ermittelt.

REFA-Zeitaufnahme

SbX
Ein Leerformular für die Protokollierung einer Zeitaufnahme finden Sie unter der ID: 6201.

Bei einer **Fortschrittszeitmessung** erfolgt die Zeitaufnahme ohne Unterbrechung. An bestimmten Punkten des Arbeitsablaufs wird die Zwischenzeit von der Stoppuhr abgelesen und diese protokolliert.

Unter **Normalleistung** versteht man nach REFA eine Bewegungsausführung, die dem Beobachter harmonisch, natürlich und ausgeglichen erscheint. Sie kann erfahrungsgemäß von jedem geeigneten und geübten Arbeiter auf die Dauer und im Mittel einer Schicht erbracht werden.

Bei der Methode der Zeitaufnahme wird die bei der Durchführung des Arbeitsvorgangs **tatsächlich benötigte Zeit** von einem Beobachter gemessen und als Grundlage für die Festlegung der Grundzeit herangezogen. Die in der Praxis sehr häufig angewendete Zeitaufnahme nach REFA wird wie folgt durchgeführt (Tabelle siehe nächste Seite):

1. Zuerst wird der gesamte Arbeitsvorgang in **Teilschritte** unterteilt. Danach wird die Arbeitsaufgabe von einem Mitarbeiter mehrmals hintereinander durchgeführt. Die dafür benötigte Zeit wird mithilfe einer **Fortschrittszeitmessung** gestoppt und das Ergebnis protokolliert. Der Mitarbeiter wird über die Durchführung der Zeitaufnahme vorher informiert.
2. Die Istzeit bei der Durchführung eines Arbeitsvorgangs kann je nach Mitarbeiter sehr unterschiedlich sein. Es wird daher vom Beobachter zusätzlich der **Leistungsgrad L** bei der Durchführung der einzelnen Teilschritte geschätzt. Dabei wird die Leistung des Mitarbeiters im Verhältnis zu einer **Normalleistung** (100 %) bewertet.
3. Nach der Messung und Protokollierung werden aus den Fortschrittszeiten F die **Istzeiten t_i** der einzelnen Teilschritte berechnet, z. B. bei Werkstück 6 Teilschritt Nr. 2 ergibt sich $t_i =$ $= 577 - 525 = 52$ Sekunden.
4. Danach werden die **Durchschnittswerte** der Istzeiten und der Leistungsgrade für die einzelnen Teilschritte ermittelt, z. B. für die durchschnittliche Istzeit des Teilschritts Nr. 2 ergibt sich $t_i = (53 + 51 + 55 + 56 + 53 + 52) : 6 = 53{,}3$ Sekunden.
5. Bei der Festlegung der Grundzeit wird die durchschnittliche Istzeit mit dem durchschnittlichen Leistungsgrad auf die **Normalleistung** umgerechnet, z. B. für die Grundzeit beim Teilschritt Nr. 2 ergibt sich $t_g = 53{,}3 \times 101{,}7 : 100 = 54{,}2$ Sekunden.

Nr.	Teilschritte		1	2	3	4	5	6	$t_i = \sum t_i/n$ $L = \sum L/n$	$t_g = t_i \times L/100$
1	Vorrichtung reinigen Werkstück einspannen Bohrer anfahren	F [s]	30	129	226	327	428	525		
		t_i [s]	30	26	29	30	26	28	28,2	32,4
		L [%]	110	120	110	110	120	120	115,0	
2	Bohren mit manuellem Vorschub	F [s]	83	180	281	383	481	577		
		t_i [s]	53	51	55	56	53	52	53,3	54,2
		L [%]	100	120	90	100	100	100	101,7	
3	Bohrer zurückfahren Werkstück ausspannen	F [s]	103	197	297	402	497	595		
		t_i [s]	20	17	16	19	16	18	17,7	18,8
		L [%]	100	110	120	100	120	90	106,7	
	Summe									105,5

F … Fortschrittszeit, L … Leistungsgrad, t_i … Istzeit, n … Anzahl der Zyklen, t_g … Grundzeit

Anwendung findet dieses Verfahren hauptsächlich bei der Massen- oder Großserienfertigung. Der Arbeitsplatz muss aber schon vorhanden sein oder es ist ein entsprechender Testarbeitsplatz einzurichten.

Schätzen und Vergleichen

Die Ermittlung der für eine Arbeitsaufgabe erforderlichen Grundzeit kann auch durch einfaches Schätzen auf Basis von **Erfahrungswerten** erfolgen. Die Schätzung sollte jedoch nicht für den gesamten Arbeitsablauf als Ganzes erfolgen (Gesamtschätzen). Es sollen einzelne Teilvorgänge geschätzt und die Teilschätzungen addiert werden (unterteiltes Schätzen).

Dies ist die ungenaueste Methode, da das Ergebnis sehr stark von der Erfahrung des Mitarbeiters abhängt, der die Schätzung durchführt. Der Aufwand für die Zeitermittlung ist hier jedoch am geringsten.

Planzeiten

Für bestimmte immer wiederkehrende Arbeitsaufgaben werden für die Grundzeitermittlung häufig Planzeiten verwendet. Diese Planzeiten sind in Abhängigkeit von Einflussgrößen, die den Zeitbedarf der Arbeitsaufgabe beeinflussen, in sogenannten **Planzeitkatalogen** zusammengefasst.

Beispiele für Einflussgrößen:

- Nahtlänge und Schweißnahtdicke beim Schutzgasschweißen
- Anzahl der Lichtschalter bzw. Steckdosen bei Elektroinstallationsarbeiten
- Wandlänge und Wandhöhe bei der Montage von Trockenbauwänden

Beispiel

Nachfolgend beispielhaft ein Planzeitkatalog für die Errichtung von Trockenbauwänden beim Innenausbau von Wohnhäusern:

Trockenbau-wände	Montage Metallprofile 50 mm, Mineralfaserdämmung 40 mm, beidseitig einlagig beplankt, Wandhöhe 2,50 m					
Wandlänge	> 0,4 bis 1,0	> 1,0 bis 2,0	> 2,0 bis 3,5	> 3,5 bis 6,0	> 6,0	m
Planzeit	2,25	1,85	1,55	1,40	1,30	h/m

Für Wände mit einer Länge ≤ 0,4 m ist ein Pauschalwert von 1,25 h zu berücksichtigen.

Ein Vorteil von **Planzeiten** ist, dass auch Mitarbeiter ohne große Erfahrung auf dem jeweiligen Fachgebiet die Vorgabezeiten recht genau ermitteln können. Voraussetzung ist jedoch, dass der Ablauf sowie die Einflussfaktoren der Arbeitsaufgabe eindeutig beschrieben werden können.

Die für die Erstellung eines Planzeitkatalogs erforderlichen Planzeiten können mit jeder der anderen in diesem Kapitel beschriebenen Methoden ermittelt werden, z. B. Selbstaufschreibung, REFA-Zeitaufnahme, Schätzen und Vergleichen, MTM-Verfahren, Rechnen von Prozesszeiten.

Anwendung findet dieses Verfahren meist bei **Einzel- oder Kleinserienfertigung.** Hier versucht man aufgrund der geringen zu fertigenden Stückzahl, den Aufwand für die Zeitermittlung möglichst niedrig zu halten. Die voraussichtlich benötigte Zeit für eine Arbeitsaufgabe sollte aber trotzdem relativ genau ermittelt werden.

„Systeme vorbestimmter Zeiten“ ist der Überbegriff über MTM und ähnliche Verfahren der Zeitermittlung (z. B. Work-Factor-Verfahren).

MTM-Verfahren

Das MTM-(Methods-Time-Measurement-)Verfahren ist die in Europa vorwiegend angewendete Methode der „Systeme vorbestimmter Zeiten“. Dabei wird der Zeitbedarf für die Durchführung einer Arbeitsaufgabe anhand einer detaillierten Analyse der erforderlichen Bewegungen im Vorhinein ermittelt.

Die Zeit für die Durchführung einzelner Bewegungen wird in Abhängigkeit von entsprechenden Einflussgrößen (z. B. zurückgelegter Weg, Schwierigkeit der Handhabung, aufzuwendende Kraft, Drehwinkel usw.) aus **MTM-Normzeitwertkarten** entnommen.

Drehen – T (Turn)

Kode	Kraftaufwand/Gewicht (daN/kg)	30°	45°	60°	75°	90°	105°	120°	135°	150°	165°	180°
T-S	klein: ≤ 1	2,8	3,5	4,1	4,8	5,4	6,1	6,8	7,4	8,1	8,7	9,4
T-M	mittel: > 1 bis ≤ 5	4,4	5,5	6,5	7,5	8,5	9,6	10,6	11,6	12,7	13,7	14,8
T-L	groß: > 5 bis ≤ 16	8,4	10,5	12,3	14,4	16,2	18,3	20,4	22,2	24,3	26,1	28,2

(Normzeitwerte in **TMU** für Drehwinkel)

Körper-, Bein- und Fußbewegungen

Kode	TMU	Bewegungslänge	Beschreibung der Bewegungen
FM FMP	8,5 19,1	bis 10 cm	**Fußbewegung** Drehachse: Knöchel Fußbewegung mit starkem Druck
LM-	7,1 0,5	bis 15 cm jeder weitere cm	**Beinbewegung** Drehachse: Knie- oder Hüftgelenk in beliebige Richtung
SS-C1 SS-C2	17,0 0,2 34,1 0,4	< 30 cm 30 cm jeder weitere cm 30 cm jeder weitere cm	**Seitenschritt:** seitliche Verschiebung der Körperachse **Hinlangen** oder **Bringen** analysieren Fall I: Der Seitenschritt ist beendet, wenn das bewegte Bein wieder auf dem Boden steht. Fall II: Das nachgezogene Bein muss den Boden wieder berühren, bevor die folgende Bewegung ausgeführt werden kann.
TBC1 TBC2	18,6 37,2		**Körperdrehung** nach links oder rechts um 45° bis 90° Fall I: Die Körperdrehung ist beendet, wenn das bewegte Bein wieder auf dem Boden steht. Fall II: Das nachgezogene Bein muss den Boden wieder berühren, bevor die folgende Bewegung ausgeführt werden kann.
B, S, KOK AB, AS, AKOK	29,0 31,9		**Beugen, Bücken** oder **Knien auf ein Knie** **Aufrichten** vom **Beugen, Bücken, Knien auf ein Knie**
KBK AKBK	69,4 76,7		**Knien auf beide Knie** **Aufrichten** vom **Knien auf beiden Knien**
SIT STD	34,7 43,4		**Setzen** **Aufstehen**
W – P W – PO	15,0 17,0	pro Schritt pro Schritt	**Gehen** **Gehen** behindert und/oder mit Last > 23 kg

MTM-Institut
Eichenallee 11, D-15738 Zeuthen
Telefon: +49 (0)33 762 / 20 66 31
Telefax: +49 (0)33 762 / 20 66 40
eMail: institut@dmtm.com

MTM-1 Datenkarte

Ohne gründliche Ausbildung können der Gebrauch dieser MTM-Normzeitwertkarte und jede andere Anwendung von MTM zu falschen Resultaten führen

Die Normzeitwerte dieser Karte entsprechen einer Leistung von 100 % nach LMS

TMU	Sekunden	Minuten	Stunden
1	0,036	0,0006	0,00001
27,8	1		
1 666,7		1	
100 000			1

(Zeiteinheiten)

Gleichzeitige Bewegungen

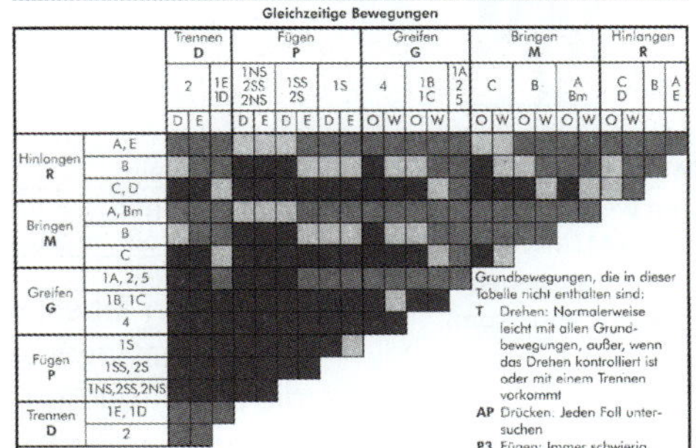

Möglichkeiten der gleichzeitigen Ausführung:

- ■ = leicht
- ■ = mit Übung
- ■ = schwierig, Bewegungen nacheinander analysieren

W: innerhalb des normalen Blickfeldes
O: außerhalb des normalen Blickfeldes
E: einfach zu handhaben
D: schwierig zu handhaben

Grundbewegungen, die in dieser Tabelle nicht enthalten sind:

- **T** Drehen: Normalerweise leicht mit allen Grundbewegungen, außer, wenn das Drehen kontrolliert ist oder mit einem Trennen vorkommt
- **AP** Drücken: Jeden Fall untersuchen
- **P3** Fügen: Immer schwierig
- **D3** Trennen: Normalerweise schwierig
- **RL** Loslassen: Immer leicht
- **D** Trennen: Jede Passungsklasse kann schwierig sein, wenn Übung bzw. Vorsicht erforderlich ist wegen Verletzungs-/Beschädigungsgefahr

Blickfunktionen

Kode	TMU	Beschreibung
ET	15,2 × T/D max. 20,0	**Blickverschieben (Eye Travel)** T = Abstand zwischen den Blickpunkten D = Abstand der Augen von der Verbindungslinie der Blickpunkte
EF	7,3	**Prüfen (Eye Focus)**

Hinlangen – R (Reach)

Bewegungslänge in cm	R-A	R-B	R-C R-D	R-E	mR-A R-Am	mR-B R-Bm	m-Wert für **B**	Beschreibung der Fälle
bis 2	2,0	2,0	2,0	2,0	1,6	1,6	0,4	**A** Hinlangen zu einem Gegenstand, der sich immer an einem genau bestimmten Ort befindet, in der anderen Hand liegt oder auf dem die andere Hand ruht.
4	3,4	3,4	5,1	3,2	3,0	2,4	1,0	
6	4,5	4,5	6,5	4,4	3,9	3,1	1,4	
8	5,5	5,5	7,5	5,5	4,6	3,7	1,8	
10	6,1	6,3	8,4	6,8	4,9	4,3	2,0	
12	6,4	7,4	9,1	7,3	5,2	4,8	2,6	**B** Hinlangen zu einem alleinstehenden Gegenstand, der sich an einem von Arbeitszyklus zu Arbeitszyklus veränderten Ort befindet.
14	6,8	8,2	9,7	7,8	5,5	5,4	2,8	
16	7,1	8,8	10,3	8,2	5,8	5,9	2,9	
18	7,5	9,4	10,8	8,7	6,1	6,5	2,9	
20	7,8	10,0	11,4	9,2	6,5	7,1	2,9	
22	8,1	10,5	11,9	9,7	6,8	7,7	2,8	**C** Hinlangen zu einem Gegenstand, der mit gleichen oder ähnlichen Gegenständen so vermischt ist, dass er ausgewählt werden muss.
24	8,5	11,1	12,5	10,2	7,1	8,2	2,9	
26	8,8	11,7	13,0	10,7	7,4	8,8	2,9	
28	9,2	12,2	13,6	11,2	7,7	9,4	2,8	
30	9,5	12,8	14,1	11,7	8,0	9,9	2,9	
35	10,4	14,2	15,5	12,9	8,8	11,4	2,8	**D** Hinlangen zu einem Gegenstand, der klein ist oder sehr genau oder mit Vorsicht gegriffen werden muss.
40	11,3	15,6	16,8	14,1	9,6	12,8	2,8	
45	12,1	17,0	18,2	15,3	10,4	14,2	2,8	
50	13,0	18,4	19,6	16,5	11,2	15,7	2,7	
55	13,9	19,8	20,9	17,8	12,0	17,1	2,7	**E** Verlegen der Hand in eine nicht bestimmte Lage, sei es zur Erlangung des Gleichgewichtes, zur Vorbereitung der folgenden Bewegung oder um die Hand aus der Arbeitszone zu entfernen.
60	14,7	21,2	22,3	19,0	12,8	18,5	2,7	
65	15,6	22,6	23,6	20,2	13,5	19,9	2,7	
70	16,5	24,1	25,0	21,4	14,3	21,4	2,7	
75	17,3	25,5	26,4	22,6	15,1	22,8	2,7	
80	18,2	26,9	27,7	23,9	15,9	24,2	2,7	

(Normzeitwerte in **TMU**)

Greifen – G (Grasp)

Kode	TMU	Beschreibung der Fälle	
G1A	2,0	**Zufassungsgriff:** Greifen eines leicht zu fassenden, allein liegenden Gegenstandes.	
G1B	3,5	**Ankantgriff:** Greifen eines sehr kleinen Gegenstandes oder eines Gegenstandes, der flach auf einer Ebene liegt.	
G1C1	7,3	Ø > 12 bis ≤ 25 mm	**Abrollgriff:** Greifen eines ungefähr zylindrischen Gegenstandes, wobei dies durch Hindernisse von einer Seite und von unten erschwert wird.
G1C2	8,7	Ø ≥ 6 bis ≤ 12 mm	
G1C3	10,8	Ø < 6 mm	
G2	5,6	**Nachgreifen:** Verlegen des Kontrollpunktes an einen Gegenstand, ohne die Kontrolle über diesen zu verlieren.	
G3	5,6	**Übergabegriff:** Eine Hand übernimmt die Kontrolle über einen Gegenstand, während die andere Hand diese aufgibt.	
G4A	7,3	> 25×25×25 mm	**Auswählgriff:** Greifen eines mit anderen vermischten Gegenstandes, so dass er ausgesucht und ausgewählt werden muss.
G4B	9,1	≥ 6×6×3 bis ≤ 25×25×25 mm	
G4C	12,9	< 6×6×3 mm	
G5	0,0	**Berührungsgriff:** Durch Berührung genügend Kontrolle über einen Gegenstand erhalten, so dass die nachfolgende Grundbewegung ausgeführt werden kann.	

Loslassen – RL (Release)

Kode	TMU	Beschreibung	Kode	TMU	Beschreibung
RL1	2,0	Durch Öffnen der Finger	RL2	0,0	Durch Aufheben des Kontaktes

Bringen – M (Move)

Bewegungslänge in cm	M-A	M-B	M-C	mM-B M-Bm	m-Wert für **B**	in daN/kg	stat. Konst. **SC** in TMU	dynam. Faktor	Beschreibung der Fälle
bis 2	2,0	2,0	2,0	1,7	0,3	1	0,0	1,00	
4	3,1	4,0	4,5	2,8	1,2				
6	4,1	5,0	5,8	3,1	1,9	2	1,6	1,04	**A** Einen Gegenstand zur anderen Hand oder gegen einen Anschlag bringen.
8	5,1	5,9	6,9	3,7	2,2				
10	6,0	6,8	7,9	4,3	2,5	4	2,8	1,07	
12	6,9	7,7	8,8	4,9	2,8				
14	7,7	8,5	9,8	5,4	3,1	6	4,3	1,12	
16	8,3	9,2	10,5	6,0	3,2				
18	9,0	9,8	11,1	6,5	3,3	8	5,8	1,17	
20	9,6	10,5	11,7	7,1	3,4				
22	10,2	11,2	12,4	7,6	3,6	10	7,3	1,22	**B** Einen Gegenstand in eine ungefähre oder unbestimmte Lage bringen. Spiel: > 25 mm
24	10,8	11,8	13,0	8,2	3,6				
26	11,5	12,3	13,7	8,7	3,6	12	8,8	1,27	
28	12,1	12,8	14,4	9,3	3,5				
30	12,7	13,3	15,1	9,8	3,5	14	10,4	1,32	
35	14,3	14,5	16,8	11,2	3,3				
40	15,8	15,6	18,5	12,6	3,0	16	11,9	1,36	
45	17,4	16,8	20,1	14,0	2,8				
50	19,0	18,0	21,8	15,4	2,6	18	13,4	1,41	**C** Einen Gegenstand in eine genau bestimmte Lage bringen. Spiel: > 12 bis ≤ 25 mm
55	20,5	19,2	23,5	16,8	2,4				
60	22,1	20,4	25,2	18,2	2,2	20	14,9	1,46	
65	23,6	21,6	26,9	19,5	2,1				
70	25,2	22,8	28,6	20,9	1,9	22	16,4	1,51	
75	26,7	24,0	30,3	22,3	1,7				
80	28,3	25,2	32,0	23,7	1,5				

(Normzeitwerte in **TMU**: M-A bis m-Wert für B; Mit Kraftaufwand/Gewicht: in daN/kg, stat. Konst., dynam. Faktor)

Fügen – P (Position)

Kode	Passung	Einfügen	Anfügetoleranz	Symmetriefall	Handhabung E	Handhabung D
P1	lose	Kein Druck notwendig	> ± 1,5 bis ≤ ± 6,0 mm	S	5,6	11,2
				SS	9,1	14,7
				NS	10,4	16,0
P2	eng	Leichter Druck notwendig	*> ± 0,4 bis ≤ ± 1,5 mm*	S	16,2	21,8
				SS	19,7	25,3
				NS	21,0	26,6
P3	fest	Starker Druck notwendig	*> 0 bis ≤ ± 0,4 mm*	S	43,0	48,6
				SS	46,5	52,1
				NS	47,8	53,4

(Passungsklasse: Kode, Passung, Einfügen, Anfügetoleranz)

Drücken – AP (Apply Pressure)

Kode	TMU	Beschreibung	Komponenten	Kode	TMU	Beschreibung
				AF	3,4	Kraftaufbau
APA	10,6	Ohne Nachgreifen	AF + DM + RLF	DM	4,2	Minimale Festhaltezeit
APB	16,2	Mit Nachgreifen	G2 + APA	RLF	3,0	Kraftabbau

Trennen – D (Disengage)

Kode	Passung	Beschreibung	E	D
D1	lose	Sehr kleine Kraft – geringer Rückschlag (bis ca. 2,5 cm)	4,0	5,7
D2	eng	Mittlere Kraft – leichter Rückschlag (bis ca. 12 cm)	7,5	11,8
D3	fest	Große Kraft – starker Rückschlag (bis ca. 30 cm)	22,9	34,7

MTM-Normzeitwertkarte (Abdruck mit freundlicher Genehmigung der Deutschen MTM-Vereinigung e. V.)

Bei der **Durchführung des MTM-Verfahrens** wird grundsätzlich wie folgt vorgegangen:

1. Analyse des gesamten Bewegungsablaufs bei der Durchführung der Arbeitsaufgabe und Unterteilung des Ablaufs in MTM-Grundbewegungen (z. B. hinlangen, bringen, greifen, loslassen, fügen, drehen).
2. Bestimmung und Bewertung der Einflussgrößen, welche die Durchführungszeit der einzelnen Grundbewegungen beeinflussen, unter Zuhilfenahme der MTM-Normzeitwertkarte. Die Beschreibung der einzelnen Grundbewegungen und Einflussgrößen erfolgt mittels Kurzzeichen. So bedeutet beispielsweise:

   T 90 L
   - L – Kraftaufwand: groß, d. h. 5 bis 16 daN
   - 90 – Drehwinkel: 90 Grad
   - T – Grundbewegung: Drehen – T (Turn)

3. Für jede einzelne Grundbewegung wird in Abhängigkeit von den jeweiligen Einflussfaktoren die entsprechende Zeit aus der MTM-Normzeitwertkarte entnommen.

Drehen – T (Turn)

Kode	Kraftaufwand/Gewicht (daN/kg)	Normzeiten in **TMU** für Drehwinkel										
		30°	**45°**	**60°**	**75°**	**90°**	**105°**	**120°**	**135°**	**150°**	**165°**	**180°**
T-S	klein: ≤ 1	2,8	3,5	4,1	4,8	5,4	6,1	6,8	7,4	8,1	8,7	9,4
T-M	mittel: > 1 bis ≤ 5	4,4	5,5	6,5	7,5	8,5	9,6	10,6	11,6	12,7	13,7	14,8
T-L	groß: > 5 bis ≤ 16	8,4	10,5	12,3	14,4	16,2	18,3	20,4	22,2	24,3	26,1	28,2

   Die in den Tabellen der MTM-Normzeitwertkarte angeführten Werte für die Zeit sind in TMUs (time-measurement-unit) angegeben, wobei 1 TMU 0,036 Sekunden entspricht. Die Zeit für die Durchführung der Bewegung T90L beträgt also 16,2 TMU = 0,5832 Sekunden.

4. Für die Ermittlung der Grundzeit der gesamten Arbeitsaufgabe werden die Zeiten der einzelnen Grundbewegungen addiert.

Die MTM-Normzeitwertkarten werden von der Deutschen MTM-Vereinigung e. V. herausgegeben (www.dmtm.com).

Angewendet wird das MTM-Verfahren vorwiegend in der Massen- oder Großserienfertigung bei Arbeitsaufgaben, deren Durchführungszeit vom Mitarbeiter beeinflussbar ist.

Ein Vorteil der Anwendung dieses Verfahrens ist, dass der für die Durchführung der Arbeitsaufgabe erforderliche Arbeitsplatz für die Zeitermittlung nicht vorhanden sein muss. Diese Methode kann daher im Zuge einer Betriebsstättenplanung als Grundlage für die Arbeitsplatz- und Arbeitsablaufoptimierung dienen.

Für Einzel- und Kleinserienfertigung wurden von MTM abgeleitete Methoden entwickelt (z. B. UAS, MEK).

Beispiel

Für das Montieren eines Bolzens (ø 8 × 12 mm) an einem Gehäuse soll die Grundzeit mithilfe des MTM-Verfahrens ermittelt werden. Der Bolzen muss zu diesem Zweck aus einem Behälter entnommen, zu einem Bohrloch bewegt und mit leichtem Druck in das Bohrloch geschoben werden.

Die Bolzen liegen vermischt in einem Behälter. Der Abstand zwischen Behälter und Bohrloch am Gehäuse beträgt 40 cm.

Lösung:

Grundbewegung	Einflussfaktoren	MTM-Kode	Zeit[1]
hinlangen	Bewegungslänge: 40 cm; Bolzen liegt vermischt mit anderen.	R 40 C	16,8 TMU
greifen	Abmessung des Bolzens: ø 8 × 12 mm; Bolzen liegt vermischt mit anderen.	G 4 B	9,1 TMU
bringen	Bewegungslänge: 40 cm; Platziergenauigkeit: genau	M 40 C	18,5 TMU
fügen	Passung: eng (leichter Druck notwendig); Symmetrie: vollsymmetrisch	P 2 SE	16,2 TMU
loslassen	Öffnen der Finger	RL1	2,0 TMU
Gesamt		(1 TMU = 0,036 s)	**62,6 TMU = 2,25 s**

[1] Werte aus MTM-Normzeitwertkarte

Prozesszeit = **process time**

Rechnen von Prozesszeiten

Unter **Prozesszeiten** versteht man die vom Mitarbeiter **nicht beeinflussbaren Zeiten** bei der Durchführung einer Arbeitsaufgabe. Bei spanender Bearbeitung (z. B. drehen, fräsen, bohren) umfasst dies die Zeiten, in denen die Maschine mit automatischem Vorschub läuft.

Diese Prozesszeiten können aus den Abmessungen des zu bearbeitenden Gegenstands und der Arbeitsgeschwindigkeit des Werkzeugs berechnet werden. Die Prozesszeit (Hauptzeit) für das Längsdrehen eines Drehteils ergibt sich beispielsweise wie folgt:

$$t_h = \frac{L}{f \times n} \qquad n = \frac{v \times 1000}{d \times \pi}$$

L = Gesamtweg des automatischen Vorschubs [mm]
f = Vorschub [mm/U]
N = Drehzahl [U/min]
v = Schnittgeschwindigkeit [m/min]
d = Durchmesser [mm]

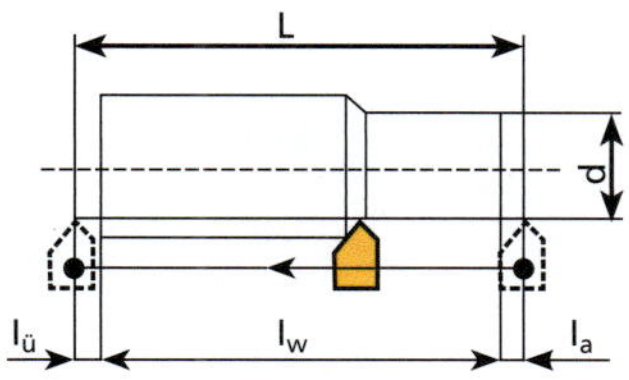

$$L = l_w + l_a + l_ü$$

l_w = Werkstücklänge [mm]
l_a = Anlauflänge [mm]
$l_ü$ = Überlauflänge [mm]

Die **Schnittgeschwindigkeit v** und der **Vorschub f** sind abhängig vom jeweiligen Fertigungsverfahren (z. B. drehen, bohren), vom verwendeten Werkzeug und vom Werkstoff des zu bearbeitenden Werkstücks. Die Werte können aus entsprechenden Tabellenbüchern entnommen werden.

Die bei der Durchführung einer Arbeitsaufgabe benötigten, vom Mitarbeiter beeinflussbaren Zeiten (z. B. Werkstückwechsel, einstellen, Meißel zurückfahren, messen) müssen mit anderen Methoden ermittelt werden.

Beispiel

Für das nebenstehend dargestellte Einzelteil soll die Zeit je Einheit t_e für den Arbeitsgang „bohren" ermittelt werden.

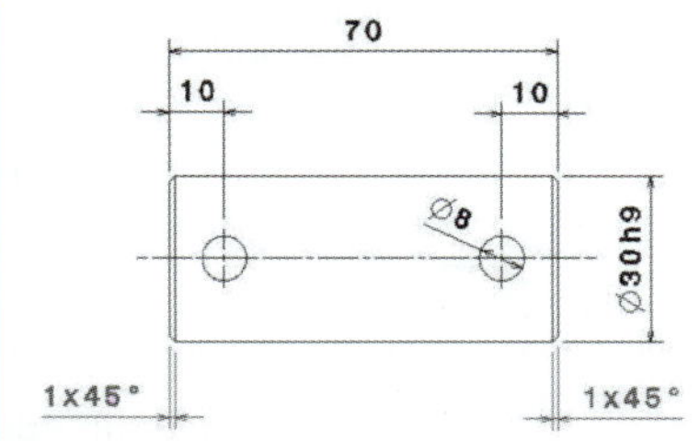

Die Hauptzeiten sollen berechnet, die Nebenzeiten geschätzt werden. Der Verteilzeitzuschlagsatz Z_v beträgt 12 %. Erholzeit wird keine berücksichtigt.

Die max. Schnittgeschwindigkeit beim 8-mm-Bohrer beträgt v = 24 m/min, der automatische Vorschub f = 0,15 mm/U. Es ist kein Vorbohren und Körnen erforderlich, da eine Bohrvorrichtung vorhanden ist.

Zusätzlich soll ausgerechnet werden, wie lange die Bohrmaschine bei einem Fertigungsauftrag mit einer Losgröße von 250 Stück durch diesen Auftrag belegt ist. Die Rüstzeit beträgt 15 Minuten.

Lösung:

Zuerst wird aus dem Durchmesser des Bohrers und der max. Schnittgeschwindigkeit die Drehzahl ausgerechnet.

$$\text{Drehzahl } n = \frac{v \times 1000}{d \times \pi} = \frac{24 \text{ m/min} \times 1000}{8 \text{ mm} \times \pi} = 954 \text{ U/min} \approx 900 \text{ U/min}$$

Die Bohrungstiefe beträgt 30 mm + 4 mm Überlauf, was einen Gesamtweg für den automatischen Vorschub von 34 mm ergibt.

$$\text{Hauptzeit } t_h = \frac{L}{f \times n} = \frac{34 \text{ mm}}{900 \text{ U/min} \times 0{,}15 \text{ mm/U}} = 0{,}252 \text{ min} \approx 15 \text{ s/Bohrung}$$

Für die Ermittlung der Grundzeit t_g sind die einzelnen Arbeitsgänge aufzulisten, die dafür benötigten Zeiten zu ermitteln und zu addieren.

Nr.	Arbeitsgang	Zeit [s]	Methode
1	Werkstück einspannen	10	Schätzen und Vergleichen
2	Bohrer zum Bohrloch 1 fahren	6	Schätzen und Vergleichen
3	Bohren des 1. Bohrlochs	15	Rechnen von Prozesszeiten
4	Zurückfahren aus Bohrloch	2	Schätzen und Vergleichen
5	Bohrer zum Bohrloch 2 fahren	4	Schätzen und Vergleichen

Fortsetzung Beispiel

Nr.	Arbeitsgang	Zeit [s]	Methode
6	Bohren des 2. Bohrlochs	15	Rechnen von Prozesszeiten
7	Zurückfahren aus Bohrloch	2	Schätzen und Vergleichen
8	Werkstück ausspannen	10	Schätzen und Vergleichen
	Summe Grundzeit t_g	64	

Für die Ermittlung der Zeit je Einheit t_e muss noch die Verteilzeit t_v hinzugerechnet werden.

Verteilzeit $t_v = t_g \times \frac{Z_v}{100} = 64 \times \frac{12}{100} \approx 8$ s

Zeit je Einheit $t_e = t_g + t_v + t_{er} = 64 + 8 + 0 = 72$ s

Die gesamte Auftragszeit T für einen Fertigungsauftrag mit einer Losgröße von 250 Stück ergibt sich wie folgt:

Auftragszeit $T = t_r + m \times t_e = 15 + 250 \times (72 : 60) = 315$ min

Üben

SbX ID: 6202

Ü 1:

Ein neuer Mitarbeiter in der ING4TECH fragt Sie, was ein Arbeitsplan ist.

Erstellen Sie einen Arbeitsplan für ein selbst gewähltes einfaches Werkstück, um ihm den Aufbau und die Inhalte eines Arbeitsplans zu vermitteln. Erläutern Sie ihm außerdem, welchen Zwecken ein Arbeitsplan in einem Unternehmen dient.

SbX
Ü 2 mit automatischer Aufgabenkontrolle
ID: 6202
erledigt ✓
Ü 2 ☐

Ü 2:

Welche der nachfolgenden Arbeitsvorgänge gehören zum Rüsten? Kreuzen Sie an.

Material aus dem Lager holen	
Werkstück einspannen	
Arbeitsplatz am Ende des Auftrags zusammenräumen	
Bohrer umspannen	
Arbeitspapiere am Beginn des Auftrags lesen	
Werkzeugschlitten nach Abschluss des Drehvorgangs zurückfahren	

Ü 3:

Skizzieren Sie das Schema der Auftragszeitermittlung nach REFA. Markieren Sie die beiden Zeitkomponenten, die als Ergebnis der Zeitermittlung in den Arbeitsplan eingetragen werden.

Ü 4:

In der ING4TECH wird bei der Zeitermittlung ein Verteilzeitzuschlagsatz von 10 % berücksichtigt.

Was versteht man allgemein unter Verteilzeit? Warum ist dieser Zuschlagsatz zu berücksichtigen?

Ü 5:

Ein Kollege behauptet, dass die Mitarbeiter in der Produktion das Recht auf eine Erholzeit von 5 Minuten je Arbeitsstunde haben.

Stimmt diese Behauptung? Bei welchen Arbeitsplätzen muss eine Erholzeit berücksichtigt werden? Wie lang kann diese Erholzeit sein?

Ü 6:

Nennen Sie drei Beispiele für Tätigkeiten, bei denen es sinnvoll sein kann, Planzeiten festzulegen. Von welchen Einflussgrößen hängen die jeweiligen Planzeiten ab?

SbX
Eine Excel-Tabellenvorlage zu Ü 7 finden Sie unter der ID: 6202.

Ü 7:

Ein Kollege hat in der mechanischen Fertigung eine REFA-Zeitaufnahme für den Arbeitsvorgang „Montage eines Maschinenteils" durchgeführt, aber die Ergebnisse noch nicht ausgewertet. Komplettieren Sie den REFA-Zeitaufnahmebogen und ermitteln Sie die Grundzeit für diesen Arbeitsvorgang.

Nr.	Teilschritte		1	2	3	4	5	6	$t_i = \sum t_i/n$ $L = \sum L/n$	$t_g = t_i \times L/100$
1	Werkstück einspannen Werkzeug aufnehmen	F	12	99	190	277	366	454		
		t_i								
		L [%]	110	90	110	120	90	100		
2	Montieren des Maschinenteils	F	68	158	248	335	422	511		
		t_i								
		L [%]	110	90	100	100	110	100		
3	Werkstück ausspannen Qualitätskontrolle	F	86	178	266	352	441	531		
		t_i								
		L [%]	100	90	110	110	100	90		
	Summe									

Ü 8:

Ermitteln Sie mithilfe des MTM-Verfahrens die Zeit für die Betätigung der drei nachfolgend dargestellten Varianten von elektrischen Schaltern. Der Ausgangspunkt der Bewegung liegt 20 cm vor dem jeweiligen Schalter.

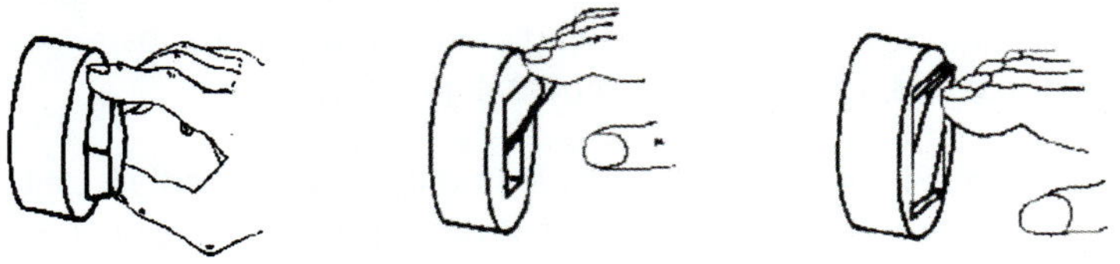

Drehschalter Kippschalter Wippschalter

Ü 9:

In der ING4TECH ist für einen Kundenauftrag der nachfolgende Drehteil zu fertigen.

a) Erstellen Sie einen Arbeitsplan für die Herstellung dieses Drehteils in der mechanischen Fertigung. Ausgangsmaterial ist ein Rundstahl Ø 30h9 des Werkstoffs E295.

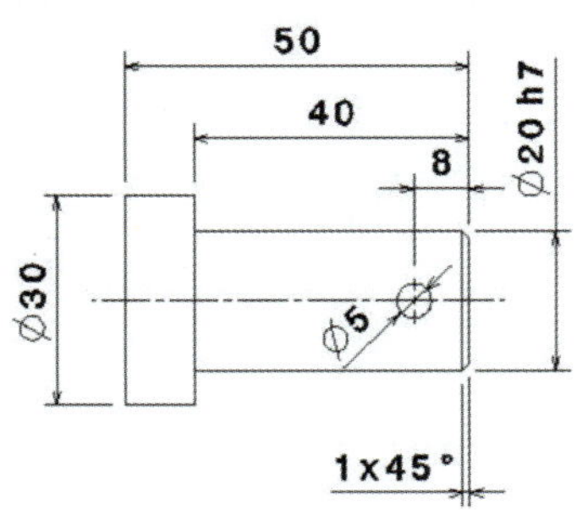

b) Ermitteln Sie die Zeit je Einheit t_e für den Arbeitsgang Drehen und Bohren und tragen Sie die Daten in den Arbeitsplan ein. Unbeeinflussbare Hauptzeiten sind zu rechnen, beeinflussbare Nebenzeiten zu schätzen. Der Verteilzeitprozentsatz Z_v ist 10 %. Erholzeit wird keine berücksichtigt. Fertigungsdaten für den Arbeitsvorgang:
   - Längsdrehen: Drehzahl 600 U/min, Vorschub 0,2 mm/U
   - Abstechen: Drehzahl 600 U/min, Vorschub 0,1 mm/U
   - Bohren (mit Bohrvorrichtung): Drehzahl 900 U/min, Vorschub 0,15 mm/U

   Die Rüstzeit für den Arbeitsgang Drehen beträgt 15 min, für das Bohren 10 min.

c) Basierend auf der ermittelten Zeit je Einheit t_e und der geschätzten Rüstzeit t_r ist die Auftragszeit T der Arbeitsgänge Drehen und Bohren für die Fertigung von 150 Stück dieses Drehteils zu berechnen.

Sichern

SbX ID: 6203

Arbeitsplan

Ein **Arbeitsplan** ist die Dokumentation des geplanten Arbeitsablaufs bei der Herstellung eines Produkts. Zusätzlich beinhaltet er Angaben hinsichtlich des benötigten Materials, der benötigten Maschinen und Fertigungshilfsmittel sowie die entsprechenden Vorgabezeiten (Rüstzeit, Zeit je Einheit).

Zeitermittlung nach REFA

Für die bei der Herstellung eines Produkts durchzuführenden Arbeitsvorgänge sind entsprechende Sollzeiten (Vorgabezeiten) zu ermitteln. In der Praxis werden dabei meist die Begriffe und das Schema von **REFA** verwendet.

Auftragszeit

Unter der **Auftragszeit** T versteht man die zur Durchführung eines Arbeitsvorgangs erforderliche Gesamtzeit für eine bestimmte Stückzahl. Sie setzt sich aus der Rüstzeit und der Zeit je Einheit multipliziert mit der Stückzahl des Fertigungsauftrags zusammen.

Rüstzeit

Die **Rüstzeit** t_r umfasst jene Aufgaben, die nur einmalig anfallen, egal wie viele Stück des Produkts gefertigt werden.

Zeit je Einheit

Die **Zeit je Einheit** t_e ist die Zeit, die für die Durchführung der jeweiligen Arbeitsaufgabe an einem Produkt erforderlich ist. Sie setzt sich aus der Grundzeit, Verteilzeit und Erholzeit zusammen.

Grundzeit

Die **Grundzeit** t_g ist die für das Durchführen der Arbeitsaufgabe planmäßig erforderliche Zeit. Diese unterteilt sich wiederum in die Hauptzeit (unmittelbarer Arbeitsfortschritt am zu fertigenden Teil) und die Nebenzeit (Nebentätigkeiten).

Verteilzeit

Unplanmäßig anfallende Arbeitsschritte benötigen ebenfalls Zeit. Diese werden in der **Verteilzeit** t_v über einen prozentmäßigen Zuschlag zur Grundzeit berücksichtigt. Die **Erholzeit** t_{er} wird nur bei psychisch und physisch stark belastender Tätigkeit, zusätzlich zur Grundzeit und Verteilzeit, einkalkuliert.

Schätzen und Vergleichen
Planzeiten

Für die Ermittlung der Grundzeit stehen verschiedene Methoden zur Auswahl. Die Zeitermittlung durch **Schätzen und Vergleichen** erfolgt ausschließlich anhand der Erfahrung des Mitarbeiters, der die Schätzung durchführt. **Planzeiten** werden für regelmäßig wiederkehrende Arbeitsvorgänge im Vorhinein ermittelt und in Planzeitkatalogen zusammengefasst.

REFA-Zeitaufnahme

Bei der **REFA-Zeitaufnahme** erfolgt die Zeitermittlung durch Stoppen der tatsächlich benötigten Zeit bei der Durchführung der Arbeitsaufgabe. Unter Berücksichtigung des Leistungsgrades wird daraus die Soll-Grundzeit berechnet.

MTM-Verfahren

Beim **MTM-Verfahren** erfolgt die Zeitermittlung durch detaillierte Analyse der erforderlichen Bewegungsabläufe. Den einzelnen Bewegungen werden entsprechende Zeiten aus Tabellenwerten zugeordnet.

Rechnen von Prozesszeiten

Bei Arbeitsvorgängen mit automatischem Vorschub kann die benötigte Zeit mittels **Rechnen von Prozesszeiten** aus den Maschinendaten ermittelt werden.

SbX ID: 6203

Eine Audio-Wiederholung mit Audio-Player und MP3-Download sowie eine Bildschirmpräsentation mit allen Grafiken dieser Lerneinheit finden Sie unter der ID: 6203.

Wissen

SbX ID: 6204

1. Von dem nachfolgend dargestellten Frästeil sollen 25 Stück hergestellt werden. Sie als Mitarbeiter/in der Arbeitsvorbereitung in der ING4TECH sollen für den Arbeitsgang Bohren die Zeit je Einheit ermitteln. Hauptzeiten sind zu rechnen, Nebenzeiten zu schätzen.

   Die max. Schnittgeschwindigkeit beim Bohren beträgt v = 25 m/min, der automatische Vorschub f = 0,1 mm/U. Es ist keine Bohrvorrichtung vorhanden, Anreißen und Körnen ist daher erforderlich.

   Der Verteilzeitzuschlagsatz Z_v beträgt 10 %. Erholzeit ist keine zu berücksichtigen.

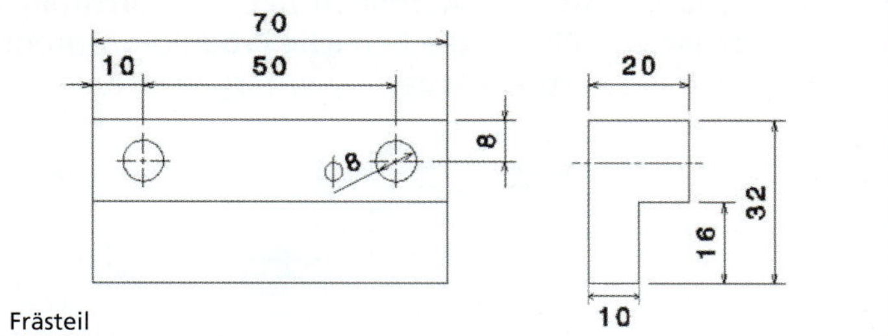

Frästeil

2. Für die Montage eines Maschinenteils wird eine Grundzeit von 35 min ermittelt. Der Verteilzeitzuschlagsatz beträgt 10 %. Erholzeit wird keine berücksichtigt. Die Rüstzeit beträgt 15 min. Ermitteln Sie die Auftragszeit bei einer Fertigungslosgröße von 75 Stück.

SbX
Eine Präsentationsvorlage zu 3. finden Sie unter der ID: 6204.

3. Ermitteln Sie mithilfe des Planzeitkatalogs auf Seite 176 die Grundzeit für die Montage der Trockenbau-Innenwände in einer 90-m²-Wohnung entsprechend dem nachfolgenden Grundriss. Die Raumhöhe beträgt 2,5 m.

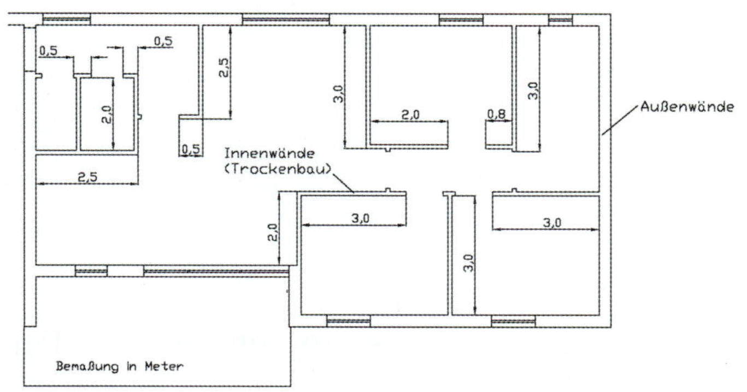

Wohnungsplan

4. Ein Artikel in einer Fachzeitschrift preist die Vorteile der Anwendung des MTM-Verfahrens bei der Zeitermittlung in der mechanischen Fertigung und Montage an.

   Was versteht man unter dem MTM-Verfahren? Erläutern Sie die prinzipielle Vorgehensweise bei der Durchführung dieses Verfahrens. Wo ist es sinnvoll, dieses Verfahren anzuwenden?

SbX
Alle SbX-Inhalte zu dieser Lerneinheit finden Sie unter der ID: 6300.

Lerneinheit 3

Produktionsplanung und -steuerung (PPS)

Eine kostengünstige und termingerechte Produktion ist ein wesentlicher Erfolgsfaktor für einen Produktionsbetrieb. Dies setzt aber eine effektive Produktionsplanung und -steuerung voraus. Die hohe Arbeitsteilung in modernen Produktionsbetrieben und die zusätzliche Anforderung der Kunden an kurze Lieferzeiten und hohe Flexibilität machen die Produktionsplanung und -steuerung (PPS) zu einer relativ komplexen Aufgabe.

Grundsätzlich lassen sich die Aufgaben bei der Durchführung der Produktionsplanung und -steuerung (PPS) in die Bereiche Produktionsprogrammplanung, Produktionsplanung und Produktionssteuerung untergliedern.

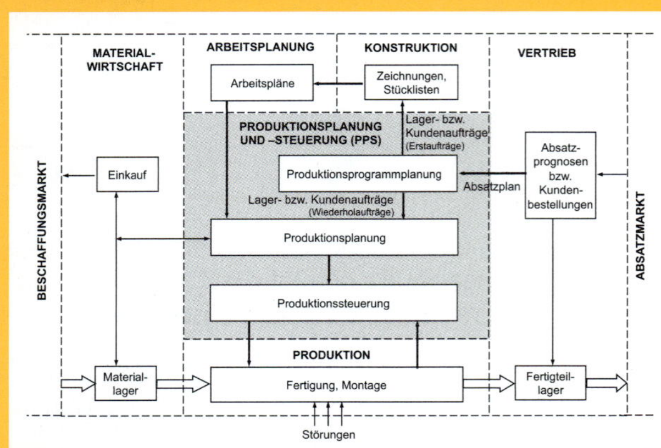

Lernen

SbX ID: 6301

Produktionsprogrammplanung = **production program planning**

1 Produktionsprogrammplanung

Welche Produkte werden in der nächsten Periode vom Unternehmen hergestellt?

Eine **Planungsperiode** kann eine Woche, ein Monat, ein Quartal oder ein Jahr sein.

Im Rahmen der **Produktionsprogrammplanung** wird festgelegt, welche Produkte in welcher Menge innerhalb der nächsten Planungsperiode im Unternehmen gefertigt werden sollen.

Grundlage für die Festlegung des Produktionsprogramms sind der Absatzplan des Vertriebs sowie Informationen bezüglich der verfügbaren Fertigungskapazitäten (Betriebsmittel, Personal) im Unternehmen und der Materialverfügbarkeit.

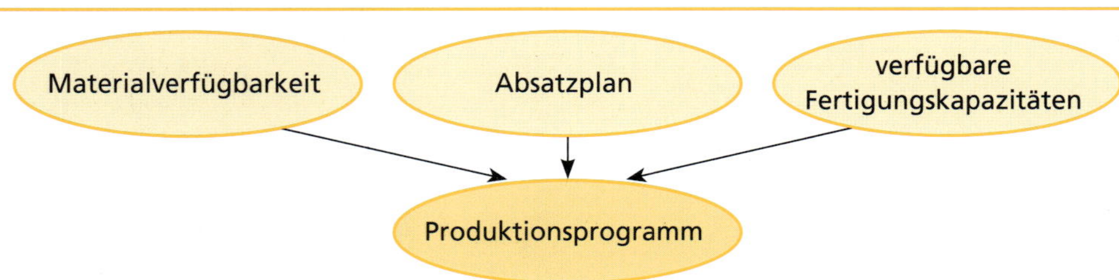

Produktionsprogrammplanung

Absatzplan

Der Absatzplan wird von der Abteilung Vertrieb festgelegt und beinhaltet den möglichen Absatz der Produkte am Markt in der betrachteten Periode. Informationsgrundlage für die Festlegung des Absatzplans sind vorliegende Kundenbestellungen bzw. Absatzprognosen aufgrund von Marktanalysen.

Verfügbare Fertigungskapazitäten

Als **Fertigungskapazitäten** bezeichnet man die im Unternehmen vorhandenen Maschinen und Anlagen (Betriebsmittel) und die Mitarbeiter in der Produktion (Personal).

Aus dem Absatzplan des Vertriebs muss ein realisierbares Produktionsprogramm abgeleitet werden. Im Rahmen der Produktionsprogrammplanung wird daher zusätzlich die Verfügbarkeit der erforderlichen Fertigungskapazitäten (Personal, Betriebsmittel) überprüft. Werden in einzelnen Bereichen **Kapazitätsüberlastungen** festgestellt, so muss entweder

- der Absatzplan geändert (z. B. Verschiebung oder sogar Ablehnung von Aufträgen) oder
- die verfügbaren Fertigungskapazitäten müssen erhöht werden (z. B. Leihpersonal, Überstunden, Schichtarbeit, Fremdvergabe, Beschaffung zusätzlicher Betriebsmittel).

Materialverfügbarkeit

Bei der Festlegung des Produktionsprogramms muss auch überprüft werden, ob die dafür benötigten Materialien vorrätig sind. Ist dies nicht der Fall, muss die Abteilung Einkauf prüfen, ob die Materialien bis zum geplanten Fertigungstermin beschafft werden können.

Michael: Wie erfolgt bei ING4TECH die Produktionsprogrammplanung?

Leiterin der Arbeitsvorbereitung: Abhängig vom Produkt erfolgt bei ING4TECH entweder eine kundenspezifische Fertigung oder eine Lagerfertigung. Bei Lagerfertigung werden vom Vertrieb Absatzprognosen erstellt und daraus abgeleitet entsprechende Lageraufträge von der Arbeitsvorbereitung ausgearbeitet.

Bei den kundenspezifisch gefertigten Produkten muss der Vertrieb einen möglichen Liefertermin von der Arbeitsvorbereitung bestätigen lassen. Es wird dabei überprüft, ob dieser Kundenauftrag zusätzlich zu den bereits eingeplanten Kundenaufträgen bzw. Lageraufträgen ausgeführt werden kann. Die Prüfung der Materialverfügbarkeit wird dabei von der Arbeitsvorbereitung in Absprache mit dem Einkauf durchgeführt.

Lagerfertigung: Fertige Produkte werden auf Lager gelegt, um bei Kundenbestellungen sofort liefern zu können.

Kundenspezifische Fertigung: Die Herstellung der Produkte erfolgt erst, wenn eine Kundenbestellung vorliegt.

Produktionsplanung = **production planning**

2 Produktionsplanung

Eine sorgfältige Planung ist die Grundlage für eine termingerechte und kostengünstige Produktion.

Die Produktionsplanung hat die Aufgabe, die Realisierung des festgelegten Produktionsprogramms im Detail zu planen. Dies betrifft einerseits das dafür benötigte Material **(Materialbedarfsplanung)** und andererseits die erforderlichen Fertigungskapazitäten **(Termin- und Kapazitätsplanung).**

Materialbedarfsplanung (Disposition)

Materialbedarfsplanung = **materials requirement planning**

Die **Materialbedarfsplanung (Disposition)** ermittelt den für das festgelegte Produktionsprogramm benötigten **Materialbedarf** nach **Art, Menge und Termin.** Dies beinhaltet sowohl die erforderlichen Eigenfertigungsteile, Rohstoffe und Zukaufteile, aber auch die Hilfs- und Betriebsstoffe.

Anna: In der Arbeitsvorbereitung der ING4TECH habe ich im Zusammenhang mit der Materialdisposition öfters die Begriffe Primärbedarf, Sekundärbedarf, Tertiärbedarf, Bruttobedarf und Nettobedarf gehört. Was bedeuten diese Begriffe?

Primärbedarf = **primary needs**

Primärbedarf

Als Primärbedarf wird das im Rahmen der Produktionsprogrammplanung festgelegte Produktionsprogramm des Unternehmens verstanden, d. h. die Produkte, die vom Unternehmen in der betrachteten Periode hergestellt werden sollen. Dies ist als Bedarf der Abteilung Verkauf an die Abteilung Produktion zu verstehen.

Sekundärbedarf = **secondary needs**

Die **Stücklistenauflösung** für die Ermittlung des Sekundärbedarfs wird auch als „deterministische Bedarfsermittlung" bezeichnet.

Die **Bedarfsprognose** für den Tertiärbedarf nennt man „stochastische Bedarfsermittlung".

Sekundärbedarf

Als Sekundärbedarf bezeichnet man den **Bedarf an Eigenfertigungsteilen, Rohstoffen und Zukaufteilen,** die für die Herstellung des Primärbedarfs erforderlich sind. Die Ermittlung des Sekundärbedarfs erfolgt üblicherweise durch Stücklistenauflösung, d. h. durch Multiplikation des Primärbedarfs mit der Menge der jeweiligen Materialposition in der Stückliste.

Tertiärbedarf

Als Tertiärbedarf bezeichnet man den **Bedarf an Hilfs- und Betriebsstoffen,** die in der betrachteten Periode benötigt werden. Die Ermittlung des Tertiärbedarfs erfolgt meist mittels Bedarfsprognosen, d. h. Schätzungen aufgrund vergangener Verbrauchswerte.

Als verfügbaren Lagerbestand bezeichnet man die vorhandene Menge eines Materials im Lager, ohne den für Fertigungsaufträge bereits reservierten Bestand.

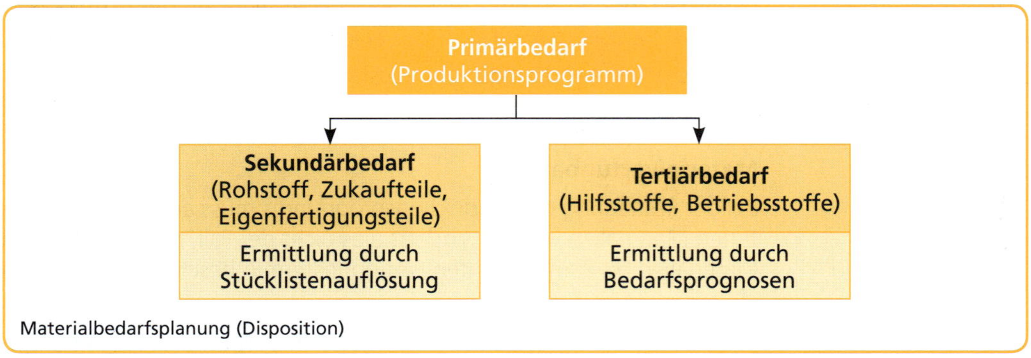

Bruttobedarf = **gross requirements**

Bruttobedarf

Ausgehend vom Sekundärbedarf wird der Bruttobedarf durch Berücksichtigung eines eventuell erforderlichen Zusatzbedarfs (z. B. Verschnitt, Ausschuss) ermittelt.

Nettobedarf = **net requirements**

Nettobedarf

Berücksichtigt man den im Unternehmen verfügbaren Lagerbestand des Materials, erhält man den Nettobedarf. Der Nettobedarf ist die Menge, die von der Abteilung Einkauf mindestens beschafft werden muss, um das festgelegte Produktionsprogramm realisieren zu können.

Sekundärbedarf
\+ Zusatzbedarf
= **Bruttobedarf**
− verfügbarer Lagerbestand
= **Nettobedarf**

Beispiel

Laut Produktionsprogramm sollen in der nächsten Periode die beiden Produkte E1 und E2 in der Menge von je 50 Stück hergestellt werden (Primärbedarf). Nachfolgend die Mengenstücklisten der beiden Produkte E1 und E2.

Produkt E1	
T1	5 St.
T2	6 St.
T3	1 St.

Produkt E2	
T4	2 St.
T5	2 St.

Teil 3	
R1	0,5 m²

Teil 4	
R1	0,2 m²

Teil 5	
R1	0,3 m²

Mittels Stücklistenauflösung soll die Menge der dafür benötigten Rohstoffe und Zukaufteile ermittelt werden (Sekundärbedarf). Zusätzlich soll der vom Einkauf zu beschaffende Nettobedarf der einzelnen Rohstoffe und Zukaufteile berechnet werden. Der dafür zu berücksichtigende Zusatzbedarf (Ausschuss bzw. Verschnitt) beträgt 5 %.

Der verfügbare Lagerbestand des Zukaufteils T1 beträgt 120 Stück, der des Zukaufteils T2 beträgt 90 Stück. Vom Rohstoff R1 sind 25 m² und von R2 sind 40 m² im Lager verfügbar.

Lösung:

Mengenstückliste für E1 und E2

Produkt E1		50 St.
T1	5 St.	250 St.
T2	6 St.	300 St.
R1	0,5 m²	25 m²

Produkt E2		50 St.
R1	0,4 m²	20 m²
R2	0,6 m²	30 m²

	T1	T2	R1	R2*)
Sekundärbedarf	250 St.	300 St.	45 m²	30 m²
+ Zusatzbedarf (5%)	13 St.	15 St.	2,3 m²	1,5 m²
= Bruttobedarf	263 St.	315 St.	47,3 m²	31,5 m²
– verfügbarer Lagerbestand	120 St.	90 St.	25 m²	40 m²
= Nettobedarf	143 St.	225 St.	22,3 m²	– 8,5 m²

*) keine Beschaffung durch Einkauf notwendig, da genügend Material auf Lager liegt

Terminplanung = **schedule planning**

Kapazitätsplanung = **capacity planning**

KANBAN ist ein PPS-System, das von Toyota entwickelt wurde und auch in Europa in vielen Betrieben Anwendung findet. Bei diesem System erfolgt die PPS nicht zentral in einem Leitstand, sondern dezentral in den einzelnen Fertigungsbereichen des Unternehmens.

Die **Liegezeit** macht in vielen Produktionsbetrieben meist mehr als die Hälfte der gesamten Durchlaufzeit eines Produkts aus.

Begriffe werden in der betriebswirtschaftlichen Literatur nicht immer einheitlich verwendet: Beispielsweise bezeichnet man bei der Zeitermittlung nach REFA die Summe aus Rüstzeit und Ausführungszeit als **Auftragszeit.** Bei der Termin- und Kapazitätsplanung wird sie als **Durchführungszeit** bezeichnet.

Termin- und Kapazitätsplanung

Zentrale Aufgabe der Termin- und Kapazitätsplanung ist die Erstellung eines **Fertigungsterminplans.** In diesem wird festgelegt, wann und an welchen Arbeitsplätzen bzw. Maschinen die einzelnen Arbeitsvorgänge bei der Herstellung der Produkte durchgeführt werden sollen. Basis für die Durchführung der Termin- und Kapazitätsplanung sind Angaben bezüglich der

- zugesagten **Liefertermine** für die einzelnen Kunden- bzw. Lageraufträge,
- **Stammdaten** über die zur Verfügung stehenden Fertigungskapazitäten,
- durchzuführenden **Arbeitsvorgänge** und ihrer Reihenfolge (laut Arbeitsplan),
- **Rüstzeit** und Zeit je Einheit für die einzelnen Arbeitsvorgänge (laut Arbeitsplan),
- **Übergangszeiten** zwischen den einzelnen Arbeitsplätzen (Transport- und Liegezeit).

Durchlaufzeit

Um ein Produkt im Unternehmen herzustellen, müssen meist mehrere Arbeitsplätze in der Produktion durchlaufen werden. Die gesamte Dauer zwischen Bereitstellung der Rohstoffe und Zukaufteile in der Produktion bis zum Vorliegen des fertigen Produkts wird als **Durchlaufzeit** bezeichnet.

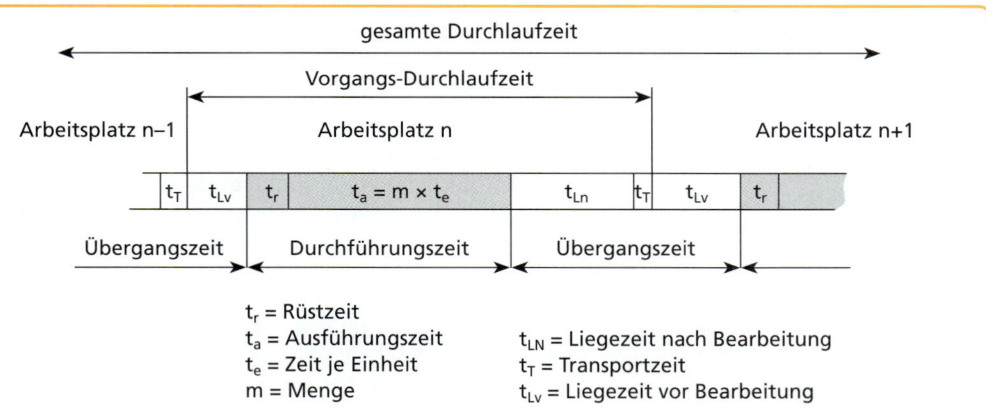

Durchlaufzeit

Die **Durchlaufzeit** setzt sich zusammen aus:

- **Durchführungszeit** (bzw. Auftragszeit) als Zeit, die für die Durchführung der Arbeitsaufgabe an einem Arbeitsplatz erforderlich ist. Diese setzt sich wiederum aus Rüstzeit und Ausführungszeit (= Stück × Zeit je Einheit) zusammen.
- **Übergangszeit** als Zeit für ablaufbedingtes Liegen, Lagern und Transportieren des Materials zwischen den einzelnen Arbeitsplätzen.

Fertigungsterminplan

Im Unterschied zur Vorwärtsterminierung geht die Rückwärtsterminierung von dem spätestmöglichen Endtermin aus. Damit können die spätestmöglichen Anfangstermine der einzelnen Arbeitspakete ermittelt werden.

Die Durchführung der Terminplanung erfolgt üblicherweise als **Vorwärtsterminierung.** Dabei wird von einem vorgegebenen Anfangstermin (Beginn der Planungsperiode) ausgegangen. Damit können unter Berücksichtigung der Reihenfolge und Dauer die frühestmöglichen Anfangs- und Endtermine der einzelnen Arbeitsvorgänge ermittelt werden.

Im Unternehmen gibt es aber nur eine **begrenzte Anzahl an Fertigungskapazitäten.** Im Rahmen des Kapazitätsabgleichs wird daher versucht, durch zeitliches Verschieben von Arbeitsvorgängen eventuell auftretende Überlastungen einzelner Fertigungskapazitäten auszugleichen. Die dem Kunden zugesagten Liefertermine sind jedoch trotzdem einzuhalten. Ist dies nicht möglich, sind frühzeitig entsprechende Maßnahmen einzuleiten, z. B. Fremdvergabe, Verschieben des Liefertermins, Leihpersonal, zusätzliche Schicht usw.

Nach Durchführung des Kapazitätsabgleichs erhält man einen **Fertigungsterminplan.** Dieser enthält die geplanten Anfangs- und Endtermine der durchzuführenden Arbeitsvorgänge für den Auftrag. Der Fertigungsterminplan wird oft in Form eines Balkendiagramms dargestellt.

Beispiel

Ein Mitarbeiter der Arbeitsvorbereitung eines Zulieferbetriebes der ING4TECH hat die Aufgabe, einen Fertigungsterminplan für die Herstellung eines Produkts P1 zu erstellen. Aus den vorliegenden Arbeitsplänen wurden die dafür erforderlichen Durchführungszeiten (Auftragszeiten) der einzelnen Arbeitsvorgänge ermittelt und in der nebenstehenden Tabelle zusammengefasst.

Zusätzlich sind bei der Erstellung des Fertigungsterminplans folgende Rahmenbedingungen zu berücksichtigen:

- Die Mindestübergangszeit von einem Arbeitsplatz zum nächsten beträgt 4 Stunden.
- Es sind nur eine Drehmaschine, eine Fräsmaschine und ein Montagearbeitsplatz im Unternehmen vorhanden.
- Derzeit sind die Arbeitsplätze noch durch keine anderen Fertigungsaufträge belegt.
- Das Unternehmen arbeitet im 1-Schichtbetrieb (8 Stunden/Tag).

Teil	AVG Nr.	Arbeitsplatz	Durchf.-zeit
Teil 1	10	Drehmaschine	4 h
	20	Fräsmaschine	6 h
Teil 2	10	Drehmaschine	12 h
	20	Fräsmaschine	6 h
Teil 3	10	Fräsmaschine	12 h
Produkt	10	Montage	6 h

Lösung:

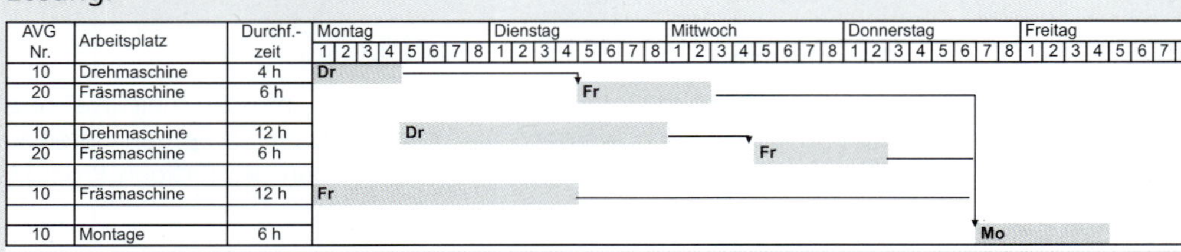

Maschinenbelegungsplan

Der **Maschinenbelegungsplan** ist eine **zusammengefasste Darstellung der Fertigungsterminpläne** aller Fertigungsaufträge in der betrachteten Planungsperiode. Im Vordergrund stehen dabei die im Unternehmen verfügbaren Maschinen und Arbeitsplätze. Die durchzuführenden Arbeitsvorgänge der einzelnen Fertigungsaufträge werden in diese Maschinen bzw. Arbeitsplätze eingelastet.

Unter **„Einlasten eines Auftrags"** versteht man das Reservieren von Fertigungskapazitäten (z. B. Maschinen) für die Durchführung einer Arbeitsaufgabe.

Beispiel

Aus dem erstellten Fertigungsterminplan im vorigen Beispiel soll ein Maschinenbelegungsplan für die Drehmaschine, Fräsmaschine und den Montagearbeitsplatz abgeleitet werden.

Lösung:

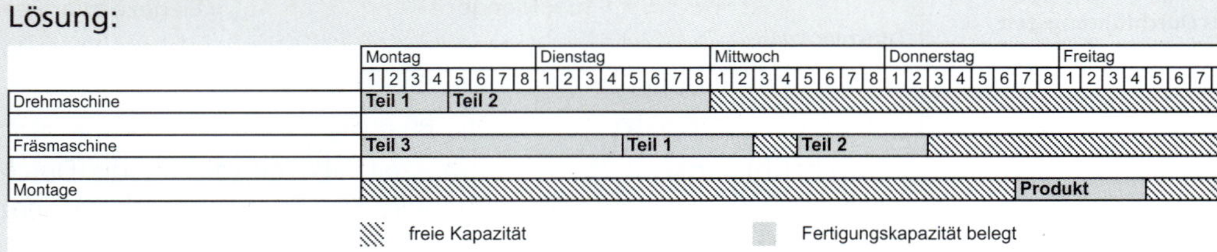

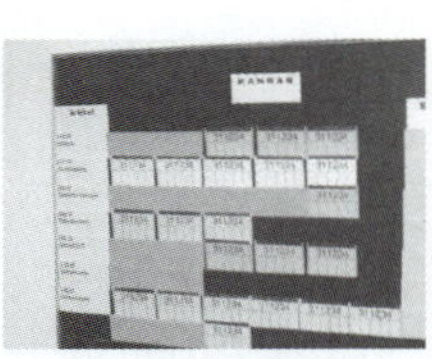

Das Einlasten der Fertigungsaufträge auf die einzelnen Maschinen und Arbeitsplätze erfolgte früher manuell mittels Plantafeln, heutzutage aber in fast allen mittleren und größeren Produktionsbetrieben EDV-gestützt.

Durchlaufzeitverkürzung

Wird bei der Durchführung der Termin- und Kapazitätsplanung festgestellt, dass der dem Auftraggeber zugesagte Liefertermin nicht einzuhalten ist, so kann versucht werden, die Durchlaufzeit zu verkürzen. Ansatzpunkte für eine **Durchlaufzeitverkürzung** sind:

- Einsatz zusätzlicher Kapazitäten (z. B. Überstunden, Wochenendarbeit, Fremdvergabe)
- Verkürzen der Übergangszeit zwischen den Arbeitsplätzen (Liegezeit, Transportzeit)
- Splitten von Vorgängen auf mehrere Arbeitsplätze
- Vermindern der Anzahl von Arbeitsplatzwechseln (z. B. Einsatz von CNC-Bearbeitungszentren)
- Überlappen von Vorgängen, d. h. gesamte Fertigungsmenge des Auftrags wird auf mehrere Teilmengen (Fertigungslose) aufgeteilt und diese sofort nach Fertigstellung an den nächsten Arbeitsplatz transportiert

Produktionssteuerung = **production control**

3 Produktionssteuerung

Läuft es nicht wie geplant, sind entsprechende Gegenmaßnahmen einzuleiten.

Die **Produktionssteuerung** veranlasst, überwacht und sichert die Durchführung der Produktion basierend auf den Vorgaben der Produktionsplanung.

Die Einzelaufgaben der Produktionssteuerung lassen sich am besten anhand eines Regelkreises erläutern.

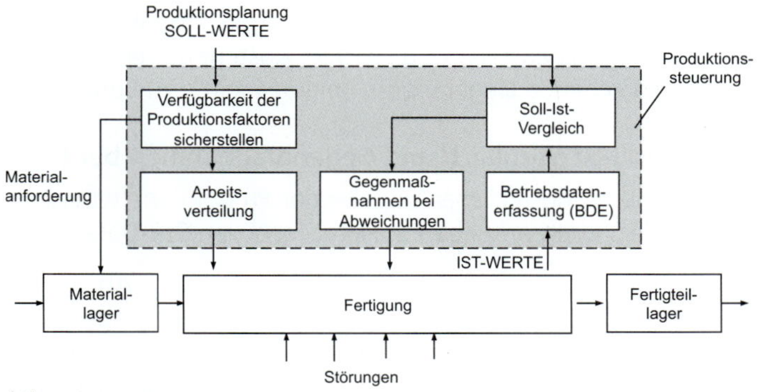

Regelkreis Produktionssteuerung

Verfügbarkeit der Produktionsfaktoren sicherstellen

Als **Produktionsfaktoren** bezeichnet man alle für die Durchführung der Arbeitsaufgabe erforderlichen Mittel (Personal, Betriebsmittel, Material).

Die Produktionssteuerung hat die Aufgabe, die **Verfügbarkeit der Produktionsfaktoren** für den Zeitpunkt der geplanten Durchführung der Arbeitsaufgabe sicherzustellen. Dazu gehört beispielsweise die Materialanforderung im Materiallager, die Überprüfung der tatsächlichen Verfügbarkeit der benötigten Betriebsmittel und des Personals.

Nur wenn alle erforderlichen Produktionsfaktoren rechtzeitig am jeweiligen Arbeitsplatz verfügbar sind, kann die Arbeitsaufgabe termingerecht durchgeführt werden.

Arbeitsverteilung

Die **Werkstattpapiere** werden an die einzelnen Arbeitsplätze meist in Papierform übermittelt. Die Übermittlung kann aber auch EDV-gestützt über Computerterminals am jeweiligen Arbeitsplatz erfolgen.

Sehr häufig erfolgt die Durchführung der Aufgaben der Produktionssteuerung durch die sogenannten „Werkstättenmeister".

Die Arbeitsverteilung hat die Aufgabe, die für die Durchführung der Arbeitsaufgaben erforderlichen Informationen an die Fertigung zu übermitteln. Dies erfolgt meist mithilfe von Werkstattpapieren.

Werkstattpapiere	
Auftragskarte	Diese enthält die generellen Auftragsdaten (z. B. Auftragsnummer, Bezeichnung, Stückzahl, Auftraggeber).
Laufkarte	Sie dient als Begleitpapier für die Organisation des Transports zwischen den einzelnen Arbeitsplätzen innerhalb der Fertigung (Produktionslogistik).
Arbeitspläne	Diese beinhalten detaillierte Informationen über die Art und Weise der Durchführung der Bearbeitung an den einzelnen Arbeitsplätzen.
Zeichnungen	Grafische Darstellung des Produkts mit zusätzlichen fertigungsrelevanten Informationen (z. B. Maße, Oberflächen, Toleranzen)
Fertigungsterminplan	Dieser beinhaltet die geplanten Anfangs- und Endtermine der einzelnen Arbeitsaufgaben sowie den geplanten Fertigstellungstermin des gesamten Auftrags.
Rückmeldeformular	Formular für die Rückmeldung relevanter Informationen an die Produktionssteuerung (z. B. tatsächlicher Zeitbedarf, Beschreibung aufgetretener Probleme, Ausschuss, Ist-Stückzahl)

Störungen

Abweichungen vom Soll-Ablauf in der Fertigung treten vorwiegend aufgrund von **Störungen** auf. Diese können verschiedene Ursachen haben, wie z. B. Personalausfall, Maschinenausfall, Werkzeugbruch, fehlerhaftes Material, fehlende bzw. mangelhafte Fertigungsunterlagen oder Verzögerungen beim innerbetrieblichen Transport.

Üblicherweise werden bereits bei der Durchführung der Produktionsplanung Störungen in einem gewissen Umfang berücksichtigt. Dies erfolgt z. B. durch Berücksichtigung von Verteilzeiten, Betriebsmittelbelegung geringer als 100 %, zusätzliche Materialbereitstellung für erwarteten Ausschuss usw. Alle diese Maßnahmen erhöhen jedoch die Herstellkosten in der Produktion.

Betriebsdatenerfassung = **operating data recording**

Betriebsdatenerfassung (BDE)

Betriebsdaten sind Informationen, die im Rahmen der Durchführung der Arbeitsaufgaben in der Fertigung anfallen (z. B. tatsächlicher Beginn und tatsächliches Ende einzelner Arbeitsaufgaben, tatsächlicher Materialverbrauch, Qualitätsdaten, Anlagendaten, auftretende Störungen usw.).

Die gesammelten Betriebsdaten können auch anderen Zwecken dienen, wie z. B. Lohnabrechnung, Nachkalkulation, Schwachstellenanalyse, Qualitätsmanagement usw.

Die **Betriebsdatenerfassung (BDE)** hat die Aufgabe der Erfassung der Betriebsdaten in der Fertigung und Rückmeldung an die Produktionssteuerung. Dadurch können Abweichungen vom Soll-Zustand (z. B. Termin, Kosten, Materialverbrauch) rechtzeitig erkannt werden, um entsprechende Gegenmaßnahmen einleiten zu können.

Soll-Ist-Vergleich und Gegenmaßnahmen bei Abweichungen

Die grundsätzliche Aufgabe der Produktionssteuerung ist die Sicherstellung der Durchführung der Arbeitsaufgaben entsprechend den Soll-Daten aus der Produktionsplanung.

Werden über die Betriebsdatenerfassung Abweichungen des Ist-Zustands vom geplanten Soll-Zustand festgestellt, so sind entsprechende **Gegenmaßnahmen** einzuleiten (z. B. Reparatur von fehlerhaften Maschinen, Anfordern zusätzlichen Materials bei erhöhtem Ausschuss, Anordnen von Überstunden bei Auftreten von Terminverzögerungen).

Bei kurzfristig nicht zu korrigierenden Abweichungen muss eventuell auch eine Überarbeitung der Soll-Daten durch die Produktionsplanung erfolgen.

Anna: Wie erfolgt die Durchführung der Produktionsplanung und -steuerung bei ING4TECH?

Leiterin der Arbeitsvorbereitung: Heutzutage ist die Produktionsplanung und -steuerung in einem mittleren bis größeren Produktionsbetrieb fast nur mehr EDV-gestützt durchzuführen. Daher haben wir vor einigen Jahren bei ING4TECH ein ERP-(Enterprise-Resource-Planning-)System eingeführt, das uns bei dieser Aufgabe unterstützt.

Sbx

Einen Link zu einer Liste und Beschreibung von am Markt verfügbaren ERP-Systemen finden Sie unter der ID: 6301.

Nachfolgend eine vereinfachte Darstellung des Prozesses für die Abwicklung eines Lagerfertigungsauftrags in der Produktion. Zusätzlich angeführt sind die Abteilungen, die für die Durchführung und Erfassung des jeweiligen Schrittes im ERP-System verantwortlich sind.

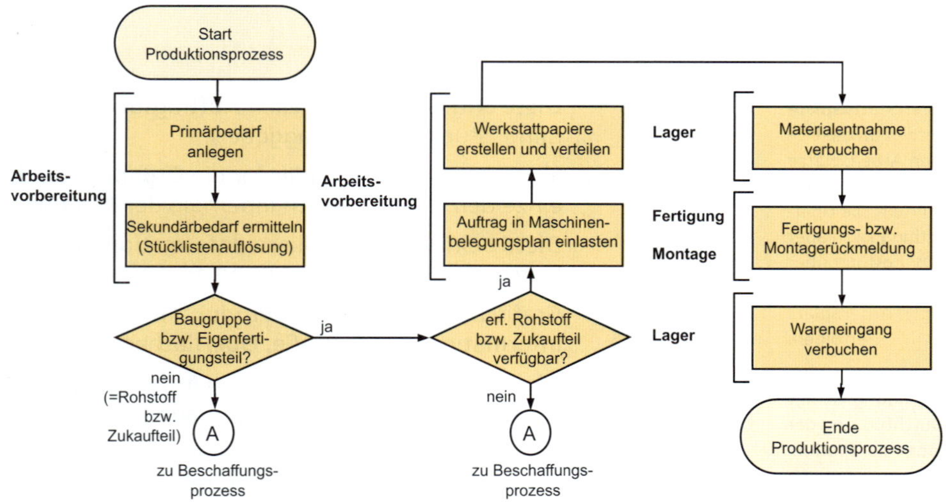

Üben

SbX ID: 6302

SbX
Ü 1, Ü 4 mit automatischer Aufgabenkontrolle
ID: 6302
erledigt ☑
Ü 1 ☐
Ü 4 ☐

Ü 1:
Welche Abteilungen sind bei der Durchführung der Produktionsprogrammplanung einzubinden? Kreuzen Sie an.

Vertrieb		Materialwirtschaft	
Buchhaltung		Personal	
Qualitätsmanagement		Arbeitsvorbereitung	

Ü 2:
Was ist das Ziel der Produktionsprogrammplanung? Welche Informationen werden für die Durchführung benötigt?

Ü 3:
Ein Kollege in der Arbeitsvorbereitung der ING4TECH erzählt Ihnen, dass er für die Disposition der Materialien zuständig ist. Was sind konkret seine Aufgaben?

Ü 4:
Ordnen Sie die Begriffe Primärbedarf, Sekundärbedarf, Tertiärbedarf, Bruttobedarf und Nettobedarf den folgenden Aussagen zu.

Die Produkte, die in einem Unternehmen in der nächsten Periode hergestellt werden sollen, bezeichnet man als ______.

Die Materialmenge, die von der Abteilung Einkauf mindestens beschafft werden muss, um das geplante Produktionsprogramm realisieren zu können, bezeichnet man als ______.

Der Bedarf an Hilfs- und Betriebsstoffen, die in der nächsten Periode benötigt werden, bezeichnet man als ______.

Der mittels Stücklistenauflösung bzw. Bedarfsprognosen ermittelte Sekundär- und Tertiärbedarf für das festgelegte Produktionsprogramm wird bezeichnet als ______.

Die für die Herstellung des Primärbedarfs benötigte Menge an Rohstoffen und Zukaufteilen ist der ______.

SbX
Excel-Tabellenvorlagen für Ü 5 und Ü 7 finden Sie unter der ID: 6302.

Ü 5:
Für die Produkte P1, P2 und P3 der ING4TECH soll das Material für die nächste Periode disponiert werden. Nachfolgend die Mengenstückliste dieser drei Produkte:

Produkt P1	
T1	6 St.
T2	2 St.
R1	0,22 m²

Produkt P2	
T2	4 St.
R1	0,12 m²
R2	0,15 m

Produkt P3	
T1	3 St.
R2	0,25 m

Ermitteln Sie den Sekundärbedarf für die Herstellung von 120 Stück des Produkts P1, 250 Stück von P2 und 90 Stück von P3. Zusätzlich soll der Nettobedarf der einzelnen Materialien ermittelt werden, wenn rund 3 % Ausschuss bzw. Verschnitt berücksichtigt werden.

Der verfügbare Lagerbestand der Zukaufteile T1 und T2 beträgt je 250 Stück. Vom Rohstoff R1 sind 40 m², von R2 sind 90 m im Lager verfügbar.

Ü 6:
Was versteht man unter der Durchlaufzeit bei der Herstellung eines Produkts? Aus welchen Komponenten setzt sich die Durchlaufzeit zusammen?

Ü 7:

Für die Fertigung und Montage einer Bohrvorrichtung liegen in der Produktionsplanung folgende vereinfachte Arbeitspläne vor.

Teil 1			Teil 2			Teil 3			Bohrvorrichtung		
Arbeitsvorgang	**t_r [min]**	**t_e [min]**	**Arbeitsvorgang**	**t_r [min]**	**t_e [min]**	**Arbeitsvorgang**	**t_r [min]**	**t_e [min]**	**Arbeitsvorgang**	**t_r [min]**	**t_e [min]**
Drehen	20	5	Drehen	20	16	Drehen	30	7,5	Montage	20	14
Fräsen	20	17	Fräsen	20	7						

Das Produkt „Bohrvorrichtung" besteht aus je einem Stück der Teile 1 und 3 sowie aus zwei Stück des Teils 2.

a) Zeichnen Sie einen Fertigungsterminplan für die Herstellung von 20 Stück dieses Produkts. Die Mindestübergangszeit von einem Arbeitsplatz zum nächsten beträgt 4 Stunden. Es sind nur eine Drehmaschine, eine Fräsmaschine und ein Montagearbeitsplatz verfügbar. Die tägliche Arbeitszeit beträgt 8 Stunden.

b) Lasten Sie diesen Auftrag in einen Maschinenbelegungsplan ein unter der Annahme, dass in der betrachteten Periode noch kein anderer Auftrag eingeplant ist.

Ü 8:

Bei der Durchführung der Terminplanung stellen Sie fest, dass ein an den Auftraggeber zugesagter Liefertermin aufgrund einer zu langen Durchlaufzeit nicht eingehalten werden kann. Sie müssen dem Auftraggeber das Produkt aber auf jeden Fall rechtzeitig liefern. Welche Möglichkeiten der Durchlaufzeitverkürzung haben Sie?

Ü 9:

Eine Aufgabe der Werkstattmeister in der ING4TECH ist die Sicherstellung der Verfügbarkeit der Produktionsfaktoren. Was versteht man darunter?

SbX
Ü 10 **mit automatischer Aufgabenkontrolle**
ID: 6302
erledigt ☑
Ü 10 ☐

Ü 10:

Die Werkstattpapiere dienen dazu, die für die Durchführung der Arbeitsaufgabe erforderlichen Informationen an die Fertigung zu übermitteln. Solche Werkstattpapiere sind z. B. Auftragskarte, Laufkarte, Arbeitsplan, Zeichnung, Fertigungsterminplan, Rückmeldeformular.

Ordnen Sie die oben angeführten Werkstattpapiere den folgenden Erläuterungen zu.

beinhaltet detaillierte Informationen über die Art und Weise der Durchführung der Bearbeitung an den einzelnen Arbeitsplätzen	
enthält die generellen Auftragsdaten (z. B. Auftragsnummer, Bezeichnung, Stückzahl, Auftraggeber)	
dient als Formular für die Rückmeldung relevanter Informationen an die Produktionssteuerung (z. B. tatsächlicher Zeitbedarf, Ist-Stückzahl)	
dient als Begleitpapier für die Organisation des Transports zwischen den einzelnen Arbeitsplätzen (Produktionslogistik)	
grafische Darstellung des Produkts mit zusätzlichen fertigungsrelevanten Informationen (z. B. Maße, Oberflächen, Toleranzen)	
beinhaltet die geplanten Anfangs- und Endtermine der einzelnen Arbeitsaufgaben	

Ü 11:

Auf einem Formular in der Arbeitsvorbereitung sehen Sie die Abkürzung BDE. Auf Ihre Nachfrage bei der Leiterin der Arbeitsvorbereitung erhalten Sie die Antwort, dass es sich dabei um die Betriebsdatenerfassung handelt. Welche Daten sind da gemeint und wozu werden diese erfasst?

Sichern

SbX ID: 6303

Produktionsprogrammplanung

Im Rahmen der **Produktionsprogrammplanung** wird festgelegt, welche Produkte in welcher Menge in der nächsten Planungsperiode gefertigt werden sollen. Dies erfolgt unter Berücksichtigung des Absatzplans, der Materialverfügbarkeit und der verfügbaren Fertigungskapazitäten im Unternehmen.

Materialbedarfsplanung

Die **Materialbedarfsplanung (Disposition)** ermittelt den für das festgelegte Produktionsprogramm benötigten Materialbedarf nach Art, Menge und Termin.

Primärbedarf

Als **Primärbedarf** bezeichnet man die Produkte, die vom Unternehmen in der betrachteten Periode hergestellt werden sollen.

Sekundärbedarf

Der **Sekundärbedarf** ist die für die Herstellung des Primärbedarfs benötigte Menge an Eigenfertigungsteilen, Rohstoffen und Zukaufteilen. Dieser wird üblicherweise mittels Stücklistenauflösung ermittelt.

Tertiärbedarf

Der **Tertiärbedarf** ist der Bedarf an Hilfs- und Betriebsstoffen in der betrachteten Periode. Dieser wird über Bedarfsschätzungen ermittelt.

Bruttobedarf

Nettobedarf

Der über Stücklistenauflösung bzw. Bedarfsschätzungen ermittelte Sekundär- und Tertiärbedarf wird auch als **Bruttobedarf** bezeichnet. Berücksichtigt man den Zusatzbedarf aufgrund von Verschnitt oder Ausschuss und den verfügbaren Lagerbestand im Unternehmen, so erhält man den **Nettobedarf.** Dies ist die Menge an Rohstoffen und Zukaufteilen, die vom Einkauf mindestens zu beschaffen ist, bzw. die Menge an Eigenfertigungsteilen, die von der Produktion zu fertigen sind.

Durchlaufzeit

Die gesamte Dauer zwischen Lieferung des Rohstoffs bzw. der Zukaufteile in die Produktion und dem Vorliegen des fertigen Produkts wird als **Durchlaufzeit** bezeichnet. Sie setzt sich zusammen aus der Durchführungszeit (= Rüstzeit + Menge × Zeit je Einheit) und der Übergangszeit für Liegen, Lagern und Transportieren.

Fertigungsterminplan

Der **Fertigungsterminplan** enthält die geplanten Anfangs- und Endtermine aller durchzuführenden Arbeitsvorgänge für einen Auftrag.

Maschinenbelegungsplan

Der **Maschinenbelegungsplan** ist eine zusammengefasste Darstellung der Fertigungsterminpläne aller Aufträge in der betrachteten Planungsperiode. Im Vordergrund stehen hier jedoch die einzelnen Maschinen und Arbeitsplätze im Unternehmen.

Durchlaufzeitverkürzung

Wird bei der Terminplanung festgestellt, dass der zugesagte Fertigstellungstermin nicht eingehalten werden kann, so gibt es mehrere Möglichkeiten der **Durchlaufzeitverkürzung.** Dies sind z. B. Einsatz zusätzlicher Kapazitäten, Splitten von Arbeitsvorgängen, Verkürzen der Übergangszeit, Überlappen von Vorgängen usw.

Produktionssteuerung

Die **Produktionssteuerung** veranlasst, überwacht und sichert die Durchführung der Produktion basierend auf den Vorgaben der Produktionsplanung. Dies umfasst die Sicherstellung der Verfügbarkeit der Produktionsfaktoren (Personal, Maschinen, Material) und die Arbeitsverteilung. Zusätzlich beinhaltet sie die Betriebsdatenerfassung (BDE) und die Einleitung von Gegenmaßnahmen bei Abweichungen.

SbX ID: 6303

Eine Audio-Wiederholung mit Audio-Player und MP3-Download sowie eine Bildschirmpräsentation mit allen Grafiken dieser Lerneinheit finden Sie unter der ID: 6303.

Wissen

SbX ID: 6304

1. Bei der Produktionsprogrammplanung wird festgelegt, welche Produkte in welcher Menge in der nächsten Planungsperiode gefertigt werden sollen. Grundlage dafür sind der Absatzplan, die verfügbaren Fertigungskapazitäten und die Materialverfügbarkeit. Was versteht man unter diesen Begriffen?

SbX Eine Excel-Tabellenvorlage zu 2. und 3. finden Sie unter der ID: 6304.

2. In der ING4TECH sollen 100 Stück des Maschinenteils „Wellengelenk" gefertigt werden. Nachfolgend die Mengenstückliste dieses Produkts.

Wellengelenk		
Nr.	**Bezeichnung**	**Menge**
R1	Rundstahl D40 × 70	2 St.
R2	Gesenkschmiedeteil	1 St.
T3	Nadelkranz mit Buchse	4 St.
T4	Scheibe	4 St.
T5	Sicherungsscheibe	4 St.

Für das Material R1 ist ein Zusatzbedarf (Verschnitt, Ausschuss) von 10 %, für die Materialien R2, T3, T4 und T5 sind 2 % zu berücksichtigen.

Vom Rundstahl sind 10 m auf Lager, von der Scheibe noch 2500 Stück. Wie hoch ist der Primärbedarf, Sekundärbedarf, Bruttobedarf und Nettobedarf des Produkts bzw. der Rohstoffe und Zukaufteile?

3. In der ING4TECH sollen in der nächsten Planungsperiode 10 Stück eines Produkts „Gehäuse" hergestellt werden. Der Arbeitsplan für das zu fertigende Gehäuse beinhaltet die Arbeitsvorgänge Fräsen und Drehen.

Gehäuse G1		
Arbeitsvorgang	**t_r [min]**	**t_e [min]**
Fräsen	30	21
Drehen	30	15

Lasten Sie die Arbeitsvorgänge für die Fertigung dieses Teils in den nachfolgenden Maschinenbelegungsplan ein. Die Mindestübergangszeit beträgt 4 Stunden.

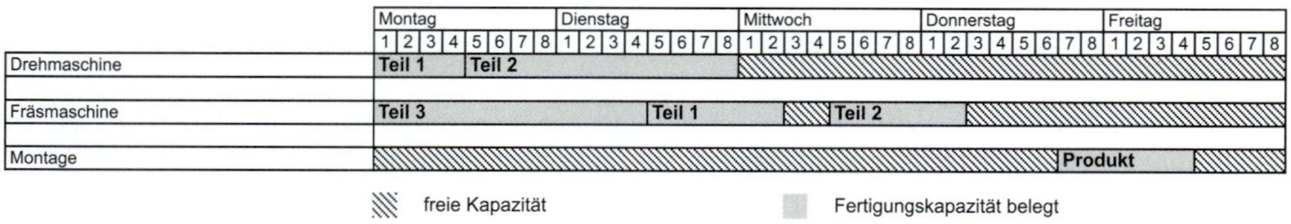

4. In der ING4TECH sind die Werkstättenmeister für die Durchführung der Produktionssteuerung verantwortlich. Welche Aufgaben sind dies konkret?

7 Arbeitssystemgestaltung

Das Ziel der Arbeitssystemgestaltung ist es, das Zusammenwirken von Menschen, Betriebsmitteln, Informationen und Materialien im Rahmen der betrieblichen Leistungserstellung möglichst effizient und human zu gestalten.

Dies beinhaltet im Wesentlichen die räumliche Anordnung der Arbeitsplätze im Unternehmen (Betriebsstättenplanung) sowie die optimale Gestaltung der einzelnen Arbeitsplätze (Arbeitsplatzgestaltung).

Lerneinheit 1

Grundlagen der Arbeitssystemgestaltung

SbX
Alle SbX-Inhalte zu dieser Lerneinheit finden Sie unter der ID: 7100.

Die Anwendung von Methoden und Erfahrungen zur Gestaltung von Arbeitssystemen wird als Arbeitsstudium bezeichnet. Neben wirtschaftlichen Aspekten spielen dabei die Leistungsfähigkeit und die Bedürfnisse des arbeitenden Menschen eine wesentliche Rolle.

Lernen

Arbeitssystem = **work system**

1 Arbeitssystem

Die Durchführung von Arbeitsaufgaben erfordert entsprechend gestaltete Arbeitssysteme.

Michael: Unter dem Begriff „Arbeitssystem" kann ich mir nichts Genaues vorstellen. Was versteht man darunter konkret?

Im Rahmen der betrieblichen Leistungserstellung sind unterschiedliche Arbeitsaufgaben im Unternehmen durchzuführen. Dies kann z. B. die Montage von Maschinenteilen, das Verschweißen von Blechen, die Qualitätskontrolle oder die Erstellung von CAD-Zeichnungen sein.

Die Durchführung der Arbeitsaufgaben im Unternehmen erfolgt in sogenannten **Arbeitssystememen,** welche einzelne Arbeitsplätze, Arbeitsplatzgruppen oder Abteilungen sein können.

Die Größe des Arbeitssystems wird durch die jeweilige Arbeitsaufgabe bestimmt. Für die Arbeitsaufgabe der Reparatur eines Autos ist das Arbeitssystem beispielsweise ein Arbeitsplatz mit Hebebühne in der Autowerkstätte. Für die Komplettmontage eines Pkw ist das Arbeitssystem der gesamte Produktionsbetrieb.

Arbeitssystem Montagearbeitsplatz

Arbeitssystembeschreibung nach REFA

Nach REFA lässt sich ein Arbeitssystem anhand der folgenden sieben Elemente beschreiben:

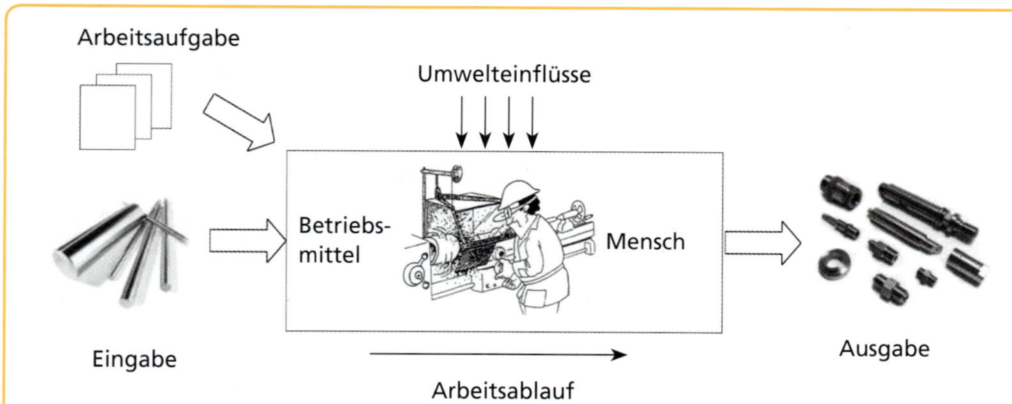

Elemente von Arbeitssystemen

Unter sensomotorischer Arbeit bezeichnet man Hand- oder Armbewegungen, die mit bestimmter Genauigkeit ausgeführt werden müssen. Der erforderliche Kraftaufwand ist hier meist vernachlässigbar (z. B. Feinmontagearbeiten, Maschinenbedienung).

Elemente des Arbeitssystems	Beschreibung
Arbeitsaufgabe	Definierte Tätigkeit mit dem Zweck, ein bestimmtes Ziel zu erreichen, z. B. reine Muskelarbeit, sensomotorische Arbeit, überwachende Tätigkeit, kreativ schöpferische Arbeit
Eingabe	Gegenstände, die im Sinne der Arbeitsaufgabe verändert werden sollen, sowie die dafür benötigten Informationen, Hilfsstoffe, Betriebsstoffe und Energie
Mensch	Person, welche die Arbeitsaufgabe durchführt
Betriebsmittel	Maschinen, Anlagen, Werkzeuge, Vorrichtungen, Mess- und Prüfmittel, welche für die Durchführung der Arbeitsaufgabe erforderlich sind
Arbeitsablauf	Art und Weise, wie die Arbeitsaufgabe durchgeführt wird
Ausgabe	Gegenstände, die im Sinne der Arbeitsaufgabe verändert wurden, bzw. Leistungen, die erbracht wurden. Zusätzlich gehören dazu die unerwünschten Nebenprodukte, wie z. B. Abfall, Abwasser, Abluft.
Umwelteinflüsse	Einflüsse physikalischer Natur, die von außen auf das Arbeitssystem einwirken, wie z. B. Lärm, Klima, Beleuchtung

Arbeitsteilung = **division of labour**

2 Arbeitsteilung

Ein Mitarbeiter kann einen Fertigungsauftrag meist nicht alleine abwickeln.

Unter **Arbeitsteilung** versteht man die Aufteilung eines Fertigungsauftrags nach **Menge** und **Art** auf mehrere Arbeitssysteme.

Schon der englische Volkswirt **Adam Smith** untersuchte im 18. Jh. theoretisch die Auswirkungen der Arbeitsteilung auf die Produktivität eines Unternehmens. Die erste großtechnische Einführung der Artteilung erfolgte am Beginn des 20. Jh. durch Henry Ford in seinen Autofabriken.

Fließband bei Ford um 1920

Mengenteilung	Artteilung
Bei der Mengenteilung wird die Gesamtmenge eines Fertigungsauftrags in einzelne Teilmengen unterteilt. Jedem Arbeitssystem wird eine Teilmenge zugeteilt, wobei jeweils die gesamte Arbeitsaufgabe durchgeführt wird.	Bei der Artteilung wird die durchzuführende Arbeitsaufgabe in Teilaufgaben unterteilt. Jedem Arbeitssystem wird eine Teilaufgabe zugeteilt, welche an jedem Stück der Gesamtmenge des Fertigungsauftrags durchgeführt wird.
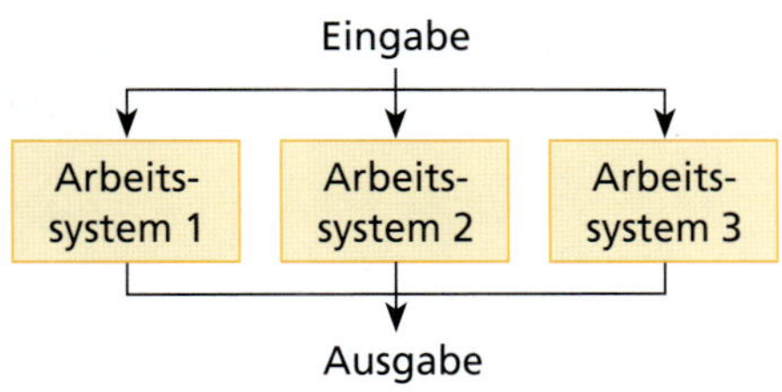	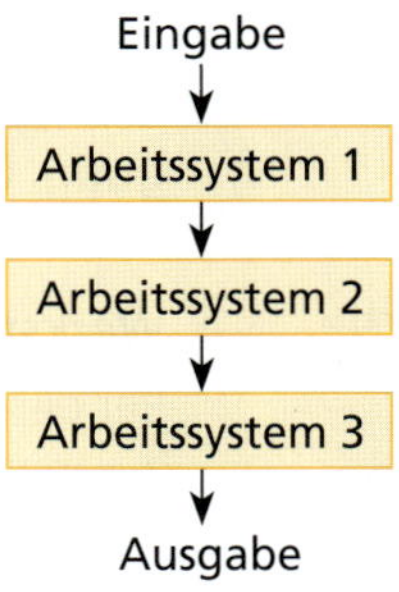

Michael: Können Sie mir ein Beispiel für eine Mengen- bzw. Artteilung geben?

Leiter Produktion: Stellen Sie sich ein Unternehmen mit drei Mitarbeitern vor, das Fahrräder aus zugekauften Einzelteilen montiert. Wenn von den 30 Fahrrädern, die pro Tag montiert werden, jeder 10 Stück komplett zusammenbaut, so ist das eine Mengenteilung.

Wenn die Arbeit zwischen den Mitarbeitern derart aufgeteilt wird, dass einer den Rahmen, einer das Brems- und Gangsystem und der dritte die Beleuchtung zusammenbaut, so ist das eine Artteilung.

3 Gestaltung der Fertigung

In Produktionsbetrieben kann die Fertigung sehr unterschiedlich gestaltet sein.

Anna: Mein Onkel hat mich gefragt, ob die ING4TECH ein Einzelfertiger, Serienfertiger oder Massenfertiger ist. Außerdem wollte er wissen, nach welchem Fertigungsprinzip die Produktion gestaltet ist. Was meint er damit?

Die Gestaltung der Fertigung in Produktionsbetrieben hängt von der Menge der jeweils hergestellten Produkte (Fertigungsart) sowie der Art der Anordnung der Arbeitsplätze (Fertigungsprinzip) ab.

Einzelfertigung = **make-to-order production**
Serienfertigung = **series production**
Massenfertigung = **mass production**

Fertigungsart

Die **Fertigungsart** charakterisiert die Fertigung hinsichtlich der **Menge** und der **Produktvarianten,** die in einem Unternehmen hergestellt werden. Dabei unterscheidet man im Wesentlichen zwischen **Einzelfertigung, Serienfertigung** und **Massenfertigung.**

Einzelfertigung im Anlagenbau

Serienfertigung in der Autozulieferindustrie

Massenfertigung in der Getränkeindustrie

Einzelfertigung

Einzelfertigung liegt vor, wenn jedes vom Unternehmen hergestellte Produkt entsprechend dem jeweiligen Kundenwunsch einzeln gefertigt wird (z. B. Anlagenbau, Kraftwerksbau, Sondermaschinenbau, Handwerk).

Serienfertigung

Serienfertigung liegt vor, wenn ein Produkt in kleineren bis mittleren Stückzahlen hergestellt wird (z. B. Buch- oder Zeitschriftendruck, Produktion von Bekleidung oder Spezialwerkzeugen, Fertigung kundenspezifischer Zulieferteile). Man unterscheidet hier oft noch zwischen Kleinserien- und Großserienfertigung.

Massenfertigung

Die Massenfertigung ist die Herstellung großer Mengen gleicher Produkte bzw. Varianten gleicher Produkte meist über mehrere Jahre hinweg (z. B. Papierindustrie, Getränkeindustrie, Stahlindustrie, Normteilfertigung).

Fertigungsprinzip

Das **Fertigungsprinzip** charakterisiert die Fertigung hinsichtlich der **räumlichen Anordnung** der Arbeitsplätze in der Produktion. Dabei unterscheidet man zwischen **Werkstättenfertigung, Fließfertigung, Reihenfertigung** und **Baustellenfertigung.**

Werkstättenfertigung = **workshop production**

In Unternehmen können je nach Anforderung **unterschiedliche Fertigungsprinzipien** kombiniert werden, z. B. Herstellung der Einzelteile als Werkstättenfertigung und Montage des Produkts als Fließfertigung.

Werkstättenfertigung

Bei der Werkstättenfertigung werden alle gleichartigen Arbeitsplätze räumlich in Werkstätten zusammengefasst (z. B. Dreherei, Lackiererei, Montage). Die Werkstücke werden je nach Reihenfolge der durchzuführenden Arbeitsvorgänge von Werkstatt zu Werkstatt transportiert.

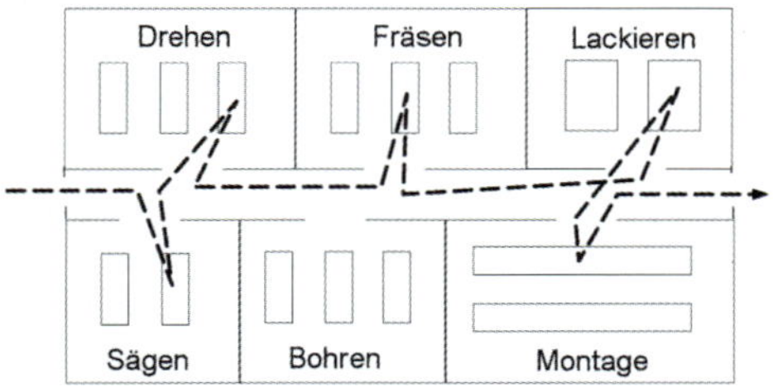

Werkstättenfertigung

Die Werkstättenfertigung kommt vor allem bei der Einzel- und Kleinserienfertigung zur Anwendung.

Werkstättenfertigung	
Vorteile	**Nachteile**
• hohe Flexibilität • geringe Störanfälligkeit, da Zwischenlager als Puffer vorhanden	• längere Durchlaufzeiten • höherer Transportaufwand • Zwischenlager erforderlich

Fließfertigung =
continuous flow production

Fließfertigung

Eine Fließfertigung liegt vor, wenn die einzelnen Arbeitsplätze räumlich in der Reihenfolge des Fertigungsablaufs angeordnet sind. Zusätzlich sind bei einer Fließfertigung die einzelnen Arbeitsplätze durch automatische Transporteinrichtungen verkettet.

Ein typisches Anwendungsgebiet der Fließfertigung sind die Montagestraßen in der Automobilindustrie.

Die Werkstücke werden dabei von Arbeitsplatz zu Arbeitsplatz in einem bestimmten vorgegebenen zeitlichen Takt bewegt. Die durchzuführenden Arbeiten müssen auf die einzelnen Arbeitsplätze derart aufgeteilt werden, dass sich bei jedem Arbeitssystem die gleiche Bearbeitungszeit ergibt.

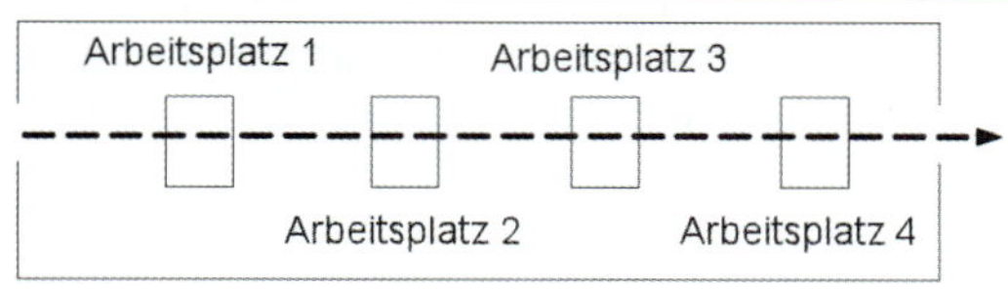

Fließfertigung

Die Fließfertigung wird vorwiegend bei Großserien- und Massenfertigung angewendet.

Fließfertigung	
Vorteile	**Nachteile**
• kurze Transportwege • keine Zwischenlager • kurze Durchlaufzeiten	• höhere Störanfälligkeit, da bei Ausfall eines Arbeitsplatzes die gesamte Fertigung steht • geringere Flexibilität • monotone Tätigkeit für Mitarbeiter

Reihenfertigung

Von einer Reihenfertigung spricht man, wenn die einzelnen Arbeitsplätze in der Reihenfolge des Fertigungsablaufs angeordnet sind, jedoch keine starre Verkettung vorliegt. Zwischenlager ermöglichen weitgehend unabhängige Bearbeitungszyklen. Es ist daher kein einheitlicher Arbeitstakt erforderlich.

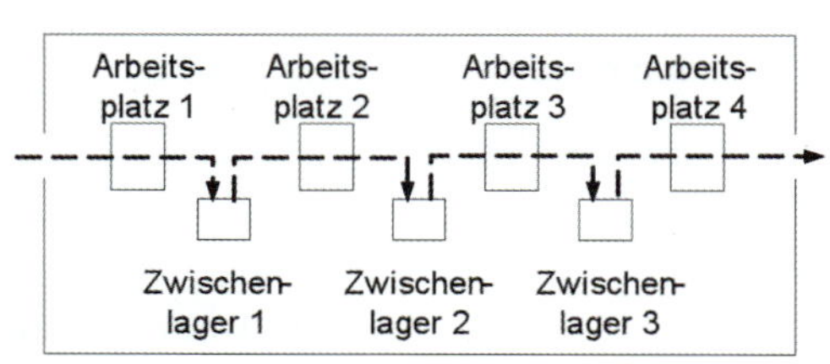

Reihenfertigung

Die Reihenfertigung wird vorwiegend bei Großserien- und Massenfertigung angewendet, wenn man keine Taktbindung der einzelnen Arbeitsplätze haben will.

Reihenfertigung	
Vorteile	**Nachteile**
• geringere Störanfälligkeit, da Zwischenlager als Puffer vorhanden • kurze Transportwege • relativ kurze Durchlaufzeit	• Zwischenlager erforderlich • geringere Flexibilität • monotone Tätigkeit für Mitarbeiter

Anwendungsgebiete der Baustellenfertigung sind z. B. Industrieanlagenbau, Brückenbau usw.

Baustellenfertigung

Bei der Baustellenfertigung müssen Personal, Betriebsmittel und Materialien zur Baustelle als Ort der Errichtung des Produkts gebracht werden. Aus Kostengründen wird jedoch meist ein möglichst hoher Vorfertigungsgrad im Unternehmen selbst angestrebt.

Üben

SbX ID: 7102

Ü 1:

In der mechanischen Fertigung der ING4TECH soll das Arbeitssystem „Drehmaschine" analysiert und bei Bedarf neu gestaltet werden.

Erstellen Sie zu diesem Zweck eine systematische Beschreibung des Ist-Zustands dieses Arbeitssystems. Gliedern Sie die Beschreibung entsprechend den sieben Elementen eines Arbeitssystems nach REFA.

Ü 2:

Sie helfen einem Freund beim Versenden der Einladungen zu einer Veranstaltung. Es sind 100 Einladungen zu falten, die Kuverts zu beschriften und zu frankieren sowie die Einladungen in die Kuverts zu stecken und diese zu verschließen.

Ihr Freund fragt, ob Sie bei der Arbeitsaufteilung eine Artteilung oder eine Mengenteilung bevorzugen. Was meint er damit? Wie würde bei dieser Arbeitsaufgabe die Artteilung bzw. Mengenteilung aussehen?

SbX

Ü 3, Ü 4 mit automatischer Aufgabenkontrolle ID: 7102

erledigt ✓

Ü 3 ☐

Ü 4 ☐

Ü 3:

Welche Fertigungsarten kommen in den nachfolgenden Branchen hauptsächlich zur Anwendung (auch Mehrfachauswahl möglich)?

	Einzelfertigung	Serienfertigung	Massenfertigung
Sondermaschinenbau			
Druckereien			
Anlagenbau			
Normteilfertigung			
Getränkeindustrie			
Bekleidungsindustrie			

Ü 4:

Eine Betriebsstätte kann nach dem Fertigungsprinzip der Werkstättenfertigung, Fließfertigung und Reihenfertigung gestaltet sein. Markieren Sie in der folgenden Tabelle die Fertigungsprinzipien, für die die jeweiligen Aussagen zutreffen.

	Werkstättenfertigung	Fließfertigung	Reihenfertigung
kein Zwischenlager erforderlich			
hohe Flexibilität			
kurze Durchlaufzeiten			
kein einheitlicher Arbeitstakt			
bei Ausfall eines Arbeitsplatzes steht die gesamte Produktion			
Anwendung bei Einzelfertigung			

Sichern

SbX ID: 7103

Arbeitssystem
Ein **Arbeitssystem** dient zur Erfüllung einer Arbeitsaufgabe und ist nach REFA durch die folgenden sieben Elemente charakterisiert: Arbeitsaufgabe, Eingabe, Mensch, Betriebsmittel, Arbeitsablauf, Ausgabe und Umwelteinflüsse.

Mengenteilung
Bei der **Mengenteilung** wird die Gesamtmenge eines Auftrags auf mehrere Arbeitssysteme aufgeteilt, in denen jeweils alle erforderlichen Arbeitsschritte durchgeführt werden.

Artteilung
Bei der **Artteilung** werden die durchzuführenden Arbeitsschritte auf die Arbeitssysteme aufgeteilt, wobei jedes einzelne Stück des Auftrags alle Arbeitssysteme durchlaufen muss.

Einzelfertigung
Einzelfertigung bedeutet, dass jedes vom Unternehmen hergestellte Produkt speziell auf die jeweiligen Kundenanforderungen zugeschnitten ist und einzeln gefertigt wird.

Serienfertigung
Serienfertigung liegt vor, wenn Produkte in kleineren bis mittleren Stückzahlen unmittelbar hintereinander hergestellt werden.

Massenfertigung
Massenfertigung ist die Herstellung großer Mengen gleicher Produkte bzw. Varianten gleicher Produkte.

Werkstättenfertigung
Bei dem Fertigungsprinzip der **Werkstättenfertigung** werden alle gleichartigen Arbeitsplätze räumlich in „Werkstätten" zusammengefasst.

Fließfertigung
Eine **Fließfertigung** liegt vor, wenn die einzelnen Arbeitsplätze in der Reihenfolge des Fertigungsablaufs angeordnet sind. Zusätzlich sind sie über automatische Transporteinrichtungen verkettet.

Reihenfertigung
Von einer **Reihenfertigung** spricht man, wenn die einzelnen Arbeitsplätze in der Reihenfolge des Fertigungsablaufs angeordnet sind, jedoch keine starre Verkettung vorliegt. Zwischen den Arbeitsplätzen sind bei einer Reihenfertigung Zwischenlager als Puffer angeordnet.

Baustellenfertigung
Bei einer **Baustellenfertigung** werden die Produktionsfaktoren (Personal, Material, Betriebsmittel) zu einer ortsgebundenen Baustelle gebracht.

SbX ID: 7103
Eine Audio-Wiederholung mit Audio-Player und MP3-Download sowie eine Bildschirmpräsentation mit allen Grafiken dieser Lerneinheit finden Sie unter der ID: 7103.

Wissen

1. Für Ihren Vorgesetzten sollen Sie das Arbeitssystem „CAD-Arbeitsplatz" in der Konstruktionsabteilung mithilfe der sieben Elemente von REFA beschreiben.

	Beschreibung
Arbeitsaufgabe	

7 Arbeitssystemgestaltung

	Beschreibung
Eingabe	
Mensch	
Betriebs-mittel	
Arbeitsablauf	
Ausgabe	
Umwelteinflüsse	

2. In einem Zeitungsartikel lesen Sie, dass ein österreichisches Unternehmen angekündigt hat, die Massenfertigung nach Ostasien zu verlagern. In Österreich wird zukünftig verstärkt auf die Serienfertigung und Einzelfertigung gesetzt.

   Was bedeuten die Begriffe Einzelfertigung, Serienfertigung und Massenfertigung? Versuchen Sie nachzuvollziehen, warum das Unternehmen diese Entscheidung getroffen hat.

3. Erläutern Sie die grundsätzlichen Unterschiede zwischen den Fertigungsprinzipien Werkstättenfertigung, Fließfertigung, Reihenfertigung und Baustellenfertigung.

Lerneinheit 2

Betriebsstättenplanung

SbX Alle SbX-Inhalte zu dieser Lerneinheit finden Sie unter der ID: 7200.

Ein Unternehmen hat zahlreiche Möglichkeiten, die Produktion als Ort der betrieblichen Leistungserstellung zu gestalten. Die Aufgabe der Neuplanung oder Optimierung einer bestehenden Betriebsstätte wird als Fabrik- oder Betriebsstättenplanung bezeichnet. Deren Ergebnis ist abhängig von verschiedenen Faktoren wie z.B. der Größe des Unternehmens, der Fertigungsart und den Anforderungen der Kunden hinsichtlich Flexibilität und Lieferzeit.

Lernen

SbX ID: 7201

Betriebsstättenplanung = **factory planning**

1 Aufgaben und Phasen der Betriebsstättenplanung

Eine aufgabengerecht gestaltete Betriebsstätte erfordert eine sorgfältige, vorausschauende Planung.

SbX **Links zu Fachzeitschriften zum Thema Betriebsstättenplanung finden Sie unter der ID: 7201.**

Aufgabe der Betriebsstättenplanung

Aufgabe der Fabrik- oder Betriebsstättenplanung ist die Gestaltung der Produktion als Ort der betrieblichen Leistungserstellung. Sie umfasst insbesondere die Gestaltung der entsprechenden Gebäude, die Auswahl und Anordnung der Betriebsmittel und der erforderlichen Nebenanlagen.

Entscheidungen im Zuge einer Betriebsstättenplanung sind für Unternehmen von großer Bedeutung, da durch sie große Geldbeträge langfristig im Unternehmen gebunden sind. Fehlentscheidungen können schwer rückgängig gemacht werden und haben große Auswirkung auf den Unternehmenserfolg.

Michael: Eine Betriebsstättenplanung ist nur notwendig, wenn ein neuer Produktionsbetrieb gegründet wird, oder?

Leiter Produktion: Wird ein neuer Produktionsbetrieb gebaut, ist natürlich eine systematische Betriebsstättenplanung durchzuführen. Wachstum, Marktveränderungen und technischer Fortschritt verlangen aber auch eine ständige Anpassung bestehender Produktionsbetriebe an neue Verhältnisse. Daher sind auch bestehende Betriebsstätten den geänderten Anforderungen laufend anzupassen.

Die Gestaltung der Betriebsstätte hat wesentlichen Einfluss auf die Durchlaufzeiten von Kundenaufträgen sowie auf die Produktionskosten und damit auf die Wettbewerbsfähigkeit des Unternehmens.

Phasen der Betriebsstättenplanung

Die Betriebsstättenplanung ist ein mehrstufiger Prozess. Der erste Schritt beinhaltet die Analyse der Zielvorgaben der Unternehmensleitung. Ausgehend davon erfolgen die Standortplanung, die Kapazitätsplanung, die Materialfluss- und Layoutplanung sowie die Betriebsmittelplanung.

Zielplanung → Standortplanung → Kapazitätsbedarfsplanung → Materialfluss- und Layoutplanung → Betriebsmittelplanung

Planungsphasen

Die einzelnen Phasen der Betriebsstättenplanung werden prinzipiell nacheinander durchgeführt. Einzelne Bereiche aus späteren Phasen werden jedoch oft grob vorgeplant, um die Auswirkungen einer Entscheidung im Vorhinein abschätzen zu können.

2 Zielplanung

Was soll in welchen Mengen in der Betriebsstätte hergestellt werden?

Produktionsprogramm

Eine wichtige Grundlage für die Betriebsstättenplanung sind die Zielvorgaben der Unternehmensleitung hinsichtlich des prognostizierten langfristigen Produktionsprogramms. Dieses enthält Angaben über Art, Menge und zeitliche Verteilung der in der geplanten Betriebsstätte herzustellenden Produkte.

Sonstige Zielvorgaben

Vor Durchführung der Betriebsstättenplanung muss auch festgelegt werden, welche sonstigen Ziele bevorzugt angestrebt werden. Solche Ziele sind beispielsweise:

- möglichst günstige Produktionskosten, d. h. geringe Investitionskosten, geringe laufende Personal- und Betriebskosten
- hohe Flexibilität, d. h. Möglichkeit der Herstellung unterschiedlicher Produkte
- Erweiterungsfähigkeit, d. h. Möglichkeit der Kapazitätserweiterung in späteren Jahren
- kürzestmögliche Lieferzeit, d. h. kurze Durchlaufzeiten durch die Produktion

Meist wird die berühmte „eierlegende Wollmilchsau" gewünscht, d. h., alle Ziele sollen in gleichem Umfang erreicht werden. Da dies aber üblicherweise nicht möglich sein wird, müssen Prioritäten gesetzt werden.

3 Standortplanung

Drum prüfe, wer sich ewig (langfristig) bindet!

Kriterien bei der Standortwahl

Bei der **Neuplanung eines Produktionsbetriebs** ist die Wahl des Standorts ein wichtiger Schritt im Planungsprozess. Standortkriterien sind beispielsweise:

- Grundstücksgröße
- Nutzungseinschränkungen
- Verkehrsanbindung
- Arbeitskräfteverfügbarkeit und Lohnkosten
- Nähe zu Kunden und Lieferanten
- Energie- und Wasserversorgung
- Abfallbeseitigung und Kanalisation
- rechtliche Bestimmungen
- Förderungen, Steuern usw.

ABA INVEST IN AUSTRIA

Ansiedelungsagenturen haben die Aufgabe, potenzielle Investoren über die Standortvorteile ihrer Region zu informieren. Für Österreich ist dies die **„Austrian Business Agency"**. (www.aba.gv.at)

SbX **Eine Kurzfassung eines internationalen Standort-Rankings finden Sie unter der ID: 7201.**

Rahmenbedingungen

Bei einer **Umplanung eines bestehenden Produktionsbetriebs** sind die oben angeführten Faktoren bereits vorgegeben; sie sind in diesem Fall als Rahmenbedingungen zu berücksichtigen.

Bei Umbauten sind zusätzlich die vorhandenen und nicht (oder nur mit hohem Aufwand) veränderlichen räumlichen Bedingungen zu berücksichtigen. Dies sind beispielsweise die Größe der nutzbaren Fläche, Höhe der Räume, Belastbarkeit der Böden und Decken, Türbreiten und -höhen usw.

4 Kapazitätsbedarfsplanung

Die geforderte Produktionsmenge kann nur mit einer ausreichenden Anzahl an Personal und Betriebsmitteln hergestellt werden.

Kapazitätsbedarf = **capacity requirement**

Bei einer kundenspezifischen Einzelfertigung ist das Produktionsprogramm im Vorhinein nicht bekannt. Es kann daher für die Betriebsstättenplanung nur grob abgeschätzt werden.

Im Rahmen der Kapazitätsbedarfsplanung erfolgt die Ermittlung der Anzahl und Art der für die betriebliche Leistungserstellung benötigten Betriebsmittel **(Betriebsmittelplanung)** sowie die Anzahl und Qualifikation des erforderlichen Personals **(Personalplanung).**

Einflussfaktoren auf den Kapazitätsbedarf

Ausgangsbasis für die Kapazitätsbedarfsplanung ist das geplante Produktionsprogramm des Unternehmens. Zusätzlichen Einfluss haben jedoch Entscheidungen hinsichtlich des Umfangs der Automatisierung des Produktionsprozesses sowie des Anteils an zugekauften Leistungen.

Automatisierung

Vorteile einer verstärkten Automatisierung können geringere Herstellkosten pro Stück sein. Der **Nachteil** liegt jedoch darin, dass die Flexibilität in der Produktion abnimmt. Außerdem ist eine möglichst hohe gleichmäßige Anlagenauslastung erforderlich, da die Fixkosten durch die hohen Investitionskosten der Automatisierung steigen.

Von Automatisierung spricht man, wenn sowohl die Arbeitsdurchführung als auch die Steuerung des Arbeitsablaufs durch eine Maschine automatisch erfolgt. Der Mensch hat nur noch Überwachungs- und Kontrollfunktion (z. B. CNC-Drehmaschine, Montageroboter).

Anna: Kürzlich meinte jemand in einer Diskussion im Fernsehen, dass durch Automatisierung sehr viele Arbeitsplätze vernichtet werden. Was sagen Sie dazu?

Leiter Produktion: Natürlich benötigt man bei Arbeitsaufgaben, die automatisiert wurden, nicht mehr die Menge an Mitarbeitern, die man bei manueller Durchführung benötigen würde. Man muss aber berücksichtigen, dass in Österreich die Lohnkosten im internationalen Vergleich relativ hoch sind. Trotzdem muss das Unternehmen gegenüber Mitbewerbern aus Ländern mit geringeren Lohnkosten wettbewerbsfähig bleiben.

Außerdem entstehen durch die Automatisierung neue hochqualifizierte Arbeitsplätze für die Entwicklung, Herstellung, Installation und Wartung der automatisierten Anlagen.

Outsourcing

Outsourcing kann das Ergebnis einer sogenannten „make or buy"-Entscheidung sein.

Einfluss auf das Ergebnis der Kapazitätsbedarfsplanung hat auch die Entscheidung, welche Leistungen vom Unternehmen selbst erbracht werden und welche zugekauft werden. Als „Outsourcing" bezeichnet man den Umstand, dass die Erbringung bestimmter Leistungen an andere Unternehmen vergeben wird.

Dies kann den Zukauf kompletter Einzelteile umfassen (z. B. Zahnräder, Schaltschränke, Spritzgussteile), aber auch nur einzelne Arbeitsvorgänge im Produktionsprozess (z. B. lackieren, härten, montieren).

Ermittlung des Kapazitätsbedarfs

Erläuterungen zu **Stücklisten** und **Arbeitsplänen** finden Sie im Kapitel 6 „Arbeitsvorbereitung mit PPS".

Für die Kapazitätsbedarfsplanung werden das geplante Produktionsprogramm des Unternehmens sowie die entsprechenden Stücklisten und Arbeitspläne benötigt.

Aus den geplanten Mengen der einzelnen Produkte laut Produktionsprogramm und den Stücklisten kann die erforderliche Anzahl der zu fertigenden Einzelteile und Baugruppen ermittelt werden. Aus den Arbeitsplänen lassen sich die durchzuführenden Arbeitsvorgänge sowie die dafür benötigten Zeiten entnehmen.

Daraus ergibt sich der erforderliche **Personalbedarf** nach Anzahl und Qualifikation sowie die Anzahl und Art der benötigten **Betriebsmittel.**

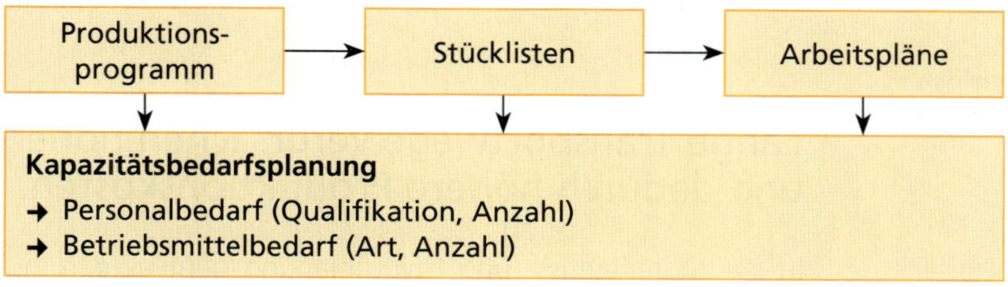

Ermittlung des Kapazitätsbedarfs

Beispiel

In einem neu zu gründenden Tochterunternehmen der ING4TECH soll ein Produkt P1 in einer Menge von 50 St./Tag hergestellt werden. Nachfolgend die bereits vorliegende Stückliste und die Arbeitspläne des Produkts.

Stückliste

Produkt P1		
Teil	Menge	Bemerkung
T1	4 St.	Eigenfertigung
T2	2 St.	Eigenfertigung
T3	1 St.	Zukauf

Die tägliche Arbeitszeit bei 38,5 Stunden/Woche beträgt 7,7 Stunden. Aufgrund von unproduktiven Tätigkeiten (z. B. Besprechungen, Reinigen der Maschine nach Arbeitsende usw.) kann eventuell nicht die gesamte Anwesenheitszeit verplant werden.

Arbeitspläne Produkt P1

Teil T1		
AVG	Maschine	Zeit (t_e)
1	Säge	2 min
2	Drehmaschine	8 min

Teil T2		
AVG	Maschine	Zeit (t_e)
1	Säge	3 min
2	Fräsmaschine	12 min

Produkt P1		
AVG	Maschine	Zeit (t_e)
1	Montage	5 min

Als produktive Arbeitszeit sind 7 h/Tag heranzuziehen. Rüstzeiten sind nicht zu berücksichtigen. Ermitteln Sie den Personal- und Betriebsmittelbedarf bei der Herstellung des Produkts.

Lösung:

Kapazitätsangebot

produktive Arbeitszeit	7 h/Tag = 420 min/Tag

Kapazitätsnachfrage

	Stückzahl	Säge	Dreh	Fräs	Mont
Produkt P1	50 St./Tag				250 min
Teil T1	200 St./Tag	400 min	1600 min		
Teil T2	100 St./Tag	300 min		1200 min	
Summe		**700 min**	**1600 min**	**1200 min**	**250 min**

Betriebsmittel

	Säge	Dreh	Fräs	Mont
= Kapazitätsnachfrage/Kapazitätsangebot	1,7	3,8	2,9	0,6
Anzahl Betriebsmittel	**2**	**4**	**3**	**1**

Personal

Summe Kapazitätsnachfrage (Säge, Dreherei, Fräserei, Montage) =	3750 min
= Summe Kapazitätsnachfrage/Kapazitätsangebot = 3750/420 =	8,93
Anzahl Personal*)	**9 Personen**

*) unter der Voraussetzung, dass jeder Mitarbeiter an jedem Arbeitsplatz einsetzbar ist

Bei einem 2-Schichtbetrieb wird nur die Hälfte der Maschinen, aber die gleiche Anzahl an Personal benötigt.

Materialfluss = **material flow**

5 Materialfluss- und Layoutplanung

Lange Transportwege verursachen höheren Transportaufwand und dadurch höhere Produktionskosten.

Die Durchführung der Materialfluss- und Layoutplanung ist ein typisches Aufgabengebiet der Produktionslogistik.

In zunehmendem Maße erfolgt die Durchführung der Materialfluss- und Layoutplanung EDV-gestützt mithilfe von Simulationsprogrammen.

In der Materialfluss- und Layoutplanung geht es darum, die Arbeitsplätze unter Berücksichtigung der angestrebten Ziele und vorgegebener Rahmenbedingungen räumlich möglichst optimal anzuordnen. Zusätzlich sind entsprechende Zwischenlagerplätze einzurichten.

Materialflussanalyse und -planung

Ein wesentliches Ziel bei der Durchführung der Betriebsstättenplanung ist die Minimierung des Aufwands für den Transport der Materialien zwischen den einzelnen Arbeitsplätzen im Unternehmen. Kenntnisse über den Materialfluss im Betrieb hinsichtlich Verlauf und Menge sind erforderlich, um dieses Ziel zu erreichen.

Transport-Matrix

Um die Materialflussbewegungen rechnerisch auswerten zu können, wird eine sogenannte Transport-Matrix erstellt. Dabei werden innerhalb eines bestimmten Zeitraums alle Materialströme zwischen den einzelnen Arbeitsplätzen erfasst und die Werte in die Spalten bzw. Zeilen der Matrix eingetragen. Die Spalten- und Zeilensumme ergibt die gesamten Materialeingänge und -ausgänge des jeweiligen Arbeitsplatzes in diesem Zeitraum.

Sbx

Links zu 3D-Softwareprodukten für eine EDV-gestützte Materialfluss- und Fabriksplanung (digitale Fabrik) finden Sie unter der ID: 7201.

		von Arbeitsplatz							
	Arbeitsplatz	**1100**	**2100**	**2200**	**3100**	**3200**	**4100**	**extern**	**Eingänge**
nach Arbeitsplatz	**1100**							55	**55**
	2100	40							**40**
	2200	15			10				**25**
	3100					10			**10**
	3200		25						**25**
	4100		15	25		15			**55**
	extern						55		
	Ausgänge	**55**	**40**	**25**	**10**	**25**	**55**	**55**	

Sankey-Diagramm

Die grafische Darstellung der Materialflüsse in einer Betriebsstätte erfolgt häufig mit einem **Sankey-Diagramm.** Dabei entspricht die Breite der Linien zwischen den einzelnen Arbeitsplätzen der jeweiligen Transportmenge bzw. -häufigkeit.

Der Ire **Henry Sankey** (1853–1925) stellte 1898 die Energieflüsse und -verluste von Dampfmaschinen anhand mengenproportional dicker Pfeile dar.

Sankey-Diagramme werden häufig auch zur Darstellung von Stoff- und Energieströmen verwendet (siehe Kapitel 8 „Qualitäts- und Umweltmanagement").

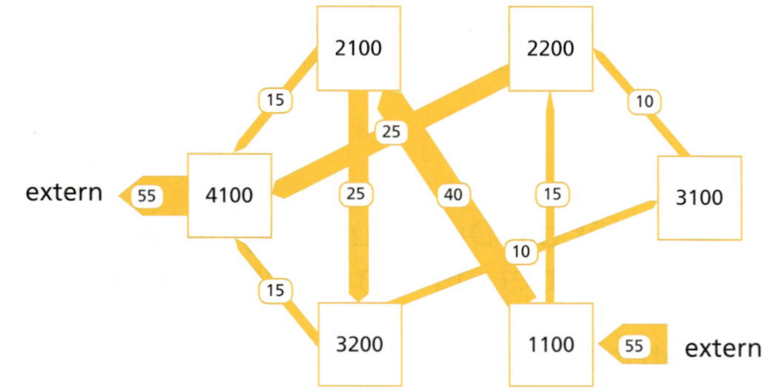

Sankey-Diagramm

Zwischenlager

Erfolgt eine Werkstätten- oder Reihenfertigung, so sind vor bzw. nach den einzelnen Arbeitsplätzen entsprechende Zwischenlager einzurichten. Im Rahmen der Materialflussplanung ist auch festzulegen, welche Materialmengen diese Zwischenlager aufzunehmen haben. Damit kann in der nachfolgenden Layoutplanung der Flächenbedarf für diese Zwischenlager berechnet werden.

Ein wichtiger Teilbereich bei der Materialflussplanung ist die **Informationstechnik.** Es muss geregelt sein, welche Stelle im Unternehmen bzw. welches System die Transportvorgänge zwischen den Arbeitsplätzen steuert und kontrolliert.

Layoutplanung

Im Rahmen der Layoutplanung wird die möglichst optimale Lösung für die räumliche Anordnung der Arbeitsplätze und der sonstigen Einrichtungen in der Betriebsstätte gesucht.

Flächenbedarf

Der gesamte Flächenbedarf der Betriebsstätte ergibt sich durch die Ermittlung der erforderlichen Flächen für die

- einzelnen Arbeitsplätze,
- Zwischenlagerflächen,
- Verkehrsflächen für den innerbetrieblichen Transport,
- Flächen für Sozialräume (z. B. Pausenräume, Toiletten, Waschräume),
- Büros,
- Ver- und Entsorgungsanlagen,
- Werkstätten und Labors für Instandhaltung, Qualitätskontrolle usw.

7 Arbeitssystemgestaltung

Der **VDI (Verein deutscher Ingenieure)** ist eine Interessenvereinigung von Ingenieuren im deutschsprachigen Raum.
Von Experten des VDI werden neueste technische Entwicklungen aufgegriffen und in den VDI-Richtlinien, den anerkannten Regeln zum Stand der Technik, veröffentlicht.
(www.vdi.de)

Produktions-Layout

Die Ergebnisse der Layoutplanung sind maßstäbliche Lage- und Einrichtungspläne der Betriebsstätte.

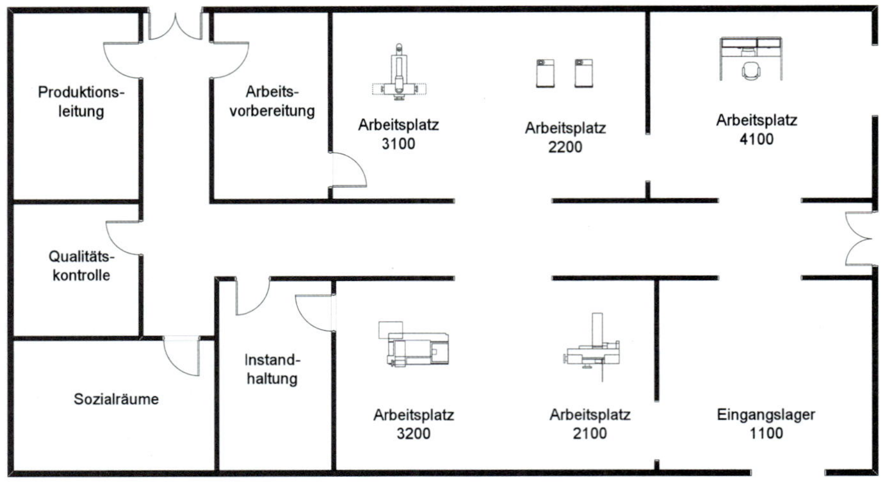

Produktions-Layout einer Betriebsstätte

Betriebsmittel = **production equipment**

6 Betriebsmittelplanung

Alle für die Durchführung der Arbeitsaufgaben erforderlichen Betriebsmittel müssen im Unternehmen verfügbar sein.

Betriebsmittel

Betriebsmittel sind alle beweglichen und unbeweglichen Mittel im Unternehmen, die der betrieblichen Leistungserstellung dienen.

Maschinen und maschinelle Anlagen

Maschinen und maschinelle Anlagen als Betriebsmittel sind die für die betriebliche Leistungserstellung unmittelbar verwendeten Fertigungsmaschinen (z. B. Dreh-, Fräs-, Bohr-, Spritzgussmaschinen) und Montageanlagen (z. B. Montageroboter).

Den Begriff **Roboter** prägte der tschechische Schriftsteller Karel Čapek. Der Begriff „robota" bedeutet auf Tschechisch „Schwerarbeit".

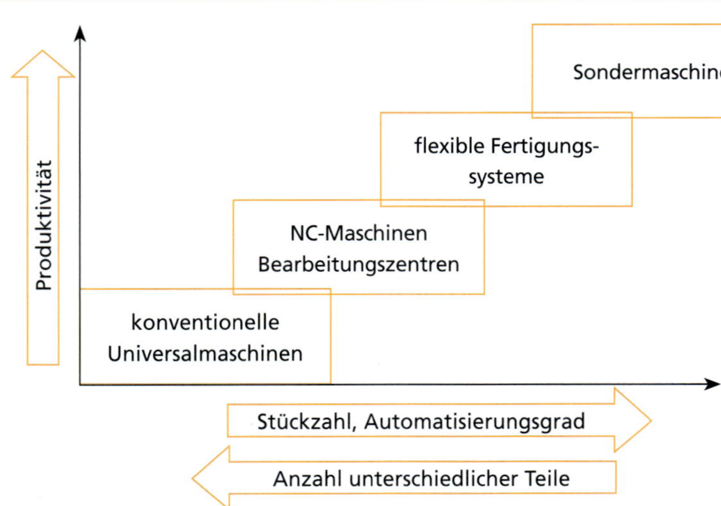

Maschinenauswahl in der Fertigung

Einen wichtigen Einfluss auf die Wahl der „richtigen" Fertigungsmaschine bzw. Montageanlage hat die Entscheidung zwischen **Flexibilität und Produktivität.** Während konventionelle

Universalmaschinen und NC-Maschinen flexibel für die Herstellung verschiedenster Produkte eingesetzt werden können, sind Sondermaschinen und Transferstraßen auf eine spezielle Aufgabe zugeschnitten und haben eine sehr hohe Produktivität.

Werkzeuge und Vorrichtungen

Mit Werkzeugen, die manuell (z. B. Hammer, Zange) oder maschinell eingesetzt werden (z. B. Drehmeißel, Fräskopf), erfolgt die eigentliche Bearbeitung der Werkstücke. Vorrichtungen dienen zur Vereinfachung des Bearbeitungsprozesses und damit der Verkürzung der Bearbeitungszeit (z. B. Bohrvorrichtung, Aufspannvorrichtung).

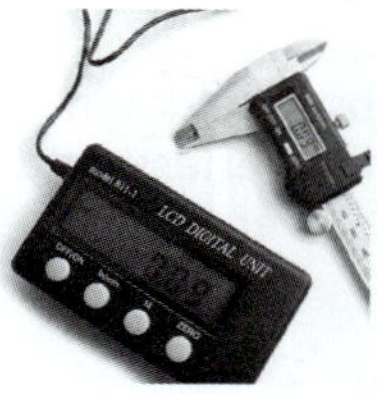

Mess- und Prüfmittel

Mess- und Prüfmittel

Mess- und Prüfmittel dienen zur Ermittlung von physikalischen Größen (z. B. Länge, Härte, Temperatur) zum Zweck der Qualitätskontrolle bzw. zur Steuerung des Produktionsprozesses.

Rollenförderer

Transport- und Fördermittel

Transport- und Fördermittel ermöglichen die Ortsveränderung der Werkstücke von einem Arbeitsplatz zum nächsten bzw. zu einem Zwischenlager. Je nach Anforderung erfolgt dies mittels Rutschen, Rollenförderer, Gurtförderer, Hängeförderer, Laufkran, Gabelstapler, Aufzügen, fahrerlosen Transportsystemen usw.

Förderhilfsmittel (z. B. Paletten, Kästen, Tanks) dienen der Zusammenfassung einer bestimmten Menge zu einer Transporteinheit.

Lagereinrichtungen

Dies sind Hilfsmittel, die zum Zwischenspeichern von Materialien in der Produktion benötigt werden (z. B. Regale, Silos, Container, Magazine, Bunker, Stapelbehälter).

Ver- und Entsorgungsanlagen

Bei der Betriebsmittelplanung zu berücksichtigen sind auch die erforderlichen Versorgungsanlagen (z. B. Strom, Wasser, Gas, Wärme, Druckluft) und die Entsorgungsanlagen (z. B. Abwasser, Abwärme, verunreinigte Abluft, Müll, Altöl).

Büro- und Geschäftsausstattung

Zur Büro- und Geschäftsausstattung zählen die erforderliche EDV-Ausstattung, Telekommunikationseinrichtungen und sonstige Hilfsmittel für die Organisation der betrieblichen Leistungserstellung (z. B. Telefon, Fax, Kopiergeräte, Computer, Drucker, Software). Außerdem gehören dazu alle im Unternehmen benötigten Einrichtungsgegenstände (z. B. Schreibtische, Kästen, Sessel, Anschlagtafeln, Kaffeeautomaten).

Instandhaltung

Instandhaltung = **plant maintenance**

Im privaten Bereich ist die schadensorientierte Instandhaltungsstrategie am weitesten verbreitet, z. B. wird der Staubsauger erst repariert, wenn er kaputt ist. Ausnahme ist beispielsweise die jährliche Überprüfung des Pkw nach § 57 der StVO (Pickerlüberprüfung) als zeitorientierte Instandhaltungsstrategie.

Unter **Instandhaltung** versteht man alle Maßnahmen zur **Beurteilung des Ist-Zustands** sowie zur **Bewahrung und Wiederherstellung des Soll-Zustands** von Betriebsmitteln und Gebäuden.

Daraus ergeben sich nachfolgende Aufgaben für die betriebliche Instandhaltung:

Aufgabe	Beschreibung
Inspektion	Maßnahmen zur Feststellung und Beurteilung des Ist-Zustands (z. B. messen, prüfen, kontrollieren)
Wartung	Maßnahmen zur Bewahrung des Sollzustands (z. B. reinigen, konservieren, schmieren, nachstellen)
vorbeugende Instandhaltung	Maßnahmen zur Wiederherstellung des Soll-Zustands, bevor der Schaden aufgetreten ist
schadensbedingte Instandsetzung (Reparatur)	Maßnahmen zur Wiederherstellung des Soll-Zustands, nachdem der Schaden aufgetreten ist

Instandhaltungsstrategie

Instandhaltungsstrategien sind grundsätzliche Vorgehensweisen im Unternehmen zum Umgang mit der Instandhaltungsaufgabe. Grundsätzlich kann man zwischen **drei Instandhaltungsstrategien** unterscheiden:

Instandhaltungsstrategien		
schadensorientiert	**zeitorientiert**	**zustandsorientiert**
Betriebsmittel werden auf Dauer ohne nennenswerte Wartung betrieben und bei Auftreten eines Schadensfalls repariert (z. B. Handbohrmaschine, Beleuchtungskörper).	Betriebsmittel werden in regelmäßigen Zeitintervallen stillgelegt, inspiziert und Verschleißteile bei Bedarf ausgetauscht. Der Zeitabstand richtet sich nach Erfahrungswerten bzw. Angaben des Herstellers.	Betriebsmittel werden nur stillgelegt und Teile gewechselt, wenn deren Zustand es verlangt. Dazu müssen wichtige Betriebsmitteldaten jedoch laufend erfasst und ausgewertet werden.

Michael: Bei welchen Betriebsmitteln ist welche Instandhaltungsstrategie sinnvoll?

Leiter Produktion: Ein wesentlicher Aspekt bei der Wahl der Instandhaltungsstrategie ist die Bedeutung der Verfügbarkeit des Betriebsmittels für das Unternehmen. Ist es kein Problem, wenn das jeweilige Betriebsmittel für einige Zeit nicht verfügbar ist, so ist eine schadensorientierte Instandhaltungsstrategie ausreichend.

Bedeutet der Ausfall des Betriebsmittels jedoch ein Problem für die Produktion, so wird bei ING4TECH derzeit eine zeitorientierte Instandhaltungsstrategie durchgeführt. Wir wissen aber, dass wir damit oft auch Teile austauschen, die noch nicht das Ende ihrer Lebensdauer erreicht haben, was die Instandhaltungskosten erhöht. Daher gibt es in letzter Zeit in unserem Unternehmen Bestrebungen, bei kostenintensiven Betriebsmitteln auf eine zustandsorientierte Instandhaltungsstrategie umzustellen.

Üben

SbX ID: 7202

SbX
Ü 1 mit automatischer Aufgabenkontrolle
ID: 7202
erledigt ✓
Ü 1 ☐

Ü 1:
Die Durchführung einer Betriebsstättenplanung ist ein mehrstufiger Prozess ausgehend von den Zielvorgaben der Unternehmensleitung und den entsprechenden Rahmenbedingungen. Tragen Sie die einzelnen Phasen dieses Prozesses in die nachfolgende Grafik ein.

Ü 2:
Die wesentliche Grundlage für die Betriebsstättenplanung sind die Zielvorgaben der Unternehmensleitung hinsichtlich des zu fertigenden Produktionsprogramms. Zusätzlich sind bei der Betriebsstättenplanung aber auch andere Ziele zu berücksichtigen.

Welche sonstigen Ziele können dies sein? Nennen Sie mindestens drei Beispiele.

Ü 3:
Bei der Neuplanung einer Betriebsstätte ist die Wahl des Standorts eine wichtige Stufe des Planungsprozesses. Welche Kriterien können bei der Wahl des Standorts relevant sein?

Ü 4:
In einem Besprechungsprotokoll der Produktionsleitung der ING4TECH lesen Sie den folgenden Eintrag: „Möglichkeit der Automatisierung an der Verpackungsanlage untersuchen". Was bedeutet der Begriff Automatisierung in diesem Zusammenhang?

Ü 5:

Der Produktionsleiter der ING4TECH erklärt Ihnen, dass in den letzten Jahren einige Leistungen, die nicht zur Kernkompetenz des Unternehmens gehören, „outgesourct" wurden.

Was hat er damit gemeint? Welche betrieblichen Leistungen können prinzipiell „outgesourct" werden? Welche Gründe könnte ein Unternehmen dazu bewegen, Leistungen „outzusourcen"?

SbX
Eine Excel-Tabelle zum Download finden Sie unter der ID: 7202.

Ü 6:

In einem neu zu errichtenden Produktionsbetrieb sollen laut Zielvorgaben der Unternehmensleitung die Produkte A und B hergestellt werden. Nachfolgend die Stücklisten und Arbeitspläne der Produkte bzw. der jeweiligen Einzelteile.

Stücklisten

Produkt A		
Teil	Menge	Bemerkung
A1	1 St.	Eigenfertigung
A2	2 St.	Zukauf

Produkt B		
Teil	Menge	Bemerkung
B1	2 St.	Eigenfertigung
B2	4 St.	Eigenfertigung
B3	10 St.	Zukauf

Arbeitspläne Produkt A

Produkt A		
AVG	Maschine	Zeit (t_e)
1	Montage	8 min

Teil A1		
AVG	Maschine	Zeit (t_e)
1	Säge	2 min
2	Drehmaschine	8 min
3	Fräsmaschine	12 min

Arbeitspläne Produkt B

Produkt B		
AVG	Maschine	Zeit (t_e)
1	Montage	10 min

Teil B1		
AVG	Maschine	Zeit (t_e)
1	Drehmaschine	12 min

Teil B2		
AVG	Maschine	Zeit (t_e)
1	Säge	2 min
2	Fräsmaschine	14 min

Laut Produktionsprogramm sollen vom Produkt A 20 St./Tag und vom Produkt B 40 St./Tag gefertigt werden. Ermitteln Sie aus den vorliegenden Daten die Anzahl der erforderlichen Arbeitsplätze bei einer täglichen produktiven Arbeitszeit von 7 Stunden (Anmerkung: Rüstzeit ist zu vernachlässigen).

Ü 7:

Eine Materialflussanalyse an einem geplanten neuen Produktionsstandort eines Unternehmens ergibt folgende Transportmatrix. Die Zahlen zeigen die Anzahl der Paletten, die pro Tag zwischen den einzelnen Arbeitsplätzen mit einem Stapler transportiert werden müssen.

		von Arbeitsplatz						
	Arbeitsplatz	A Lager	B Säge	C Dreherei	D Fräserei	E Montage	extern	Eingänge
nach Arbeitsplatz	A						52	52
	B	8			24			32
	C		20					20
	D	32						32
	E	12		18	8			38
	extern		12	2		38		52

Erstellen Sie ein Sankey-Diagramm zur grafischen Darstellung der Transportmengen zwischen den einzelnen Arbeitsplätzen.

SbX
Eine Präsentationsunterlage zum Download finden Sie unter der ID: 7202.

Ü 8:

Basierend auf den Daten der Materialflussanalyse in Übung 7 soll ein Vorschlag für ein Betriebsstättenlayout in einem bestehenden Gebäude gezeichnet werden. Nachfolgend eine Darstellung der Außenmauern des Gebäudes, die sich nicht verschieben lassen. Die Innenwände, Fenster und Türen können nach Belieben angeordnet werden.

Versuchen Sie, die Arbeitsplätze so anzuordnen, dass die Transportwege (insbesondere zwischen den Arbeitsplätzen mit den größten Transportmengen) so kurz wie möglich sind.

Berücksichtigen Sie auch Transportwege sowie einen Sozialraum für die Mitarbeiter (mind. 24 m²), je ein Büro für Arbeitsvorbereitung (mind. 12 m²) und Produktionsleitung (mind. 12 m²), einen Raum für die Qualitätskontrolle (mind. 12 m²) und eine Werkstätte für die Instandhaltung (mind. 12 m²).

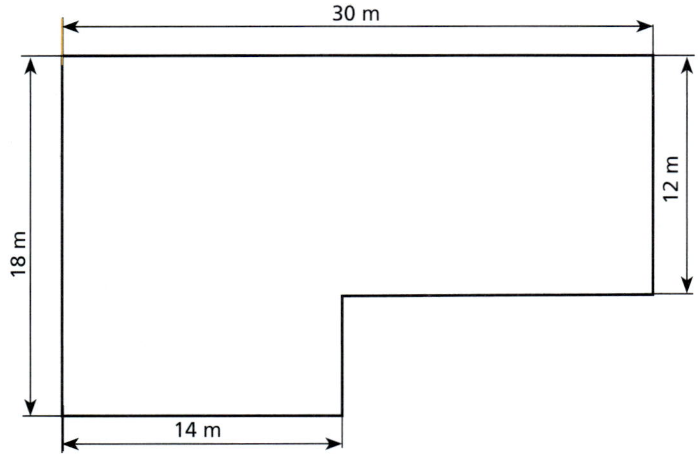

Ü 9:

Betriebsmittel sind alle beweglichen und unbeweglichen Mittel, die der betrieblichen Leistungserstellung dienen. Nennen Sie in jeder Kategorie mindestens zwei konkrete Beispiele:

	Beispiele
Maschinen und maschinelle Anlagen	
Werkzeuge und Vorrichtungen	
Mess- und Prüfmittel	
Transport- und Fördermittel	
Lagereinrichtungen	
Ver- und Entsorgungsanlagen	
Büro- und Geschäftsausstattung	

Ü 10:

Die ING4TECH will bei wichtigen Maschinen und Anlagen von einer zeitorientierten zu einer zustandsorientierten Instandhaltungsstrategie wechseln. Was versteht man darunter?

Sichern

SbX ID: 7203

Aufgabe der Betriebsstättenplanung

Die **Aufgabe der Betriebsstättenplanung** ist die Gestaltung der Produktion als Ort der betrieblichen Leistungserstellung. Ausgangspunkt dafür ist das geplante Produktionsprogramm sowie sonstige Zielvorgaben der Unternehmensleitung.

Standortplanung, Kapazitätsbedarfsplanung

Bei einer Neuplanung ist zuerst der optimale **Standort** der Betriebsstätte zu wählen. Die Aufgabe der nachfolgenden **Kapazitätsbedarfsplanung** ist es, die Anzahl und Art der erforderlichen Betriebsmittel und die Anzahl und Qualifikation des benötigten Personals zu ermitteln.

Grundlage dafür ist das geplante Produktionsprogramm sowie die Stücklisten und Arbeitspläne der herzustellenden Produkte.

Automatisierung

Von **Automatisierung** spricht man, wenn sowohl die Arbeitsdurchführung als auch die Steuerung des Arbeitsablaufs durch eine Maschine automatisch erfolgt. Der Mensch hat nur noch Überwachungs- und Kontrollfunktion.

Outsourcing

Wenn bestimmte Leistungen nicht mehr von Mitarbeitern des Unternehmens durchgeführt, sondern von anderen Unternehmen zugekauft werden, so wird dies als **Outsourcing** bezeichnet.

Materialfluss- und Layoutplanung

Bei der **Materialfluss- und Layoutplanung** geht es darum, die erforderlichen Arbeitsplätze räumlich möglichst optimal anzuordnen. Ziel dabei ist die Minimierung des Aufwands für den Transport der Materialien zwischen den einzelnen Arbeitsplätzen. Unter Berücksichtigung des Flächenbedarfs für die Arbeitsplätze werden maßstäbliche Lage- und Einrichtungspläne der Betriebsstätte erstellt.

Betriebsmittel

Betriebsmittel sind bewegliche und unbewegliche Mittel, die für die betriebliche Leistungserstellung erforderlich sind. Dabei unterscheidet man zwischen Fertigungsmitteln (z. B. Drehmaschine, Montageroboter, Werkzeug), Mess- und Prüfmitteln, Fördermitteln, Lagermitteln, Ver- und Entsorgungseinrichtungen, Organisationsmitteln (z. B. EDV, Telefon) und Innenausstattung.

Instandhaltung

Eine Aufgabe der **Instandhaltung** ist die Beurteilung des Ist-Zustands von technischen Systemen (Inspektion). Ebenfalls dazu gehören Maßnahmen zur Bewahrung des Soll-Zustands (Wartung und vorbeugende Instandhaltung) und zur Wiederherstellung des Soll-Zustands bei einem Schadensfall (Reparatur). Man kann dabei zwischen **schadensorientierter, zeitorientierter** und **zustandsorientierter Instandhaltungsstrategie** unterscheiden.

SbX
ID: 7203

Eine Audio-Wiederholung mit Audio-Player und MP3-Download sowie eine Bildschirmpräsentation mit allen Grafiken dieser Lerneinheit finden Sie unter der ID: 7203.

Wissen

SbX ID: 7204

SbX
1. mit automatischer Aufgabenkontrolle
ID: 7204
erledigt ✓
1. ☐

1. Ordnen Sie die nachfolgenden Teilbereiche der Betriebsstättenplanung nach der Reihenfolge ihrer Durchführung durch Eintragung der entsprechenden Nummer.

Materialfluss- und Layoutplanung	
Standortplanung	
Betriebsmittelplanung	
Kapazitätsbedarfsplanung	

2. „Outsourcing" und „Automatisierung" sind Schlagworte, die immer wieder für Diskussionsstoff sorgen. Was versteht man unter diesen Begriffen? Warum sind diese Bereiche für Unternehmen, aber auch für die Öffentlichkeit von Interesse?

3. Im Rahmen der Kapazitätsbedarfsplanung wird die Anzahl und Art der benötigten Betriebsmittel und die Anzahl und Qualifikation des erforderlichen Personals ermittelt. Welche Informationen benötigt man noch, um die Kapazitätsbedarfsplanung durchzuführen?

4. Als Ergebnis einer Materialflussanalyse in einer Betriebsstätte der ING4TECH liegt folgendes Sankey-Diagramm vor:

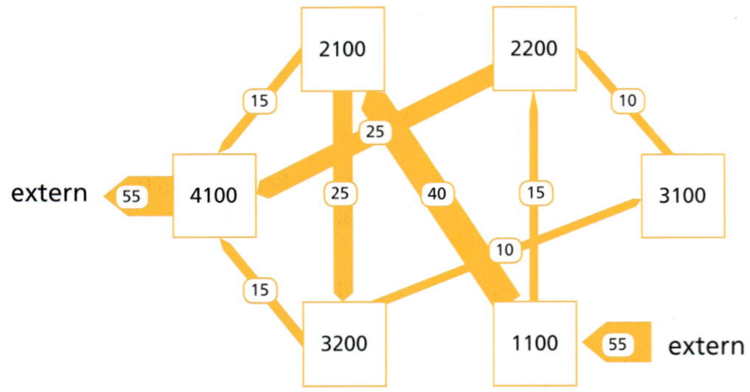

Was sagt dieses Diagramm aus? Welche Schlussfolgerung kann man aus dem Ergebnis der Materialflussanalyse ziehen?

SbX
5. mit automatischer Aufgabenkontrolle
ID: 7204
erledigt ✓
5. ☐

5. Instandhaltungsmaßnahmen lassen sich unterteilen in

- Inspektion,
- Wartung,
- vorbeugende Instandhaltung und
- schadensbedingte Instandsetzung (Reparatur).

Ordnen Sie die nachfolgenden Erläuterungen den entsprechenden Maßnahmen zu.

Erläuterung	Maßnahme
Maßnahmen zur Wiederherstellung des Soll-Zustands, nachdem der Schaden aufgetreten ist	
Maßnahmen zur Bewahrung des Sollzustands (z. B. reinigen, konservieren, schmieren, nachstellen)	
Maßnahmen zur Feststellung und Beurteilung des Ist-Zustands (z. B. messen, prüfen, kontrollieren)	
Maßnahmen zur Wiederherstellung des Soll-Zustands, bevor der Schaden aufgetreten ist	

Lerneinheit 3
Arbeitsplatzgestaltung

SbX
Alle SbX-Inhalte zu dieser Lerneinheit finden Sie unter der ID: 7300.

Eine menschengerechte Gestaltung der Arbeit setzt voraus, dass die Mitarbeiter nicht über-, aber auch nicht unterfordert werden. Ein in diesem Zusammenhang wesentlicher Aspekt ist die ergonomische Arbeitsplatzgestaltung. Diese beinhaltet die
- **Gestaltung der Arbeitsumgebung,**
- **ergonomische Gestaltung der Betriebsmittel,**
- **Gestaltung der Arbeitsorganisation,**
- **Arbeitssicherheit zum Schutz des Menschen vor Unfällen oder Berufskrankheiten.**

Lernen

SbX ID: 7301

Arbeitsumgebung = **work environment**

1 Arbeitsumgebung

Die Gestaltung der Arbeitsumgebung hat wesentlichen Einfluss auf die Arbeitsbelastung des Menschen.

Bei der Gestaltung von Arbeitsplätzen ist darauf zu achten, dass Umgebungseinflüsse, die für den Menschen belastend sind, möglichst vermieden werden. Ist eine Vermeidung nicht möglich, so ist die Einwirkung der belastenden Umgebungseinflüsse auf den Menschen durch persönliche Schutzausrüstung zu verhindern (z. B. Gehörschutz, Schutzbrille, Hitzeschutzkleidung).

Michael: In welchen Bereichen der Arbeitsumgebung können belastende Einflüsse auftreten? Gibt es rechtliche Vorschriften, die in diesen Bereichen einzuhalten sind?

ARBEITSINSPEKTION
Einen Überblick über die rechtlichen Bestimmungen hinsichtlich Arbeitsplatzgestaltung bietet www.arbeitsinspektion.gv.at.

Klima

Klima = **climate**

Unter dem Begriff **Klima** werden alle Einflüsse zusammengefasst, die den **Wärmehaushalt des Menschen** betreffen und auf das menschliche Wohlbefinden wirken. Das Klima ist keine direkt messbare Größe, sondern entsteht durch das Zusammenwirken von Lufttemperatur, Luftfeuchtigkeit, Luftbewegung und Wärmestrahlung.

Gemäß „Arbeitsstättenverordnung (AStV)" sind bestimmte Richtwerte für das Klima in Arbeitsräumen einzuhalten:

Art der Tätigkeit	Luft-temperatur	Luft-bewegung	Luft-feuchtigkeit
Arbeiten mit geringer körperlicher Belastung	19–25° C	< 0,10 m/s	40–70 %
Arbeiten mit normaler körperlicher Belastung	18–24° C	< 0,20 m/s	40–70 %
Arbeiten mit hoher körperlicher Belastung	mind. 12° C	< 0,35 m/s	40–70 %

Lärm

Lärm = **noise**

Eine Steigerung des Lärms um 10 dB(A) wird vom Menschen als Verdoppelung der Lautstärke wahrgenommen.

Die von Menschen subjektiv empfundene Lautstärke einer Lärmquelle ist abhängig vom **Schalldruck** (Dezibel dB) und der **Schallfrequenz** (Hertz Hz). In der Praxis setzen sich Geräusche aus verschiedenen Frequenzen zusammen. Daher wird als Richtwert für Lärmgrenzwerte der **bewertete Schalldruck** dB(A) benutzt, der sich auf das gesamte vom Menschen wahrnehmbare Frequenzspektrum bezieht (Messung nach DIN 45630 genormt).

In Diskotheken werden häufig Schallpegel von mehr als 100 dB(A) gemessen. Daher weisen viele Personen heutzutage bereits in jungen Jahren Hörschäden auf.

Nicht nur Lärm, sondern auch **mechanische Schwingungen** sind für den menschlichen Organismus belastend. Der hörbare Schall hat eine Frequenz von 16 bis 16000 Hz. Fühlbare mechanische Schwingungen haben eine Frequenz von 1 bis 20 Hz.

Laut der „Verordnung Lärm und Vibrationen (VOLV)" dürfen die nachfolgenden Grenzwerte im Durchschnitt des Beurteilungszeitraums von 8 Stunden nicht überschritten werden.

Grenzwert	Gültigkeit
50 dB(A)	in Räumen, in denen überwiegend geistige Tätigkeiten ausgeführt werden, sowie in Aufenthalts-, Bereitschafts-, Sanitäts- und Wohnräumen
65 dB(A)	in Räumen, in denen einfache Bürotätigkeiten oder vergleichbare Tätigkeiten ausgeführt werden
80 dB(A)	empfohlener Grenzwert, da individuell Gehörgefährdungen nicht gänzlich auszuschließen sind
85 dB(A)	maximaler Grenzwert

Andauernde Lärmeinwirkung kann zu Gesundheitsschäden führen. Daher sind bei der Gestaltung von Arbeitssystemen entsprechende Lärmschutzmaßnahmen zu berücksichtigen. Dies sind beispielsweise

- Einsatz lärmarmer Maschinen und Verfahren (z. B. Getriebe mit schrägverzahnten Zahnrädern, Riementrieb statt Kettentrieb, Stoßdämpfer),
- Verhinderung der Lärmausbreitung durch Schalldämmung (z. B. Umhausung der Schallquelle, Lärmschutzwände, Lärmschutzfenster, Schalldämpfer),
- Verringerung von Schallreflexionen (z. B. schallschluckende Wandverkleidungen),
- persönliche Schutzausrüstung (z. B. Gehörschutzwatte, Gehörschutzbügel).

Beleuchtung = **lighting**

Beleuchtung

Die Wahrnehmungsfähigkeit und die Reaktionsfähigkeit des Auges sind sehr stark von der Beleuchtung abhängig. Unzureichende Beleuchtungsbedingungen können zu einer stärkeren Ermüdung des Mitarbeiters führen. Daraus resultieren eine Verringerung der Arbeitsleistung sowie eine Erhöhung der Unfallgefahr.

Die SI-Basiseinheit der Beleuchtungsstärke ist das **Candela (cd).** Die Einheit Lux (lx) ist eine davon abgeleitete Größe. Ein entsprechendes Umrechnungsprogramm finden Sie unter www.lumenrechner.de.

Die Maßeinheit für die Beleuchtungsstärke ist das Lux (lx). Richtwerte für die erforderliche Beleuchtungsstärke in Abhängigkeit von der auszuführenden Arbeitsaufgabe sind in der ÖNORM EN 12464 angeführt.

Beleuchtungsstärke	Arbeitsaufgabe/Bereich
100–200 lx	allgemeine Flächen wie Pausenräume, Lagerräume, Gänge, Stiegen usw.
200–300 lx	grobe und mittlere Maschinen- und Montagearbeiten, schmieden, schweißen usw.
500 lx	feine Maschinen- und Montagearbeiten, Bürotätigkeiten, CAD-Arbeitsplätze usw.
750–1000 lx	Oberflächenbearbeitung, Lackierung, Werkzeug- und Vorrichtungsbau, Qualitätskontrolle usw.

Zusätzlich zur Beleuchtungsstärke ist die Güte der Beleuchtung auch von anderen Faktoren abhängig, wie z. B. Gleichmäßigkeit der Beleuchtungsdichte, Lichtfarbe, Blendung, Reflexionen und Schattenbildung.

Schadstoffe = **harmful substances**

Schadstoffe

Prinzipiell unterscheidet man zwischen **Schwebstoffen** (z. B. Stäube, Rauch, Gase, Dämpfe, Nebel) und **festen** bzw. **flüssigen Schadstoffen.** Anders als Klima, Schall und Beleuchtung, die der Mensch direkt wahrnehmen kann, ist die Aufnahme von Schadstoffen in vielen Fällen nicht sofort bemerkbar. Häufig können Schädigungen sogar erst nach längerer Einwirkzeit erkannt werden.

Die seit 2006 gültige REACH-Verordnung der EU regelt den Umgang und die zentrale Registrierung von Chemikalien unabhängig von deren Gefährlichkeit.

Feste und flüssige Schadstoffe

In vielen Produktionsprozessen werden Chemikalien in festem oder flüssigem Zustand benötigt, die bei nicht sachgemäßer Behandlung für den Menschen und die Umwelt sehr schädlich sein können.

SbX

Ein Beispiel eines Sicherheitsdatenblatts finden Sie unter der ID: 7301.

Sicherheitsdatenblätter beinhalten Informationen über die Eigenschaften dieser Stoffe und geben Hinweise für Transport, Lagerung, Schutzmaßnahmen und das Verhalten bei Unfällen. Diese Sicherheitsdatenblätter sind vom Hersteller oder Importeur einer Chemikalie zu erstellen.

Schwebstoffe

Schwebstoffe wie Stäube, Rauch, Gase, Dämpfe und Nebel können, in Abhängigkeit von der Konzentration in der Luft, gesundheitliche Schäden beim Menschen verursachen.

Der in der „Grenzwerteverordnung (GKV)" festgelegte MAK-Wert (maximale Arbeitsplatzkonzentration) gibt Auskunft darüber, wie hoch die Konzentration des jeweiligen Schadstoffes am Arbeitsplatz maximal sein darf. Die Einhaltung dieser MAK-Werte garantiert nach dem gegenwärtigen Stand der Forschung, dass die Gesundheit des Menschen durch die Schwebstoffe nicht beeinträchtigt wird.

2 Ergonomische Gestaltung der Betriebsmittel

Die Betriebsmittel müssen an den Menschen angepasst werden, nicht der Mensch an die Betriebsmittel.

Anna: Was bedeutet der Begriff „ergonomisch" im Zusammenhang mit der Gestaltung von Betriebsmitteln?

Ergonomie = **ergonomics**

Die **Ergonomie** ist die Lehre von der menschengerechten Arbeitsgestaltung, d. h. der Anpassung der Arbeit an den Menschen. Durch eine entsprechende **Gestaltung der Betriebsmittel** kann einerseits die Arbeitsbelastung der Mitarbeiter verringert, aber auch die Produktivität erhöht werden (z. B. Reduktion der Fertigungszeit, Verringerung der Fehlerhäufigkeit).

Körperliche Eigenschaften des Menschen

Die ÖNORM DIN 33402 beinhaltet das Ergebnis einer repräsentativen Vermessung von Frauen und Männern aus dem mitteleuropäischen Raum. Diese Daten können als Basis für die ergonomische Arbeitsplatzgestaltung dienen.

Die **Anpassung der Betriebsmittel** an die körperlichen Eigenschaften des Menschen bezieht sich insbesondere auf die **Körpermaße, Körperkräfte** und **belastungsoptimale Körperhaltung.**

Körpermaße

Bei der Gestaltung von Arbeitsplätzen und Betriebsmitteln sind deren Abmessungen an die Körpermaße des Menschen anzupassen. Wichtige Bereiche dabei sind Arbeitshöhe, Sitzhöhe, Greifraum und Blickbereich.

SbX

Einen Leitfaden der Arbeiterkammer zur ergonomischen Gestaltung eines Bildschirmarbeitsplatzes finden Sie unter der ID: 7301.

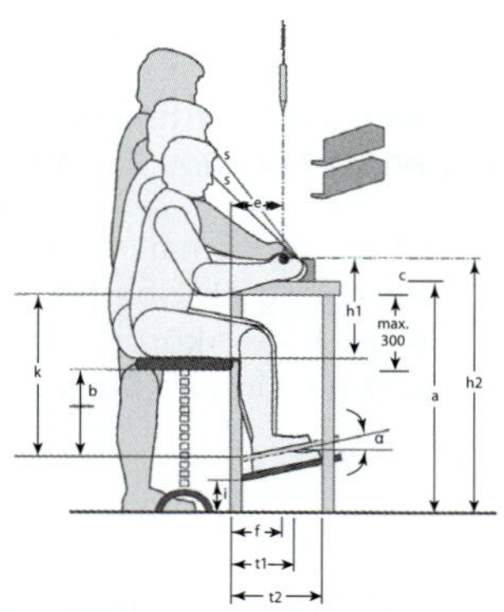

Bezeichnung	Maße (mm)	
Arbeitsflächenhöhe	a	900–1080
Sitzhöhe	b	250–300
Arbeitsflächenunterkante bis Arbeitsstelle	c	möglichst klein halten
Arbeitsstellendistanz	e	0–325
Fußraum bis Arbeitsstelle	f	max. 150
Arbeitshöhe	h1 h2	350–550 1000–1250

Bezeichnung	Maße (mm)	
Fußfreiraum	i	mind. 120
Kniefreiraum	k	520–270
Sehabstand	s	abhängig von der Sitzflächenhöhe
Beinraumtiefe	t1	mind. 350
Fußraumtiefe	t2	mind. 800
Fußneigung	α	5–10 Grad

Standardmaße eines Sitz-/Steharbeitsplatzes (Bosch)

Körperkräfte

Bei der Gestaltung der Betriebsmittel sind auch die Körperkräfte des Menschen zu berücksichtigen. Gemäß „ArbeitnehmerInnenschutzgesetz (ASchG)" soll das händische Bewegen von Lasten, welches Unfallgefahren oder Gefährdungen des Bewegungsapparats mit sich bringt, vermieden werden. Ist dies nicht möglich, so muss die Belastung durch **Lasthandhabungsmittel** (z. B. Fördermittel, Traghaken, Gurte) auf ein gesundheitsgerechtes Ausmaß verringert werden.

Eine Auswirkung des ArbeitnehmerInnenschutzgesetzes ist beispielsweise, dass die früher üblichen 50-kg-Zementsäcke durch die heute verwendeten 25-kg-Säcke ersetzt wurden.

Körperhaltung

Ein wesentliches Ziel der Gestaltung der Arbeitsplätze und Betriebsmittel ist eine möglichst **ermüdungsfreie körperliche Haltung** des Menschen bei der Arbeit. Eine ungünstige Körperhaltung führt zu vorzeitiger Ermüdung und damit zur Verringerung der Leistungsfähigkeit des Menschen.

Die günstigste Körperhaltung hängt von der **Arbeitsaufgabe** ab. Wenn größere Kräfte aufzubringen sind, ist Steharbeit vorteilhaft. Bei Arbeiten, die eine ruhige Hand und genaues Beobachten erfordern, ist sitzende Tätigkeit zu bevorzugen. Optimal ist es jedoch, wenn der Mitarbeiter am Arbeitsplatz zwischen sitzender und stehender Körperhaltung wechseln kann.

Bedienelemente

Unter Bedienelementen versteht man die bei der Durchführung der Arbeitsaufgabe erforderlichen Handwerkzeuge, Vorrichtungen, Stellteile und Anzeigeinstrumente an den jeweiligen Arbeitsplätzen.

Durch **sinnvolle Gestaltung dieser Bedienelemente** kann die Durchführung der Arbeit humaner und effizienter werden. Die Gestaltung hängt vom jeweiligen Anwendungsfall ab und bezieht sich insbesondere auf

- Art, Form und Abmessung der Handwerkzeuge (z.B. Schlitz- oder Kreuzschraubenzieher, Spitz- bzw. Flachzange),
- Material und Oberfläche der Handwerkzeuge (z.B. Kunststoff oder Metall, gerippte oder glatte Oberfläche),
- Wahl und Anordnung von Teilebehältern bei Montagearbeitsplätzen,
- Wahl und Anordnung der Stellteile (z.B. Drehknopf, Drucktaster, Kippschalter, Touchscreen),
- Wahl und Anordnung der Anzeigeinstrumente (z.B. analoge Anzeige, digitale Anzeige, Bildschirm, Signallampe).

Die gebrauchsfreundliche Gestaltung von Objekten wird auch als **„usability engineering"** bezeichnet. Dieser Begriff ist insbesondere im Softwarebereich weit verbreitet.

3 Arbeitsorganisation

Die Gestaltung der Arbeitsorganisation hat wesentlichen Einfluss auf die Schaffung humaner Arbeitsbedingungen.

Arbeitsbelastung = **workload**

Arbeitsbelastung

In modernen Produktionsbetrieben ist eine weitgehende Arbeitsteilung sehr häufig anzutreffen. Für den einzelnen Mitarbeiter ergeben sich daher wiederholende Arbeitsvorgänge mit kurzer Zykluszeit. Diese sind inhaltlich gleichförmig und relativ anforderungsarm.

Für die Mitarbeiter kann eine solche Art der Tätigkeit zu einseitiger körperlicher Belastung und in der Folge zu arbeitsbedingten Erkrankungen führen. Aber auch die Arbeitszufriedenheit wird hier, aufgrund der geistigen Unterforderung und der monotonen Arbeit, meist nicht sehr hoch sein.

Anna: In letzter Zeit liest man in den Zeitungen sehr häufig über die steigende Belastung in der Arbeitswelt bis hin zum „Burn-out". Was meinen Sie dazu?

Leiter Produktion: Den Begriff Arbeitsbelastung muss man wertfrei sehen, da jede Arbeit den Menschen beansprucht. Erst die starke Ausprägung als Überbelastung hat negative Folgewirkungen. Dies können Haltungsschäden bei zu hoher körperlicher Belastung bzw. Stresssymptome (Schlafstörungen, Unkonzentriertheit) bis hin zu „Burn-out" bei zu hoher psychischer Belastung sein.

Dauerhafte Überforderung kann nach einiger Zeit zu einem Zustand emotionaler Erschöpfung mit reduzierter Leistungsfähigkeit führen. Dieser Zustand wird als **„Burn-out-Syndrom"** bezeichnet.

Alternative Arbeitsstrukturen

In Unternehmen wird in den letzten Jahren häufig versucht, durch alternative Arbeitsstrukturen die Arbeitszufriedenheit der Mitarbeiter zu erhöhen. Dabei geht es insbesondere um eine Erweiterung der Arbeitsaufgabe für den einzelnen Mitarbeiter und damit um mehr Abwechslung am Arbeitsplatz.

Arbeitsstruktur = **working structure**

alternative Arbeitsstruktur	Erläuterung
Job Rotation (Arbeitsplatzwechsel)	Die Mitarbeiter führen unterschiedliche Tätigkeiten in zeitlichem Wechsel an verschiedenen Arbeitsplätzen durch (z.B. täglicher Arbeitsplatzwechsel an einem Montageband).
Job Enlargement (Aufgabenerweiterung)	Die Mitarbeiter werden zusätzlich zu ihren bisherigen Aufgaben mit neuen Aufgaben betraut (z.B. Komplettmontage eines Getriebes).
Job Enrichment (Aufgabenbereicherung)	Dabei werden neue qualitativ höherwertige Aufgaben den bestehenden Aufgaben des Mitarbeiters hinzugefügt (z.B. zusätzliche Durchführung der Qualitätskontrolle).

alternative Arbeitsstruktur	Erläuterung
Gruppenarbeit	Mehrere Mitarbeiter führen eine umfangreichere Arbeitsaufgabe in selbst organisierter Arbeitsteilung durch.

Arbeitssicherheit = **operational safety**

4 Arbeitssicherheit

Maßnahmen zur Verhinderung von Arbeitsunfällen und Berufskrankheiten sind selbstverständlicher Bestandteil der Arbeitsplatzgestaltung.

Der Begriff **Arbeitssicherheit** kennzeichnet einen Zustand, bei dem der Mensch im Arbeitsprozess **vor Unfällen** sowie **vor Berufskrankheiten geschützt** werden soll. Im Rahmen der Arbeitsplatzgestaltung sind entsprechende **sicherheitstechnische** und **organisatorische Maßnahmen** zu treffen, um die Arbeitssicherheit so weit wie möglich zu gewährleisten.

Die **Allgemeine Unfallversicherungsanstalt (AUVA)** ist einer der Träger des österreichischen Sozialversicherungssystems. Sie bietet Versicherungsschutz bei Arbeitsunfällen und Berufskrankheiten.

Rechtliche Vorschriften

Verschiedene rechtliche Vorschriften regeln die Gestaltung und Einhaltung der Arbeitssicherheit im Unternehmen. Diese sind z. B.:

- ArbeitnehmerInnenschutzgesetz (ASchG)
- Allgemeine Arbeitnehmerschutzverordnung (AAV)
- Arbeitsstättenverordnung (AStV)
- Arbeitsmittelverordnung (AM-VO)
- Bauarbeiterschutzverordnung (BauV)
- Elektroschutzverordnung (ESV) usw.

Arbeitsinspektorat

Das Arbeitsinspektorat als Bundesbehörde hat die Aufgabe, die Einhaltung der gesetzlichen Vorschriften hinsichtlich Arbeitssicherheit zu kontrollieren. Diese Behörde unterstützt die Unternehmen aber auch bei speziellen Fragen zur Arbeitssicherheit.

Linktipp: www.arbeitsinspektion.gv.at

Sicherheitsvertrauensperson

Betriebe mit mehr als 10 Arbeitnehmern sind verpflichtet, eine Sicherheitsvertrauensperson einzusetzen und diese entsprechend auszubilden. Deren Aufgabe ist es, Probleme im Zusammenhang mit der Arbeitssicherheit im Unternehmen zu erkennen und an der entsprechenden Lösung mitzuarbeiten.

Unfallanzeige

Trotz aller Schutzmaßnahmen lassen sich Unfälle nicht vollständig vermeiden. Bei Eintritt eines Arbeitsunfalls, der voraussichtlich mehr als drei Krankenstandstage verursacht, ist vom Unternehmen eine Unfallanzeige an die AUVA (Allgemeine Unfallversicherungsanstalt) und das Arbeitsinspektorat zu schicken.

Darin sind die Personaldaten des Verletzten, der Unfallort, der Unfallhergang und die aufgetretenen Verletzungen anzugeben. Zusätzlich sind Maßnahmen zu nennen, die künftig ähnliche Unfälle ausschließen sollen.

Um Unfallzahlen zwischen Betrieben verschiedener Größe vergleichbar zu machen, ist es üblich, die entsprechende Absolutzahl auf 1000 Mitarbeiter zu beziehen (z. B. 4 Arbeitsunfälle/Jahr bei einem Betrieb mit 500 Mitarbeitern ergibt eine Kennzahl von 2 Arbeitsunfällen/1000 Mitarbeiter).

Sicherheitstechnische Arbeitsplatzgestaltung

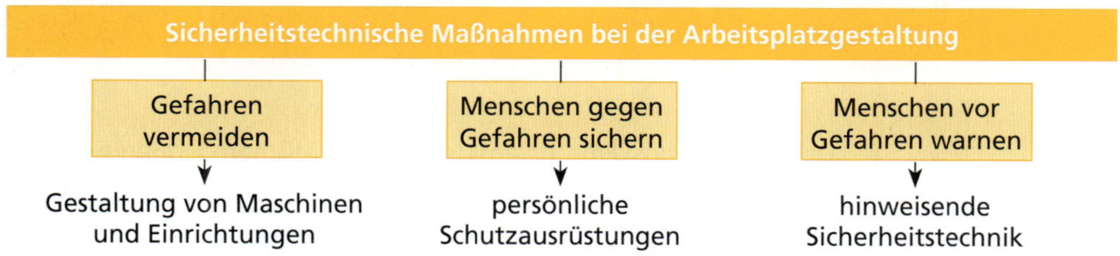

Sicherheitstechnische Arbeitsplatzgestaltung

Die sicherheitstechnische Arbeitsplatzgestaltung umfasst alle Maßnahmen, die dazu führen, Unfälle am Arbeitsplatz zu verhindern bzw. die Auswirkungen bei einem Unfall so gering wie möglich zu halten.

Gestaltung von Maschinen und Einrichtungen

Maßnahmen bei der Gestaltung von Maschinen und Einrichtungen zur Vermeidung von Gefahren bzw. um Menschen gegen Gefahren zu schützen, sind beispielsweise:

- vorbeugende Brandschutz- bzw. Löscheinrichtungen (z. B. gesicherte Verwahrung brandgefährlicher Stoffe, Brandalarmeinrichtungen, Feuerlöscher)
- entsprechende Gestaltung und laufende Überprüfung der Lasthebezeuge (z. B. Aufzüge, Krane, Flaschenzüge, Hebebühnen, Lasthaken, Ketten, Seile)
- Elektroschutz (z. B. Schutzisolierungen, Schutzerdung, FI-Schutzschaltung)
- Geländer (z. B. Arbeitsbühnen, Laufstege, Stiegen)
- Berührungsschutz an Maschinen (z. B. Schutzgitter an Pressen, Verkleidung bei Keilriemen- oder Kettenantrieben, Schutzvorrichtung an Tischkreissäge)

Die ÖNORM EN ISO 12100 beinhaltet die Grundbegriffe und allgemeine Grundsätze für die sicherheitstechnische Gestaltung von Maschinen. Eine Fülle weiterer Normen regelt spezielle sicherheitstechnische Anforderungen an unterschiedliche Maschinen und Anlagen.

CE

Maschinen, persönliche Schutzausrüstungen und einige andere Produktgruppen müssen, damit sie in der EU auf den Markt gebracht werden dürfen, bestimmte Mindestanforderungen hinsichtlich Sicherheit erfüllen. Die Einhaltung dieser Anforderungen wird vom Unternehmen durch das sogenannte CE-Kennzeichen bestätigt.

Persönliche Schutzausrüstungen

In manchen Fällen kann trotz Berücksichtigung sicherheitstechnischer Anforderungen am Arbeitsplatz kein ausreichender Schutz vor Unfällen oder berufsbedingten Erkrankungen garantiert werden. In diesen Fällen sind zusätzliche persönliche Schutzausrüstungen vorzusehen. Dazu zählen beispielsweise Schutzhelm, Haarnetz, Schutzbrille, Gehörschutz, Handschuhe, Sicherheitsschuhe, Sicherheitsgeschirr usw.

Schutzausrüstungen

Als Grundsatz gilt, dass persönliche Schutzausrüstung nur dort zu verwenden ist, wo die Gefahr nicht auf eine andere Weise beseitigt werden kann (z. B. Geländer statt Sicherheitsgürtel, Schutzscheibe statt Schutzbrille).

Hinweisende Sicherheitstechnik

Die hinweisende Sicherheitstechnik umfasst die Information der Mitarbeiter über sicherheits-relevante Umstände im Unternehmen. Sie beinhaltet das Anbringen von entsprechenden Verbots-, Gebots-, Warn- und Hinweisschildern.

Verbote (rot) Gebote (blau) Warnung (gelb) Hinweis (grün)

Sicherheitsschilder

Zusätzlich umfasst es die Unterweisung der Mitarbeiter über den Zweck und den ordnungsgemäßen Gebrauch der Schutzvorrichtungen sowie über die Folgen bei Nichtverwendung.

Üben

Ü 1:

Das Umgebungsklima beeinflusst in wesentlichem Umfang das Wohlbefinden des Menschen. Das Klima ist jedoch keine direkt messbare Größe. Nennen Sie drei messbare physikalische Größen, die das Klima beeinflussen.

Ü 2:
An der Anschlagtafel für Arbeitssicherheit sehen Sie einen Hinweis, dass bei einer Lärmeinwirkung von mehr als 80 dB(A) ein Gehörschutz zu verwenden ist. Was bedeutet der Ausdruck dB(A)?

Ü 3:
Unzureichende Beleuchtungsbedingungen können zu einer starken Ermüdung des Mitarbeiters führen. Daraus resultiert eine Verringerung der Arbeitsleistung und eine Erhöhung der Unfallgefahr. Nennen Sie drei Faktoren, von denen die Güte der Beleuchtung in einem Arbeitsraum abhängt.

Ü 4:
In der Produktionsleitung der ING4TECH sehen Sie ein Sicherheitsdatenblatt für ein in der Produktion verwendetes Reinigungsmittel. Was sind die Inhalte eines Sicherheitsdatenblatts? Wer erstellt es und warum muss es erstellt werden?

Ü 5:
Im Rahmen der ergonomischen Gestaltung der Betriebsmittel sind diese an die körperlichen Eigenschaften des Menschen anzupassen. Was versteht man darunter konkret?

Ü 6:
Bei der ergonomischen Gestaltung von Betriebsmitteln sind auch die Bedienelemente zu gestalten. Welche Bedienelemente gibt es und wie können diese ergonomisch gestaltet werden?

Ü 7:
In Unternehmen wird in den letzten Jahren häufig versucht, durch alternative Arbeitsstrukturen die Arbeitszufriedenheit der Mitarbeiter zu erhöhen. Was versteht man unter alternativen Arbeitsstrukturen? Nennen und erläutern Sie mindestens drei Beispiele.

Ü 8:
In der Produktion der ING4TECH teilt Ihnen ein Kollege mit, dass morgen das Arbeitsinspektorat ins Unternehmen kommt. Was ist ein Arbeitsinspektorat und zu welchem Zweck könnte es ins Unternehmen kommen?

Ü 9:
Die sicherheitstechnische Arbeitsplatzgestaltung umfasst die Bereiche „Gefahren vermeiden", „Menschen gegen Gefahren sichern" und „Menschen vor Gefahr warnen". Welche konkreten sicherheitsrelevanten Maßnahmen sind diesen drei Bereichen zugeordnet?

Sichern

SbX ID: 7303

Bei der Gestaltung von Arbeitsplätzen ist darauf zu achten, dass **Umgebungseinflüsse,** die für den Menschen belastend sind, möglichst vermieden werden.

Klima

Das **Klima** ist keine direkt messbare Größe, sondern entsteht durch das Zusammenwirken von Lufttemperatur, Luftfeuchtigkeit, Luftbewegung und Wärmestrahlung.

Lärm

Die am Arbeitsplatz zulässigen Grenzwerte für **Lärm** sind in **Dezibel db(A)** angegeben.

Beleuchtung

Unzureichende **Beleuchtung** kann zu einer stärkeren Ermüdung des Mitarbeiters und damit zu einer Verringerung der Arbeitsleistung und Erhöhung der Unfallgefahr führen.

Sicherheitsdatenblätter

In vielen Produktionsprozessen werden feste oder flüssige Chemikalien benötigt, die bei nicht sachgemäßer Behandlung für den Menschen und die Umwelt sehr schädlich sein können. Für diese Chemikalien werden **Sicherheitsdatenblätter** erstellt, die Hinweise über die ordnungsgemäße Lagerung, den Transport und das Verhalten bei einem Unfall beinhalten.

MAK-Werte

Für gefährliche Schwebstoffe (z. B. Staub, Rauch, Dämpfe) geben **MAK-Werte** Auskunft darüber, wie hoch die Konzentration des jeweiligen Schadstoffs am Arbeitsplatz maximal sein darf.

ergonomische Gestaltung der Betriebsmittel

Die **ergonomische Gestaltung der Betriebsmittel,** d. h. die Anpassung an die körperlichen Eigenschaften des Menschen, bezieht sich insbesondere auf die Körpermaße, Körperkräfte und belastungsoptimale Körperhaltung. Durch eine sinnvolle Gestaltung der Bedienelemente kann die Durchführung der Arbeit wesentlich humaner und effizienter werden.

alternative Arbeitsstrukturen

Alternative Arbeitsstrukturen dienen vor allem der Vermeidung einseitiger körperlicher Belastung und der Erhöhung der Arbeitszufriedenheit der Mitarbeiter. Dies umfasst Möglichkeiten wie **Job Rotation** (Arbeitsplatzwechsel), **Job Enlargement** (Aufgabenerweiterung), **Job Enrichment** (Aufgabenbereicherung) und **Gruppenarbeit.**

Arbeitssicherheit

Der Begriff **Arbeitssicherheit** kennzeichnet einen Zustand, bei dem der Mensch im Arbeitsprozess vor Unfällen und Berufskrankheiten geschützt werden soll.

Arbeitsinspektorat

Das **Arbeitsinspektorat** als Bundesbehörde hat die Aufgabe, die Einhaltung der gesetzlichen Vorschriften hinsichtlich Arbeitssicherheit zu kontrollieren. Diese Behörde unterstützt die Unternehmen aber auch bei speziellen Fragen zur Arbeitssicherheit.

sicherheitstechnische Arbeitsplatzgestaltung

Die **sicherheitstechnische Arbeitsplatzgestaltung** umfasst alle Maßnahmen, die dazu führen, Unfälle am Arbeitsplatz zu verhindern. Ist dies nicht möglich, sollen die Auswirkungen bei einem Unfall so gering wie möglich gehalten werden. Dies beinhaltet eine entsprechende Gestaltung der Maschinen und Einrichtungen bzw. persönliche Schutzausrüstungen. Zusätzlich beinhaltet es die Information der Mitarbeiter über sicherheitsrelevante Umstände mittels Hinweisschildern bzw. Schulungen.

SbX
ID: 7303

Eine Audio-Wiederholung mit Audio-Player und MP3-Download sowie eine Bildschirmpräsentation mit allen Grafiken dieser Lerneinheit finden Sie unter der ID: 7303.

Wissen

1. Die Gestaltung der Arbeitsumgebung hat wesentlichen Einfluss auf die Arbeitsbelastung des Menschen.

   Welche Teilbereiche umfasst diese Arbeitsumgebung? Welche Maßnahmen kann ein Unternehmen in den einzelnen Teilbereichen setzen, damit die Belastung der Mitarbeiter durch die Arbeitsumgebung möglichst gering ist?

2. Bei der Gestaltung eines Montagearbeitsplatzes in der Produktion ist einer der zu berücksichtigenden Aspekte die „ergonomische Gestaltung des Betriebsmittels".

   Was bedeutet allgemein der Begriff „Ergonomie"? Wozu soll das Betriebsmittel ergonomisch gestaltet sein? Auf welche Bereiche bezieht sich dies insbesondere?

3. Zur Erhöhung der Arbeitszufriedenheit der Mitarbeiter in einem Produktionsbetrieb soll über die Möglichkeit der Einführung von Job Rotation, Job Enlargement, Job Enrichment bzw. Gruppenarbeit nachgedacht werden. Was versteht man unter diesen Begriffen?

4. Der Begriff Arbeitssicherheit kennzeichnet einen Zustand, bei dem der Mensch im Arbeitsprozess vor Unfällen sowie vor Berufskrankheiten geschützt werden soll. Dies umfasst die Gestaltung von Maschinen und Einrichtungen, persönliche Schutzausrüstungen und die hinweisende Sicherheitstechnik.

   Nennen Sie mindestens zwei Beispiele für Maßnahmen in jedem der drei Bereiche.

8 Qualitäts- und Umweltmanagement

Von den meisten der am Markt angebotenen Produkte könnte heutzutage eine viel größere Anzahl hergestellt werden, als Nachfrage seitens der Kunden besteht. Durch den daraus resultierenden intensiven Wettbewerb zwischen den Unternehmen sind die Kunden sehr anspruchsvoll geworden. Sie erwarten Produkte, die genau ihren Anforderungen entsprechen und keine Fehler aufweisen. Die Unternehmen haben daher erkannt, dass die Qualität der Produkte, d. h. die Sicherstellung der Erfüllung der Kundenansprüche, eines der wichtigsten Kriterien für den Unternehmenserfolg ist.

Ein weiterer Bereich, der in den letzten Jahren zunehmend an Bedeutung gewonnen hat, ist der betriebliche Umweltschutz. Es hat sich bei vielen Unternehmen die Erkenntnis durchgesetzt, dass es nicht reicht, nur die gesetzlichen Umweltvorschriften einzuhalten. Es sollten darüber hinaus Maßnahmen gesetzt werden, dass die Auswirkungen der betrieblichen Leistungserstellung auf die Umwelt so gering wie möglich gehalten werden.

Beide Anforderungen haben zur Einführung von betrieblichen Qualitäts- und Umweltmanagementsystemen geführt.

Qualitätsmanagement = **quality management**

SbX **Alle SbX-Inhalte zu dieser Lerneinheit finden Sie unter der ID: 8100.**

Lerneinheit 1

Qualitätsmanagement

Aufgabe des Qualitätsmanagements ist es, alle Abläufe und Prozesse im Unternehmen so zu gestalten, dass die hergestellten Produkte den Kundenanforderungen entsprechen. Zusätzlich sollen Fehler am Produkt vermieden bzw. so früh wie möglich erkannt werden, damit sie nicht nachträglich mit hohem Kostenaufwand behoben werden müssen.

Die Erläuterungen in dieser Lerneinheit beziehen sich auf die Qualität von Produkten. In gleicher Weise gelten die Erläuterungen aber auch für die Qualität bei der Erbringung von Dienstleistungen.

Lernen

SbX ID: 8101

1 Qualität

Die Qualität eines Produkts beurteilt der Kunde.

Die Erwartungen der Kunden an die Qualität eines Produkts hängen von dessen Image und Preis ab. Höhere Preise bedeuten höhere Erwartungen.

Qualität ist die Gesamtheit von Eigenschaften und Merkmalen eines Produkts oder einer Dienstleistung, die sich auf deren Eignung zur **Erfüllung** festgelegter oder vorausgesetzter Erfordernisse bezieht.

Zur Qualität gehört prinzipiell alles, was dazu führt, dass der Kunde zufrieden ist. Die Kunden bestimmen daher, ob die Qualität eines Produkts „hoch" oder „niedrig" ist.

SbX **Links zu Lexika mit Begriffserläuterungen zum Thema Qualitätsmanagement finden Sie unter der ID: 8101.**

Michael: Ist ausschließlich die Abteilung Qualitätsmanagement für die Qualität der im Unternehmen hergestellten Produkte verantwortlich?

Qualitätsmanagerin: Zuständig dafür, dass die an den Kunden gelieferten Produkte der gewünschten bzw. vorgegebenen Qualität entsprechen, ist jeder einzelne Mitarbeiter des Unternehmens.

Die Mitarbeiter der Vertriebsabteilung haben die Kundenanforderungen zu ermitteln. Die Konstruktionsabteilung hat diese Kundenanforderungen in entsprechende Produkteigenschaften umzusetzen. In der Produktionsabteilung werden die Produkte laufend geprüft, damit keine fehlerhaften Exemplare an die Kunden ausgeliefert werden. Es sollte dabei aber so wenig wie möglich bzw. gar kein Ausschuss produziert werden.

Die Abteilung Qualitätsmanagement ist für die Gestaltung und laufende Optimierung der qualitätsrelevanten Prozesse verantwortlich. Außerdem ist sie zuständig für die Prüfplanung und -überwachung und die Berichterstattung an die Geschäftsleitung hinsichtlich Qualität.

Qualitätsmerkmale

Qualitätsmerkmal = **quality characteristics**

Qualitätsmerkmale sind **messbare**, **zählbare** oder **beurteilbare Produkteigenschaften**, welche die Qualität des Produkts beschreiben.

Um eine Bewertung der Qualität eines Produkts durchführen zu können, werden den Qualitätsmerkmalen entsprechende Merkmalswerte zugeordnet.

	Qualitätsmerkmal	Merkmalswert
messbar	Durchmesser	10, 20, 30 mm
	Schichtdicke	5, 8, 10 µm
zählbar	Schweißpunkte	10, 15, 20 je m
	Schmutzpunkte	10, 20, 30 Punkte/dm²
beurteilbar	Design	attraktiv/neutral/unattraktiv
	Geschmack	gut/neutral/schlecht

Neben den Produkteigenschaften gehören zu den Qualitätsmerkmalen aber auch Merkmale im Produktumfeld, wie z. B. Beratung, Verpackung, Kundendienst, Bedienungsanleitung usw.

Michael: Warum erzeugt man eigentlich nicht nur Produkte mit den bestmöglichen Qualitätsmerkmalen (z. B. geringer Energieverbrauch, hohe Lebensdauer, viele Funktionen, attraktives Design)?

Qualitätsmanagerin: Entspricht das Produkt bei seinem Gebrauch den Erwartungen des Kunden, ist er für gewöhnlich zufrieden und stuft die Qualität hoch ein. Ist dies nicht der Fall, wird die Qualität als niedrig beurteilt.

Liegen die Qualitätsmerkmale jedoch über den Erwartungen, erzielt man meist keinen höheren Preis beim Verkauf der Produkte. Die Herstellkosten sind in einem solchen Fall aber meist nicht konkurrenzfähig. Das Produkt soll also nicht die bestmöglichen, sondern genau die von den Kunden gewünschten Merkmale aufweisen.

- **Basisanforderungen** sind Produkteigenschaften, deren Erfüllung vom Kunden als selbstverständlich vorausgesetzt wird.
- **Leistungsanforderungen** werden vom Kunden konkret nachgefragt.
- **Begeisterungsanforderungen** werden vom Kunden nicht erwartet, aber mit Begeisterung angenommen, wenn er darüber informiert wird.

Fehler = **defect**

Fehler

Bei vielen Qualitätsmerkmalen ist es kaum bzw. gar nicht möglich, den Merkmalswert bei der Herstellung der Produkte genau zu erreichen. Es wird daher meist eine Bandbreite angegeben, wobei der Bereich zwischen oberem und unterem Grenzwert als Toleranzbereich bezeichnet wird. Liegt der am Produkt gemessene Istwert des Qualitätsmerkmals außerhalb dieses Toleranzbereichs, hat dieses Produkt einen Fehler und muss ausgeschieden werden.

Bei **Passungen** werden die Toleranzfelder der Welle und der Bohrung gemäß ISO 286 durch Toleranzkurzzeichen definiert. Der Buchstabe bestimmt dabei die Lage des Toleranzfeldes zum Nennmaß und die Zahl die Größe des Toleranzfeldes.

Nachfolgend sehen Sie beispielhaft eine Darstellung des Toleranzbereichs nach ISO 286 einer Welle mit Ø 30h7 sowie eines Messprotokolls mit den gemessenen Istwerten an vier Wellen.

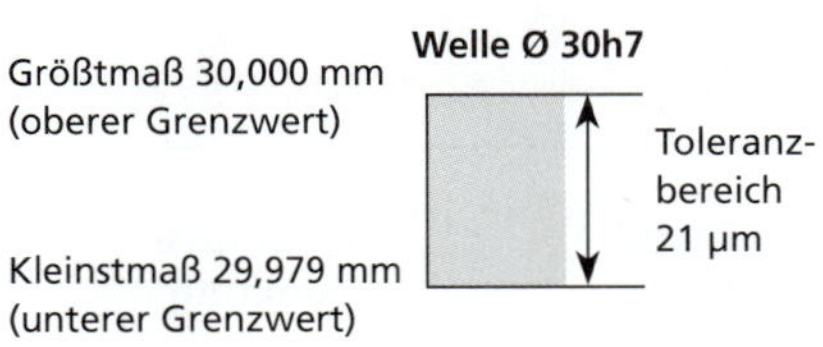

Teil	Istwert	Bemerkung
1	29,995	OK
2	29,968	Fehler (zu klein) -> Teil ausscheiden
3	29,981	OK
4	30,005	Fehler (zu groß) -> Nacharbeit

- **Nebenfehler** setzen die Gebrauchsfähigkeit des Produkts nicht wesentlich herab.
- **Hauptfehler** verursachen einen Funktionsausfall bzw. eine wesentliche Beeinträchtigung der Funktionalität des Produkts.
- **Kritische Fehler** können zu einer Gefahr für Personen werden.

Qualitätskosten = **quality costs**

Qualitätskosten

Die **Sicherstellung der Qualität bei der Herstellung** von Produkten verursacht Kosten, die als **Qualitätskosten** bezeichnet werden. Diese Qualitätskosten setzen sich aus verschiedenen Komponenten zusammen, die wiederum von der Höhe des Qualitätsniveaus im Unternehmen abhängig sind.

Die einzelnen Komponenten der Qualitätskosten beeinflussen sich gegenseitig. Beispielsweise führt ein Mehraufwand für Fehlerverhütung zu einer Verringerung der Fehlerkosten.

Fehlerkosten

Fehlerkosten entstehen dadurch, dass die hergestellten Produkte den **festgelegten Qualitätsmerkmalen nicht entsprechen.** Dies sind beispielsweise Kosten für Ausschuss, Nacharbeit, Garantieleistungen, Produkthaftung, Imageverlust usw.

Fehlerverhütungskosten

Dies sind Kosten für die **vorbeugende Fehlervermeidung.** Dazu gehören Aktivitäten wie z. B. Qualitätsplanung, Lieferantenbeurteilung, Prüfplanung, Mitarbeiterschulung usw.

Wird ein Fehler erst nach der Fertigung oder Auslieferung an den Kunden entdeckt, so können die Fehlerkosten sehr hoch sein (z. B. Rückrufaktion bei Pkw). Wird ein Fehler hingegen schon in der Planungs- und Entwicklungsphase des Produkts entdeckt, sind die Kosten für die Behebung viel geringer.

Prüfkosten

Diese Kosten fallen für die **laufende Kontrolle der Qualität** in der Fertigung an. Sie umfassen z. B. Wareneingangsprüfung, Fertigungszwischenprüfung, Endprüfung, Laboruntersuchungen, Prüfmittel usw.

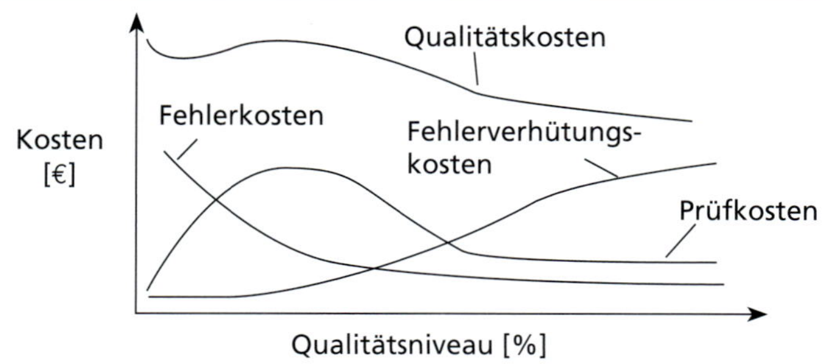

Einfluss des Qualitätsniveaus auf die Kosten

Die Summe der Fehlerkosten, Prüfkosten und Fehlerverhütungskosten ergibt die **Qualitätskosten** des Unternehmens. Diese sind abhängig vom vorherrschenden Qualitätsniveau im Unternehmen. Da man nach einem Minimum bei den Qualitätskosten strebt, wird man feststellen, dass sich Qualität rechnet, d. h. hohe Qualität ist teuer – geringe Qualität ist viel teurer.

2 Aufgaben des Qualitätsmanagements

Sicherstellung der gewünschten bzw. geforderten Produktqualität

Die **Qualitätspolitik** umfasst die übergeordneten Leitlinien des Unternehmens in Bezug auf die Qualität seiner Produkte. Sie wird von der Unternehmensleitung formuliert und veröffentlicht.

Das Qualitätsmanagement umfasst die Planung und Organisation aller Maßnahmen, die notwendig sind, um die gewünschte bzw. geforderte Qualität der Produkte sicherzustellen.

Qualitätsmanagement ist eine **Führungsaufgabe,** d. h., die Unternehmensleitung hat die Qualitätspolitik und Qualitätsziele vorzugeben sowie die Verantwortlichkeiten zu definieren. Die für die Umsetzung erforderlichen Aufgaben werden in vier Bereiche untergliedert.

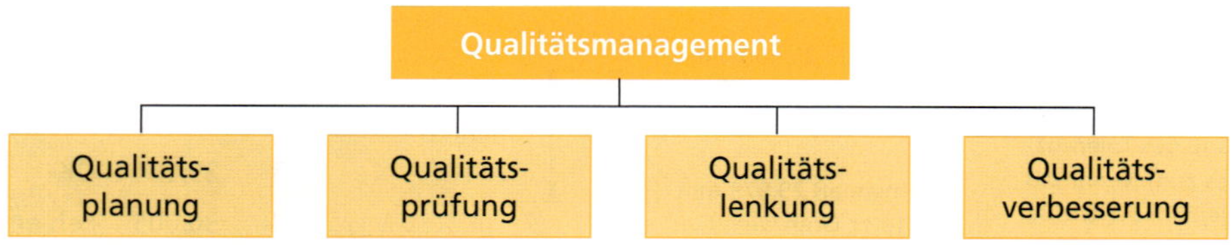

Aufgaben des Qualitätsmanagements

Qualitätsplanung

Qualitätsplanung = **quality planning**

Die Aufgabe der Qualitätsplanung ist es, das Produkt selbst und die Produktentstehung hinsichtlich Qualität zu optimieren.

Nähere Erläuterungen zu betrieblichen Prozessen im Allgemeinen finden Sie im Kapitel 1 „Organisation".

Zur **Qualitätsplanung** gehört die konkrete **Festlegung der Qualitätsmerkmale** der Produkte, basierend auf den Kundenanforderungen, sowie die **Festlegung von Toleranzbereichen** für diese Merkmalswerte.

Außerdem gilt es, die Prozesse im Rahmen der betrieblichen Leistungserstellung so zu planen und zu gestalten, dass Fehler weitestgehend vermieden werden (z. B. Werkzeugauswahl, Ablaufpläne, Maschineneinstellungen, Transportvorschriften).

Qualitätsprüfung

Qualitätsprüfung = **quality inspection**

Aufgabe der **Qualitätsprüfung** ist es, durch entsprechende Prüfungen sicherzustellen bzw. nachzuweisen, dass die Qualitätsmerkmale **innerhalb der vorgegebenen Toleranzbereiche** liegen.

Qualitätsprüfungen im Produktionsprozess werden als **Wareneingangsprüfung, Produktionszwischenprüfung** und **Produktendprüfung** durchgeführt.

Prüfplanung

Die Prüfplanung umfasst die Planung der Qualitätsprüfungen im Rahmen der betrieblichen Leistungserstellung. Die dabei erstellten **Prüfpläne** beantworten folgende Fragen:

- Was wird geprüft (z. B. Durchmesser, Härte, Farbe)?
- Wie wird geprüft (z. B. Prüfvorbereitung, Prüfablauf)?
- Wie viel wird geprüft (z. B. Vollprüfung, Stichprobenprüfung)?
- Womit wird geprüft (z. B. Messschieber, Härteprüfgerät)?
- Wer prüft (z. B. Eigenprüfung, Fremdprüfung)?
- Wo wird geprüft (z. B. am Arbeitsplatz, Prüfstelle)?
- Was geschieht mit den Prüfdaten (z. B. Prüfprotokoll, EDV-mäßige Erfassung)?

Prüfausführung

Bei der Durchführung der Prüfungen gemäß Prüfplan wird festgestellt, ob die festgelegten Qualitätsanforderungen erfüllt werden. Produkte, deren Merkmalswerte außerhalb des festgelegten Toleranzbereichs liegen, werden ausgeschieden.

Prüfdatenverarbeitung

Die gemessenen Prüfdaten werden archiviert, um bei Bedarf die Rückverfolgbarkeit zu gewährleisten. Die Daten dienen aber auch als eine der Informationsgrundlagen für die laufende Qualitätsverbesserung im Unternehmen.

Qualitätslenkung

Qualitätslenkung = **quality control**

Grundlage für die Qualitätslenkung sind die Prüfdaten aus der Qualitätsprüfung, aber auch die Prozessdaten der Maschinen und Anlagen.

Qualitätsrelevante Prozesse sind nicht nur die Produktionsprozesse in der Fertigung, sondern auch Produktentwicklungsprozesse, Vertriebsprozesse, Einkaufsprozesse usw.

Bei der **Qualitätslenkung** steht die **Beherrschung der qualitätsrelevanten Prozesse** im Vordergrund. Dies erfolgt durch permanente Prozessüberwachung, Soll-Ist-Vergleiche sowie korrigierende Eingriffe in den Prozess bei Abweichung vom Sollwert (z. B. Maschineneinstellungen, Werkzeugwechsel, Mitarbeitergespräch, Lieferantenwechsel).

Das Ziel bei der Qualitätslenkung ist nicht nur das Erkennen, sondern insbesondere das Vermeiden von Fehlern. Demnach gilt es, in allen relevanten Prozessen im Unternehmen entsprechende **Qualitätsregelkreise** aufzubauen.

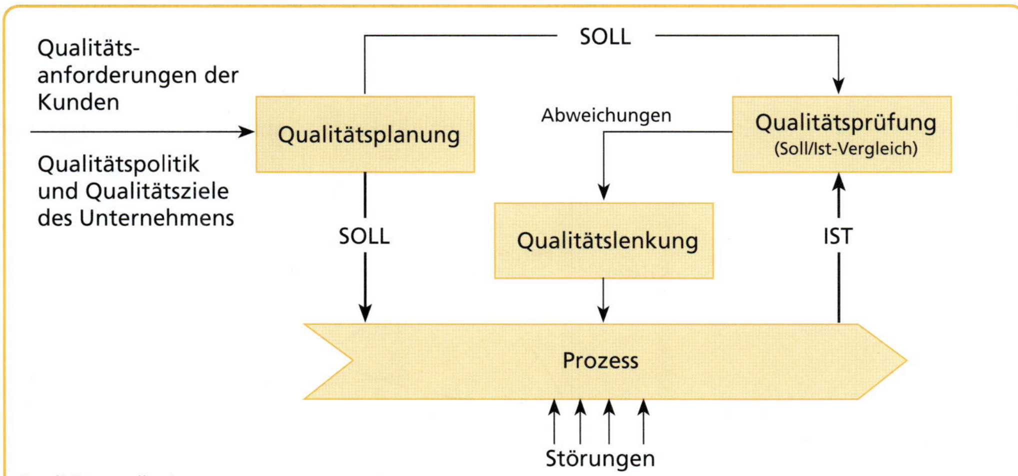

Qualitätsregelkreis

Qualitätsverbesserung = quality improvement

Qualitätsverbesserung

Qualitätsverbesserungen sind Maßnahmen zur **Optimierung der Qualität im Unternehmen.** Diese beinhalten eine stetige Verbesserung der Qualität der Produkte. Vor allem aber umfassen sie die ständige Verbesserung der qualitätsrelevanten Prozesse im Unternehmen.

Der Begriff Deming-Kreis ist nach **William Edward Deming** (1900–1993) benannt, einem amerikanischen Statistiker, dessen Wirken maßgeblich den heutigen Stellenwert des Qualitätsmanagements beeinflusst hat.

Das Prinzip der laufenden Qualitätsverbesserung kann mit dem sogenannten **PDCA-Zyklus,** auch Deming-Kreis genannt, charakterisiert werden. Die Buchstaben stehen dabei für die vier Teilschritte des Zyklus: **Plan, Do, Check, Act.**

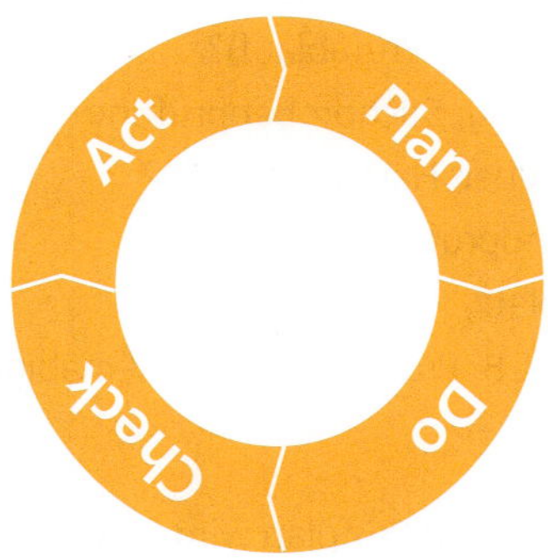

PDCA-Zyklus

- **Plan** umfasst das Erkennen von Verbesserungspotenzialen, die Analyse des Ist-Zustandes sowie das Entwickeln eines neuen Konzepts.
- **Do** bedeutet das Testen und Optimieren des Konzepts mit einfachen Mitteln an einzelnen Arbeitsplätzen.
- **Check** beinhaltet das Überprüfen der Resultate im kleinen, realisierten Prozessablauf und die Freigabe als Standard bei zufriedenstellendem Ergebnis.
- **Act** ist das Einführen dieser neuen Standards im gesamten Unternehmen sowie die regelmäßige Überprüfung der Einhaltung. Die Verbesserung dieses Standards beginnt wiederum mit der Phase „Plan".

Üben

SbX ID: 8102

Ü 1:
Für den Einkauf der ING4TECH ist die Qualität der Produkte eine wesentliche Entscheidungsgrundlage bei der Wahl des Lieferanten. Was versteht man allgemein unter dem Begriff „Qualität"?

Ü 2:
Qualitätsmerkmale sind messbare, zählbare oder beurteilbare Produkteigenschaften, welche die Qualität des Produkts beschreiben. Nennen Sie je ein Beispiel für messbare, zählbare und beurteilbare Qualitätsmerkmale mit möglichen Merkmalswerten.

Ü 3:
In der mechanischen Werkstätte der ING4TECH sehen Sie eine Box mit der Aufschrift „Ausschuss". Mit freiem Auge erkennen Sie aber keinen Fehler an den Werkstücken, die in der Box liegen. Was könnte die Ursache dafür sein, dass diese Werkstücke ausgeschieden wurden?

Ü 4:
Erläutern Sie den Begriff „Qualitätskosten" anhand der nachfolgenden Grafik.

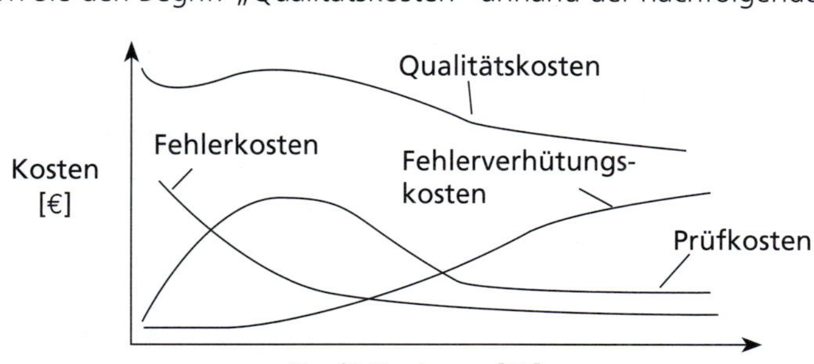

SbX
Ü 5 mit automatischer Aufgabenkontrolle
ID: 8102
erledigt ☑
Ü 5 ☐

Ü 5:

Die Aufgaben des Qualitätsmanagements lassen sich in die Bereiche

- Qualitätsplanung,
- Qualitätsprüfung,
- Qualitätslenkung und
- Qualitätsverbesserung

unterteilen. Ordnen Sie die folgenden Aufgaben den einzelnen Bereichen des Qualitätsmanagements zu:

	Bereich des Qualitätsmanagements
permanente Prozessüberwachung, Soll-Ist-Vergleiche und Eingriffe in die Prozesse bei Abweichungen	
Festlegung der Qualitätsmerkmale des Produkts und der Toleranzbereiche	
Maßnahmen zur laufenden Optimierung der Qualität hinsichtlich Produkten sowie Produktions- und Produktentwicklungsprozessen	
Erstellung von Prüfplänen und Prüfanweisungen für die Mitarbeiter	
Gestaltung des Produktionsprozesses mit dem Ziel, Fehler weitestgehend zu vermeiden	
Aufbau von Qualitätsregelkreisen für die qualitätsrelevanten Produktionsprozesse	
Auswertung und Archivierung der erfassten Prüfdaten	
Motivation der Mitarbeiter des Unternehmens zu qualitätsorientiertem Denken und Handeln	

Sichern

SbX ID: 8103

Qualität

Qualität ist die Gesamtheit der Eigenschaften eines Produkts, die sich auf die Eignung zur Erfüllung von Kundenanforderungen beziehen. Dazu gehört auch, dass die Produkte keine Fehler aufweisen.

Qualitätsmerkmale

Qualitätsmerkmale sind messbare, zählbare oder beurteilbare Produkteigenschaften, denen bestimmte Merkmalswerte zugeordnet sind.

Fehler

Sind die Ist-Werte der Qualitätsmerkmale außerhalb eines festgelegten Toleranzbereiches, so hat dieses Produkt einen **Fehler.**

Qualitätskosten

Summiert man die Fehlerkosten, Fehlerverhütungskosten und Prüfkosten in einem Unternehmen, so erhält man die **Qualitätskosten.** Diese sind abhängig vom Qualitätsniveau im Unternehmen.

Qualitätsmanagement

Das betriebliche **Qualitätsmanagement** umfasst die Planung und Organisation aller Maßnahmen, die notwendig sind, um die geforderte Produktqualität sicherzustellen. Die Aufgaben des Qualitätsmanagements lassen sich in die vier Bereiche Qualitätsplanung, Qualitätsprüfung, Qualitätslenkung und Qualitätsverbesserung gliedern.

Qualitätsplanung

Zur **Qualitätsplanung** gehört die Bestimmung der für den Kunden relevanten Qualitätsmerkmale. Außerdem sind die qualitätsbeeinflussenden Prozesse so zu gestalten, dass Fehler weitgehend ausgeschlossen sind.

Qualitätsprüfung

Aufgabe der **Qualitätsprüfung** ist es, durch Prüfungen sicherzustellen bzw. nachzuweisen, dass die Qualitätsmerkmale des Produkts den vorgegebenen Werten entsprechen. Dies umfasst die Prüfplanung, die Prüfausführung und die Prüfdatenverarbeitung.

Qualitätslenkung

Die **Qualitätslenkung** umfasst die permanente Prozessüberwachung, Soll-Ist-Vergleiche sowie die erforderlichen Eingriffe in den Prozess bei Abweichungen von vorgegebenen Sollwerten.

Qualitätsverbesserung

Die **Qualitätsverbesserung** beinhaltet alle Maßnahmen zur Verbesserung der Qualität bei den Produkten sowie bei den Produktions- und Produktentwicklungsprozessen im Unternehmen.

SbX
ID: 8103

Eine Audio-Wiederholung mit Audio-Player und MP3-Download sowie eine Bildschirmpräsentation mit allen Grafiken der Lerneinheit finden Sie unter der ID: 8103.

Wissen

1. Die Einkaufsabteilung der ING4TECH teilt einem Lieferanten von Gussteilen mit, dass bei ihm keine Produkte bestellt werden, da es in den letzten Monaten verstärkt zu Qualitätsproblemen gekommen ist. Welche Probleme können da konkret gemeint sein?

2. Die Abteilung Qualitätsmanagement ist zuständig für die Qualitätsplanung, Qualitätsprüfung, Qualitätslenkung und Qualitätsverbesserung. Was versteht man unter diesen Begriffen?

SbX
Alle SbX-Inhalte zu dieser Lerneinheit finden Sie unter der ID: 8200.

Lerneinheit 2

Methoden und Werkzeuge des Qualitätsmanagements

Zur Sicherstellung der Produktqualität werden in der Praxis verschiedene Werkzeuge und Methoden angewendet, z. B. Fehlersammelliste, Histogramm, Qualitätsregelkarte, Statistische Prozesskontrolle (SPC), Korrelationsanalyse, Ishikawa-Diagramm, Flussdiagramm, Quality Function Deployment (QFD), FMEA-Analyse, Qualitätszirkel, betriebliches Vorschlagswesen usw.

Eine detaillierte Erläuterung aller dieser Methoden würde den Umfang dieses Buchs sprengen, daher erfolgt in dieser Lerneinheit nur eine zusammenfassende Darstellung einiger wichtiger Werkzeuge und Methoden.

Lernen

statistische Prozessregelung
= statistical process control

1 Statistische Prozessregelung (SPC)

Erstrebenswert ist es, ausschließlich fehlerlose Teile herzustellen.

Der Produktionsprozess im Unternehmen ist verschiedenen Einflüssen unterworfen (z. B. Temperaturschwankungen, Werkzeugabnutzung, Materialzusammensetzung). Die Qualitätsmerkmale der einzelnen Produkte werden daher vom Sollwert mehr oder weniger stark abweichen. Um sicherzustellen, dass die Merkmalswerte der an den Kunden gelieferten Produkte innerhalb der festgelegten Toleranz liegen, müssen diese laufend überprüft und die als fehlerhaft erkannten Teile ausgeschieden werden.

Ziel der statistischen Prozessregelung

Das **Ziel der statistischen Prozessregelung** (SPC = Statistical Process Control) ist es, nicht nur fehlerhafte Teile zu erkennen und auszuscheiden, sondern **Abweichungen vom Sollwert frühzeitig** zu erkennen. Damit kann im Produktionsprozess entsprechend gegengesteuert werden, um gar keine fehlerhaften Teile herzustellen.

Stichprobenprüfung

Für nähere Informationen zur Wahrscheinlichkeitsrechnung wird auf den Unterrichtsgegenstand „Mathematik“ verwiesen.

Um die Anzahl der Prüfungen und damit die Prüfkosten zu reduzieren, wird meist keine Vollprüfung, sondern eine Stichprobenprüfung durchgeführt. Damit man von den geprüften Merkmalswerten der Stichprobe auf die Merkmalswerte der Gesamtmenge schließen kann, bedient man sich der **Wahrscheinlichkeitsrechnung.** Man spricht daher von „statistischer“ Prozessregelung.

Werden die Messwerte der geprüften Qualitätsmerkmale grafisch als Häufigkeitsverteilung dargestellt, so ergibt sich in vielen Fällen eine Normalverteilung. Diese wird nach dem deutschen Mathematiker Carl Friedrich Gauß auch als **„Gauß’sche Glockenkurve“** bezeichnet.

Johann Carl Friedrich Gauß (1777–1885) war ein deutscher Mathematiker, Astronom und Physiker.

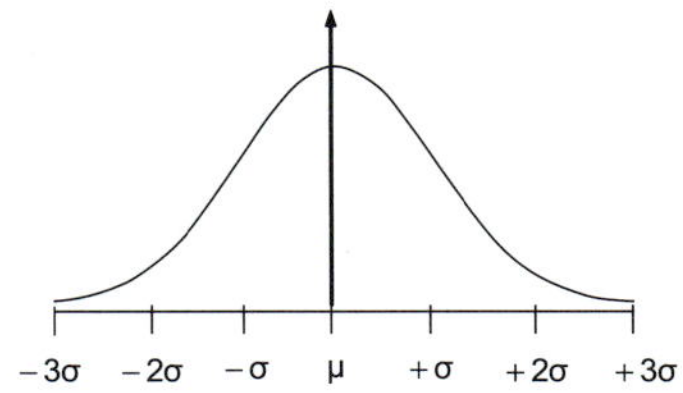

Gauß’sche Glockenkurve

8 Qualitäts- und Umweltmanagement

Prozesssicherheit und -fähigkeit

Voraussetzung dafür, dass eine statistische Prozessregelung für einen Prozess sinnvoll angewendet werden kann, ist dessen **Prozessfähigkeit** und **Prozesssicherheit.** Diese sind durch die beiden folgenden Kennwerte beschrieben:

- Der **Cp-Wert** beschreibt das Verhältnis zwischen Toleranzbreite und Streuung der Merkmalswerte. Prozessfähigkeit ist gegeben, wenn der Cp-Wert größer als 1,33 ist.
- Der **CpK-Wert** ist ein Maß für die Lage des Mittelwertes der Merkmalswerte im Toleranzfeld. Prozesssicherheit ist gegeben, wenn der CpK-Wert größer als 1,33 ist.

In den letzten Jahren ist in vielen Unternehmen die Qualitätsmanagementmethode **„Six Sigma"** eingeführt worden. Ziel dieser Methode ist ein CpK-Wert von 2, d. h., der Mittelwert der gemessenen Merkmalswerte soll mind. 6 σ von der nächstgelegenen Toleranzgrenze entfernt sein.

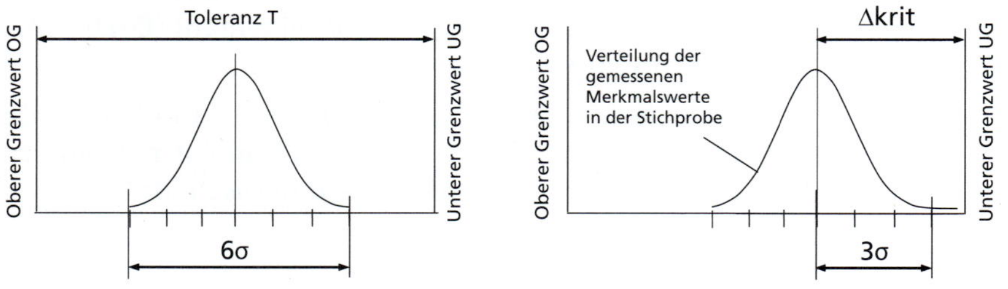

$$Cp = \frac{T}{6\sigma} > 1{,}33$$

Cp-Wert

$$CpK = \frac{\Delta krit}{3\sigma} > 1{,}33$$

CpK-Wert

Qualitätsregelkarte = **control chart**

Qualitätsregelkarte

Ein wichtiges Hilfsmittel bei der Durchführung der statistischen Prozessregelung (SPC) ist die **Qualitätsregelkarte.** In diese werden die gemessenen Merkmalswerte eingetragen.

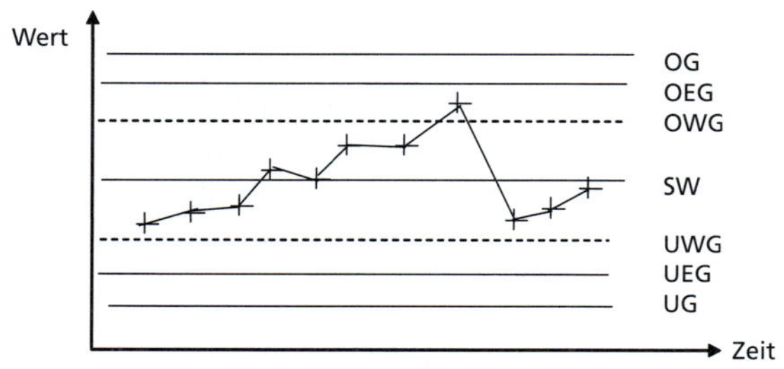

Qualitätsregelkarte

Durch die grafische Darstellung des zeitlichen Verlaufs dieser Merkmalswerte können Entwicklungen und Trends frühzeitig erkannt werden. Wenn der gemessene Wert außerhalb der Eingriffsgrenzen (OEG, UEG) liegt, muss ein Eingriff in den Prozess erfolgen.

2 Allgemeine Werkzeuge des Qualitätsmanagements

Ursachen für auftretende Fehler erkennen – nicht nur fehlerhafte Teile aussortieren.

Als **CAQ (Computer Aided Quality Management)** bezeichnet man die EDV-Unterstützung bei der Durchführung der Aufgaben des Qualitätsmanagements.

Bei der Durchführung der Aufgaben des Qualitätsmanagements werden in der Praxis **verschiedene Werkzeuge** angewendet. Einige wurden speziell für das Qualitätsmanagement entwickelt, andere nur an die Anforderungen des Qualitätsmanagements angepasst. Nachfolgend eine kurze Beschreibung von einigen häufig verwendeten Werkzeugen.

Korrelationsanalyse

In einem Streudiagramm wird mithilfe einer Korrelationsanalyse untersucht, ob es einen **systematischen Zusammenhang zwischen zwei Größen** gibt und wie dieser Zusammenhang aussieht, z. B. Treibstoffverbrauch in Abhängigkeit vom Reifendruck, Werkzeugverschleiß in Abhängigkeit von der Kühlflüssigkeitsmenge usw. Sind Zusammenhänge erkannt, weiß man, welche Maßnahmen erforderlich sind, um eine Größe in eine bestimmte Richtung zu lenken bzw. auf einen bestimmten Wert zu bringen.

Neben dem linearen Zusammenhang können auch andere Formen der Korrelation auftreten (z. B. exponentiell, quadratisch).

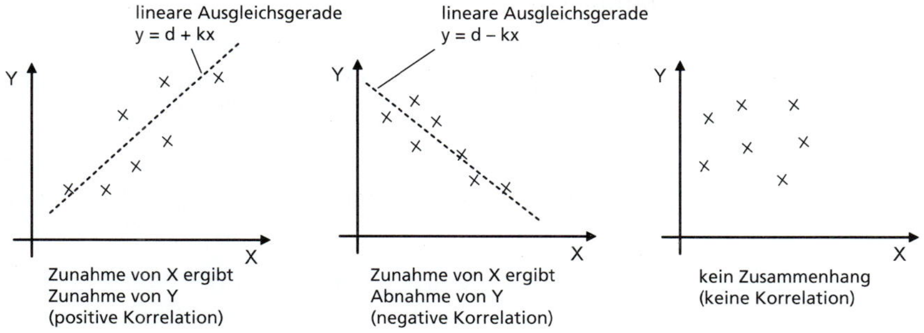

Varianten der Korrelation

Bei der Durchführung der Korrelationsanalyse werden Wertepaare der beiden Größen, zwischen denen ein Zusammenhang vermutet wird, gemessen und in einem x-y-Diagramm aufgetragen. Der mathematische Zusammenhang zwischen diesen beiden Größen wird mittels linearer Regression ermittelt (y = d + kx). Je mehr Punkte sich im Nahbereich der Ausgleichsgeraden befinden, desto eindeutiger ist die Beziehung zwischen den beiden Größen.

Anna: Wir haben hier eine Tabelle mit Messwerten aus der Produktion der ING4TECH. Mittels einer Korrelationsanalyse sollen wir in grafischer Form ermitteln, ob es einen linearen Zusammenhang zwischen den beiden Größen x und y gibt. Wenn ja, dann sollen wir auch die mathematische Funktion der Ausgleichsgeraden formulieren.

x	40	90	70	15	25	55
y	5,5	3,5	4,5	9,0	7,0	6,0

Lösung:

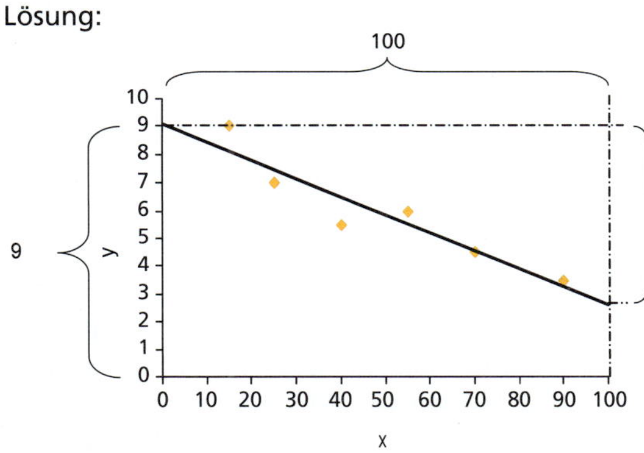

Funktion der Ausgleichsgeraden

y = 9 – (6,4 : 100) × x

y = 9 – 0,064 × x

Ishikawa-Diagramm

Kaoru Ishikawa (1915–1989) war ein japanischer Chemiker. Er galt als Pionier bei der Einführung der Qualitätssicherung in der japanischen Industrie. Zahlreiche Qualitätswerkzeuge wurden von ihm entwickelt, u. a. das nach ihm benannte Ishikawa-Diagramm.

Das **Ishikawa-Diagramm** ist auch unter dem Namen **„Ursache-Wirkungs-Diagramm"** oder **„Fischgrätendiagramm"** bekannt. Mithilfe dieses Diagramms werden die Einflüsse, die auf ein Produkt bzw. auf den Produktionsprozess einwirken und einen systematischen Fehler verursachen können, übersichtlich zusammengefasst.

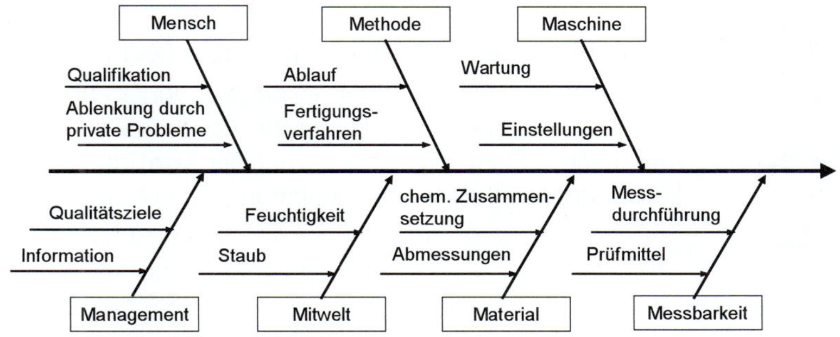

Ishikawa-Diagramm

Die Einflüsse lassen sich meist auf **sieben Störgrößen (7M)** zurückführen, die daher auch als Hauptäste im Ishikawa-Diagramm dargestellt werden.

Histogramm

Ein Histogramm ist ein Balkendiagramm, das zur grafischen Darstellung der Streuung von Messwerten dient. Dabei wird der Bereich zwischen größtem und kleinstem Messwert in mehrere gleich große Klassen eingeteilt.

Anschließend werden die erhaltenen Messwerte diesen einzelnen Klassen zugeteilt. Die Anzahl der einer Klasse zugeteilten Messwerte wird in einem Balkendiagramm dargestellt.

Beispiel

Folgende Massen in g wurden bei zehn in der Produktion entnommenen Proben gemessen: 15,2; 16,8; 14,7; 17,2; 16,2; 15,5; 14,6; 16,2; 15,8; 16,4. Die Streuung der Messwerte soll in Form eines Histogramms mit vier Klassen dargestellt werden.

Lösung:

Klasse	Anzahl	Masse [g]
1	2	14,0–14,9
2	3	15,0–15,9
3	4	16,0–16,9
4	1	17,0–17,9

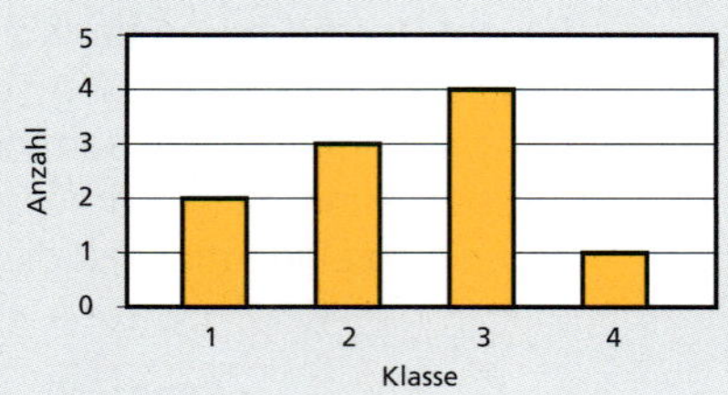

3 Mitarbeiterbezogene Werkzeuge des Qualitätsmanagements

Engagierte Mitarbeiter sind der Schlüssel zum Erfolg.

Die mitarbeiterbezogenen Werkzeuge des Qualitätsmanagements zielen auf das **Know-how und die Erfahrung der Mitarbeiter** des Unternehmens ab. Diese können einen wesentlichen Beitrag zur optimalen Gestaltung qualitätsrelevanter Prozesse leisten.

Zusätzlich soll den Mitarbeitern des Unternehmens auch bewusst gemacht werden, dass von ihrer Arbeit die Qualität der Produkte abhängig ist und dies eine wesentliche Grundlage für den Unternehmenserfolg ist.

Betriebliches Vorschlagswesen

Mithilfe des betrieblichen Vorschlagswesens soll erreicht werden, dass die Mitarbeiter über Qualitätsverbesserungen und Kosteneinsparungen im Unternehmen nachdenken und entsprechende Vorschläge bei der Unternehmensleitung einreichen. Wird der Verbesserungsvorschlag umgesetzt, erhält der Mitarbeiter, von dem der Vorschlag kam, in vielen Unternehmen eine Prämie ausbezahlt.

Das betriebliche Vorschlagswesen kann sich neben den Bereichen Qualität und Kosten auch auf andere Themen beziehen, z. B. Arbeitssicherheit, Umweltschutz, Personalentwicklung usw.

Qualitätszirkel

Ein Qualitätszirkel ist ein **unternehmensinterner Arbeitskreis** mit 4 bis 8 Mitarbeitern, der sich in regelmäßigen Zeitabständen trifft. Dabei werden ausgewählte Problembereiche oder Schwachstellen bei der Arbeitsdurchführung im Unternehmen besprochen. Basierend auf ihrem Wissen und ihrer Erfahrung sollen die Teilnehmer entsprechende Lösungsvorschläge gemeinsam erarbeiten.

Kontinuierlicher Verbesserungsprozess (KVP)

kontinuierlicher Verbesserungsprozess = **continuous improvement process**

Der kontinuierliche Verbesserungsprozess (kurz KVP) umfasst alle Maßnahmen, die das Ziel einer stetigen, schrittweisen Verbesserung der Produkt-, Prozess- und Servicequalität im Unternehmen haben. Es ist also ein Konzept der **kontinuierlichen Verbesserung der betrieblichen Leistungserstellung** unter Einbindung aller Mitarbeiter im Unternehmen.

Entwickelt wurde die Methode der kontinuierlichen Verbesserung in Japan unter dem Begriff **Kaizen** (Kai = Veränderung; Zen = zum Besseren).

Üben

Ü 1:

Ein Mitarbeiter in der Abteilung Produktion erzählt Ihnen, dass in der ING4TECH die Qualität der Produkte im Produktionsprozess mittels „statistischer Prozessregelung (SPC)" über Qualitätsregelkarten gesteuert wird.

a) Was versteht man allgemein unter „statistischer Prozessregelung (SPC)"?

b) Was versteht man in diesem Zusammenhang unter den Begriffen Prozesssicherheit, Prozessfähigkeit, Cp-Wert und CpK-Wert?

c) Was ist eine Qualitätsregelkarte? Was kann man daraus ablesen?

Ü 2:

Die Qualitätsmanagerin der ING4TECH übergibt Ihnen eine Tabelle mit Messwerten. Mittels einer Korrelationsanalyse sollen Sie in grafischer Form ermitteln, ob es einen linearen Zusammenhang zwischen den beiden Größen x und y gibt. Wenn ja, formulieren Sie die mathematische Funktion der Ausgleichsgeraden.

x	25	70	50	15	90	35
y	5,0	6,5	6,0	3,0	8,5	5,5

Ü 3:

In der mechanischen Werkstätte der ING4TECH ist es im letzten Monat zu einem erhöhten Ausschuss beim Elektro-Schweißen gekommen. Versuchen Sie mithilfe des Ishikawa-Diagramms systematisch, mögliche Ursachen für dieses Problem zu finden.

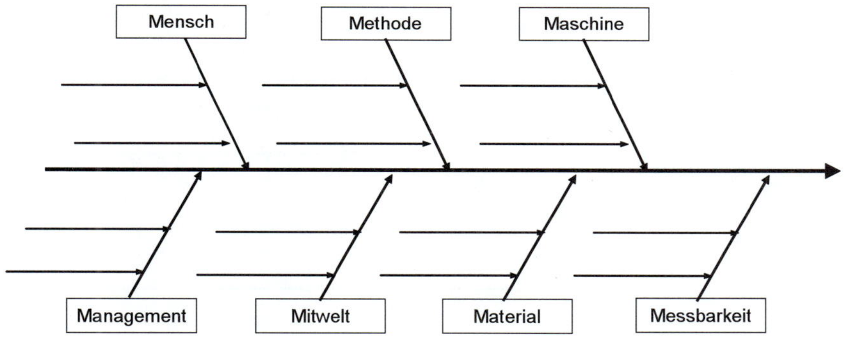

Ü 4:

Sie werden vom Leiter der Produktionsabteilung gefragt, ob Sie an einem Qualitätszirkel teilnehmen wollen. Was ist ein solcher Qualitätszirkel und welche Aufgaben hat er?

Sichern

SbX ID: 8203

Stichprobenprüfung

Meist erfolgt die Qualitätsprüfung nicht als Vollprüfung, sondern als **Stichprobenprüfung.** Um von der Stichprobe auf die gesamte Produktionsmenge schließen zu können, bedient man sich der Wahrscheinlichkeitsrechnung.

statistische Prozessregelung (SPC); Qualitätsregelkarte

Das Ziel der **statistischen Prozessregelung (SPC)** ist es, Abweichungen im Fertigungsprozess frühzeitig zu erkennen und entsprechend gegenzusteuern. Ein wichtiges Hilfsmittel dabei ist die **Qualitätsregelkarte.**

Streudiagramm

Mithilfe eines **Streudiagramms** wird untersucht, ob es einen systematischen Zusammenhang (Korrelation) zwischen zwei Größen gibt.

Ishikawa-Diagramm

Das **Ishikawa-Diagramm** gibt einen geordneten Überblick über die möglichen Fehlerursachen bei der Herstellung eines Produkts.

betriebliches Vorschlagswesen

Über das **betriebliche Vorschlagswesen** sollen die Mitarbeiter motiviert werden, über Verbesserungs- und Kosteneinsparungspotenziale im Unternehmen nachzudenken und entsprechende Vorschläge einzureichen.

Qualitätszirkel

Ein **Qualitätszirkel** ist ein unternehmensinterner Arbeitskreis, der Lösungsvorschläge für Schwachstellen und Probleme bei der betrieblichen Leistungserstellung erarbeiten soll.

kontinuierlicher Verbesserungsprozess (KVP)

Der **kontinuierliche Verbesserungsprozess (KVP)** umfasst alle Maßnahmen, die das Ziel einer schrittweisen Verbesserung der Prozesse im Unternehmen haben.

SbX ID: 8203

Eine Audio-Wiederholung mit Audio-Player und MP3-Download sowie eine Bildschirmpräsentation mit allen Grafiken der Lerneinheit finden Sie unter der ID: 8203.

Wissen

SbX ID: 8204

1. Ein Meister in der mechanischen Werkstätte zeigt Ihnen die nachfolgende Qualitätsregelkarte. Was können Sie daraus ablesen?

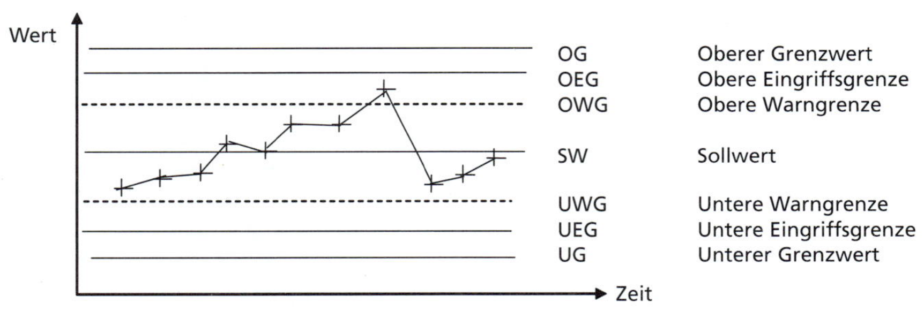

SbX Zwei Tabellenvorlagen finden Sie unter der ID: 8204.

2. Der Durchmesser der an einer CNC-Drehbank gedrehten Welle wurde stündlich stichprobenmäßig geprüft und die Ergebnisse in das folgende Datenerfassungsformular eingetragen.

	07:00	08:00	09:00	10:00	11:00	12:00	13:00	14:00
Mo	33,40	33,63	33,57	33,50	33,56	33,54	33,29	33,41
Di	33,52	33,59	33,21	33,35	33,00	33,39	33,44	33,31
Mi	33,49	33,34	33,60	33,46	33,51	33,26	33,43	33,46
Do	33,25	33,42	33,54	33,59	33,32	33,47	33,61	33,42

Bilden Sie Klassen in Schritten von 0,10 mm und stellen Sie die Anzahl der gemessenen Werte in den einzelnen Klassen in einem Histogramm dar.

3. Erläutern Sie einem neuen Mitarbeiter der ING4TECH die Aufgaben und Ziele des betrieblichen „kontinuierlichen Verbesserungsprozesses (KVP)".

Lerneinheit 3

Qualitätsmanagement nach ISO 9000 ff

SbX

Alle SbX-Inhalte zu dieser Lerneinheit finden Sie unter der ID: 8300.

Die Abkürzung „ff" steht für „folgende". Im Zusammenhang mit der ISO 9000 bedeutet es, dass es sich um eine **Normenreihe,** d. h. um mehrere Normen mit aufsteigender Nummer, handelt.

Unternehmen konzentrieren sich immer mehr auf ihre Kernkompetenz. Daher wird ein zunehmend größerer Anteil der für die betriebliche Leistungserstellung benötigten Materialien bzw. Dienstleistungen zugekauft. Daraus resultiert aber auch eine Verringerung der unternehmensinternen Beeinflussbarkeit der Produktqualität.

Die Kunden verlangen jedoch die Zusicherung, dass die vereinbarten Qualitätsstandards bei den Produkten eingehalten werden. Die Unternehmen müssen demzufolge auch entsprechende Zusicherungen von ihren Lieferanten verlangen.

Um dies zu vereinfachen, wurde 1987 durch die „International Organization for Standardization (ISO)" die ISO 9000 ff herausgegeben. Diese Normenreihe beinhaltet einheitliche branchenunabhängige Mindestanforderungen in Bezug auf die Gestaltung von Qualitätsmanagementsystemen.

Lernen

SbX ID: 8301

1 Die Normenreihe ISO 9000 ff

Ein unternehmensübergreifender Standard für Qualitätsmanagementsysteme

Die Bezeichnung **ÖNORM EN ISO 9000 ff** macht deutlich, dass diese Normen national in Österreich (ÖNORM), in Europa (EN) und weltweit (ISO) gültig sind.

Die Normenreihe ISO 9000 ff kann unabhängig von den Produkten oder Dienstleistungen, der Branche und der Größe des Unternehmens angewendet werden.

Die **Normenreihe ÖNORM EN ISO 9000 ff** ist eine international gültige Norm, welche die **Anforderungen,** die an ein Qualitätsmanagementsystem gestellt werden, beinhaltet. Es wird in der Norm kein standardisiertes System vorgegeben, sondern nur die entsprechenden Anforderungen festgelegt. Wie diese erfüllt werden, bleibt dem jeweiligen Unternehmen überlassen.

Die Norm legt keine Anforderungen an die Produkte fest, sondern nur Anforderungen an das Qualitätsmanagement beim Produktentwicklungs-, Herstellungs- und Vertriebsprozess.

Anna: Hat die ING4TECH auch ein Qualitätsmanagementsystem nach ISO 9000 ff?

Qualitätsmanagerin: Ja, das Qualitätsmanagementsystem der ING4TECH ist nach ISO 9001 zertifiziert. Wir haben schon seit Längerem ein Qualitätsmanagementsystem im Einsatz. Bei dessen Einführung haben wir alle betrieblichen Prozesse auf Optimierungspotenziale hin untersucht und entsprechende Verfahrens-, Arbeits- und Prüfanweisungen erstellt. Auch eine statistische Prozessregelung (SPC) ist bei uns schon seit einigen Jahren im Einsatz, um die von den Kunden geforderte Produktqualität sicherstellen zu können.

Wir haben festgestellt, dass immer mehr Kunden bei einer Anfrage eine ISO 9001 Zertifizierung als Grundlage für eine Geschäftsbeziehung gefordert haben. Daher haben wir uns entschlossen, unser Qualitätsmanagementsystem an die Anforderungen der ISO 9001 anzupassen und das System zertifizieren zu lassen.

ISO – International Organization for Standardization
www.iso.org

Einzelnormen der ISO 9000 ff

Die Norm ISO 9001 wurde erstmals 1987 herausgegeben. Revisionen der Norm erfolgten in den Jahren 1994, 2000 und 2008. Die früher verwendeten Normen ISO 9002 und ISO 9003 sind nicht mehr gültig.

Die Normenreihe setzt sich aktuell aus folgenden Einzelnormen zusammen:

Einzelnorm	Beschreibung
ISO 9000	Diese Norm enthält grundsätzliche Erläuterungen zu Qualitätsmanagementsystemen und zu den in der Normenreihe verwendeten Begriffen.
ISO 9001	Diese Norm legt die Anforderungen an ein Qualitätsmanagementsystem in den Bereichen Design/Entwicklung, Produktion, Montage und Kundendienst fest. Die acht Hauptkapitel der Norm sind: Kap. 1 Anwendungsbereiche Kap. 2 Normative Verweise Kap. 3 Begriffe Kap. 4 Qualitätsmanagementsystem (allgemeine Anforderungen, Dokumentationsanforderung) Kap. 5 Verantwortung der Leitung (Verpflichtung der Leitung, Kundenorientierung, Qualitätspolitik, Planung, Verantwortung, Befugnisse und Kommunikation, Managementbewertung) Kap. 6 Management von Ressourcen (Bereitstellung von Ressourcen, personelle Ressourcen, Infrastruktur, Arbeitsumgebung) Kap. 7 Produktrealisierung (Planung der Produktrealisierung, kundenbezogene Prozesse, Entwicklung, Beschaffung, Produktion und Dienstleistungserbringung, Lenkung von Überwachungs- und Messmitteln) Kap. 8 Messung, Analyse und Verbesserung (Allgemeines, Überwachung und Messung, Lenkung fehlerhafter Produkte, Datenanalyse, Verbesserungen)
ISO 9004	Diese Norm ist von der Kapitelstruktur gleich aufgebaut wie die ISO 9001. Sie enthält Anleitungen zur Weiterentwicklung des Qualitätsmanagementsystems eines Unternehmens in Richtung Total Quality Management (TQM).

Total Quality Management (TQM) ist eine Führungsmethode, bei der Qualität in den Mittelpunkt der Unternehmensaktivitäten gestellt wird.

Prozessmodell der ISO 9001

Prozess- und Kundenorientierung sind die Grundlagen eines Qualitätsmanagementsystems nach ISO 9001. Die Prozesse beginnen beim Kunden und enden beim Kunden. Das Ziel ist, eine möglichst hohe Kundenzufriedenheit zu erreichen. Das Unternehmen muss alle Prozesse im Detail festlegen, die zur Erreichung dieses Ziels notwendig sind, und diese leiten und lenken.

Das nachfolgende Prozessmodell ist eine schematische Darstellung der qualitätsrelevanten Prozesse im Unternehmen, welche in den Kapiteln 5 bis 8 der ISO 9001 näher beschrieben sind.

qualityaustria
Erfolg mit Qualität

„Quality Austria" ist ein anerkannter Anbieter von Aus- und Weiterbildungsseminaren im Bereich Qualitätsmanagement. (www.qualityaustria.com)

„Quality Austria" ist der österreichische Vertreter in der „European Organization for Quality" (EOQ). (www.eoq.org)

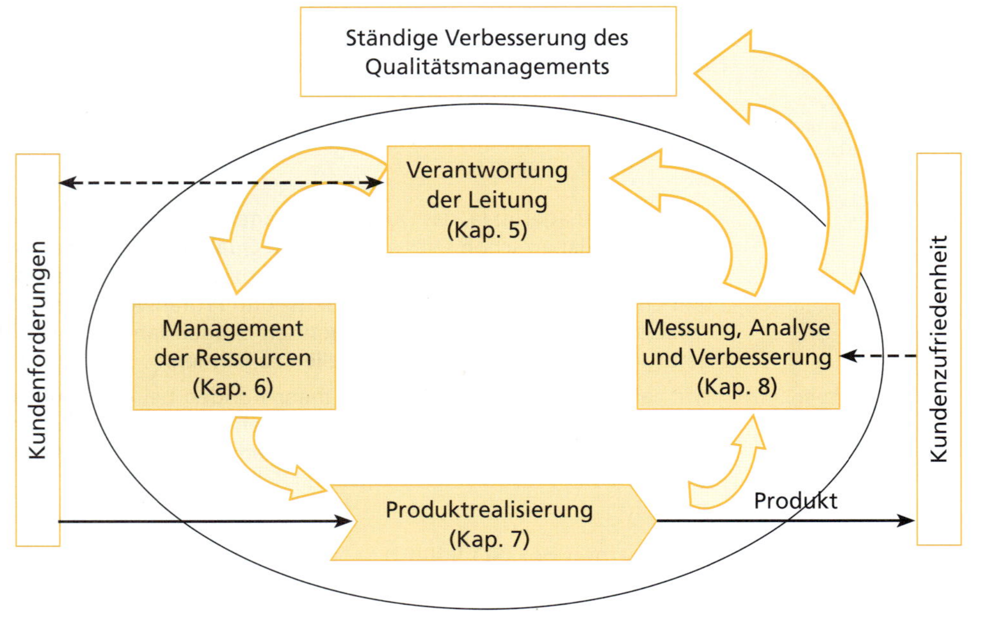

Prozessmodell der ISO 9001

Ausgehend von der „Verantwortung der Leitung" (Kap. 5) findet ein „Management der Ressourcen" statt (Kap. 6). Diese Planung und Bereitstellung der Ressourcen ist Voraussetzung für die „Produktrealisierung" (Kap. 7). Die Ergebnisse der Produktrealisierung bedürfen der „Messung, Analyse und Verbesserung" (Kap. 8). Die dabei erhaltenen Ergebnisse dienen wiederum als Input für die Leitung.

Die Leitung hat die Kundenanforderungen und die Kundenzufriedenheit laufend zu beobachten und in ihren Entscheidungen zu berücksichtigen. Außerdem hat sie dafür zu sorgen, dass das betriebliche Qualitätsmanagementsystem einer laufenden Verbesserung unterliegt.

Weitere qualitätsrelevante Normen

Es gibt eine Reihe von branchenspezifischen Normen, die als Ergänzungsnormen zur ISO 9001 veröffentlicht wurden. Dazu gehören beispielsweise:

- ISO 10006: Qualitätsmanagementsystem in Projekten
- ISO/TS 16949: Qualitätsmanagementsystem für die Automobilindustrie
- TL 9000: Qualitätsmanagementsystem in der Telekommunikationsindustrie
- ISO 13485: Qualitätsmanagementsystem für Hersteller von Medizinprodukten
- ISO/TS 29001 Qualitätsmanagementsystem in der Erdöl-und Erdgasindustrie
- AS 9100: Qualitätsmanagementsystem in der Luft- und Raumfahrtindustrie

2 Dokumentation

Anforderungen an die Dokumentation des Qualitätsmanagementsystems

Gliederung der Dokumentation

SbX
Links zu Qualitätsmanagementhandbüchern diverser Industriebetriebe finden Sie unter der ID: 8301.

Nähere Informationen zum Thema Flussdiagramme siehe Kapitel 1 „Organisation".

Die **Dokumentation des Qualitätsmanagementsystems** beinhaltet im Wesentlichen die **Qualitätspolitik** des Unternehmens und die **schriftliche Festlegung** des Ablaufs der qualitätsrelevanten Unternehmensprozesse.

Die Dokumentation wird üblicherweise in einer **dreistufigen Gliederung** strukturiert:

Qualitätsmanagementhandbuch = **quality management manual**

Verfahrensanweisung = **procedure instruction**

Arbeitsanweisung = **work instruction**

Prüfplan = **inspection plan**

Gliederung der Dokumentation	Beschreibung
Qualitätsmanagement-handbuch	Das Qualitätsmanagementhandbuch ist das zentrale Dokument eines Qualitätsmanagementsystems. Es beschreibt die Qualitätspolitik, die Qualitätsziele sowie das Zusammenwirken der qualitätsrelevanten Prozesse im Unternehmen. Auch die Festlegung der Verantwortlichkeiten hinsichtlich Qualität im Unternehmen ist ein wichtiger Bestandteil dieses Dokuments.
Verfahrensanweisung	Verfahrensanweisungen beschreiben den Ablauf qualitätsrelevanter Prozesse im Unternehmen (z. B. Beschaffungsprozess, Reklamationsbearbeitung, Produktionsprozess). Dies kann in Form von einfachen verbalen Beschreibungen oder grafisch in Form von Flussdiagrammen erfolgen.
Arbeitsanweisungen, Prüfpläne	Arbeitsanweisungen beschreiben die einzelnen Schritte, die bei der Durchführung einer Arbeitsaufgabe an einem Arbeitsplatz vorzunehmen sind. Dasselbe gilt für Prüfpläne, die den Ablauf bei der Durchführung einer Qualitätsprüfung im Detail beschreiben.

Qualitätsaufzeichnungen

Qualitätsaufzeichnungen dienen als Nachweis, dass die in den Verfahrens- und Arbeitsanweisungen vorgeschriebenen qualitätsrelevanten Tätigkeiten durchgeführt wurden. Sie dienen als **Beweismittel**, aber auch als **Informationsgrundlage** für die laufende Verbesserung des Qualitätsmanagementsystems.

Beispiele für Qualitätsaufzeichnungen sind z. B. Prüfberichte, Abnahmeprotokolle, Reklamationsberichte, Qualitätsregelkarten, Wartungsberichte, Prüfmittelkalibrierberichte usw.

Lenkung von Dokumenten und Aufzeichnungen

Besondere Anforderungen bestehen in der ISO 9001 auch an die Lenkung von Dokumenten und Aufzeichnungen. Insbesondere müssen die **Verantwortlichkeiten** für die Erstellung bzw. Änderung und Freigabe von Dokumenten eindeutig festgelegt sein.

Außerdem muss das Qualitätsmanagementsystem Regelungen hinsichtlich Dokumentenverteilung, Aufbewahrungsdauer, Aufbewahrungsorte und die Kennzeichnung von Dokumenten und Aufzeichnungen beinhalten.

Audit = **audit**
Zertifizierung = **certification**

3 Audits und Zertifizierungen

Eine Bestätigung für die normgerechte Gestaltung des Qualitätsmanagementsystems

Unter einem **Qualitätsaudit** versteht man eine systematische und unabhängige **Überprüfung des Qualitätsmanagementsystems** in einem Unternehmen. Dabei wird überprüft, ob die Forderungen der ISO 9001 im Qualitätsmanagementsystem des Unternehmens Berücksichtigung finden und in der betrieblichen Praxis angewendet werden.

Ein Qualitätsmanagementsystem zertifizieren dürfen in Österreich nur Unternehmen, die vom Wirtschaftsministerium dafür akkreditiert (zugelassen) sind.

Interne Audits

Bei internen Audits wird die Überprüfung durch betriebsinterne Personen vorgenommen, die aber von dem zu prüfenden Sachverhalt unabhängig sein sollten. Das interne Audit dient dazu, die Anwendung des Qualitätsmanagementsystems im Unternehmen zu überprüfen und zu beurteilen. Bei Bedarf sind entsprechende Verbesserungsmaßnahmen einzuleiten.

Externe Audits/Zertifizierungen

SbX
Eine Liste der für Zertifizierungen akkreditierten Organisationen finden Sie unter der ID: 8301.

Bei einem externen Audit übernimmt eine unternehmensexterne Stelle die Überprüfung des betrieblichen Qualitätsmanagementsystems.

Eine Zertifizierung nach ISO 9001 ist eine Bestätigung über die normgemäße Gestaltung und Anwendung des Qualitätsmanagementsystems in einem Unternehmen durch eine unabhängige Prüfstelle. Das Zertifikat wird nach dem erfolgreich abgeschlossenen Zertifizierungsaudit ausgestellt und muss alle 3 Jahre durch ein Wiederholungsaudit erneuert werden.

Üben

SbX ID: 8302

Ü 1:
Jemand behauptet in einem Internetforum, dass Produkte, die von Unternehmen erzeugt werden, die ISO 9001 zertifiziert sind, „bessere" Produkteigenschaften haben (z. B. längere Lebensdauer, höhere Leistungsdaten). Stimmt diese Behauptung? Was sagt die Zertifizierung nach ISO 9001 über das Unternehmen aus?

Ü 2:
Die Normenreihe ISO 9000 ff besteht aus den Einzelnormen ISO 9000, ISO 9001 und ISO 9004. Was sind die prinzipiellen Inhalte der einzelnen Normen?

Ü 3:
Was versteht man unter dem Prozessmodell der ISO 9001? Welche grundsätzlichen Aussagen stehen hinter diesem Modell?

SbX
Ü 4 mit automatischer Aufgabenkontrolle
ID: 8302
erledigt ✓
Ü 4 ☐

Ü 4:
In der ISO 9001 sind u.a. auch die Anforderungen an die Dokumentation festgelegt. Man unterscheidet dabei zwischen Qualitätsmanagementhandbuch, Verfahrensanweisungen, Arbeitsanweisungen und Qualitätsaufzeichnungen. Ordnen Sie die folgenden Aussagen den richtigen Dokumenten zu.

	Dokument
Diese beinhalten die Beschreibung unternehmensübergreifender qualitätsrelevanter Prozesse.	
Sie beschreiben die einzelnen Schritte, die bei der Durchführung einer Arbeitsaufgabe an einem Arbeitsplatz vorzunehmen sind.	
Sie dienen dem Nachweis, dass die vorgeschriebenen qualitätsrelevanten Tätigkeiten durchgeführt worden sind.	
Darin sind die Qualitätspolitik, die Qualitätsziele und die Verantwortlichkeiten in Bezug auf das Qualitätsmanagement festgelegt.	

Ü 5:
Jedes Jahr muss das Qualitätsmanagementsystem der ING4TECH einem internen Audit unterzogen werden. Alle drei Jahre erfolgt ein externes Audit.

Was bedeuten die Begriffe internes bzw. externes Audit? Warum müssen diese Audits in den oben angeführten Abständen durchgeführt werden?

Sichern

SbX ID: 8303

ÖNORM EN ISO 9000 ff

Die international gültige Normenreihe **ÖNORM EN ISO 9000 ff** beinhaltet die Anforderungen an ein Qualitätsmanagementsystem:

- **ISO 9000** – Die Norm **ISO 9000** beinhaltet Grundlagen und wichtige Begriffe des Qualitätsmanagements.
- **ISO 9001** – Die Norm **ISO 9001** beinhaltet die konkreten Anforderungen an ein Qualitätsmanagementsystem in den Bereichen Entwicklung, Produktion, Montage und Kundendienst.
- **ISO 9004** – Die Norm **ISO 9004** enthält Anleitungen zur Weiterentwicklung des Qualitätsmanagementsystems in Richtung Total Quality Management (TQM).

Prozessmodell

Das **Prozessmodell** der ISO 9001 ist eine schematische Darstellung der qualitätsrelevanten Prozesse im Unternehmen. Die Prozesse beginnen und enden beim Kunden mit dem Ziel, eine möglichst hohe Kundenzufriedenheit zu erreichen.

Dokumentation

Die **Dokumentation** des Qualitätsmanagementsystems wird üblicherweise in einer dreistufigen Gliederung strukturiert. Das **Qualitätsmanagementhandbuch** beschreibt die Qualitätspolitik, die Qualitätsziele und die Verantwortlichkeiten hinsichtlich Qualität im Unternehmen. **Verfahrens-** und **Arbeitsanweisungen** beschreiben den Ablauf qualitätsrelevanter Prozesse.

Qualitätsaufzeichnungen

Qualitätsaufzeichnungen dienen als Nachweis, dass die in den Verfahrens- und Arbeitsanweisungen vorgeschriebenen qualitätsrelevanten Maßnahmen durchgeführt wurden.

Audit, Zertifizierung

Unter einem **Audit** versteht man eine systematische und unabhängige Untersuchung des Qualitätsmanagementsystems in einem Unternehmen. Eine **Zertifizierung** nach ISO 9001 ist eine Bestätigung über die normgemäße Einführung und Anwendung des Qualitätsmanagementsystems in einem Unternehmen durch eine unabhängige Prüfstelle.

SbX ID: 8303

Eine Audio-Wiederholung mit Audio-Player und MP3-Download sowie eine Bildschirmpräsentation mit allen Grafiken der Lerneinheit finden Sie unter der ID: 8303.

Wissen

SbX ID: 8304

1. In einem Prospekt der ING4TECH sehen Sie den Hinweis, dass das Qualitätsmanagementsystem des Unternehmens nach ISO 9001 zertifiziert ist. Was bedeutet dieser Hinweis für einen Kunden?

SbX
Aufgabe 2. mit automatischer Aufgabenkontrolle
ID: 8304
erledigt ✓
2. ☐

2. Die Normenreihe ISO 9000 ff setzt sich in der aktuellen Version aus den Einzelnormen ISO 9000, ISO 9001 und ISO 9004 zusammen. Ordnen Sie die folgenden Inhalte den einzelnen Normen zu:

	Norm
Diese Norm enthält Anleitungen zur Weiterentwicklung des Qualitätsmanagementsystems in Richtung Total Quality Management (TQM).	
Diese Norm enthält grundsätzliche Erläuterungen zu Qualitätsmanagementsystemen und den in der Normenreihe verwendeten Begriffen.	
Diese Norm legt die Anforderungen an ein Qualitätsmanagementsystem fest.	

3. Die Dokumentation des Qualitätsmanagementsystems erfolgt im Qualitätsmanagementhandbuch, in den Verfahrensanweisungen und in den Arbeitsanweisungen. Zusätzlich sind entsprechende Qualitätsaufzeichnungen zu führen.

   Welche Inhalte sind in diesen oben angeführten Dokumenten zu finden?

Lerneinheit 4
Umweltmanagement

Menschliche Handlungen beeinflussen das Ökosystem unserer Erde und können damit zu Umweltproblemen führen (z. B. Treibhauseffekt, Luft- und Wasserverschmutzung). Dieser Umstand ist in den letzten Jahrzehnten stärker ins Bewusstsein der Öffentlichkeit gerückt. Daraus resultiert die Forderung an die Unternehmen, dass die Auswirkungen von betrieblichen Produktionsprozessen auf die Umwelt so weit wie möglich reduziert werden sollen.

Seit den 90er Jahren ist das Interesse an umweltbewusster Unternehmensführung stark gestiegen. Dies umfasst einerseits die konventionellen „end of pipe"-Technologien, aber auch neue Ansätze wie „cleaner production" und „sustainable development". Ein Schritt auf dem Weg zur Erreichung dieses Ziels ist die Einführung von betrieblichen Umweltmanagementsystemen.

SbX

Alle SbX-Inhalte zu dieser Lerneinheit finden Sie unter der ID: 8400.

Unter **„end of pipe"-Technologie** versteht man Verfahren zur Reinigung von Abwasser, Abluft oder Abfällen am Ende des Produktionsprozesses (z. B. Entschwefelungsanlage bei Kraftwerken).

Lernen

SbX ID: 8401

1 Wozu Umweltmanagement?
Eine lebenswerte Umwelt für uns und für spätere Generationen

Umweltmanagement = **environmental management**

Umweltaspekte

Umweltmanagement ist jener Teilbereich der Unternehmensführung, der sich mit der Reduktion der Auswirkungen des betrieblichen Leistungsprozesses auf die Umwelt beschäftigt. Die Aufgabe dieses Unternehmensbereichs ist es, derartige Auswirkungen zu erkennen und zu analysieren. Basierend darauf sollen anschließend Maßnahmen eingeleitet werden, um die Umweltauswirkungen so weit als möglich zu vermeiden, anstatt entstandene Umweltschäden kostenintensiv zu reparieren.

„Cleaner production" beinhaltet organisatorische und technische Verbesserungen von Produktionsprozessen, damit Abfälle, Abwasser und Abgase erst gar nicht entstehen.

Ökonomische Aspekte von Umweltmanagement

Durch eine verbesserte Ressourcen- und Energieeffizienz kann es durch Umweltmanagement zu Kosteneinsparungen im Unternehmen kommen. Weiters können durch Umweltmanagement eventuelle Umwelt- und Haftungsrisiken erkannt und reduziert werden.

„Sustainable development" (nachhaltige Entwicklung) bedeutet eine nachhaltige Bewirtschaftung der natürlichen Ressourcen der Erde, um auch späteren Generationen eine lebenswerte Umwelt zu erhalten.

Integriertes Management

Die Aufgaben des Umweltmanagements sind dem des Qualitätsmanagements und der Arbeitssicherheit sehr ähnlich. Daher werden diese Bereiche in Unternehmen oft zusammengefasst, was als „integriertes Management" bezeichnet wird.

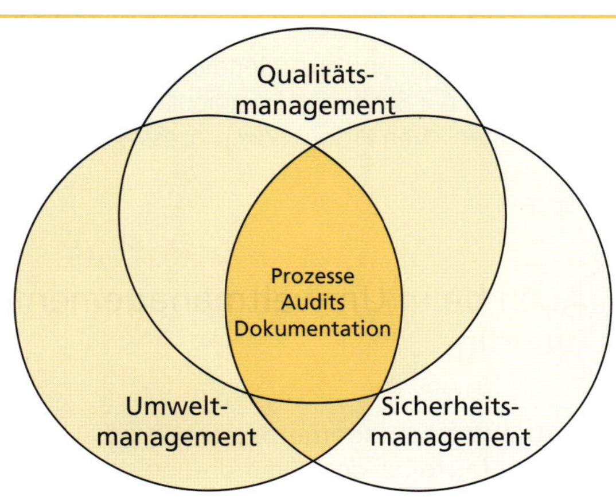

Integriertes Management

Die von Unternehmen zu berücksichtigenden nationalen Rechtsvorschriften hinsichtlich Umweltschutz findet man im Rechtsinformationssystem des Bundes. (www.ris.bka.gv.at)

Stoff- und Energiebilanz = mass and energy balances

2 Werkzeuge des Umweltmanagements

Das richtige Werkzeug erleichtert die Durchführung einer Aufgabe.

Viele Methoden und Werkzeuge, die im betrieblichen Qualitätsmanagement Anwendung finden, sind auch für das Umweltmanagement verwendbar, z. B. ABC-Analyse, Korrelationsdiagramm, Flussdiagramm, betriebliches Vorschlagswesen, Regelkarten usw.

Die **Stoff- und Energiebilanz** als zusätzliches sinnvolles Werkzeug soll hier kurz beschrieben werden.

Stoff- und Energiebilanz

In einer Stoff- und Energiebilanz werden die in ein System eintretenden (Input) und austretenden (Output) Mengen an Material bzw. Energie erfasst und dokumentiert. Als System kann dabei das gesamte Unternehmen, ein Teilbereich des Unternehmens oder ein einzelner Produktionsprozess betrachtet werden.

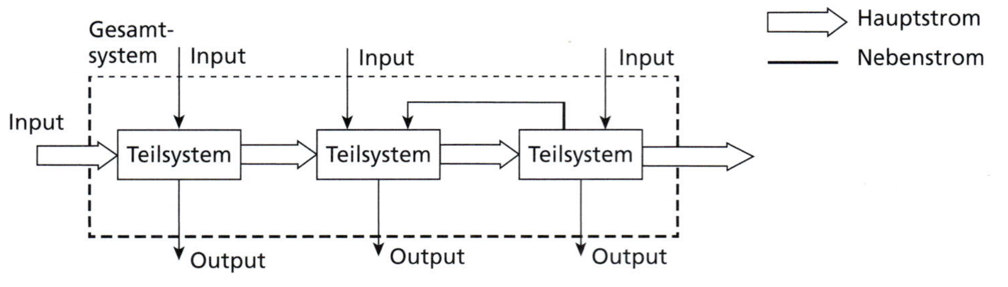

Stoff- bzw. Energiestromanalyse

Je detaillierter die Unterteilung des Unternehmens in einzelne Teilsysteme, desto genauer kann der Weg bzw. die Umwandlung von Materialien und Energien auf dem Weg durch das Unternehmen verfolgt werden.

Darstellung der Stoff- und Energiebilanz

Das Ergebnis einer Stoff- und Energiebilanz wird meist in tabellarischer Form als Gegenüberstellung der in ein System eintretenden und austretenden Stoff- und Energieströme dargestellt. Eine weitere, anschaulichere Möglichkeit ist die Darstellung in einem **Sankey-Diagramm.** In diesem stellt die Breite der Linien die Menge des jeweiligen Stoff- bzw. Energiestroms dar.

Nähere Erläuterungen zum Sankey-Diagramm siehe Kapitel 2 „Arbeitssystemgestaltung".

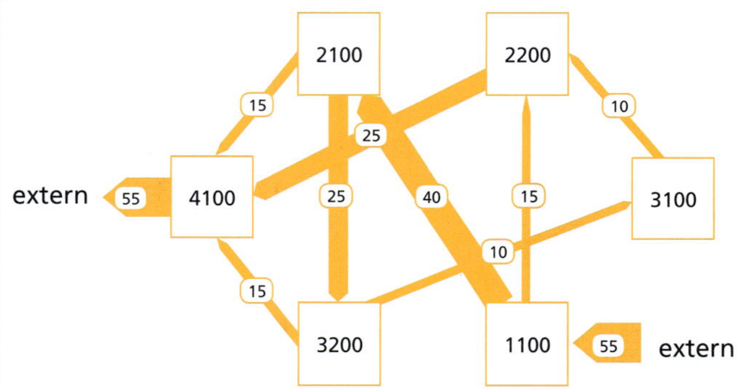

Sankey-Diagramm

Von der Stoff- und Energiebilanz zur Ökobilanz

Werden die ein- und austretenden Stoffe zusätzlich nach ökologischen Kriterien bewertet, kann aus den Daten der Stoff- und Energiebilanz eine **Ökobilanz** erstellt werden. Diese stellt die im Rahmen des betrieblichen Produktionsprozesses entstehenden Auswirkungen auf die Umwelt dar.

Bezieht sich die Ökobilanz nicht auf den Produktionsprozess in einem Unternehmen, sondern auf die Lebensdauer eines einzelnen Produkts, spricht man auch von **„Life cycle assessment (LCA)".**

3 Umweltmanagementsysteme

Auch beim Umweltmanagement ist systematisches Vorgehen notwendig.

Im **Umweltmanagementsystem** eines Unternehmens werden die **Ziele, Zuständigkeiten und Abläufe** bei der Durchführung des betrieblichen Umweltmanagements festgelegt.

Neben ISO 14001 und EMAS gibt es noch eine Reihe von branchenspezifischen oder lokalen Umweltmanagementsystemansätzen wie z. B. Ökoprofit (Umweltamt der Stadt Graz). www.oekoprofit.com

Ein Umweltmanagementsystem wird nach den individuellen Anforderungen des Unternehmens gestaltet. Grundlage sind jedoch meist Vorgaben aus standardisierten Systemen. Die bekanntesten Regelwerke für Umweltmanagementsysteme sind die europaweit gültige Verordnung **EMAS II** und die weltweit gültige Norm **ISO 14001.**

Die Vorgaben in diesen Vorschriften stellen Mindestanforderungen an das Umweltmanagementsystem dar. Für eine Zertifizierung des betrieblichen Umweltmanagementsystems müssen diese Mindestanforderungen eingehalten werden.

ISO 14001

Die ISO 14001 legt international gültige Anforderungen an ein zertifiziertes Umweltmanagementsystem fest. Diese Norm wurde erstmals 1996 veröffentlicht, 2004 erfolgte eine Überarbeitung. Die Norm enthält keine absoluten Anforderungen hinsichtlich Einhaltung bestimmter vorgegebener Umweltziele, sie fordert aber die **Einhaltung der Verpflichtungen,** die sich das Unternehmen in seiner Umweltpolitik selbst auferlegt hat.

Zahlreiche Forderungen der Qualitätsmanagementnorm ISO 9001 sind auch für die Einrichtung eines Umweltmanagementsystems nach ISO 14001 notwendig. Eine Verknüpfung der beiden Systeme zu einem integrierten Managementsystem ist daher sinnvoll.

EMAS

EMAS, auch bekannt als „Ökoaudit", ist ein System für Umweltmanagement und Umweltbetriebsprüfung der EU. Es wurde erstmals 1993 veröffentlicht, in den Jahren 2001 und 2006 erfolgte eine Überarbeitung.

An EMAS teilnehmende Unternehmen haben regelmäßig eine Umwelterklärung zu veröffentlichen, in der sie u. a. über ihre umweltrelevanten Tätigkeiten und die Einhaltung ihrer Umweltziele berichten.

Die Einhaltung der Vorschriften der Verordnung wird von einem unabhängigen Umweltgutachter überprüft. Die anschließende Eintragung in ein zentrales öffentliches Register berechtigt das Unternehmen zur Nutzung des EMAS-Logos.

EMAS
Geprüftes Umweltmanagement

SbX

Links zu veröffentlichten Umwelterklärungen und ein EMAS-Standortverzeichnis finden Sie unter der ID: 8401.

Anna: Hat die ING4TECH auch ein zertifiziertes Umweltmanagementsystem?

Qualitätsmanagerin: Derzeit haben wir noch kein zertifiziertes Umweltmanagementsystem.

Über die Vorschriften und Regelungen der ISO 14001 und der EMAS-Verordnung habe ich mich aber bereits erkundigt. Meiner Einschätzung nach sind die Kosteneinsparungen durch die systematische Analyse des Produktionsprozesses hinsichtlich Einsparung von Energie und Material deutlich höher als die Kosten der Einführung eines solchen Systems. Von der Reduktion der Auswirkungen auf die Umwelt gar nicht zu sprechen. Jetzt geht es nur mehr darum, die Geschäftsleitung davon zu überzeugen.

Üben

Ü 1:

Die Qualitätsmanagerin der ING4TECH hat ein Konzept zur Einführung eines Umweltmanagementsystems im Unternehmen erstellt. Was sind die Inhalte bzw. Ziele eines solchen Umweltmanagementsystems?

Ü 2:

Da die ING4TECH bereits ein Qualitätsmanagementsystem hat, schlägt ein externer Unternehmensberater vor, dass kein eigenes Umweltmanagementsystem aufgebaut wird. Anstelle dessen soll ein integriertes Managementsystem eingerichtet werden. Was meint er damit?

Ü 3:

Ein häufig vorgebrachtes Argument gegen Umweltmanagementsysteme ist, dass sie nur Kosten verursachen und keinen wirtschaftlichen Nutzen bringen. Wo könnten aber durch Umweltmanagement im Unternehmen Kosten eingespart werden?

Ü 4:

Ein Werkzeug bei der Einführung von Umweltmanagement im Unternehmen ist die Erstellung einer Stoff- und Energiebilanz über das ganze Unternehmen bzw. über einzelne Teilbereiche.

Wie wird eine solche Stoff- und Energiebilanz prinzipiell durchgeführt? Wie kann das Ergebnis einer solchen Stoff- und Energiebilanz in übersichtlicher Form dargestellt werden?

Ü 5:

Will die ING4TECH ihr Umweltmanagementsystem auch zertifizieren lassen, stehen prinzipiell zwei Varianten zur Verfügung – eine Zertifizierung nach ISO 14001 oder nach EMAS. Erläutern Sie die prinzipiellen Unterschiede bzw. Gemeinsamkeiten dieser beiden Systeme.

Sichern

SbX ID: 8403

Umweltmanagement

Umweltmanagement ist jener Teilbereich des Managements in einem Unternehmen, der sich mit der Reduktion der Auswirkungen des betrieblichen Leistungsprozesses auf die Umwelt beschäftigt.

integriertes Management

Da die Aufgaben des Qualitätsmanagements, des Umweltmanagements und der Arbeitssicherheit ähnlich sind, werden diese Bereiche in Unternehmen oft zusammengefasst, was als **integriertes Management** bezeichnet wird.

Stoff- und Energiebilanz

In einer **Stoff- und Energiebilanz** wird die in ein System eintretende (Input) und die austretende (Output) Menge an Material bzw. Energie erfasst und dokumentiert. Das Ergebnis der Stoff- und Energiebilanz kann in Tabellenform oder in der Form eines Sankey-Diagramms dargestellt werden.

Umweltmanagementsystem
EMAS II
ISO 14000 ff

Im **Umweltmanagementsystem** eines Unternehmens werden die Vorgaben, Zuständigkeiten und Abläufe zur Umsetzung der betrieblichen Umweltpolitik festgelegt. Die bekanntesten Regelwerke für Umweltmanagementsysteme sind die europaweit gültige Verordnung **EMAS II** und die weltweit gültige Normenreihe **ISO 14000 ff**.

SbX
ID: 8403

Eine Audio-Wiederholung mit Audio-Player und MP3-Download sowie eine Bildschirmpräsentation mit allen Grafiken der Lerneinheit finden Sie unter der ID: 8403.

Wissen

1. In der Mitarbeiterzeitung der ING4TECH wird über die Absicht berichtet, ein Umweltmanagementsystem einzuführen. Erläutern Sie einem dazu kritisch eingestellten Kollegen den Zweck und die Vorteile eines solchen Systems.
2. Am Briefpapier eines Lieferanten sehen Sie das nebenstehende Logo. Was bedeutet dieses Logo und warum hat es der Lieferant auf seinem Briefpapier aufgedruckt?

EMAS
Geprüftes Umweltmanagement

9 Projektmanagement

Projekte sind zeitlich befristete, zielorientierte, neuartige und komplexe Arbeitsvorhaben. Deren Durchführung erfordert meist eine Zusammenarbeit von Fachleuten aus verschiedenen Abteilungen im Unternehmen bzw. eine Zusammenarbeit mit unternehmensexternen Partnern.

Aufgrund des meist vorherrschenden hohen Termin- und Kostendrucks bei der Abwicklung von Projekten ist die Anwendung von Projektmanagementmethoden unerlässlich.

9 Projektmanagement

Lerneinheit 1

Einführung in das Projektmanagement

SbX
Alle SbX-Inhalte zu dieser Lerneinheit finden Sie unter der ID: 9100.

Projekte hat es schon immer gegeben – denken Sie etwa an den Bau des Eiffelturms, die Durchführung von Olympischen Spielen oder die Mondlandung. Auch im privaten Bereich werden regelmäßig Projekte durchgeführt – von einfachen wie der Organisation einer Grillparty bis zu relativ komplexen wie dem Bau eines Hauses.

Insbesondere in Unternehmen werden viele Vorhaben in Form von Projekten abgewickelt. Diese sind gekennzeichnet durch eine immer kürzere Projektdauer und die Notwendigkeit zur Minimierung der Projektkosten. Eine effektive und effiziente Abwicklung von Projekten erfordert die Anwendung entsprechender Methoden des Projektmanagements.

Lernen

SbX ID: 9101

Projekt = **project**

1 Was ist ein Projekt?

Projektmanagement ist wichtig bei der Abwicklung von komplexen Vorhaben, nicht jedoch bei einfachen Arbeitsaufgaben.

Anna: Man hört heutzutage sehr oft von Projekten. Was aber ist eigentlich ein Projekt? Ist auch der Auftrag, eine Druckerpatrone auszutauschen oder eine Software an einem Notebook zu installieren, ein Projekt?

Projektbegriff

Die **DIN-Norm 69901** definiert den Projektbegriff wie folgt: „Ein Projekt ist ein Vorhaben, das im Wesentlichen durch die Einmaligkeit der Bedingungen in ihrer Gesamtheit gekennzeichnet ist."

Das Gegenteil eines Projekts ist eine **Aufgabe,** bei der ein Großteil der Projektmerkmale nicht erfüllt ist, z. B. Skriptum kopieren, Werkstück drehen, Glühbirne auswechseln.

Projekte sind Vorhaben, die folgende Merkmale aufweisen:

- **Einmaligkeit:** Ein Projekt wird nur einmal durchgeführt. Die Aufgabenstellung ist ganz oder teilweise neu, verbunden mit dementsprechender Unsicherheit und Risiko.
- **eindeutige Zielvorgaben:** Das zu erreichende sachliche Ergebnis ist klar definiert.
- **zeitliche, personelle und finanzielle Begrenzung:** Ein Projekt hat stets einen konkreten Endtermin und begrenzte Mittel zur Erreichung der Projektziele.
- **Komplexität:** Bei der Abwicklung des Projekts sind zahlreiche voneinander abhängige Einzelaufgaben durchzuführen.
- **fachübergreifender Charakter:** Fachleute aus unterschiedlichen Abteilungen bzw. unternehmensexterne Personen sind beteiligt.
- **projektspezifische Organisation:** Projektarbeit ist Teamarbeit, es sind daher entsprechende organisatorische Rahmenbedingungen für das Projekt zu schaffen.

Projektarten

Man kann Projekte nach unterschiedlichen Kriterien in Gruppen einteilen. Kennt man die Projektart, kann man darauf abgestimmte Projektmanagementmethoden auswählen.

Ein Instandhaltungsprojekt, wie beispielsweise die Revision (umfangreiche Wartung und Reparatur) in einer Raffinerie, kann hunderte Personen über mehrere Wochen beschäftigen.

SbX

Links zu Projektmanagement-Organisationen und Fachzeitschriften zum Thema Projektmanagement finden Sie unter der ID: 9101.

Projektinhalt

In Bezug auf den **Projektinhalt** unterscheidet man beispielsweise:

- Bauprojekte
- Instandhaltungsprojekte
- Marketingprojekte
- Forschungs- und Entwicklungsprojekte
- Organisationsentwicklungsprojekte
- IT-Projekte
- Veranstaltungsprojekte

Interne Projekte – externe Projekte

Hinsichtlich der organisatorischen Nähe zwischen Auftraggeber eines Projekts und der Projektabwicklung unterscheidet man zwischen **internen** und **externen Projekten.** Bei internen Projekten sind Auftraggeber und Projektabwickler im selben Unternehmen beschäftigt, bei externen Projekten in unterschiedlichen Unternehmen.

- Ein **internes Projekt** ist beispielsweise der Auftrag der Geschäftsführung eines Unternehmens (Auftraggeber) an die eigene IT-Abteilung (Projektabwickler), eine neue Firmenwebsite zu gestalten.
- Ein **externes Projekt** (Kundenprojekt) ist beispielsweise der Auftrag eines Unternehmens (Auftraggeber) an ein Bauunternehmen (Projektabwickler), eine neue Lagerhalle zu bauen.

Sehr häufig ergeben sich aus einem internen Projekt eines oder mehrere externe Projekte, wenn der interne Projektleiter die Abwicklung von Teilbereichen seines Projekts an andere Unternehmen vergibt.

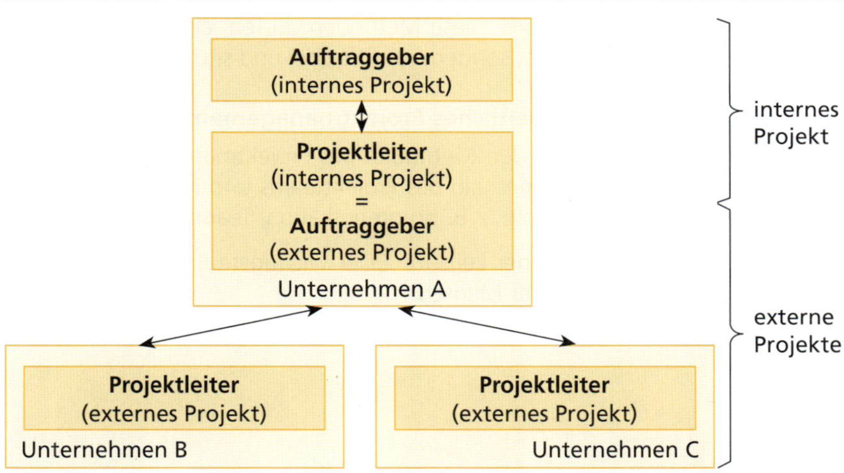

Interne/externe Projekte

Michael: Welche Projekte sind bei der ING4TECH schon durchgeführt worden?

Geschäftsführerin: Bei uns werden laufend externe Projekte durchgeführt, da unser Leistungsangebot u. a. die Lieferung und Montage von Anlagen und Anlagenkomponenten umfasst. Auch einige interne Projekte wurden in den letzten Jahren durchgeführt, wie z. B. der Umbau unserer Lackieranlage, die Organisation der Feier zu unserem 50-jährigen Firmenjubiläum oder die Einführung unserer neuen ERP-(Enterprise Resource Planning-)Software.

2 Warum Projektmanagement?

Die Anwendung von Methoden des Projektmanagements ist eine wesentliche Grundlage für den Erfolg eines Projekts.

Im Weiterbildungsbereich gibt es eine Fülle von Seminaren, die die Vermittlung von Projektmanagementmethoden zum Inhalt haben. Bildungsinstitute, die solche Seminare anbieten, sind z. B. die Donau-Universität Krems, next level consulting, WIFI, bfi, Primas Consulting usw.

Unter Management im Allgemeinen versteht man das Führen von Institutionen jeder Art. **Projektmanagement** ist also das Führen von Projekten.

Projektmanagement =
project management

Gemäß **DIN 69901** ist **Projektmanagement** „die Gesamtheit von Führungsaufgaben, Führungsorganisation, Führungstechniken und Führungsmitteln für die Abwicklung eines Projekts".

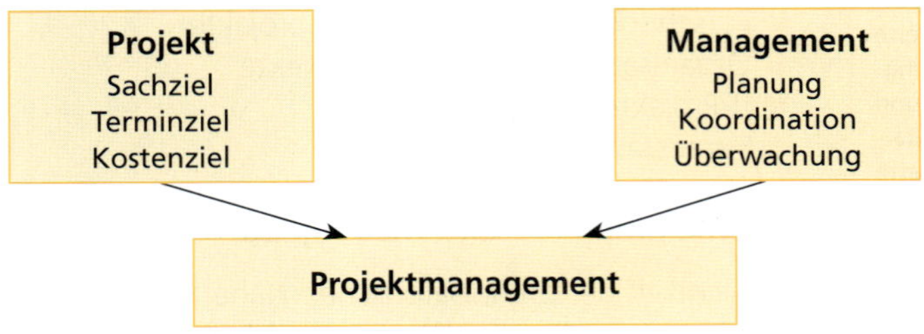

Definition Projektmanagement

Der steigende Wettbewerbsdruck zwingt Unternehmen zunehmend zur

- Verkürzung der Dauer von Projekten und
- Minimierung der Projektkosten.

Um diese Ziele zu erreichen, ist die Anwendung von Projektmanagementmethoden bei der Durchführung von Projekten erforderlich.

Methoden des Projektmanagements

Die Methoden des Projektmanagements sind **Richtlinien** für die organisatorischen, planerischen, überwachenden, steuernden und dokumentierenden Tätigkeiten bei der Abwicklung von Projekten. Diese Methoden dürfen jedoch nicht starr als Rezept für jedes Projekt angewendet werden, sondern sind flexibel und situationsgerecht dem jeweiligen Projekt anzupassen.

Unter **Projektumwelt** versteht man Bereiche außerhalb des eigentlichen Projekts, die aber einen Einfluss auf den Projekterfolg haben können, z. B. Behörden, Medien, Kunden usw.

Ganzheitliches Projektmanagement

Neben den Methoden des Projektmanagements haben insbesondere die **sozialen Interaktionen** innerhalb des Projektteams und mit der Projektumwelt einen wesentlichen Anteil am Projekterfolg (z. B. Kommunikation, Teamarbeit, Konfliktlösung).

Es gilt der Leitsatz: „Der wichtigste Erfolgsfaktor bei der Abwicklung von Projekten ist immer noch der Mensch."

Üben

Ü 1:
Durch welche Merkmale unterscheidet sich ein Projekt von einer gewöhnlichen Aufgabe?

Ü 2:
Projekte werden nach unterschiedlichen Kriterien in Gruppen eingeteilt. Welche Kriterien können dies sein und wozu erfolgt diese Einteilung?

Ü 3:
In der Liste der auszuwählenden Fortbildungsveranstaltungen für Mitarbeiter der ING4TECH finden Sie den Eintrag „Projektmanagement". Welche Inhalte werden in einem derartigen Seminar vermittelt?

Sichern

SbX ID: 9103

Projekte

Projekte sind komplexe, zeitlich begrenzte Vorhaben, die im Wesentlichen durch ihre Einmaligkeit gekennzeichnet sind. Projekte sind außerdem zielorientiert und fachübergreifend mit einer eigenen projektspezifischen Organisation.

Projektarten

Man kann Projekte nach unterschiedlichen Kriterien in **Projektarten** einteilen. Eine Möglichkeit ist die Einteilung nach dem Projektinhalt (Bauprojekte, Veranstaltungsprojekte usw.). Eine weitere Möglichkeit ist die Einteilung nach der Beziehung zwischen Auftraggeber des Projekts und Projektabwicklung (interne/externe Projekte).

Projektmanagement

Gemäß DIN 69901 ist **Projektmanagement** „die Gesamtheit von Führungsaufgaben, Führungsorganisation, Führungstechniken und Führungsmitteln für die Abwicklung eines Projekts".

Methoden des Projektmanagements

Die **Methoden des Projektmanagements** sind Richtlinien für die bei der Abwicklung eines Projekts notwendigen organisatorischen, planerischen, überwachenden, steuernden und dokumentierenden Aktivitäten.

SbX
ID: 9103

Eine Audio-Wiederholung mit Audio-Player und MP3-Download sowie eine Bildschirmpräsentation mit allen Grafiken dieser Lerneinheit finden Sie unter der ID: 9103.

Wissen

1. Erläutern Sie den prinzipiellen Unterschied zwischen externen und internen Projekten.

2. Warum ist es heutzutage immer wichtiger, Projektmanagementmethoden bei der Durchführung von Projekten anzuwenden?

Lerneinheit 2

Projektorganisation

Die Festlegung der Projektorganisation umfasst die Auswahl des Projektleiters und der Mitglieder des Projektteams sowie die Wahl der Organisationsform (Projektaufbauorganisation). Außerdem beinhaltet sie die Gestaltung der Arbeitsabläufe und der Informationsströme bei der Projektabwicklung (Projektablauforganisation).

SbX
Alle SbX-Inhalte zu dieser Lerneinheit finden Sie unter der ID: 9200.

Lernen

SbX ID: 9201

Projektleiter/-team = **project manager/team**

1 Projektleiter – Projektteam

Die Mitglieder des Projektteams sollten teamfähige Spezialisten sein, der Projektleiter sollte ein Generalist sein.

Der Erfolg eines Projekts hängt wesentlich von der **Person des Projektleiters bzw. der Projektleiterin** ab. Der Projektleiter ist für die auftragsgemäße Durchführung des Projekts und damit für das Erreichen der Projektziele verantwortlich. Eine der wichtigsten Aufgaben ist dabei die Koordination der Tätigkeiten des Projektteams.

Mittels einer **Zertifizierungsprüfung** kann man sein Projektmanagementwissen und seine -erfahrung durch ein international gültiges Zertifikat bestätigen lassen. Prüfungen können bei einer der internationalen Projektmanagementorganisationen durchgeführt werden, z. B. IPMA (www.ipma.ch) oder PMI (www.pmi.org).

Michael: Wie wird man bei ING4TECH zum Projektleiter?

Geschäftsführerin: Für die Abwicklung unserer externen Projekte haben wir einige Mitarbeiter zu Projektleitern aufgebaut. Dies waren Mitarbeiter aus den technischen Abteilungen, die sich bei der Durchführung von Projekten im Projektteam bewährt haben. Eines der Kriterien für die Wahl war, dass sie die erforderlichen Soft Skills mitbringen. Um Projektleiter zu werden, ist aber auch wirtschaftliches Know-how und die Kenntnis von Projektmanagementmethoden erforderlich.

Anforderungsprofil an einen Projektleiter

Ein **Projektleiter** sollte so weit wie möglich dem folgenden **Anforderungsprofil** entsprechen:

- **Kenntnisse:** fachliche Kenntnisse zum Projektinhalt, wirtschaftliches Know-how, Kenntnisse der Methoden des Projektmanagements
- **Erfahrung:** Projekterfahrung, fachliche Erfahrung
- **Kommunikationskompetenz:** Präsentations-, Moderations- und Konfliktlösungskompetenz, Verhandlungsgeschick
- **Führungseigenschaften:** Durchsetzungsvermögen, Delegationsvermögen, Motivationsfähigkeit
- **Handlungsorientiertheit:** Risikobereitschaft, Entscheidungsfreude, Zielstrebigkeit
- **sonstige persönliche Eigenschaften:** Fähigkeit zum vernetzten Denken, Belastbarkeit, Ausdauer, Selbstmotivation, Selbstvertrauen, Lernbereitschaft, Fähigkeit zu strukturiertem Arbeiten

Bei international tätigen Unternehmen sind für einen Projektleiter auch **Sprachkenntnisse** und **interkulturelle Kompetenz** erforderlich.

SbX
Links zu Karriereportalen mit vielen Jobangeboten für Projektleiter finden Sie unter der ID: 9201.

Die in der obigen Auflistung über die Kenntnisse und Erfahrungen hinausgehenden Anforderungen werden auch als **Soft Skills** (soziale Kompetenz) bezeichnet.

Wichtig für einen Projektleiter ist vor allem die Fähigkeit, im Sinne eines **Generalisten** zu handeln. Er sollte sich nicht als Spezialist zu tief in die sachliche Projektarbeit einschalten.

Projektteam

Für die Durchführung von Projekten benötigt man meist Mitarbeiter aus verschiedenen Fachabteilungen des Unternehmens. Kriterien für die Auswahl von Projektteammitgliedern sind insbesondere:

- **Fachkompetenz,** d. h. fachliche Kenntnisse und Erfahrung
- **Sozialkompetenz,** d. h. Konfliktlösungskompetenz, Diskussions- und Kompromissbereitschaft

2 Organisationsformen

Die Art des Projekts hat Einfluss auf die Wahl der Projektorganisation.

Je nach Art der Integration des Projektleiters und des Projektteams in die Stammorganisation des Unternehmens unterscheidet man zwischen verschiedenen Organisationsformen. Diese Formen treten in der Praxis meistens als Mischform auf.

Einfluss-Projektorganisation

Bei der **Einfluss-Projektorganisation** koordiniert der Projektleiter die Durchführung des Projekts. Er hat aber keine umfassende Weisungsbefugnis gegenüber den Mitgliedern des Projektteams. Diese bleiben in der **Stammorganisation** des Unternehmens und werden vom Projektleiter, nach Absprache mit dem jeweiligen Abteilungsleiter, mit Aufgaben betraut.

Ist beispielsweise geplant, in der Produktion eine neue Verpackungsanlage zu installieren, so könnte ein Mitarbeiter der Produktion als Projektleiter bestimmt werden. Ein Mitarbeiter des Einkaufs, der Konstruktion und ein Werkstättenmeister könnten zu seinem Projektteam gehören.

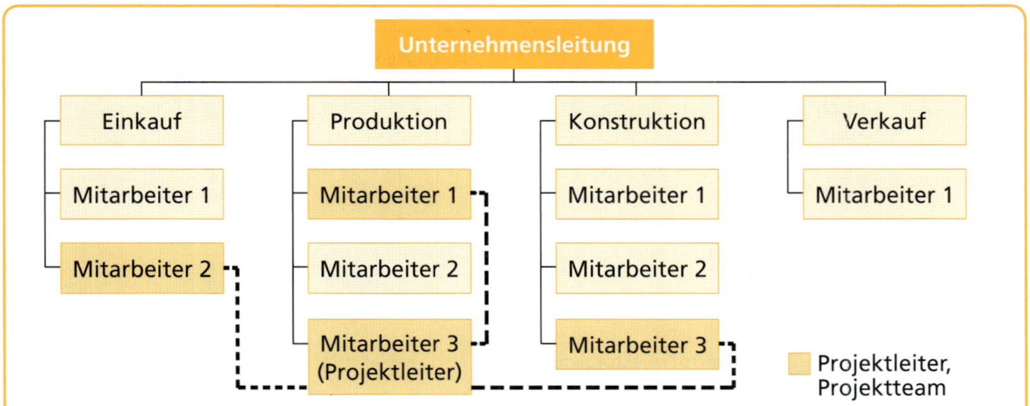

Einfluss-Projektorganisation

Anwendung findet diese Organisationsform hauptsächlich bei der Durchführung von kleineren bis mittelgroßen Projekten.

Reine Projektorganisation

Bei der **reinen Projektorganisation** wird für die Abwicklung des Projekts eine **eigene Abteilung im Unternehmen** geschaffen. Der Projektleiter und die Mitglieder des Projektteams werden für die Dauer des Projekts in diese neue Abteilung versetzt. Die Mitglieder des Projektteams sind fachlich und disziplinär ausschließlich dem Projektleiter unterstellt.

Bei Unternehmen, die nicht laufend größere Projekte abwickeln, sind meist keine projekterfahrenen Mitarbeiter verfügbar. Es müssen daher oft neue Mitarbeiter mit der geforderten Qualifikation eingestellt werden.

Bei der Rekrutierung von Projektmitarbeitern wird auch auf Personalleasingfirmen bzw. projekterfahrene „Freelancer" (= freie Mitarbeiter) zurückgegriffen. www.freelance.de

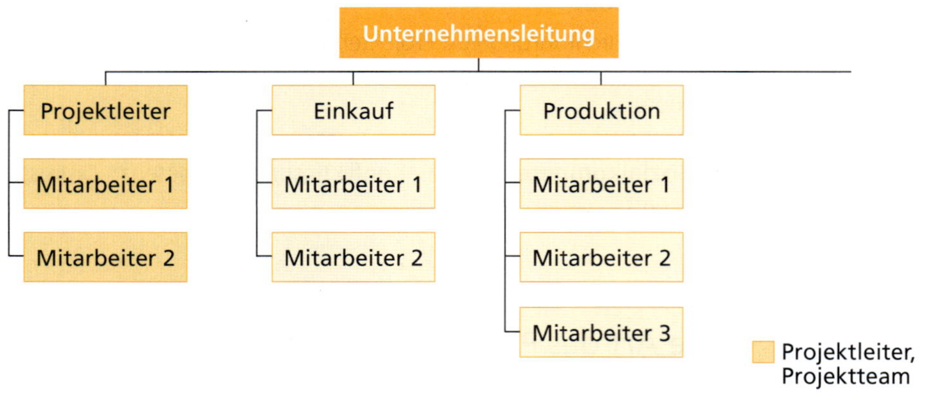

Reine Projektorganisation

Anwendung findet diese Organisationsform hauptsächlich bei der Durchführung von größeren Projekten.

Matrix-Projektorganisation

Vorteil der Matrix-Projektorganisation ist die zeitlich flexible Verfügbarkeit der Mitglieder des Projektteams. Die Konstrukteure und Einkäufer werden beispielsweise überwiegend zu Beginn des Projekts benötigt. Die Mitarbeiter der Montage und Inbetriebnahme sind eher zum Schluss des Projekts im Einsatz.

In der **Matrix-Projektorganisation** ist die **Projektleitung als eigene Abteilung** in die Stammorganisation des Unternehmens integriert. Die Mitglieder des Projektteams werden vom Projektleiter in Abstimmung mit dem jeweiligen Abteilungsleiter zeitlich flexibel in das Projektteam geholt. In fachlicher und disziplinärer Hinsicht unterstehen sie weiterhin dem jeweiligen Abteilungsleiter. In Angelegenheiten, die das Projekt betreffen, unterstehen sie dem jeweiligen Projektleiter.

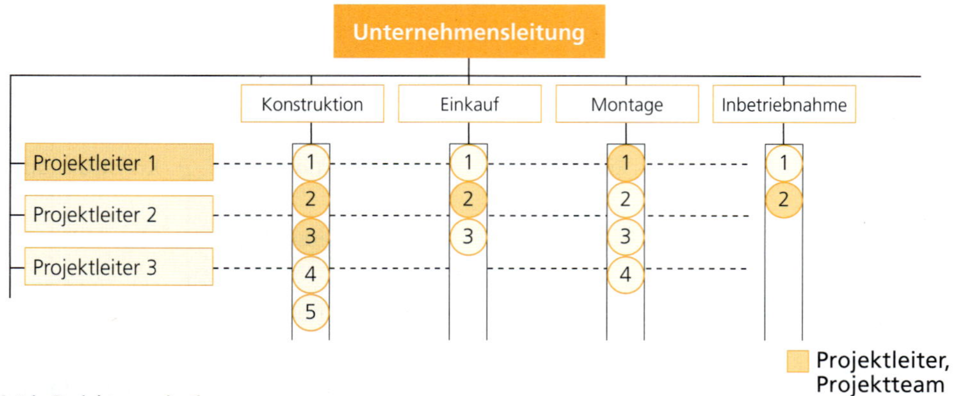

Matrix-Projektorganisation

Die Matrix-Projektorganisation ist eine sehr häufig anzutreffende Organisationsform in Unternehmen, in denen ständig mehrere Projekte abteilungsübergreifend abgewickelt werden.

3 Projektablauforganisation

Regelungen in Bezug auf Arbeitsabläufe und Informationsflüsse bei der Projektabwicklung

Schon zu Projektbeginn sollte vom Projektleiter eine Festlegung über die **Gestaltung der wichtigsten Arbeitsabläufe und Informationsflüsse** bei der Projektdurchführung getroffen werden. Dies umfasst insbesondere:

- die **regelmäßige Information des Projektleiters** über den Projektfortschritt durch die Mitglieder des Projektteams (z. B. Projektfortschrittsberichte)
- die **Regelmäßigkeit der Durchführung von Projektbesprechungen** (z. B. wöchentlich, monatlich, bei Bedarf)
- die **Festlegung der Informationsverteilung,** d. h., wer muss wen über was informieren
- **Regelung der Dokumentenablage** (z. B. Zeichnungen, Schriftverkehr, Berichte, Protokolle)

- Regelungen hinsichtlich der **Aktivitäten,** die vom **Projektleiter vor Durchführung genehmigt werden müssen** (z. B. Einkäufe, Dienstreisen)

Diese ablauforganisatorischen Maßnahmen müssen dem jeweiligen Projekt angepasst sein. Sind die Regelungen zu starr und umfangreich, besteht die Gefahr einer überhandnehmenden Projektbürokratie. Werden jedoch keine diesbezüglichen Regelungen festgelegt, hat der Projektleiter bald keinen Überblick mehr über sein Projekt, was den Projekterfolg gefährden kann.

Üben

SbX ID: 9202

Ü 1:
Was sind die prinzipiellen Aufgaben des Projektleiters bzw. des Projektteams bei der Abwicklung von Projekten?

SbX
Ü 2–Ü 3 **mit automatischer Aufgabenkontrolle ID: 9202**
erledigt ✓
Ü 2 ☐
Ü 3 ☐

Ü 2:
Welche Kenntnisse, Fähigkeiten bzw. persönlichen Eigenschaften sollte ein Projektleiter haben?

	richtig	falsch
wirtschaftliches Know-how		
Kunst der Intrige		
politisches Interesse		
sehr detailliertes Fachwissen zum Projektinhalt		
Motivationsfähigkeit		
Lernbereitschaft		
großes Misstrauen gegenüber Mitarbeitern		
Durchsetzungsvermögen		

Ü 3:
Zu welcher der drei Formen der Projektorganisation passen die folgenden Aussagen?

	Einfluss-Projekt-organisation	reine Projekt-organisation	Matrix-Projekt-organisation
Die Projektteammitglieder werden vom Projektleiter nach Absprache mit dem jeweiligen Abteilungsleiter mit Aufgaben betraut.			
Organisationsform für die Abwicklung von großen Projekten			
Der Projektleiter und die Projektteammitglieder werden für die Projektdauer in die eigens dafür eingerichtete Abteilung versetzt.			
Organisationsform für Unternehmen, in denen ständig mehrere Projekte abteilungsübergreifend abgewickelt werden			
Organisationsform für die Abwicklung von kleineren bis mittleren Projekten			
Mitglieder des Projektteams werden vom Projektleiter zeitlich flexibel aus der Stammorganisation rekrutiert.			

Ü 4:
Sie sind Projektleiter/in beim Bau eines neuen Einkaufszentrums. Vor Beginn der Projektdurchführung möchten Sie Ihr Projektteam darüber informieren, wie Sie sich die Ablauforganisation bei der Projektabwicklung vorstellen. Bereiten Sie entsprechende Regelungen hinsichtlich der folgenden Aspekte vor:

a) In welcher Form und wie oft sollen die Projektteammitglieder den Projektleiter/die Projektleiterin bei der Projektdurchführung über den Projektfortschritt informieren?
b) Soll es regelmäßige Projektbesprechungen geben? Wenn ja, wie oft?
c) Welche Regelungen sollen hinsichtlich der Ablage von Dokumenten gelten?
d) Bei welchen Aktivitäten, das Projekt betreffend, benötigen die Projektteammitglieder die Genehmigung des Projektleiters?

Ü 5:
Erläutern Sie die Unterschiede zwischen den Organisationsformen Einfluss-Projektorganisation, reine Projektorganisation und Matrixorganisation. Bei welchen Projekten werden die einzelnen Formen angewendet?

Sichern

SbX ID: 9203

Projektleiter

Der **Projektleiter** ist für die planmäßige Durchführung des Projekts und das Erreichen der Projektziele verantwortlich. Wesentliche Aufgaben sind dabei die Planung des Projektablaufs und die Koordination der Tätigkeiten des Projektteams.

Das Anforderungsprofil eines Projektleiters umfasst neben den fachlichen Kenntnissen und Projekterfahrung auch Soft Skills (z. B. Führungseigenschaften, Handlungsorientiertheit, Kommunikationsfähigkeit). Bei internationalen Projekten sind auch Sprachkenntnisse und interkulturelle Kompetenz gefordert.

Projektteam

Das **Projektteam** setzt sich meist aus Mitarbeitern verschiedener Fachabteilungen zusammen. Kriterien für die Auswahl sind Fachkompetenz, aber auch Sozialkompetenz (Teamfähigkeit).

Einfluss-Projektorganisation

Bei der **Einfluss-Projektorganisation** koordiniert der Projektleiter die Durchführung des Projekts. Die Projektteammitglieder bleiben organisatorisch jedoch in ihren Fachabteilungen. Diese Organisationsform wird eher für kleine bis mittlere Projekte angewendet.

reine Projektorganisation

Bei der **reinen Projektorganisation** wird für die Abwicklung des Projekts eine eigene Abteilung im Unternehmen geschaffen. Der Projektleiter und die Mitglieder des Projektteams werden für die Dauer des Projekts in diese Abteilung versetzt. Diese Form der Projektorganisation wird eher bei größeren Projekten angewendet.

Matrix-Projektorganisation

Die **Matrix-Projektorganisation** wird vorwiegend in Unternehmen angewendet, in denen ständig viele Projekte abteilungsübergreifend abgewickelt werden. Dabei werden die Projektteammitglieder vom Projektleiter je nach Bedarf zeitlich flexibel aus der Stammorganisation rekrutiert.

Projektablauforganisation

Die **Projektablauforganisation** regelt die Gestaltung der wesentlichen Arbeitsabläufe und der Informationsflüsse bei der Projektdurchführung.

SbX
ID: 9203

Eine Audio-Wiederholung mit Audio-Player und MP3-Download sowie eine Bildschirmpräsentation mit allen Grafiken dieser Lerneinheit finden Sie unter der ID: 9203.

Wissen

1. Neben Fachkenntnissen und Projekterfahrung sind für einen Projektleiter die sogenannten Soft Skills sehr wichtig. Was versteht man unter diesem Begriff?

2. In der ING4TECH soll ein „Tag der offenen Tür" für interessierte Besucher organisiert werden (Projektinhalt: Firmenpräsentation, Werksrundgang, Rahmenprogramm). Welche Form der Projektorganisation würden Sie für ein solches Projekt wählen? Begründen Sie die Entscheidung.

3. Für die Abwicklung von Projekten ist sowohl eine Projektaufbauorganisation als auch eine Projektablauforganisation festzulegen. Was versteht man unter diesen Begriffen? Warum sind Festlegungen in diesen beiden Bereichen wichtig?

4. Überlegen Sie sich Maßnahmen, wie Sie als Projektleiter/in sicherstellen können, dass wichtige Dokumente das Projekt betreffend ihren Weg zu den richtigen Adressaten finden. Diese sollen im Nachhinein auch nicht sagen können, sie hätten das betreffende Dokument nicht erhalten.

Lerneinheit 3
Projektphasen

SbX
Alle SbX-Inhalte zu dieser Lerneinheit finden Sie unter der ID: 9300.

Der zeitliche Ablauf bei der Abwicklung eines Projekts lässt sich grundsätzlich in vier Phasen unterteilen. Die Grenzen zwischen diesen Phasen sind teilweise fließend. Die meisten der projektbezogenen Aktivitäten lassen sich aber einer dieser Phasen zuordnen.

Projektdefinition → Projektplanung → Projektdurchführung → Projektabschluss

Die Auswahl des Projektleiters und des Projektteams erfolgt meist am Ende der Definitionsphase oder am Beginn der Planungsphase.

Lernen

SbX ID: 9301

1 Projektdefinition
Vor Beginn der Projektabwicklung müssen die zu erreichenden Projektziele eindeutig festgelegt werden.

Projektideen für interne Projekte entstehen häufig auch aus den Ergebnissen einer Kundenanalyse (z. B. Reklamationsstatistik, Kundenzufriedenheitsanalyse) oder Konkurrenzanalyse.

Die Projektdefinitionsphase gehört noch nicht zum eigentlichen Projekt. Sie dient der Vorbereitung der Entscheidung, ob eine Projektidee überhaupt realisiert wird, bis zur konkreten Festlegung der Projektziele.

Michael: Ich habe gehört, dass in der ING4TECH laufend interne und externe Projekte durchgeführt werden. Wie kommt man überhaupt zu Projektideen und wer bestimmt, welche Projekte durchgeführt werden?

Projektidee

Je nach Art des Projekts geht man von unterschiedlichen Ausgangssituationen aus:

- **Externe Projekte** werden häufig durch eine Kundenanfrage initiiert.
- **Interne Projekte** werden oft durch ein erkanntes Problem (z. B. erhöhter Maschinenausfall, Qualitätsprobleme, zu lange Durchlaufzeiten) ausgelöst. Es kann aber auch ein Vorschlag eines Mitarbeiters oder eine Anregung der Geschäftsleitung bzw. eines Kunden sein. Basierend darauf werden mögliche Projektalternativen ausgearbeitet.

Machbarkeitsstudie = **feasibility study**

Oft hat das Unternehmen nicht das nötige Know-how, um Machbarkeitsanalysen selbst durchführen zu können. In diesem Fall kann man auf spezialisierte Unternehmensberater zurückgreifen (z. B. McKinsey, BCG, Jaakko Pöyry).

Grobplanung/Machbarkeitsstudie

Bei **externen Projekten** wird basierend auf der erhaltenen Anfrage eine **Grobplanung** des Projekts durchgeführt, ein Angebot erstellt und dieses dem Kunden übermittelt.

Bei **internen Projekten** werden die Projektalternativen hinsichtlich ihrer technischen, rechtlichen und wirtschaftlichen Realisierbarkeit überprüft. Die Ergebnisse dieser Untersuchung werden üblicherweise in einer sogenannten **Machbarkeitsstudie** zusammengefasst. Diese wird den Entscheidungsträgern als Grundlage für die Entscheidung, ob das Projekt realisiert wird, vorgelegt. Gerade bei Großprojekten werden umfangreiche Machbarkeitsstudien durchgeführt, um möglichst realistisch einschätzen zu können, ob sich ein Projekt rentiert.

Risikoanalyse = **risk analysis**

Risikoanalyse

Vor der Entscheidung über die Realisierung einer Projektidee bzw. vor der Festlegung der Projektziele sollten eventuell **vorhandene Risiken** untersucht werden. Risiken sind **ungeplante**

Ereignisse im Zuge der Projektdurchführung, welche bei Eintreten den Erfolg des Projekts gefährden können.

Beispiele

Pönalen sind Strafzahlungen bei Nichteinhaltung einer vertraglichen Vereinbarung, z. B. verspätete Lieferung.

Beispiele für Risiken:
- **wirtschaftliche Risiken** (z. B. Materialpreisänderungen, Zahlungsausfallsrisiko des Kunden, Währungsrisiko)
- **politische/rechtliche Risiken** (z. B. Genehmigungen, Behördenwillkür, Streiks, Gesetzesänderungen)
- **technische Risiken** (z. B. vereinbarte Leistungsgarantien, Berechnungsfehler)
- **terminliche Risiken** (z. B. pönalisierte Projekttermine)
- **Akzeptanzrisiko** (z. B. Kundenakzeptanz bei einem neu entwickelten Produkt, Besucherzahl bei Veranstaltungen)
- **sonstige Risiken** (z. B. Transport, Diebstahl, Unfall)

Schritte bei der Durchführung einer Risikoanalyse sind:

Risikoerkennung	systematische Analyse des Projekts, um mögliche Risiken zu erkennen. In Unternehmen mit häufig wiederkehrenden ähnlichen Projekten wird meist eine firmenspezifische Risiko-Checkliste erstellt.
Risikobewertung	qualitative Bewertung der Einzelrisiken (hoch, mittel, gering) oder quantitative Bewertung durch Beurteilung der Eintrittswahrscheinlichkeit (in %) und der möglichen Schadenshöhe (in €)
Risikovorsorge	Im Rahmen der Risikovorsorge sind mögliche Strategien zur Vermeidung des Risikos bzw. zur Verminderung der Eintrittswahrscheinlichkeit und der Schadenshöhe zu überlegen, z. B. • Einleiten von entsprechenden Gegenmaßnahmen • Überwälzen des Risikos auf andere (Auftraggeber, Lieferanten) • Versichern des Risikos • Akzeptieren des Risikos (eventuell Rücklagenbildung bei der Festlegung des Projektkostenbudgets)

Projektziel = **project objective**

Projektziel

Bevor mit der Abwicklung des Projekts begonnen werden kann, müssen sich Auftraggeber und Auftragnehmer darüber einigen, welche **Ziele** mit dem Projekt konkret erreicht werden sollen. Festzulegen sind dabei insbesondere folgende sich gegenseitig beeinflussende Komponenten:

- **Sachziel:** legt fest, welches Ergebnis mit dem Projekt erreicht werden soll. Das Sachziel wird oft als „Technische Spezifikation" oder „Pflichtenheft" bezeichnet.
- **Kostenziel:** legt das Budget fest, das bei der Projektabwicklung einzuhalten ist.
- **Terminziel:** legt fest, bis wann das Projekt abgeschlossen sein soll.

Das **Projektbudget** ist jener Geldbetrag, der für die Durchführung eines Projekts zur Verfügung steht.

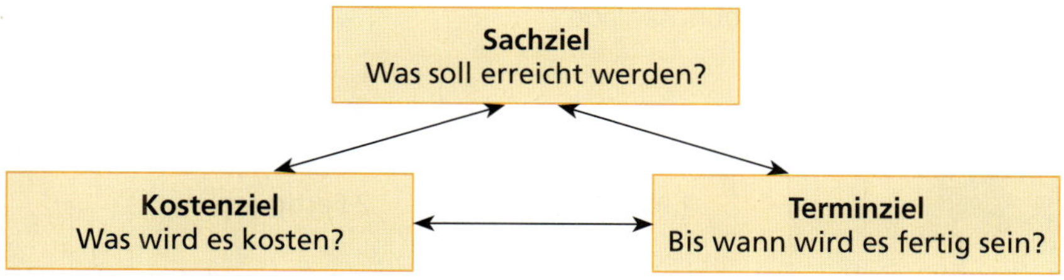

Komponenten des Projektziels

Projektauftrag

Die vereinbarten Projektziele werden in einem **Projektauftrag** schriftlich festgehalten. Damit soll die Möglichkeit von unterschiedlichen Interpretationen der Projektziele und damit von Streitigkeiten zwischen den Projektbeteiligten so weit wie möglich ausgeschlossen werden.

Bei externen Projekten wird mit der Unterschrift der Vertragspartner unter den Projektauftrag ein Vertrag abgeschlossen, der für alle Beteiligten verbindlich ist. Der Projektauftrag enthält hier neben dem Sachziel, dem Kostenziel und dem Terminziel auch sonstige für das Projekt relevante Vertragsbedingungen (z. B. Zahlungsbedingungen, Garantien, Lieferbedingungen).

Auch bei internen Projekten ist es wichtig, die Projektziele schriftlich zu formulieren. Der Detaillierungsgrad wird hier jedoch meist nicht so hoch sein wie bei externen Projekten.

Nähere Informationen zum Thema Kaufverträge erhalten Sie im Unterrichtsgegenstand „Wirtschaft und Recht" bzw. „Wirtschaftsrecht".

Anna: Wer erstellt bei ING4TECH die Verträge für die externen Projekte im Geschäftsbereich „Anlagen und Anlagenkomponenten"?

Geschäftsführerin: Wenn wir eine für uns interessante Anfrage erhalten, erstellt die Verkaufsabteilung ein entsprechendes Angebot. Da es sich meist um eine kundenspezifische Anlage handelt, ist dafür eine entsprechende Projektgrobplanung erforderlich. Dabei benötigt die Verkaufsabteilung die Unterstützung der Abteilungen Konstruktion, Einkauf, Recht und Arbeitsvorbereitung.

Ist unser Angebot für den Kunden von Interesse, erfolgen entsprechende Vertragsverhandlungen. Dabei werden die einzelnen Punkte des Angebots mit dem Kunden diskutiert. Bei erfolgreichem Abschluss der Vertragsverhandlungen wird ein schriftlicher Projektauftrag von beiden Seiten unterschrieben.

Projektplanung = **project planning**

2 Projektplanung

Die Mitglieder des Projektteams müssen wissen, wann sie welche Teilaufgaben des Projekts durchzuführen haben.

Als **Projektplanung** bezeichnet man die **gedankliche Vorwegnahme der erforderlichen Tätigkeiten** bei der Durchführung eines Projekts. Eine systematische zielorientierte Planung, basierend auf dem Projektauftrag, ist eine wesentliche Grundlage für den Projekterfolg.

Michael: Wer führt die Projektplanung durch und was ist da genau zu machen?

Geschäftsführerin: Die Projektplanung ist die Aufgabe des Projektleiters. Wesentliches Ziel dabei ist es, den einzelnen Mitgliedern des Projektteams zu zeigen, welche Aktivitäten sie wann durchzuführen haben. Auch kann der Projektleiter nur auf Basis eines Projektplans den Projektfortschritt laufend kontrollieren, um bei Abweichungen rechtzeitig Gegenmaßnahmen einzuleiten.

Die Erstellung eines Projektstrukturplans, d.h. einer Terminplanung sowie einer Kapazitäts- und Kostenplanung, ist vom Projektleiter im Rahmen der Projektplanung durchzuführen.

Projektstrukturplan = **work breakdown structure**

Projektstrukturplan (PSP)

Das **Gesamtprojekt** wird zuerst in **plan- und kontrollierbare Einzelaufgaben (Arbeitspakete)** zerlegt. Damit erhält man eine strukturierte Übersicht über alle erforderlichen Aktivitäten bei der Projektdurchführung.

Die Arbeitspakete werden durch eine hierarchische Gliederung mithilfe von **Sammelvorgängen** zu einem **Projektstrukturplan (PSP)** zusammengeführt. Jedes Arbeitspaket wird über einen **PSP-Code** im Projektstrukturplan eindeutig identifiziert.

Eine Entstaubungsanlage dient der Abscheidung feinverteilter, fester Fremdbestandteile aus der Abluft.

Nachfolgend ein einfacher Projektstrukturplan für die Planung, Fertigung und Montage einer Entstaubungsanlage:

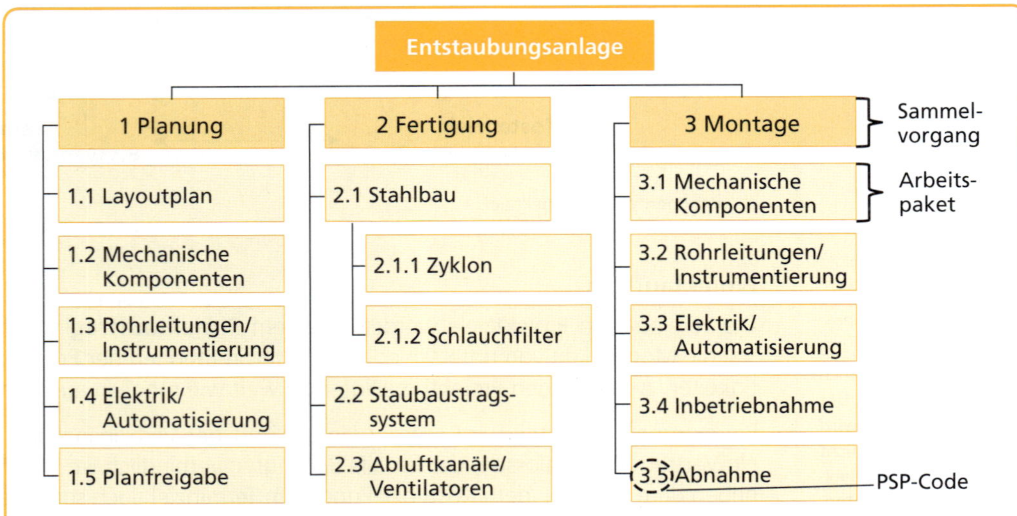

Projektstrukturplan Entstaubungsanlage

Verantwortlichkeiten

Bereits in dieser Phase sollte für jedes Arbeitspaket ein verantwortliches Mitglied des Projektteams genannt werden. Durch die eindeutige Aufgabenzuordnung wird vermieden, dass es zu Kompetenzüberschneidungen kommt bzw. dass sich für einzelne Arbeitspakete niemand zuständig fühlt.

Arbeitspaket-Spezifikation

Der Inhalt der einzelnen Arbeitspakete wird oft in Arbeitspaket-Spezifikationen genauer beschrieben. Diese Beschreibung umfasst insbesondere den Inhalt und das Ergebnis des jeweiligen Arbeitspakets. Zusätzlich beinhaltet sie meist auch die geplante Dauer, den Verantwortlichen und die geplanten Kosten.

PSP-Code	Bezeichnung	Inhalt	Ergebnis	verantwortlich	Dauer	Kosten

Projektterminplan = **project schedule**

Projektterminplanung

Im Rahmen der Terminplanung werden die geplante Dauer sowie der Zeitpunkt des Beginns der einzelnen Arbeitspakete festgelegt. Das Ergebnis ist ein Projektterminplan, der Auskunft darüber gibt, wann welche Arbeitspakete durchzuführen sind.

Beispiel: Zwei Arbeiter benötigen 15 Tage für die Durchführung eines Arbeitspakets. Erhöht sich die Anzahl der Arbeiter auf drei, verringert sich die Dauer auf 10 Tage.

Dauer eines Arbeitspakets

Die Ermittlung der Dauer für einzelne Arbeitspakete erfolgt durch Schätzungen, Zeitkalkulationen oder Zeitangaben von Lieferanten. Dabei muss die Anzahl der Personen bzw. Maschinen, die für die Durchführung des Arbeitspakets zur Verfügung stehen, berücksichtigt werden (Dauer = Arbeit/Anzahl der Personen bzw. Maschinen).

Abhängigkeiten zwischen Arbeitspaketen

Bei der Terminplanung stellt sich die Frage, welche Arbeitspakete zwingend abgeschlossen sein müssen, bevor ein nachfolgendes Arbeitspaket begonnen werden kann. Zusätzlich gibt es aber Fälle, bei denen Arbeitspakete parallel durchgeführt werden können. Die wichtigsten Anordnungsbeziehungen sind in der folgenden Tabelle dargestellt:

Ende – Anfang	Arbeitspaket 2 kann erst beginnen, wenn Arbeitspaket 1 abgeschlossen ist (z. B. Dach kann erst montiert werden, wenn Mauern fertig sind).	AP 1 AP 2 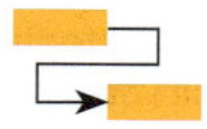
Ende – Anfang mit zeitlicher Verzögerung	Arbeitspaket 2 kann erst n Tage nach Ende von Arbeitspaket 1 beginnen (z. B. Boden kann erst nach 5 Tagen Trocknung auf den Estrich gelegt werden).	AP 1 AP 2 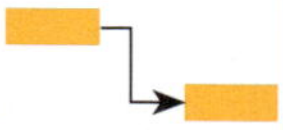
Anfang – Anfang mit zeitlicher Verzögerung	Beginn von Arbeitspaket 2 erst n Tage nach Start von Arbeitspaket 1 (z. B. Beginn der Heizungsinstallation erst 2 Tage nach Start der Elektroinstallation).	AP 1 AP 2 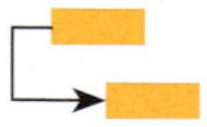

Balkenplan

Eine häufig verwendete Software für die Projektplanung ist **MS-Project.** Es gibt mittlerweile aber auch entsprechende Open-Source-Programme (z. B. **Gantt Project, trac**).

Ein Balkenplan (GANTT-Diagramm) ist eine übersichtliche Darstellung der geplanten Dauer, Reihenfolge und zeitlichen Lage der einzelnen Arbeitspakete.

Die Terminplanung bei der Erstellung eines Balkenplans erfolgt üblicherweise mittels **Vorwärtsterminierung.** Dabei werden ausgehend vom Projektstarttermin, unter Berücksichtigung der Arbeitspaketdauer und -reihenfolge, die jeweils frühestmöglichen Anfangstermine der einzelnen Arbeitspakete ermittelt.

Viele Softwareprodukte zur Projektplanung basieren auf der Netzplantechnik. Dabei wird zusätzlich zur Vorwärtsterminierung eine **Rückwärtsterminierung** durchgeführt. Bei dieser werden ausgehend vom Projektendtermin die jeweils spätestmöglichen Anfangstermine der einzelnen Arbeitspakete ermittelt.

Ist dies der Fall, lassen sich zusätzlich wichtige Informationen für die Planung und Terminverfolgung des Projekts ableiten, wie beispielsweise

- **Puffer,** d. h. Zeiten, um die sich einzelne Arbeitspakete verzögern können, ohne damit die Gesamtdauer des Projekts zu verlängern,
- **kritischer Pfad,** d. h. Arbeitspakete, bei denen eine Verzögerung zwangsläufig zu einer Verlängerung der Gesamtdauer des Projekts führt.

SbX

Eine Liste von Anbietern kommerzieller und kostenloser Projektplanungssoftware finden Sie unter der ID: 9301.

PSP	Vorgangsname	Dauer	Anfang
1	**Planung**	**29 Tage**	**Do 01.04.**
1.1	Layoutplan	5 Tage	Do 01.04.
1.2	Mechanische Komponenten	15 Tage	Do 08.04.
1.3	Rohrleitungen/Instrumentierungen	5 Tage	Mo 26.04.
1.4	Elektrik/Automatisierung	7 Tage	Mo 26.04.
1.5	Planfreigabe	0 Tage	Di 11.05.
2	**Fertigung**	**20 Tage**	**Mo 24.05.**
2.1	Stahlbau	15 Tage	Mo 24.05.
2.1.1	Zyklon	12 Tage	Mo 24.05.
2.1.2	Schlauchfilter	15 Tage	Mo 24.05.
2.2	Austragssystem	5 Tage	Mo 14.06.
2.3	Abluftkanäle/Ventilatoren	6 Tage	Di 08.06.
3	**Montage**	**32 Tage**	**Mo 28.06.**
3.1	Mechanische Komponenten	20 Tage	Mo 28.06.
3.2	Rohrleitungen/Instrumentierungen	8 Tage	Mi 21.07.
3.3	Elektrik/Automatisierung	10 Tage	Mo 21.07.
3.4	Inbetriebnahme	5 Tage	Mi 04.08.
3.5	Abnahme	0 Tage	Di 10.08.

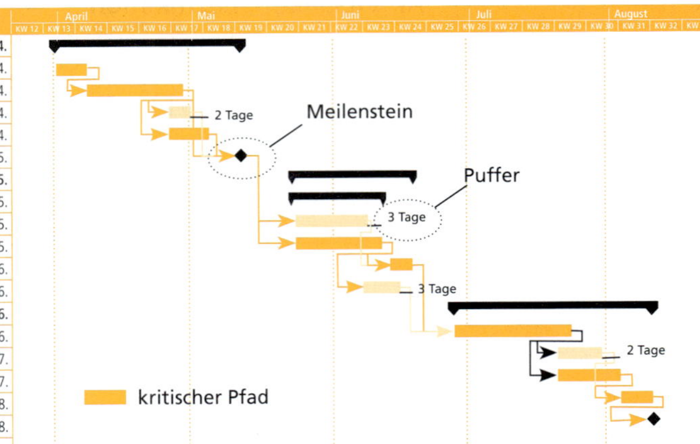

Meilensteine

Meilensteine sind **besondere Ereignisse** zu bestimmten Zeitpunkten im Projektablauf. Sie dienen zur einfachen und eindeutigen Überprüfung des terminlichen Ist-Zustands bei der Projektdurchführung (z. B. Planfreigabe, Projektabnahme). Die Meilensteine werden im Projektterminplan eingetragen und oft in einer eigenen Meilensteinliste zusammengefasst.

Kapazitätsplanung

Facharbeiter sind meist nur in begrenzter Anzahl verfügbar. Deren Einsatz erfordert daher eine vorausschauende Planung.

Kapazitäten sind **Personen oder Betriebsmittel,** die zur Durchführung von Arbeitspaketen in einem Projekt benötigt werden (z. B. Schweißer, Programmierer, Kräne, Prüfeinrichtungen). Diese Kapazitäten sind im Unternehmen meist jedoch nur in begrenzter Anzahl verfügbar.

Da Kapazitäten nicht zweimal zur gleichen Zeit verplant werden können, ist bei etwaigen Überlastungen ein **Kapazitätsausgleich** durchzuführen. Dieser kann erfolgen durch

- zeitliche Verschiebung von Arbeitspaketen,
- Verringerung der Anzahl der Kapazitäten bei einem Arbeitspaket (wodurch sich jedoch die Dauer des Arbeitspakets entsprechend verlängert),
- Erhöhung der Anzahl der verfügbaren Kapazitäten (z. B. Personalleasing, Personalaufnahme, Anmieten von Maschinen).

Kostenplanung

Für die Durchführung eines Projekts benötigt man finanzielle Mittel, um alle anfallenden Kosten (z. B. Personal, Material, sonstige Kosten) abdecken zu können. Die Kostenplanung hat daher die Aufgabe der

- **Ermittlung der voraussichtlichen Gesamtprojektkosten** zur Kontrolle, ob das Projektbudget ausreicht,
- **Erstellung eines detaillierten Kostenplans** auf Basis der Arbeitspakete bzw. Sammelvorgänge für die laufende Kostenkontrolle bei der Projektdurchführung.

Nähere Informationen zur Kostenermittlung in Unternehmen siehe Kapitel 3 „Kostenrechnung".

Bei der **Durchführung der Kostenplanung** sind in einem ersten Schritt die voraussichtlich anfallenden Kosten für jedes einzelne Arbeitspaket zu ermitteln.

Arbeitspaket 3.2			Rohrleitungen/Instrumentierung
Kostenart	**Anzahl**	**Kosten/Einheit**	**Gesamt**
Monteur	3 Personen x 64 h	€ 45/h	€ 8.640
Rohrleitungsmaterial	laut Materialliste	€ 25.000	€ 25.000
Instrumentierung	laut Materialliste	€ 18.000	€ 18.000
sonstige			€ 500
Summe			€ 52.140

Durch Aufsummieren der Kosten der einzelnen Arbeitspakete erhält man die Kosten für die **Sammelvorgänge** und die voraussichtlich anfallenden **Projektgesamtkosten.**

Gesamtprojekt Entstaubungsanlage		
Arbeitspaket	**Kosten/ Arbeitspaket**	**Gesamtkosten**
… 3.2 Rohrleitungen/Instrumentierung 3.3 Elektrik/Automatisierung …	… € 52.140 € 48.250 …	
Zwischensumme 3. Montage		€ 340.000
…	…	…
Summe Projektkosten		€ 1.250.000

3 Projektdurchführung

Laufende Überprüfung des Projektfortschritts zur rechtzeitigen Erkennung von Abweichungen.

In der Projektdurchführungsphase wird das geplante Projekt realisiert. Die wesentliche Aufgabe des Projektleiters in dieser Phase ist es, den **Projektfortschritt** laufend **zu kontrollieren** und mit dem geplanten Projektablauf zu vergleichen. Bei Erkennen von Abweichungen sind Gegenmaßnahmen einzuleiten, um das Projektziel nach Möglichkeit trotzdem noch zu erreichen.

Start der Projektdurchführung

Projekthandbuch

Im Unterschied zum Projekthandbuch beinhaltet das **Projektmanagementhandbuch** Regelungen, die im Unternehmen generell für die Planung und Durchführung von Projekten gelten.

Ein **Projekthandbuch** enthält alle wesentlichen **Informationen,** die für die Durchführung **eines Projekts** wichtig sind. Damit sollen Unklarheiten vermieden und eine möglichst effiziente Projektdurchführung sichergestellt werden.

Die erste Version des Projekthandbuchs liegt meist zu Beginn der Projektdurchführungsphase vor. Im Zuge der Projektdurchführung wird es laufend dem Projektstand entsprechend aktualisiert. Inhalte eines Projekthandbuchs sind beispielsweise:

Projekthandbuch	
1. Projektbeschreibung	Auftraggeber, Projektziele, Ecktermine, kritische Punkte
2. Projektaufbauorganisation	Projektleiter, Organigramm, Projektteammitglieder
3. Projektbeteiligte	Name, Funktion, Anschrift, Telefonnummer, E-Mail
4. Projektablauforganisation	Regelungen hinsichtlich Projektbesprechungen, Berichtswesen usw.
5. Projektterminplan	Terminplan mit Angabe der Verantwortlichen der einzelnen Arbeitspakete
6. Projektdokumentation	Regelungen hinsichtlich Ablage von Dokumenten
7. Normen, Standards und Richtlinien	einzuhaltende Normen, Standards und Richtlinien
8. Anhang	Zeichnungen, Lagepläne, Auszüge aus dem Kundenvertrag, Dokumentenvorlagen usw.

Die Projektdurchführungsphase beginnt nach der Freigabe des Projektterminplans durch den Projektleiter und mit dem Beginn der Durchführung des ersten Arbeitspakets.

Ein **Kick-off-Meeting** kann auch zu Beginn der Projektplanungsphase durchgeführt werden.

Anna: Ein Kollege in der Abteilung Arbeitsvorbereitung wurde gestern zu einem Projekt-Kick-off-Meeting eingeladen. Worum geht es bei einem solchen Kick-off-Meeting?

Geschäftsführerin: Um ein klares, motivierendes Signal zu setzen, dass die Projektdurchführung nun beginnt, lädt der Projektleiter die Mitglieder des Projektteams am Beginn der Projektdurchführungsphase oft zu einem Kick-off-Meeting ein.

Dieses Meeting dient der Vermittlung wichtiger Informationen das Projekt betreffend, die häufig zusätzlich in einem Projekthandbuch schriftlich zusammengefasst sind. Außerdem dient es auch dem gegenseitigen Kennenlernen der Mitglieder des Projektteams.

Projektcontrolling

Bei größeren Projekten unterstützt häufig ein eigener **Projektcontroller** den Projektmanager bei der Durchführung des Projektcontrollings. Bei kleineren Projekten liegen diese Tätigkeiten in der alleinigen Verantwortung des Projektleiters.

Die Aufgabe des Projektcontrollings bei der Durchführung von Projekten ist die **regelmäßige Kontrolle** des Projektfortschritts hinsichtlich **Terminen, Kosten** und **Qualität**. Durch einen Vergleich des tatsächlichen mit dem geplanten Projektverlauf können Abweichungen frühzeitig erkannt werden. Solche **Abweichungen** können verschiedene Ursachen haben, wie beispielsweise:

- **Fehlplanung** (z. B. Vergessen von Arbeitspaketen, falsche Einschätzung der Dauer)
- **Änderungswünsche** des Auftraggebers
- Auftreten von **unvorhergesehenen Ereignissen** (z. B. Personalausfall, Maschinenbruch, Schlechtwetter)
- **Fehler bei der Durchführung** (z. B. Ausschuss, Konstruktionsfehler, Lieferverzögerung)

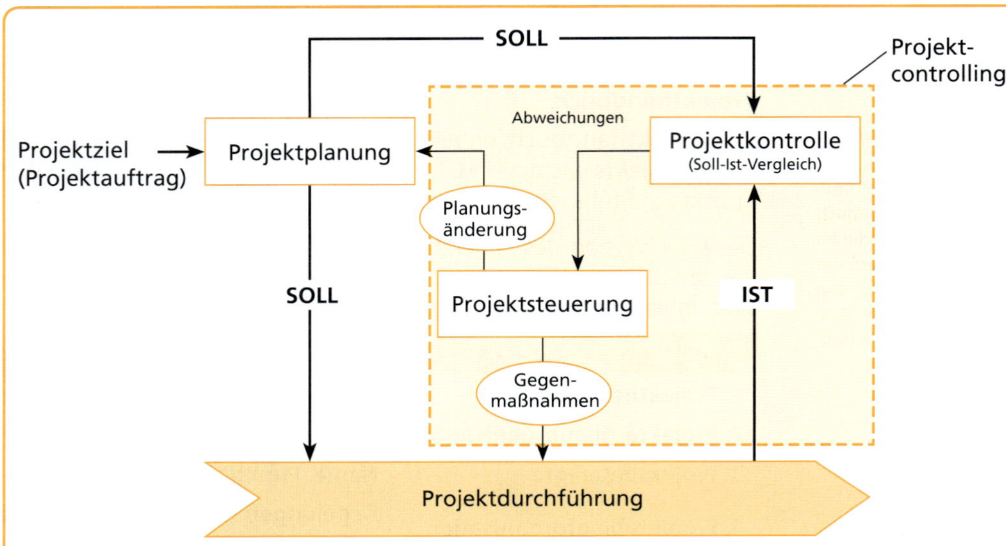

Regelkreis des Projektcontrollings

Termine und Kosten werden in Projektstatusberichten jeweils als **Soll-Wert** (Plantermin, Plankosten) und als **Ist-Wert** (tatsächlicher Termin, tatsächliche Kosten) gegenübergestellt. Damit können Abweichungen sofort erkannt werden.

Eine weitere Aufgabe des Projektcontrollings ist es, bei Erkennen von Abweichungen entsprechende **Gegenmaßnahmen** einzuleiten (z. B. zusätzliches Personal, Eiltransporte, Ersatzlieferungen). Bei größeren Abweichungen muss eventuell sogar der Projektplan überarbeitet werden. Ziel der Gegenmaßnahmen bzw. Planungsänderungen ist es, die ursprünglichen Projektziele nach Möglichkeit trotzdem zu erreichen.

Projektstatusberichte

Projektstatusbericht = **project status report**

Projektstatusberichte sind von den **Mitgliedern des Projektteams** in regelmäßigen Zeitabständen zu erstellen. Sie sollen den Projektleiter systematisch über den jeweiligen Stand des Projekts zu einem bestimmten Stichtag informieren. Solche Berichte beinhalten im Wesentlichen

- den **Fertigstellungsgrad** der einzelnen Arbeitspakete zum jeweiligen Stichtag,
- die bis zum jeweiligen Stichtag angefallenen **Projektkosten,**
- die in der vergangenen Berichtsperiode aufgetretenen **Probleme** (z. B. veränderte Rahmenbedingungen, Lieferverzögerungen) sowie erfolgte bzw. eingeleitete Maßnahmen zu deren Lösung.

Stichtag für Projektstatusberichte kann beispielsweise der Erste jedes Monats sein.

Eine **Berichtsperiode** ist der Zeitraum zwischen zwei Stichtagen.

Anna: Sollte sich der Projektleiter nicht sowieso laufend über den Stand seines Projekts informieren? Wozu also Statusberichte?

Geschäftsführerin: Der Projektleiter kann aus zeitlichen Gründen meist nicht den Fortschritt aller Arbeitspakete eines Projekts gleichzeitig kontrollieren. Er hat oft auch nicht die fachliche Kompetenz dafür. Diese Beurteilung muss das jeweilige verantwortliche Mitglied des Projektteams treffen und diese Information „nachweisbar" mittels Fortschrittsbericht an den Projektleiter übermitteln.

Bei ING4TECH müssen die Projektleiter außerdem die Geschäftsführung regelmäßig über den Status ihres Projekts informieren. Hat diese den Eindruck, dass der Projektleiter sein Projekt nicht im Griff hat, so wird ihm ein Projektcontroller zur Seite gestellt bzw. der Projektleiter sogar ausgetauscht.

Projektbesprechung = **project meeting**

Besprechungen (Meetings) sind heutzutage für viele Mitarbeiter in Unternehmen ein fester Bestandteil der täglichen Arbeit.

Projektbesprechungen

Projektbesprechungen sind ein wichtiges **Hilfsmittel** bei der Durchführung von Projekten. Sie dienen hauptsächlich dazu,

- aufgetretene **Probleme zu besprechen** und eine Lösung dafür zu finden,
- neu hinzugekommene **Aufgaben zu verteilen** und deren Durchführung zu besprechen,
- ein **Gruppengefühl zu schaffen** und die Motivation aufrechtzuerhalten.

Besprechungen sind jedoch zeitaufwendig und bei schlechter Vorbereitung und falscher Zusammensetzung der Besprechungsteilnehmer demotivierend. Daher sollte der Planung und Durchführung einer Besprechung entsprechende Aufmerksamkeit gewidmet werden.

Projektbesprechung		
Vorbereitung	**Durchführung**	**Nachbereitung**
• Ziel der Besprechung festlegen • Auswahl der Besprechungsteilnehmer • Einladung und Tagesordnungspunkte (Agenda) für die Besprechung erstellen • Besprechungsraum, Präsentationshilfsmittel und Getränke organisieren	• Themeneinhaltung beachten (kein „Verzetteln") • Diskussionsteilnehmern das Wort erteilen • Zeitbudget je Tagesordnungspunkt überwachen • Störungen unterbinden (telefonieren, separate Diskussion einzelner Teilnehmer) • Visualisieren von Ergebnissen (Flipchart, Folie)	• Besprechungsprotokoll erstellen mit Angabe der Diskussionspunkte, Entscheidungen und erforderlichen Aktivitäten (inklusive der dafür Verantwortlichen und Erledigungstermine) • Verteilung des Protokolls an die Teilnehmer der Besprechung und eventuell an sonstige Entscheidungsträger

Claim-Management, Projektdokumentation

Projektdokumentation

Die **Projektdokumentation** umfasst die Aufgabe, alle das Projekt betreffenden relevanten **Dokumente und Informationen zu sammeln** und systematisch zu archivieren (z. B. Besprechungsprotokolle, Statusberichte, Schriftverkehr, technische Zeichnungen, Programmcodes, Qualitätsprüfungen, Mehrarbeitslisten).

Claim-Management

Die Projektdokumente werden in der Praxis sehr häufig für das sogenannte Claim-Management benötigt. Ein **Claim** ist eine **finanzielle Forderung** an einen Geschäftspartner bzw. von einem Geschäftspartner (Auftraggeber, Lieferant usw.) aufgrund

- **terminlicher Abweichungen** vom Projektauftrag (z. B. Lieferverzögerungen),
- **sachlicher Abweichungen** vom Projektauftrag (z. B. Liefermenge, Qualitätsmängel),
- **Schäden,** die durch den Geschäftspartner verursacht wurden.

Mit den entsprechenden Dokumenten lassen sich eigene Claims besser durchsetzen bzw. fremde Claims besser abwehren.

Projektabnahme = **final project acceptance**

Projektabnahme

Die Projektdurchführungsphase ist erst abgeschlossen, wenn das Projekt **vom Auftraggeber abgenommen** wurde. Er bestätigt damit, dass das Projekt entsprechend dem Projektauftrag fertiggestellt wurde. Die Abnahme kann beispielsweise durch eine Begehung (z. B. bei einem Neubau) oder mittels eines Testlaufs (z. B. bei Einführung einer neuen Software oder Installation einer Produktionsanlage) erfolgen.

Die erfolgreiche Projektabnahme soll vom Auftraggeber durch Unterzeichnung eines **Abnahmeprotokolls** bestätigt werden.

4 Projektabschluss

Das nächste Mal wird es noch besser gemacht.

Ein Glossar über viele häufig verwendete Begriffe im Bereich Projektmanagement findet man unter www.projektmagazin.de/glossar/.

Projektabschlussbericht

Zum Zweck der Erfahrungssicherung sollte bei Projektabschluss vom Projektleiter ein **Abschlussbericht** erstellt werden. Dieser umfasst u. a. die Zielerreichung hinsichtlich Termin, Qualität und Kosten, eine Ursachenanalyse bei Nichterreichung der Ziele und Empfehlungen für zukünftige Projekte.

Projektabschlussbesprechung

Oft wird dieser Bericht im Rahmen einer Abschlussbesprechung mit den Mitgliedern des Projektteams und sonstigen projektrelevanten Personen diskutiert. Ziel dieser Besprechung ist es, Erkenntnisse für nachfolgende Projekte zu gewinnen (was kann man das nächste Mal besser machen).

Üben

SbX ID: 9302

Ü 1:
Ihr Vorgesetzter hat eine Idee, wie der Materialtransport von der mechanischen Werkstätte in die Montageabteilung optimiert werden kann. Er erläutert Ihnen seine Idee und bittet Sie, eine entsprechende Machbarkeitsstudie durchzuführen. Was versteht man darunter?

SbX
Ü 2 mit automatischer Aufgabenkontrolle
ID: 9302
erledigt ✓
Ü 2 ☐

Ü 2:
Für das Projekt der Anschaffung und Installation einer halbautomatischen Verpackungsanlage in der ING4TECH sollen Sie eine Risikoanalyse durchführen. Welche Risiken sind für ein solches internes Investitionsprojekt relevant?

	richtig	falsch
Einhaltung des Projektbudgets		
Zahlungsausfallsrisiko des Kunden		
Währungsrisiko		
politische/rechtliche Risiken		
technische Risiken		
terminliches Risiko		
Akzeptanzrisiko		
Diebstahl		

Ü 3:
Die Ziele eines Projekts werden zwischen Auftraggeber und Auftragnehmer üblicherweise in einem Projektauftrag schriftlich festgehalten. Welche drei wesentlichen Komponenten beinhalten diese Projektziele?

Ü 4:
Die Werkstätte Ihrer Schule soll einen Zubau erhalten. In diesem Zubau soll eine Kfz-Werkstätte inklusive einer Hebebühne eingerichtet werden. Sie sollen die Projektplanung für dieses Projekt durchführen.

Erstellen Sie einen Projektstrukturplan mit mindestens 10 Arbeitspaketen und 2 Meilensteinen. Erstellen Sie außerdem einen Terminplan in Form eines Balkenplans. Die Dauer der einzelnen Arbeitspakete ist zu schätzen.

Ü 5:
Welche Gegenmaßnahmen können Sie treffen, wenn Sie im Rahmen der Projektplanung erkennen, dass es vereinzelt zu Kapazitätsüberlastungen kommt?

Ü 6:
Im Rahmen eines Kick-off-Meetings übergibt Ihnen der Projektleiter ein Projekthandbuch. Welchen Zweck hat ein solches Projekthandbuch? Welche Inhalte hat ein Handbuch üblicherweise?

Ü 7:
Welche Aufgaben hat der Projektleiter im Rahmen des Projektcontrollings bei der Abwicklung von Projekten? Welche Rolle spielen dabei die Projektstatusberichte?

Ü 8:
In der ING4TECH wird die Kantine umgebaut. Die Geschäftsführerin hat erfahren, dass dieses Projekt zeitlich ziemlich im Rückstand ist. Der Projektleiter ist jedoch auf Urlaub. Die Geschäftsführerin bittet daher Sie, eine Besprechung zu diesem Thema zu organisieren und sie über das Ergebnis zu informieren.

Was haben Sie als Besprechungsleiter/in vor, während und nach der Besprechung zu tun?

Ü 9:
Welche Aufgaben hat das Claim-Management bei der Abwicklung von Projekten?

Ü 10:
Sie werden vom Projektleiter zu einer Projektabschlussbesprechung eingeladen. Was könnten die Inhalte der Besprechung sein (Agenda)?

Sichern

SbX ID: 9303

Projektphasen

Der zeitliche Ablauf bei der Abwicklung eines Projekts lässt sich in

- Definitionsphase,
- Planungsphase,
- Durchführungsphase und
- Abschlussphase

unterteilen.

Projektdefinitionsphase
Grobplanung, Risikoanalyse

In der **Projektdefinitionsphase** erfolgt – ausgehend von der Projektidee – eine **Grobplanung** und eine **Risikoanalyse** des Projekts. Diese dienen bei internen Projekten als Basis für die Entscheidung, ob eine Projektidee überhaupt realisiert wird. Bei externen Projekten dienen sie als Grundlage für die Erstellung eines Angebots.

Projektziel, Projektauftrag

Wird das Projekt realisiert, so werden die zwischen Auftraggeber und Projektabwickler vereinbarten **Projektziele** (Sachziel, Terminziel, Kostenziel) in einem schriftlichen **Projektauftrag** festgehalten.

Projektplanungsphase, Projektstrukturplan

In der **Projektplanungsphase** erfolgt die terminliche und kostenmäßige Planung der bei der Durchführung des Projekts erforderlichen Aufgaben. Dazu wird das Gesamtprojekt in Einzelaufgaben (Arbeitspakete) zerlegt und diese zusammengefasst in einem **Projektstrukturplan** dargestellt.

Projektterminplan

Meilensteine

Der **Projektterminplan** ist die grafische Darstellung der geplanten Anfangs- und Endtermine der durchzuführenden Arbeitspakete mithilfe eines Balkenplans bzw. Netzplans. Für die Erstellung des Terminplans sind die Dauer und die Abhängigkeiten zwischen den einzelnen Arbeitspaketen zu ermitteln. **Meilensteine,** die ebenfalls im Terminplan eingetragen werden, sind zeitpunktbezogene Schlüsselereignisse im Projektablauf.

Kapazitätsplanung, Kostenplanung

Mithilfe der **Kapazitätsplanung** können Kapazitätsüberlastungen im Projektablauf frühzeitig erkannt werden. Zusätzlich erfolgt eine detaillierte **Kostenplanung** auf Basis der Arbeitspakete. Diese dient dazu, die Ursachen für eventuell auftretende Kostenüberschreitungen im Nachhinein feststellen zu können.

Projektdurchführungsphase

Projektcontrolling

In der **Projektdurchführungsphase** wird das geplante Projekt realisiert. Die wesentliche Aufgabe des Projektleiters in dieser Phase ist das **Projektcontrolling.** Dies umfasst die regelmäßige Kontrolle des Projektfortschritts (Projektstatusberichte) zur Feststellung von Abweichungen zwischen geplantem und tatsächlichem Projektverlauf. Bei Erkennen von Abweichungen sind vom Projektleiter entsprechende Gegenmaßnahmen einzuleiten, damit die Projektziele nach Möglichkeit trotzdem erreicht werden.

Projektdokumentation

Die **Projektdokumentation** umfasst die Aufgabe, alle das Projekt betreffenden relevanten Informationen und Dokumente zu sammeln und systematisch abzulegen. Bei Auftreten von Claims kann darauf zurückgegriffen werden.

Projektabnahme

Im Anschluss an eine **Projektabnahme** (Begehung, Testlauf) wird vom Auftraggeber in einem Abnahmeprotokoll bestätigt, dass das Projekt entsprechend dem Projektauftrag fertiggestellt wurde.

Projektabschluss

Zum Zweck der Erfahrungssicherung wird bei **Projektabschluss** vom Projektleiter ein Abschlussbericht erstellt.

SbX
ID: 9303

Eine Audio-Wiederholung mit Audio-Player und MP3-Download sowie eine Bildschirmpräsentation mit allen Grafiken dieser Lerneinheit finden Sie unter der ID: 9303.

Wissen

1. Ausgehend von einer Projektidee wird eine Grobplanung möglicher Projektalternativen durchgeführt. Basierend darauf wird entschieden, ob das Projekt durchgeführt wird bzw. welche Alternative verwirklicht wird.

   Was können die Auslöser für Projektideen im Unternehmen sein?

2. Die ING4TECH soll ein Angebot für die Lieferung und Montage einer Entstaubungsanlage für ein Zementwerk in Ägypten erstellen. Versuchen Sie, über eine Risikoanalyse die möglichen Risiken bei diesem Projekt zu ermitteln.

   Welche Maßnahmen können getroffen werden, um die Wahrscheinlichkeit des Auftretens einzelner Risiken zu verringern bzw. die mögliche Schadenshöhe zu vermindern?

3. In Ihrer Schule soll ein neuer EDV-Saal eingerichtet werden. Erstellen Sie einen entsprechenden Projektauftrag für den Projektleiter dieses internen Projekts.

4. Sie sollen eine 3-tägige Abschlussexkursion für Ihre Klasse organisieren. Erstellen Sie einen Projektstrukturplan und einen Terminplan für dieses Projekt.

5. Sie als Projektleiter/in sind für die Planung, aber auch für die Durchführung der 3-tägigen Abschlussexkursion verantwortlich. Der Klassenvorstand möchte nach einem Monat einen Statusbericht. Erstellen Sie einen schriftlichen Bericht, in dem der terminliche Status des Projekts zum Stichtag in übersichtlicher Form dargestellt wird.

6. Als Projektleiter/in in der ING4TECH haben Sie gerade ein Projekt (Lieferung und Montage eines Wärmetauschers) abgeschlossen und an den Kunden übergeben.

   Nach einer Woche übermittelt Ihnen der Kunde eine Liste mit finanziellen Forderungen aufgrund von technischen Mängeln, Nichterreichung zugesagter Leistungswerte und Lieferzeitüberschreitung. Auch ein Lieferant übermittelt Ihnen eine Liste mit finanziellen Forderungen aufgrund von verspäteter Übermittlung von Konstruktionszeichnungen und Mehrarbeit aufgrund von nachträglichen Sonderwünschen.

   Welche Dokumente sollten Sie verfügbar haben, um solchen Forderungen entgegenzutreten?

Stichwortverzeichnis

Bildnachweis

askubal.de: S. 158 (Automatisches Kleinteilelager)

BILD-Wissensbibliothek 6 – Mensch und Körper. Das große Volkslexikon. 1000 Fragen und Antworten. Gütersloh, München: 2006: S. 2

ds automation gmbh: S. 151

Fotolia: S. 36, 60 (Bohremulsion), 62 (Vertrag, Strompreis), 70 (Ringschlüssel), 74, 83, 87, 111, 114, 141, 158 (Palette, Fachbodenregallager), 168, 172, 174, 188, 198 (Flaschen), 199, 200, 208, 244, 264, 267

iStock International Inc.: S. 58, 59, 60 (Kugellager), 61, 70 (Granulat, Öltropfen), 147, 150, 153, 189, 203, 204, 209, 216, 218, 243, 251, 265, 268

Lafarge Perlmooser: S. 217

Lotter, Bruno; Wiendahl, Hans-Peter: Montage in der industriellen Produktion. Berlin: Springer Verlag 2006: S. 217

Manz'sche Verlags- und Universitätsbuchhandlung: S. 3, 152

Schachinger Logistik: S. 158 (Hochregallager)

Scheuch GmbH, Aurolzmünster: S. 262

voestalpine: S. 198 (Serienfertigung)

GKM Maschinenbau: S. 112

Wikipedia: S. 9, 34, 35, 41, 42, 46, 123, 140, 197, 207, 220, 228, 231, 233, 234